原书第2版

程序设计导论

Python计算与应用开发实践

[美] 卢博米尔·佩尔科维奇（Ljubomir Perkovic） 著

江红 余青松 译

Introduction to Computing Using Python

An Application Development Focus Second Edition

2ND EDITION

Introduction to Computing Using Python

AN APPLICATION DEVELOPMENT FOCUS

Ljubomir Perkovic

WILEY

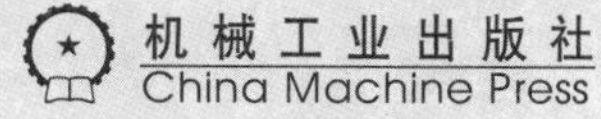

图书在版编目（CIP）数据

程序设计导论：Python 计算与应用开发实践（原书第 2 版）/（美）卢博米尔·佩尔科维奇（Ljubomir Perkovic）著；江红，余青松译．—北京：机械工业出版社，2018.10
（计算机科学丛书）
书名原文：Introduction to Computing Using Python：An Application Development Focus，Second Edition

ISBN 978-7-111-61160-8

I. 程⋯ II. ① 卢⋯ ② 江⋯ ③ 余⋯ III. 软件工具－程序设计 IV. TP311.561

中国版本图书馆 CIP 数据核字（2018）第 235232 号

本书版权登记号：图字 01-2018-4065

本书不仅仅是传统的程序设计导论性教材，而且囊括了包罗万象的计算机科学知识。书中采用 Python 作为学生的第一门程序设计语言，提出“正确的时刻 + 正确的工具”的教学方法，尤为重视应用程序的开发训练和计算思维的培养，易于教学和实践。书中首先讲解命令式编程，但也很早便引入了对象的概念；在学生具备足够的基础知识也更有学习动力之后，开始讲解自定义类、面向对象编程等更多高级技巧。书中涵盖了问题求解的核心技术和各类经典算法，这一版还增加了案例章节，所涉及的广度也有所拓展。

本书可作为高等院校计算机科学和程序设计专业学生的教材或教学参考书。

出版发行：机械工业出版社（北京市西城区百万庄大街 22 号 邮政编码：100037）
责任编辑：卢 璐　　责任校对：李秋荣
印　　刷：北京文昌阁彩色印刷有限责任公司　　版　　次：2019 年 1 月第 1 版第 1 次印刷
开　　本：185mm × 260mm 1/16　　印　　张：24.75
书　　号：ISBN 978-7-111-61160-8　　定　　价：99.00 元

凡购本书，如有缺页、倒页、脱页，由本社发行部调换
客服热线：（010）88378991 88361066　　投稿热线：（010）88379604
购书热线：（010）68326294 88379649 68995259　　读者信箱：hzjsj@hzbook.com

出版者的话

文艺复兴以来，源远流长的科学精神和逐步形成的学术规范，使西方国家在自然科学的各个领域取得了垄断性的优势；也正是这样的优势，使美国在信息技术发展的六十多年间名家辈出、独领风骚。在商业化的进程中，美国的产业界与教育界越来越紧密地结合，计算机学科中的许多泰山北斗同时身处科研和教学的最前线，由此而产生的经典科学著作，不仅擘划了研究的范畴，还揭示了学术的源变，既遵循学术规范，又自有学者个性，其价值并不会因年月的流逝而减退。

近年，在全球信息化大潮的推动下，我国的计算机产业发展迅猛，对专业人才的需求日益迫切。这对计算机教育界和出版界都既是机遇，也是挑战；而专业教材的建设在教育战略上显得举足轻重。在我国信息技术发展时间较短的现状下，美国等发达国家在其计算机科学发展的几十年间积淀和发展的经典教材仍有许多值得借鉴之处。因此，引进一批国外优秀计算机教材将对我国计算机教育事业的发展起到积极的推动作用，也是与世界接轨、建设真正的世界一流大学的必由之路。

机械工业出版社华章公司较早意识到“出版要为教育服务”。自 1998 年开始，我们就将工作重点放在了遴选、移译国外优秀教材上。经过多年的不懈努力，我们与 Pearson、McGraw-Hill、Elsevier、MIT、John Wiley & Sons、Cengage 等世界著名出版公司建立了良好的合作关系，从它们现有的数百种教材中甄选出 Andrew S. Tanenbaum、Bjarne Stroustrup、Brian W. Kernighan、Dennis Ritchie、Jim Gray、Afred V. Aho、John E. Hopcroft、Jeffrey D. Ullman、Abraham Silberschatz、William Stallings、Donald E. Knuth、John L. Hennessy、Larry L. Peterson 等大师名家的一批经典作品，以“计算机科学丛书”为总称出版，供读者学习、研究及珍藏。大理石纹理的封面，也正体现了这套丛书的品位和格调。

“计算机科学丛书”的出版工作得到了国内外学者的鼎力相助，国内的专家不仅提供了中肯的选题指导，还不辞劳苦地担任了翻译和审校的工作；而原书的作者也相当关注其作品在中国的传播，有的还专门为其书的中译本作序。迄今，“计算机科学丛书”已经出版了近 500 个品种，这些书籍在读者中树立了良好的口碑，并被许多高校采用为正式教材和参考书籍。其影印版“经典原版书库”作为姊妹篇也被越来越多实施双语教学的学校所采用。

权威的作者、经典的教材、一流的译者、严格的审校、精细的编辑，这些因素使我们的图书有了质量的保证。随着计算机科学与技术专业学科建设的不断完善和教材改革的逐渐深化，教育界对国外计算机教材的需求和应用都将步入一个新的阶段，我们的目标是尽善尽美，而反馈的意见正是我们达到这一终极目标的重要帮助。华章公司欢迎老师和读者对我们的工作提出建议或给予指正，我们的联系方法如下：

华章网站：www.hzbook.com

电子邮件：hzjsj@hzbook.com

联系电话：（010）88379604

联系地址：北京市西城区百万庄南街 1 号

邮政编码：100037

华章科技图书出版中心

译者序

Introduction to Computing Using Python: An Application Development Focus, Second Edition

本书是一本基于 Python 应用程序开发实践的计算机程序设计导论课的教程，不仅可以作为程序设计的入门教程，更提供了计算机科学概念和现代计算机应用程序开发工具的广泛知识和应用。

本书采用面向问题的叙述方式，即在适当的时刻引入相关的计算概念、算法技术、Python 结构和其他工具，而不是逐一罗列计算的概念和 Python 语言结构知识。本书提供了大量基于 Python 交互式命令行的示例，鼓励学生动手实践。书中还包含大量的练习题、习题和思考题，可以进一步巩固和拓展读者学到的知识。本书还包括额外的 11 个案例研究（可访问华章网站 www.hzbook.com 下载），综合展示对应章节中所涉及的概念和工具，可以引导读者提高解决实际问题的能力。

本书以“广度优先”的方式组织内容，共分为四个部分：计算机科学导论和 Python 基础（第 1 ～ 3 章）、基于 Python 的算法设计和问题解决（第 4 ～ 6 章）、基于 Python 的复杂应用程序开发（第 7 ～ 9 章）、知识深入和高级应用（第 10 ～ 12 章）。本书由浅入深，理论知识和实际应用相结合，逐步引导读者学会使用计算机程序设计解决各种问题。

本书的另一大特色是讲解细致，正文中使用了大量的图和表等，使读者更容易阅读和理解正文内容。对于程序设计过程中可能出现的潜在陷阱，本书以“注意事项”的形式给出警示。书中还采用“知识拓展”的形式来简要地探索有趣但稍微偏离正文内容的主题。

本书是 DePaul（德保罗）大学的精品课教程，在其提供的教学官网（www.wiley.com/college/perkovic）中包含大量的教学辅助内容，无论是教师、助教、学生，还是一般读者，均可以从本书教学官网中获取与本书内容相关的额外信息的资源库。

本书由华东师范大学江红和余青松共同翻译。衷心感谢机械工业出版社华章公司的编辑曲熠积极帮我们筹划翻译事宜并认真审阅翻译稿件。在本书翻译的过程中我们力求忠于原著，但由于时间和学识所限，且本书涉及各个领域的专业知识，不足之处在所难免，敬请诸位同行、专家和读者指正。

江红　余青松

2018 年 8 月

本教程介绍程序设计、计算机应用程序开发和计算科学的基础知识及应用实践，适用于大学水平的程序设计导论课程。本教程不仅仅是程序设计的入门教程，更提供了计算机科学概念和现代计算机应用程序开发工具的广泛知识和应用。

本教程采用的计算机程序设计语言是 Python——一种比大多数语言学习曲线更加平滑的语言。Python 提供了强大的软件库，使得复杂的任务很容易上手，例如开发图形应用或者查找 Web 网页上的所有超链接。在这本教科书中，我们充分利用 Python 语言的易学性和易用性，同时使用 Python 库进行更多的计算机科学研究，并将重点放在现代应用程序开发上。这样做的好处是使得本书充分介绍了计算和现代应用程序开发领域的相关知识和应用。

本教程的教学方法是以广度优先的方式介绍计算的概念和 Python 程序设计知识。本教程的方法更接近自然语言的学习方法，从若干通用的词汇开始，逐渐扩展相关知识，而不是逐一罗列计算的概念和 Python 语言结构知识。本教程采用面向问题的叙述方式，只有在需要的时候才介绍相关的计算概念、Python 结构、算法技术和其他工具，即采用了“在正确的时间使用正确的工具”的模型。

本教程采用了命令式编程优先和面向过程的程序设计理念，但并不回避在早期讨论对象的概念。当激发了学生的兴趣并做好思想准备之后，再讨论用户自定义的类和面向对象的程序设计。教科书的最后三章和相关的案例研究使用 Web 爬取、搜索引擎和数据挖掘的上下文来介绍一系列广泛的主题。这些主题包括有关递归、正则表达式、深度优先搜索、数据压缩和谷歌的 MapReduce 框架的基本概念，以及诸如图形用户界面组件、HTML 解析器、SQL、JSON、输入 / 输出流以及多核编程的实用工具。

这本教科书适用于计算机科学专业计算机科学和程序设计知识的课堂教学。本教程覆盖了广泛而又基本的计算机科学主题以及当前流行的技术，这些有助于学生广泛理解该领域，并有信心开发与 Web 或数据库交互的“真正”的现代应用程序。教科书广泛的知识覆盖也使得它非常适合于那些同时需要掌握程序设计和计算概念但又不愿意选修一门或两门以上计算课程的学生。

技术特性

本教程具有许多吸引学生的特性，并积极鼓励学生动手实践。首先，本书提供了大量基于 Python 的交互式命令行的示例。学生可以很容易地自己复制这些代码行。通过运行这些代码并观测代码的执行结果，学生可能会使用交互式命令行的即时反馈来进行更深入的实验。

贯穿整本教程，我们将一些练习题穿插在正文当中，其目的是加深对正文中刚刚讨论过的概念的理解。这些问题的答案包含在相应的章节或者是案例研究的末尾，以允许学生检查他们的答案是否正确，或者在思路堵塞的情况下作为参考。

对于程序设计过程中可能出现的潜在陷阱，本教程以“注意事项”的形式来警示学生。

教程中还使用“知识拓展”的形式来简要地探索有趣但稍微偏离正文内容的主题。正文中大量的练习题、图和表等，为正文内容提供了更棒的视觉效果，从而使学生更容易阅读和理解正文内容。

最后，本教程各章结尾均包含了大量的思考题，其中许多思考题与入门级教科书中常见的思考题截然不同。

本教程的电子版还提供额外的教学材料，其中包括 11 个案例研究[⊖]。每一个案例研究都与一章（第 2 ～ 12 章）的正文内容相关联，并充分展示对应章节中所涉及的概念和工具。案例研究中包括额外的思考题，以及相应的练习题及其答案。

在线补充资料[⊜]

在本教程的配套网站上，提供了以下补充资料：

- 每个章节的 PowerPoint 教学幻灯片
- 每个章节的学习目标
- 教程中出现的所有代码示例
- 习题和思考题的参考答案（仅供教师使用）
- 考试题（仅供教师使用）

致学生：如何阅读本教程

本教程的目的是帮助读者掌握程序设计和开发计算思维的技能。程序设计和计算思维是实践行为，除了需要一台安装了 Python 集成开发环境的计算机以外，还需要用于演算的纸和笔。理想情况下，当读者阅读本教程的时候，必须拥有这些工具。

本教程大量使用了 Python 的交互式命令行示例。请读者尝试在命令行中运行这些示例。欢迎读者进一步实验。请读者放心，即使你不小心犯了错误，计算机也不大可能大发雷霆的！

读者还应该尝试完成正文中给出的所有练习题。练习题的参考答案位于相应章节的结尾。如果你思路堵塞了，去偷看一眼参考答案也可以，但是偷看一眼之后，请尝试自己解决问题而不要继续偷看。

对于编程过程中潜在的陷阱，在正文中使用“注意事项”的形式来警示读者。这些警示是非常重要的，读者阅读时不应该跳过。“知识拓展”部分则讨论与主题稍微相关的话题，读者愿意的话阅读时可以跳过，或者感兴趣的话也可以更加深入地探索这些话题。

在阅读正文的某些内容的时候，读者可能会灵感闪现，想开发自己的应用程序，也许是一个纸牌游戏，或一个实时跟踪一系列股票市场指数的应用程序。如果灵感闪现，那就勇敢地去尝试吧！相信你一定会收获满满。

本教程概述

本教程共分 12 章，以“广度优先”的方式介绍了计算概念以及 Python 程序设计语言。本教程的电子版还包括案例研究，展示了教程各章中所涵盖的概念和工具。

⊖ 关于电子教程案例研究内容，有需要的读者请到华章网站（www.hzbook.com）下载。——编辑注

⊜ 关于本书教辅资源，只有使用本书作为教材的教师才可以申请，需要的教师可向约翰 · 威立出版公司北京代表处申请，电话 010-84187869，电子邮件 sliang@wiley. com。——编辑注

Python 和计算机科学导览

第 1 章介绍基本的计算概念和术语。首先讨论计算机科学是什么以及开发人员做什么，并定义建模、算法设计和程序设计的概念。然后描述了计算机科学家和应用程序开发人员的工具包，从逻辑到系统，重点在于程序设计语言、Python 开发环境和计算思维。

第 2 章介绍核心的内置 Python 数据类型：整型、布尔型、浮点型、字符串、列表和元组。本章使用 Python 交互式命令行的方式阐述不同数据类型的特点。介绍没有侧重全面性，而是侧重每种数据类型的用途，以及数据类型之间的差异和相似之处。这种方法可以激发对对象和类的更抽象的讨论，而这对于最终掌握数据类型的正确用法是必需的。本教程电子版中的案例研究（CS.2）充分利用了这些讨论，从而引入了海龟图形类，让学生能够交互式地绘制简单有趣的图形。

第 3 章介绍命令式和面向过程的程序设计，包括基本的执行控制结构。本章将程序作为存储在文件中的 Python 语句序列。为了控制语句的执行方式，引入了基本条件和迭代控制结构：单分支和双分支 `if` 语句，以及迭代一个显式序列或数字范围的最简单的 `for` 循环模式。本章介绍了函数，作为一种封装小应用程序的方式；本章还在第 2 章所涵盖的对象和类的知识上，描述了 Python 如何赋值和传递参数。本教程电子版中的案例研究（CS.3）通过基于海龟图形的可视化上下文，激发读者通过程序实现自动化，并通过函数实现抽象。

前三章对 Python 程序设计和计算机科学提供了一个浅显而广泛的介绍。通过介绍 Python 的核心数据类型和基本执行控制结构，学生能够尽早上手编写简单而完整的程序。同时，在早期介绍函数可以帮助学生理解程序的功能，即程序所需要的输入是什么，以及程序产生的输出是什么。换言之，函数的抽象和封装是用来帮助学生更好地理解程序的。

专注于算法思考

第 4 章更深入地讨论了文本和文件处理。本章继续讨论第 2 章中涉及的字符串知识：字符串值的表示、字符串运算符和方法，以及格式化输出。文件输入 / 输出（I/O）也会介绍，特别是读取文本文件的不同模式。最后，使用文件 I/O 的上下文来激发对 Python 中异常和异常类型的讨论。本教程电子版中的案例研究（CS.4）讨论了图像文件（通常存储为二进制文件而不是文本文件）是如何读取和写入的，以及如何使用 Python 处理图像。

第 5 章深入介绍执行控制结构和循环模式。基本条件和迭代结构在第 3 章中介绍，然后在第 4 章中使用（例如，在读取文件的上下文中）。第 5 章一开始先讨论多分支条件语句，其余大部分篇幅则用于描述不同的循环模式：`for` 循环和 `while` 循环的各种不同使用方法。在讨论嵌套循环模式时，还引入了多维列表。本章作为核心章节，不仅涵盖了 Python 循环结构，还描述了问题分解的不同方式。因此，本章从本质上讨论了问题求解和算法。本教程电子版中的案例研究（CS.5）分析了图像处理的底层原理，描述了如何实现经典的图像处理算法。

第 6 章详细介绍了 Python 内置容器数据类型及其用法。引出字典、集合和元组数据类型加以介绍。本章还完成了对字符串的介绍，并讨论了字符编码和 Unicode。最后，在讨论选择和排列容器中的项时引入了随机性的概念。本教程电子版中的案例研究（CS.6）利用本章中介绍的概念，展示了如何开发一个 21 点扑克牌游戏应用程序。

第 4 ～ 6 章代表了本教程所采取的“广度优先”方法的第二个层次。在入门程序设计课程中，学生所面临的主要挑战之一是掌握条件和迭代结构，更一般地说，是掌握解决计算问题和设计算法的技能。关键的第 5 章（关于如何应用执行控制结构的模式）出现在学生学习了基本条件语句和迭代模式的几个星期后，此时他们已经渐渐适应了 Python 语言。对 Python 语言和迭代有一定程度的熟悉之后，学生可以专注于算法问题，而不是那些诸如如何正确地读取输入或者格式化输出的次要问题。

管理程序的复杂性

第 7 章将重点转移到软件开发过程本身和管理更大、更复杂程序的问题上。本章介绍了名称空间。名称空间是管理程序复杂性的基础。本章建立在第 3 章函数和参数传递的基础上，引出了代码重用、模块化和封装的软件工程目标。函数、模块和类是可以用来实现这些目标的工具，本质上是因为它们定义了单独的名称空间。本章描述了如何在正常控制流和异常控制流（当异常由异常处理程序处理时）中管理名称空间。本教程电子版中的案例研究（CS.7）基于本章的内容展示了如何使用调试器查找程序中的错误，或者更一般地，如何使用调试器分析程序的执行情况。

第 8 章涵盖了 Python 中新类的开发和面向对象程序设计（OOP）的范式。本章以第 7 章揭示的“类通过名称空间实现”为基础，解释如何开发新的类。本章通过运算符重载（Python 设计理念的中心）介绍了面向对象程序设计的概念，以及继承（强大的面向对象程序设计属性，将在第 9 章和第 11 章加以应用）。通过抽象和封装，类实现了模块化和代码重用的软件工程目标。然后通过抽象和封装的讨论来引出用户自定义的异常类。本教程电子版中的案例研究（CS.8）进一步阐述了用户自定义容器类中迭代行为的实现。

第 9 章介绍了图形用户界面（GUI），展示了面向对象方法在开发图形用户界面中的强大之处。本章使用 Python 的 Tk 组件工具包，它是 Python 标准库的一部分。本章中讨论如何利用交互式组件实现事件驱动编程模式。除了介绍图形用户界面开发外，本章还展示了如何使用面向对象程序设计的强大功能来实现模块化和可重用的程序。本教程电子版中的案例研究（CS.9）通过实现基本计算器图形用户界面的过程证实了这一强大功能。

第 7 ～ 9 章的主要目标是向学生介绍程序复杂性和代码组织问题。这几章描述如何使用名称空间来实现功能的抽象和数据的抽象，并最终实现封装的、模块化的、可重用的代码。第 8 章全面讨论了用户自定义类和面向对象程序设计。然而，面向对象程序设计的优越性在实际应用中才能最好地体现，而这正是第 9 章的内容。其他有关面向对象程序设计的应用和实例将在后续章节陆续讨论，特别是 11.2 节、12.3 节、12.4 节以及第 10 章的案例研究 CS.10。第 7 ～ 9 章为学生将来在数据结构和软件工程方法方面的学习提供了基础。

知识深入和高级应用

第 10 ～ 12 章是本教程的最后三章，涵盖了各种高级主题，从基本的计算机科学概念（例如递归、正则表达式、数据压缩和深度优先搜索等）到实用的现代工具（例如 HTML 解析器、JSON、SQL 和多核编程等）。文中通过开发诸如 Web 爬虫程序、搜索引擎和数据挖掘应用程序来引出这些高级主题并将它们连接起来。然而，这些主题是松散的，并且每一个单独的主题都是独立呈现的，目的是允许教师根据他们认为合适的材料来设计不同的应用上下文和主题。

第 10 章介绍了计算机科学的基本主题：递归、查找和算法的运行时间分析。本章一开始即讨论递归思想。然后将这种技巧应用于从绘制分形图到病毒扫描的各种各样的问题上。本章最后一个例子用于阐述深度优先搜索。递归的优点和缺点导致算法运行时间分析的讨论。然后将算法运行时间的分析应用于各种查找算法性能的分析。本章把重点放在计算的理论方面，以便为今后的数据结构和算法课程奠定基础。本教程电子版中的案例研究（CS.10）讨论了汉诺塔问题，展示了如何开发一个可视化的应用程序来说明递归解决方案。

第 11 章介绍了万维网——一个中央计算平台，同时也是一个创新计算机应用程序开发的巨大数据源。在讨论访问 Web 上的资源和解析 Web 页面的工具之前，对 Web 语言 HTML 进行了简要讨论。为了从 Web 页面和其他文本内容中抓取所需的内容，首先介绍了正则表达式。在入门课程中接触 HTML 解析和正则表达式的好处是，学生在学习正规语言课程之前，将熟悉其在应用中的用法。本教程电子版中的案例研究（CS.11）利用本章中所涉及的不同主题来展示一个基本的 Web 爬虫程序的开发过程。

第 12 章介绍数据库和大型数据集的处理。在讲述如何存储从网页中抓取的数据时，简要地介绍了数据库查询语言 SQL 以及一个 Python 数据库应用编程接口。鉴于当今计算机应用数据库的普及，建议学生尽早接触数据库及其使用（如果没有其他的理由，应该在第一次实习前熟悉数据库）。数据库和 SQL 的讨论只是介绍性的，应该被看作以后数据库课程的基础。本章还讨论了如何利用计算机上可用的多个内核更快速地处理大数据集。本章还介绍了谷歌公司的问题解决框架 MapReduce，并在此应用中介绍了列表解析和函数式编程范式。本章为进一步研究数据库、程序设计语言和数据挖掘奠定了基础。本教程电子版中的案例研究（CS.12）采用这一背景来讨论数据交换，或者如何格式化并保存数据，以便任何需要这些数据的程序可以方便高效地访问它们。

第 2 版新内容

本教程的第 1 版和第 2 版之间的最大变化是结构性调整。各章所涵盖的基本知识和用于描述基本概念的案例研究在第 2 版中实现了明确的分离。案例研究已经从各章节中分离出来，在第 2 版中包含在教程的电子版中。这种结构性变化有两个好处。第一个好处是，教科书章节可以更加专注于基本知识。第二个好处是，可以为案例研究提供更多的空间。新版本中出现了四个新的案例研究，教程中每一章（除了“非技术性”的介绍性章节）都关联了一个案例研究。

除了这种结构性的变化，教程还增加、删除了一些内容，纠正了一些错误，改进了一些表述方式。以下我们将一一罗列出这些变化。

在第 2 章中，我们增加了元组数据类型的讨论（包含在第 1 版的第 6 章中）。这一举措是合理的，因为在 Python 中，元组数据类型是一种关键的内置数据类型，并被许多标准库模块和 Python 应用程序所使用。例如，与第 4 章和第 5 章相关的案例研究中讨论的图像处理模块就使用了元组对象。因为元组数据类型与列表数据类型非常相似，所以增加这个内容不会让第 2 章的讨论时间延长多少。

在第 3 章中，改进了阐述函数的方式。特别是提供了更多的例子和练习题以帮助说明如何传递不同数量和类型的函数参数。第 4 章的案例研究被替换为新的关于处理图像文件的应用程序。新的案例研究给了学生一个令人兴奋的机会，他们可以在视觉媒体的应用中查看教程内容。同时，处理和格式化日期、时间字符串的内容被移动到 4.2 节。在第 2 版中，重要的第 5 章有一个实现图像处理算法的相关案例研究。这部分内容再次利用视觉媒体的吸引人的应用过程来阐述基本概念（例如嵌套循环）。

第 6 章不再包括元组数据类型的讨论（被移至第 2 章中）。在第 2 版的第 7 章中包括了一个调试和调试器使用的相关案例研究。它有效地利用了本章所涵盖的概念，为学生提供了一种新工具，帮助他们进行程序的调试。第 8 章和第 9 章只是略有变化。第 10 章对线性递归及其与迭代的关系进行了更为深入的研究。第 11 章几乎没有变化。最后，在第 2 版的第 12 章中提供了一个数据交换的相关案例研究，它将帮助学生获得使用数据集的相关实践经验。

最后，第 2 版教程中增加了大约 60 道练习题和章节后面的思考题。

致教师：如何使用本教程

本教程的内容是为两个学期的课程设计的，主要针对计算机科学和计算机科学程序设计专业的学生。本教程的内容足够一个典型的 15 周的课程使用（可能正好适合于准备充分并且积极性很高的学生）。

本教程的前六章全面覆盖了 Python 语言中命令式 / 面向过程的程序设计部分。它们应该按顺序讨论，但也可以在学习第 4 章之前学习第 5 章。此外，还可以跳过第 6 章的内容，然后在需要的时候回过头来再学习。

为了有效地展示面向对象程序设计，建议按照顺序依次学习第 7 ～ 9 章的内容。在学习第 8 章之前建议先学习第 7 章，这点非常重要，因为第 7 章揭开了 Python 类实现的神秘面纱，从而使得学生可以更加有效地学习面向对象程序设计主题（例如运算符重载和继承）。同样，在学习第 8 章之后再学习第 9 章也是非常有益的（但不是必须如此），因为第 8 章提供了一个应用，其中展示了面向对象程序设计的巨大优越性。

第 9 ～ 12 章都是可选内容，它们仅仅依赖于第 1 ～ 6 章的内容（当然也有少量扩充的知识点），其包含的内容一般可以跳过或者由任课教师自由编排授课顺序。扩充的知识点位于 9.4 节（它演示了如何使用面向对象的程序设计方法开发图形用户界面），以及 11.2 节、12.3 节和 12.4 节（它们都使用了用户自定义的类）。所有这些知识均依赖于第 8 章中的内容。

在授课中使用本教程但计划将有关面向对象程序设计的知识留给后续课程的教师，可以先讲授第 1 ～ 7 章的内容，然后从第 9 ～ 12 章中选择非面向对象程序设计部分的主题内容进行授课。对于那些希望讲授面向对象程序设计知识的教师，应该使用第 1 ～ 9 章的内容，然后从第 10 ～ 12 章中选择相应主题进行授课。

致谢

本教程第 1 版的内容材料是在 DePaul 大学教授 CSC241/242 课程序列（计算机科学导论 I 和 II）的三年多时间里开发设计的。在这三年中，6 个不同年级的计算机科学专业的新生学完了本课程系列。我在不同的学生群体中尝试不同的教学方法，重新安排和重组教程中的内容材料，并尝试教授给学生入门级程序设计课程中通常不教的主题内容。不断的重组和实验使得课程内容材料不太流畅，但更具挑战性，特别是对于早期的学习群体。令人惊奇的是，虽然学生在本课程中所得到的分数不高，但他们依旧热情不减，这反过来又帮助我维持了热情。我衷心感谢他们。

我衷心感谢 DePaul 大学计算机学院的教师和管理人员，他们创造了一个真正独特的学术环境，鼓励教育实验与创新。他们中的一些人也直接参与了本教程的创作和修订。副院长 Lucia Dettori 合理安排了我的课程以便我有时间写作。Curt White 是一位经验丰富的教科书作者，他积极鼓励我开始写作，并极力向 John Wiley & Sons 出版社推荐我。Massimo

DiPierro 是 web2py Web 框架的创始者，同时也是我永远无法比肩的 Python 权威，他为 CSC241/242 系列课程的内容制定了第一份大纲，而这是本教材最初的种子。Iyad Kanj 首开课程 CSC241，并无私地允许我使用他开发的材料。Amber Settle 是除我之外第一次使用本教程授课的教师，谢天谢地，她取得了巨大的成功，这个成功归功于她本身就是一个优秀的教师。在我所认识的人中，Craig Miller 最深入地思考并阐述了计算机科学的基本概念。通过和他之间的许多有趣的讨论，我获得了一些见解，本教程因此也受益匪浅。最后，Marcus Schaefer 对本教程一半以上的内容进行了彻底的技术审查，大大改进和完善了本教程的内容。

如果没有 Wiley 出版社教科书代理 Nicole Dingley 的建议，我的课程讲义将停留在讲义层面而不会编辑成书。Nicole 把我与 Wiley 出版社的编辑 Beth Golub 联系在一起。感谢 Beth 做出了一个勇敢的决定，选择信任一个拥有奇怪的名字并且没有教材写作经验的外国人来编写教科书。Wiley 出版社的高级设计师 Madelyn Lesure，以及我的朋友兼邻居 Mike Riordan，帮助我实现了简单整洁的正文设计。最后，Wiley 出版社的高级编辑助理 Samantha Mandel 不知疲倦地让我的各章草稿进入审阅和出版环节。在整个教材出版过程中，Samantha 一直是一个职业化和优雅的典范，她为这本教材提出了无数精彩的建议和意见，使得本教材更加出色。

这本书的最终版本只是表面上看起来与最初的草稿类似。相对于初始版本，教材最终版取得了长足的改善，这归功于数十位评审者（其中很多是匿名）。陌生人的善意使本教材变得更完美，而这也使得我对教材审阅过程有了新的认识。审阅者们不仅能发现问题，而且有提供解决方案的热情。我万分感谢他们认真而系统的反馈。一些审阅者（包括 David Mutchler（罗斯霍曼理工学院），提供了他的姓名和电子邮件给我以保持进一步通信联系）超越其职责范围，帮助挖掘深埋在我的早期草稿中的潜在问题。Jonathan Lundell 还对本教材最后一章提供了技术审阅。由于时间上的限制，我没能把收到的所有有价值的建议都纳入教材中，对教材中任何疏漏的责任完全由我自己承担。

我要特别感谢使用本教程第 1 版授课并给予我宝贵反馈意见的教师们：Ankur Agrawal（曼哈顿学院），Albert Chan（费耶特维尔州立大学），Gabriel Ferrer（汉德里克斯学院），David G. Kay（加利福尼亚大学欧文分校），Gerard Ryan（新泽西科技学院），Sridhar Seshadri（得克萨斯大学阿灵顿分校），Richard Weiss（常青州立大学），Michal Young（俄勒冈大学）等。我已经尽力在第 2 版中采纳他们的建议。

最后，我要感谢我的爱人 Lisa 和女儿 Marlena、Eleanor，感谢她们给予我的耐心。编写一本教材需要花费大量的时间，而这些时间只能来自家庭时间或睡眠时间，因为其他职业责任均有其设定的时间。编写这本教材花费的时间使得我常常无法参加家庭活动，或者由于睡眠不足而导致脾气不好。幸运的是，我有先见之明，在开始这个项目的时候领养了一只狗。虽然在家庭活动中的缺席带来了很多遗憾和失望，但这只名叫 Muffin 的狗无疑为我的家庭带来了更多的快乐……所以，还要感谢 Muffin。

关于作者

Ljubomir Perkovic 是芝加哥 DePaul 大学计算学院的副教授。他于 1990 年在纽约城市大学亨特学院获得了数学和计算机科学的学士学位，于 1998 年在卡内基－梅隆大学计算机科学学院获得了算法、组合数学和优化的博士学位。

Perkovic 于 21 世纪初在 DePaul 大学开始教授程序设计入门系列课程。他的目的是与初级程序员分享开发人员开发一个很酷的新应用程序时的兴奋和喜悦。他把课程概念和现代应用程序开发中所使用的技术有机地融合在一起。他为这门课程所开发的材料构成了这本教程的基础。

他的研究方向包括计算几何、分布式计算、图论和算法以及计算思维。他对计算几何的研究让他获得了富布莱特研究学者奖和美国国家科学基金会项目（该项目研究如何在通识教育课程中扩大计算思维的应用）资助。

第 1 章

Introduction to Computing Using Python: An Application Development Focus, Second Edition

计算机科学导论

本章为导论章，我们将介绍本教程的应用上下文场景，以及贯穿整本教程所涉及的关键概念和术语。我们将以若干问题作为讨论的起始点：什么是计算机科学？计算机科学家和计算机应用程序开发人员的工作是什么？他们使用什么工具？

计算机（或更一般的计算机系统）组成了一个工具集。我们将讨论一个计算机系统的不同组成部分，包括硬件、操作系统、网络和互联网以及用于编写程序的程序设计语言。特别地，我们将介绍关于本教程使用的 Python 程序设计语言的一些背景知识。

另一个工具集是逻辑推理。逻辑推理基于逻辑学和数学，是开发计算机应用程序的必备能力。我们将介绍计算思维的思想，以及如何在开发一个小型 Web 搜索应用程序中使用计算思维。

本章介绍的基本概念和术语独立于 Python 程序设计语言。它们适用于所有的应用程序开发，与所采用的硬件、软件平台或程序设计语言无关。

1.1 计算机科学

本教程既是程序设计导论，也是 Python 程序设计语言导论，但更主要的是计算导论，即如何从计算机科学的角度看世界。为了理解这个观点以及定义计算机科学是什么，让我们先看看计算机专业人员都做些什么。

1.1.1 计算机专业人员的工作

计算机专业人员做什么？一个答案是：他们编写程序。是的，许多计算机专业人员都编写程序。然而，说他们编写程序，就像说剧作家（即编写电影或电视剧剧本的作家）编写剧本。从观看电影的经验来看，我们发现：剧作家创造出一个世界，并创造故事情节，以满足电影观众想理解人类本质的需求。好吧，并不是所有的剧作家都能做到。

让我们再次尝试定义计算机专业人员做什么。事实上，很多计算机专业人员并不编写程序。而编写程序的计算机专业人员中，他们真正在做的实际上是开发用来满足人类日常活动中需求的计算机应用程序。这些计算机专业人员通常又称为*计算机应用程序开发人员*，或简称*开发人员*。一些开发人员也开发类似于虚拟世界的应用程序（例如，电脑游戏），实现剧作家编写的复杂的情节和故事。

并非所有开发人员都开发计算机游戏。有些开发人员为投资银行家创建金融工具，还有一些为医生创建可视化工具（其他示例可以参见表 1-1）。

表 1-1 计算机科学的应用范围。其中列举了人类的日常活动，以及对应的计算机应用程序开发人员开发的支持该活动的软件产品的示例

日常活动	计算机应用程序
国防	用于目标检测与跟踪的图像处理软件
驾驶	基于 GPS 的智能手机的交通导航软件及专用导航硬件

（续）

日常活动	计算机应用程序
教育	用于危险或昂贵的生物实验室实验的模拟软件
农业	基于卫星的农场管理软件，跟踪土壤特性并预测农作物收成
电影	为电影制作计算机生成图像的三维计算机图形软件
媒体	电视节目、电影和视频剪辑的点播、实时视频流
医疗	病人记录管理软件，以促进医学专家之间的交流和共享
物理	计算粒子加速器数据的计算网格系统
政治活动	支持实时通信和信息共享的社交网络技术
购物	推荐系统，推送购物者感兴趣的产品
空间探索	火星探索漫游者，分析土壤、寻找水的证据

那并不是开发人员的计算机专业人员都做些什么呢？这些人当中有些负责与客户沟通，以获取计算机应用的开发需求。

还有一些计算机专业人员是管理应用程序开发团队的经理。一些计算机专业人员为安装新软件的客户提供技术支持，而其他计算机专业人员则使软件保持最新状态。许多计算机专业人员管理网络、Web服务器或者数据库服务器。美工计算机专业人员设计客户与应用程序交互的接口。还有一些计算机专业人员（例如本教程的作者）喜欢教授计算机知识，其他计算机专业人员则提供信息技术（IT）咨询服务。最后，越来越多的计算机专业人士成为企业家，并开始了新的软件业务，其中许多人的名字已经家喻户晓。

不管他们在计算世界中最终扮演什么样的角色，所有的计算机专业人员都懂得计算的基本原理，计算机应用程序是如何开发的，以及它们是如何工作的。因此，对计算机专业人员的培训总是从掌握程序设计语言和软件开发过程开始。为了用一般的术语来描述这个过程，我们需要使用一些更抽象的术语。

1.1.2 模型、算法和程序

为了创建一个满足人类活动某方面需求的计算机应用程序，开发人员将构建一个*模型*，该模型表示活动发生的“真实世界”环境。模型是真实环境的一种抽象（虚拟）的表示，并使用逻辑和数学的语言来描述。模型可以代表计算机游戏中的对象、股票市场指数、人体器官或者飞机上的座位。

开发人员还会构建在模型中运行的*算法*，用于创建、转换、呈现信息。算法是一系列指令，与烹饪食谱不无类似。每一条指令以一种非常明确和完整定义的方式处理信息，并且算法指令的执行达到了预期的目标。例如，一种算法可以计算计算机游戏中物体之间的碰撞，或查找飞机上可用的经济舱座位。

开发算法的最大优点是可以实现算法的*自动执行*。在构建了一个模型和一个算法之后，开发人员将该算法作为一个*计算机程序*来实现，该程序可以在*计算机系统*上执行。虽然算法和程序都是关于如何实现目标的分步指令的描述，但是算法是用我们理解但不能由计算机系统执行的语言来描述的，而程序则是用我们理解并且可以在计算机系统上执行的语言来描述的。

在本章的最后，也就是1.4节中，我们将通过一个示例任务，阐述构建完成该任务的模型和算法的详细步骤。

1.1.3 必备的工具

我们已经提及若干开发人员在开发计算机应用程序时所使用的工具。从根本上来说，开发人员使用逻辑和数学来构建模型和算法。在过去的半个多世纪里，计算机科学家们已经基于逻辑和数学建立了信息和计算的理论基础的广阔知识体系。开发人员在工作中要应用这些知识，计算机科学的大部分训练包括掌握这方面的知识，而这本教程是培训的第一步。

开发人员使用的另一组工具当然是计算机，或者更一般的计算机系统。它们包括硬件、网络、操作系统，以及程序设计语言和程序设计语言工具。我们将在 1.2 节中详细地描述所有这些系统。虽然理论基础经常超越技术的变化，但计算机系统工具也在不断演进。几乎每天都会出现更快的硬件、改进的操作系统和新的程序设计语言，以适应未来的应用程序需求。

1.1.4 什么是计算机科学

我们已经描述了应用程序开发人员所做的工作，以及他们所使用的工具。那么到底什么是计算机科学？它与计算机应用程序开发有什么关系？

虽然大多数计算机专业人员为计算领域以外的用户开发应用程序，但有些人正在研究和创建开发人员使用的理论和系统工具。计算机科学领域包括这类工作。计算机科学可以定义为研究信息和计算的理论基础及其在计算机系统上的实际实现。

应用程序开发毫无疑问是计算机科学领域的核心驱动力，但其涉及的范围更广。计算机科学家开发的计算技术被用来研究关于信息、计算和智能的本质的问题。它们也被用于其他学科，以帮助我们了解和领会我们周围的自然现象和人为现象，例如物理学中的相变或者社会学中的社交网络。事实上，一些计算机科学家正在致力于研究科学、数学、经济学和其他领域中一些最具挑战性的问题。

应该强调的是，应用程序开发和计算机科学之间的边界（以及应用程序开发人员和计算机科学家之间的边界）通常无法清晰界定。计算机科学的许多理论基础都是从应用程序开发得来的，而理论计算机科学的研究常常导致计算机的创新应用。因此，许多计算机专业人员同时充当两个角色：开发人员和计算机科学家。

1.2 计算机系统

计算机系统由硬件和软件组成，它们共同执行应用程序。硬件包括物理组件，即可以触摸到的组件，如内存芯片、键盘、网络电缆或智能手机。软件包括计算机的所有非物理组件，包括操作系统、网络协议、程序设计语言工具和相关的应用程序编程接口（API）。

1.2.1 计算机硬件

计算机硬件指的是计算机系统的物理部件。它可以指台式计算机，包括计算机桌面上的监视器、键盘、鼠标和其他外部设备，最重要的是包含所有内部组件的物理“机箱”。

机箱内部的核心硬件部件是*中央处理器*（CPU）。CPU 是执行计算的部件，通过获取程序指令和数据，并在数据上执行指令来实现计算。另一个关键的内部组件是*主存储器*，通常称为*随机存取存储器*（RAM）。RAM 就是程序执行时存储程序指令和数据的地方。CPU 从主存中读取指令和数据，并将结果存储在主存中。

在CPU和主存储器之间传输指令和数据的线路集合通常被称为总线。总线还将CPU和主存储器连接到其他内部部件，例如硬盘驱动器和各种适配器（用于连接外部设备，例如监视器、鼠标或网络电缆）。

硬盘是机箱中第三个核心部件，是存放文件的地方。当计算机关机时，主存储器将丢失所有数据；然而，硬盘始终可以存储文件，无论计算机是处于开机状态还是关机状态。另外，硬盘驱动器的容量也比主存容量大得多。

计算机系统这个术语可以指一台计算机（台式机、笔记本电脑、智能手机或者PAD），也可以指连接到网络（并因此彼此互联）的计算机集合。在后一种情况下，硬件还包括网络布线和专用网络硬件，例如路由器。

值得强调的是，大多数开发人员不会直接与计算机硬件打交道。如果程序员必须直接针对硬件组件编写指令，编写程序将变得非常困难。同时这也是很危险的，因为一个程序错误可以导致硬件瘫痪。基于上述原因，在开发人员编写的应用程序和硬件之间存在一个接口。

1.2.2 操作系统

应用程序不会直接访问键盘、计算机硬盘驱动器、网络（以及Internet）或者显示器。作为替代，应用程序请求操作系统（OS）执行这些操作。操作系统是计算机系统中介于硬件和开发人员编写的应用程序之间的系统软件。操作系统有如下两个互补功能：

（1）操作系统保护硬件不被程序或程序员误用；

（2）操作系统为应用程序提供一个接口，通过这个接口，程序可以向硬件设备请求服务。

本质而言，操作系统通过在机器上执行的应用程序管理对硬件的访问。

知识拓展：当今操作系统的起源

当今市场上主流的操作系统是微软的Windows和UNIX及其变体（包括Linux和苹果OS X）。

UNIX操作系统是20世纪60年代后期和70年代初期由AT&T贝尔实验室的肯·汤普森开发研制的。1973年，由汤普森和丹尼斯·里奇使用C语言（一个由里奇创造的程序设计语言）重新实现了UNIX。由于它是免费供任何人使用的，所以C语言变得相当流行，程序员将C和UNIX移植到各种不同的计算平台上。现如今，有若干个版本的UNIX，包括苹果的Mac OS X。

微软Windows操作系统的起源与个人计算机的出现密不可分。20世纪70年代末，保罗·艾伦和比尔·盖茨创立了微软公司。1981年，IBM研发出IBM个人计算机（IBM PC）时，微软为其提供了一个名为MS-DOS（微软磁盘操作系统）的操作系统。从那时起，微软为操作系统添加了一个图形界面，并将其重命名为Windows。最新版本是Windows 10。

Linux是20世纪90年代初由林纳斯·本纳第克特·托瓦兹开发的类UNIX的操作系统。他的动机是为个人计算机创建一个类似UNIX的操作系统，因为当时UNIX仅限于高性能工作站和大型计算机。在最初开发之后，Linux成为一个基于社区的开源软件开发项目。这意味着，欢迎任何开发人员参与并帮助进一步开发Linux操作系统。Linux是成功的开源软件开发项目的最佳范例之一。

1.2.3 网络和网络协议

许多我们日常使用的计算机应用程序要求计算机连接到因特网。如果没有因特网连接，就不能发送电子邮件、浏览网页、收听互联网广播，或者更新软件。要连接到因特网，必须首先连接到一个接入因特网的网络。

计算机网络是一个由多个能相互通信的计算机组成的系统。目前有若干种不同的网络通信技术，其中一些是无线技术（例如 Wi-Fi），另一些则基于网络电缆（例如以太网）。

互联网络是多个网络连接。因特网是互联网络的一个例子。因特网承载着大量的数据，是构建万维网和电子邮件的平台。

知识拓展：因特网的起源

1969 年 10 月 29 日，加州大学洛杉矶分校（UCLA）的一台计算机与斯坦福大学斯坦福研究所（SRI）的一台计算机建立了网络连接，从而诞生了 ARPANET，即当今因特网的前身。

使网络连接成为可能的技术研究则始于 20 世纪 60 年代初。在那个时代，计算机变得越来越普及，连接计算机以实现共享数据的需求也日益凸显。高级研究计划署（ARPA，美国国防部的一个分支机构）决定解决这个问题，于是为美国一些大学提供资助进行网络研究。今天所使用的许多网络技术和网络概念就是在 20 世纪 60 年代发展起来的，然后在 1969 年 10 月 29 日投入使用。

20 世纪 70 年代开发的 TCP/IP 网络协议族至今仍在使用。该协议规定了数据如何从因特网上的一台计算机传输到另一台计算机，以及其他一些内容。因特网在 20 世纪 70 年代和 80 年代迅速发展，但直到 90 年代初万维网开发出来后，因特网才得以被普通大众广泛使用。

1.2.4 程序开发语言

计算机与其他机器的区别在于计算机可以编程。这意味着指令可以存储在硬盘上的文件中，然后装入主存并按需执行。因为机器不能像我们（人类）那样处理歧义，所以指令必须精确。计算机只能严格按照指令操作，并不能理解程序员的意图。

实际执行的指令是机器语言指令。它们使用二进制记数法表示（即由 0 和 1 组成的序列）。由于机器语言指令编写十分困难，计算机科学家开发了程序设计语言和语言翻译器，使开发人员能够以人类可读的语言编写指令，然后将它们翻译成机器语言。这样的语言翻译器被称为汇编程序、编译器或解释器，其名称取决于对应的程序设计语言。

当前存在许多程序设计语言。其中一些语言是专门用于特定应用程序的，如三维建模或数据库。其他的语言都是通用的，包括 C、C++、C#、Java 和 Python。

虽然可以使用基本的文本编辑器编写程序，但开发人员通常使用集成开发环境（IDE）来编写程序。集成开发环境可以提供各种支持软件开发的服务，包括用来编写和编辑代码的编辑器、语言翻译器、创建二进制可执行文件的自动化工具和调试器。

知识拓展：计算机错误（bug）

当程序的执行没有达到预期，例如计算机死机、宕机或产生错误输出时，我们就说程序有一个 bug（即错误）。排除错误和纠正程序的过程称为调试。调试器是帮助开发人员查找导致错误的指令的工具。

术语“bug”用于表述系统中的一个错误在计算机和计算机科学出现之前就开始使用了。例如，早在19世纪70年代，托马斯·爱迪生就使用这个词来描述机械工程中的缺陷和错误。有趣的是，实际上还的确存在因为真正的臭虫（bug）而导致计算机故障的案例。例如，根据计算先驱格雷斯·霍珀在1947年的报道，导致哈佛大学Mark II电脑（最早的计算机之一）故障的元凶正是一只飞蛾。

1.2.5　软件库

通用程序设计语言（例如Python）由一小组通用指令组成。核心指令集不包括下载网页、绘制图像、播放音乐、在文本文档中查找指定模式或者访问数据库的指令。这样设计的本质原因是，“稀疏”的语言更易于被开发人员所控制和管理。

当然，也存在需要访问网页或者数据库的应用程序。执行这些功能的指令一般定义在与核心语言分离的软件库中，在程序中必须显式地导入相应的软件库才能使用。有关如何使用软件库中定义的指令的描述，则通常被称为*应用程序编程接口*（API）。

1.3　Python程序设计语言

在本教程中，我们将介绍Python程序设计语言，并使用Python来演示计算机科学的核心概念、学习程序设计，以及学习应用程序开发。在本节中，我们将介绍Python的一些背景知识，以及如何在计算机上设置一个Python集成开发环境。

1.3.1　Python简史

Python程序设计语言是由荷兰程序员吉多·范罗苏姆于20世纪80年代末在CWI（国家数学和计算机科学研究院，位于荷兰的阿姆斯特丹）工作时开发的。该语言的命名不是取自巨蟒（Python），而是以英国广播公司喜剧系列《巨蟒的飞行马戏团》（Monty Python's Flying Circus）命名，吉多·范罗苏姆是该剧的粉丝。与Linux操作系统一样，Python最终成为一个开源软件开发项目。然而，吉多·范罗苏姆在决定语言的演化过程中依然处于主导地位。为了巩固这个角色，他被Python界授予了“仁慈的独裁者”的称号。

Python是一种通用语言，专门设计用来增强程序的可读性。Python也有丰富的库，从而使得可以通过相对简单的代码构建复杂的应用程序。基于上述原因，Python已经成为一种流行的应用程序开发语言，同时也是首选的“入门”编程语言。

注意事项：Python 2还是Python 3

目前使用的Python有两个主要版本。Python 2最初于2000年发布，最新版本是2.7。Python 3是一种新版本，它弥补了Python语言早期开发中一些不太理想的设计决策。不幸的是，Python 3并不向后兼容Python 2。这意味着使用Python 2编写的程序，通常无法被Python 3解释器正确地执行。

在这本教科书中，我们选择使用Python 3，因为它的设计更加一致。要了解更多关于这两个版本之间的差异，请参见：

```
http://wiki.python.org/moin/Python2orPython3
```

1.3.2 构建 Python 开发环境

如果你的计算机上还没有安装 Python 开发工具，则需要先下载一个 Python 集成开发环境。Python 集成开发环境的官方列表位于如下网址：

`http://wiki.python.org/moin/IntegratedDevelopmentEnvironments`

我们使用标准的 Python 开发工具包（其中包括 IDLE 集成开发环境）来说明 IDE 安装过程。你可以从如下网址下载工具包（免费）：

`http://python.org/download/`

该网页中包括了适用于所有主流操作系统的安装程序列表。读者可以针对自己的计算机系统选择适当的安装程序，下载并完成安装。

为了开启使用 Python 之旅，用户需要打开一个 Python *交互式命令*（interactive shell）窗口。Python 集成开发环境中包含的 IDLE 交互式命令窗口如图 1-1 所示。

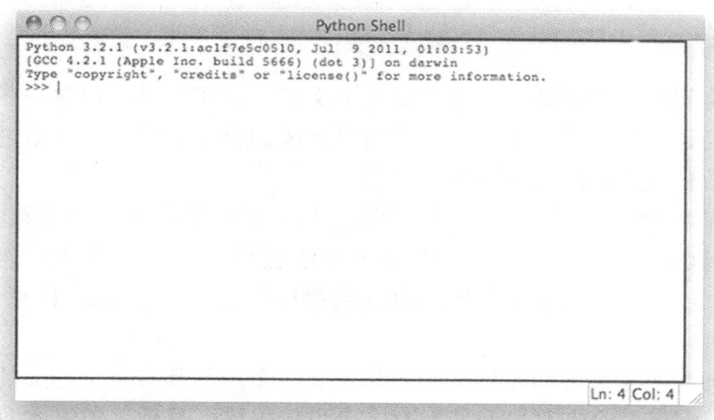

图 1-1 Python 的 IDLE 集成开发环境。Python 的标准实现中包含了 IDLE 集成开发环境。图 1-1 中显示的是 IDLE 交互式命令窗口。在提示符 >>> 下，可以键入单个 Python 指令，按下【Enter/Return】键时，Python 解释器执行指令

交互式命令窗口等待用户键入 Python 指令。当用户键入指令“`print('Hello world')`”，并按下键盘上的【Enter/Return】键时，将打印输出问候语：Hello world。运行过程和运行结果如下所示：

```
Python 3.2.1 (v3.2.1:ac1f7e5c0510, Jul  9 2011, 01:03:53)
[GCC 4.2.1 (Apple Inc. build 5666) (dot 3)] on darwin
Type "copyright", "credits" or "license()" for more information.
>>> print('Hello world')
Hello world
```

交互式命令窗口用来执行单个 Python 指令，例如“`print('Hello world')`”。一个程序通常由多条指令组成，这些指令必须在执行前存储在文件中。

1.4 计算思维

本节将针对自动化 Web 搜索任务问题阐述软件开发过程，并介绍软件开发相关术语。为了对任务的相关方面进行建模，并将任务描述为一种算法，我们必须从“计算”的角度来

理解任务。计算思维是一个术语，用于描述自然或人工过程或者任务被理解和描述为计算过程的智能方法。作为计算机科学家，这个可能是其训练中需要掌握的最重要的技能。

1.4.1　一个示例问题

假如我们打算从喜欢的在线购物网站上购买 12 本获奖小说。但是并不打算原价购买，我们宁愿等待购买打折书。更确切地说，我们对每本书都有一个目标心理价位，只有当它的销售价格低于目标价格时，才会买这本书。因此，每隔几天，我们会访问购物清单上每本书的产品网页，并检查每本书的价格是否已降至目标价格之下。

作为计算机科学家，我们不应该满足于一个网页接着一个网页地手动访问。我们将自动化搜索过程。换言之，我们将开发一个应用程序，让这个应用程序访问我们列表中的图书所在网页，并找到价格低于目标价格的图书。为了实现这个目标，我们首先需要描述计算思维中的搜索过程。

1.4.2　抽象和建模

让我们从简化问题陈述开始。作为问题上下文的“真实世界”包含一些并不真正相关的信息。例如，产品是不是书并不重要，更不用说具体到获奖小说了。搜索过程的自动化同样适用于产品是登山鞋或者时尚鞋的情况。

同样，购物清单包含 12 种产品也不重要。关键在于需要有一个列表（产品列表）：我们的应用程序应该能够处理 12、13、11 个或者任意数量的产品列表。忽略“12 本小说”的细节的额外优点在于，我们最终开发的应用程序将在任意长度的任意产品列表中重复使用。

那么，这些问题的相关方面是什么呢？其一，每个产品都有一个相关的网页，包含该商品的价格；其二，对于每个产品，我们都有一个目标价格；最后，Web 本身也是一个相关的方面。我们可以总结一下相关信息，罗列如下：

a. Web

b. 包含产品网页地址的列表

c. 包含目标价格的列表

第一个列表称之为地址（`Addresses`），第二个列表称之为目标（`Targets`）。

我们需要更精确地描述列表，因为不清楚地址列表 `Addresses` 中的网页地址如何对应于目标列表 `Targets` 中的目标价格。

我们通过对产品按 0、1、2、3……进行编号来确定顺序（计算机科学家从 0 开始计数），然后对网页地址和目标价格排序，保证产品的网页地址和目标价格在各自的列表中处于同一位置。如图 1-2 所示。

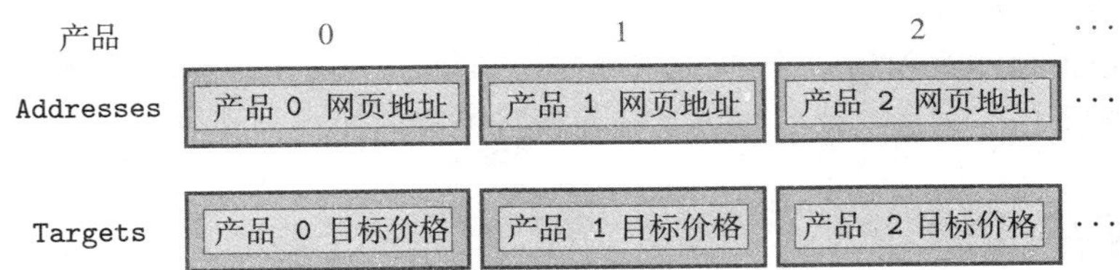

图 1-2　网页地址和目标价格列表。产品 0 的网页地址和目标价格在各自的列表中的第一个位置；对于产品 1，它们都在第二个位置；对于产品 2，它们在第三个位置，以此类推

提取问题相关方面的过程称为抽象。这是一个必要的步骤，其结果是问题可以用逻辑和数学的语言来精确描述。抽象的结果是一个模型，它代表了问题的所有相关方面。

1.4.3 算法

我们要开发的搜索应用程序应该“依次”“访问”产品网页：对于每一个产品，“检查”价格是否已经降低到目标价格以下。虽然上述关于这个应用程序应该如何工作的描述对我们来说可能是清楚的，但它不够精确。例如，“访问”“依次”和“检查”，其具体含义是什么？

当我们“访问”一个网页时，实际上是下载该网页并在浏览器中显示它（或阅读它）。当我们说要“依次”访问若干网页时，需要清楚地指出每个网页都会被仅仅访问一次，还应该清楚地指定访问页面的顺序。最后，为了“检查”价格是否已经降低到期望值，我们需要首先在网页中查找到价格。

为了便于最终将搜索过程实现为一个计算机程序，我们需要使用更精确的分步指令（换言之，算法）来描述搜索过程。该算法应该包括所有步骤的明确描述：指定输入，执行操作，最后生成预期的输出。

算法的设计通常以明确指定输入数据（即开始的信息）和输出数据（即预期获得的信息）开始：

输入：被称为 `Addresses` 的网页地址的有序列表和被称为 `Targets` 的目标价格的有序列表，二者大小相同。

输出：（在屏幕上显示）价格低于目标价格的网页地址。

算法描述如下：

```
把 Addresses 列表中的产品数量赋值给变量 N。
针对每一个产品 I = 0, 1, …, N-1，执行如下步骤：
    把 Addresses 列表中第 I 个产品的网址赋值给变量 ADDR
    下载网址为 ADDR 的网页，然后
        把网页的内容赋值给变量 PAGE
    在 PAGE 中查找产品 I 的当前价格，然后
        把当前价格赋值给变量 CURR
    把 Targets 列表中的产品 I 的目标价格赋值给变量 TARG
    If CURR < TARG:
        打印 ADDR
```

该算法的描述并不是真实的程序代码，不能在计算机上执行。它只是关于完成一个任务需要做什么的简单的精确描述，通常被称为伪代码。算法也可以用实际的可执行代码来描述。在本书的其余部分，我们将使用 Python 程序来描述我们的算法。

1.4.4 数据类型

上述搜索算法的描述包括对各种数据的引用：

a. N，产品的数量

b. ADDR，一个网页的地址

c. PAGE，一个网页的内容

d. CURR 和 TARG，当前价格和目标价格

e. Addresses 列表和 Targets 列表

名称 N、I、ADDR、PAGE、CURR 和 TARG 称为变量，这和代数中的变量一样。名称 Addresses 和 Targets 也是变量。变量的作用是存储值，以便后续使用。例如，上述算法中，对于变量 ADDR，在算法的第 5 行被赋值，在算法的第 16 行中打印输出。

让我们进一步讨论这些数据可存储的值的类型。产品的数量 N 是非负整数值。当前价格 CURR 和目标价格 TARG 是正数，可以使用小数点符号。我们将其描述为正的非整数的数值。网页地址 ADDR 的“值”和该网页内容的“值”又是什么呢？两者均可以描述为字符序列（忽略非文本内容）。最后是两个列表。地址列表 Addresses 是一个有序的地址序列（字符序列），而目标价格列表 Targets 则是一个有序的价格序列（数值）。

数据类型是指数据包括的值范围（例如整数、非整数、字符序列或其他值列表），以及可以在数据上执行的操作。在上述算法中，针对数据进行了如下操作：

a. 比较数值 CURR 和 TARG。

b. 在列表 Addresses 中查找产品 I 的网址。

c. 在网页内容中查找产品价格。

d. 基于整数 N 创建了一个序列 0,1,2,…,N-1。

在 a 操作中，我们假设数值类型可以进行比较。在 b 操作中，我们假设可以从 Addresses 列表中检索产品 I 的网址。在 c 操作中，我们假设可以搜索一系列字符，并查找类似价格的信息。在 d 操作中，我们假设可以创建一个从 0 到一个整数（但不包含该整数）的序列。

这里我们强调的是：一个算法由操作数据的指令组成，而数据如何操作则取决于数据类型。以上述 d 操作为例：虽然这种操作针对整数数据类型合情合理，但针对其他数据（例如，网页地址数据 ADDR）则完全没有任何意义。因此整数数据类型支持创建序列的操作，而“字符序列”数据类型则不支持。

因此，如果站在“计算思维”的角度上思考问题，则需要真正了解我们可以使用哪些类型的数据，以及针对这些数据可以执行什么操作。因为我们将在 Python 编程的上下文中进行“计算思维”，所以我们需要了解 Python 支持的数据类型及其操作。因此，我们的首要任务是学习 Python 的核心数据类型，特别是这些数据类型支持的不同操作，这些是第 2 章的主要内容。

1.4.5 赋值语句和执行控制结构

除了不同类型的数据外，上述设计的产品搜索算法使用了不同的指令。算法中的若干指令将一个值赋给变量：

a. 第 1 行，将一个值赋给变量 N。

b. 第 5 行，将一个值赋给变量 ADDR。

c. 第 8 行，将一个值赋给变量 PAGE。

d. 第 11 行，将一个值赋给变量 CURR。

e. 第 13 行，将一个值赋给变量 TARG。

虽然赋给变量的值是不同的类型，但是使用相同的指令进行赋值。这种指令称为赋值

语句。

第 15 行使用了一条不同的指令。这个指令比较当前价格 CURR 与目标价格 TARG，当（且仅当）CURR 的值小于 TARG 的值，第 16 行的语句才被执行（输出 ADDR 的值）。第 15 行中的 If 指令是一种称为条件控制结构的指令。

第 3 行描述了另一种指令。这个指令将针对 I 的每一个值，重复执行第 5 行到第 16 行中的语句。因此，当 I 等于 0，1，2，…时，语句 5 到 16 将被重复执行。针对 I 等于 N-1，执行了语句 5 到 16 之后，第 3 行中的指令就执行完毕。这种指令称为迭代控制结构。迭代这个词的意思是“重复一个过程的动作”，在上述算法中，重复执行的过程是指重复执行第 5 行到第 16 行中的语句。

条件控制结构和迭代控制结构统称为执行控制结构。执行控制结构用于控制程序中语句的执行流。换言之，它们决定语句的执行顺序，在什么条件下执行，以及执行多少次。执行控制结构与赋值语句类似，都是描述问题的计算解决方案和算法设计的基本构造。我们在第 2 章中介绍 Python 的核心数据类型之后，将在第 3 章中介绍 Python 的执行控制结构。

1.4.6 本章小结

本章介绍了计算机科学的领域、计算机科学家和开发人员所做的工作，以及计算机科学家和开发人员使用的工具。

计算机科学研究的内容，一方面是信息和计算的理论基础，另一方面是在计算机系统上实现应用的实践技术。计算机应用程序开发人员在应用程序开发的上下文中使用计算机科学的概念和技术。计算机应用程序开发人员构造抽象的表示以建模特定的真实或虚拟的环境，创建算法以操作模型中的数据，然后将算法实现为可以在计算机系统上执行的程序。

计算机科学工具包括抽象的数学和逻辑工具以及具体的计算机系统工具。计算机系统工具包括硬件和软件。特别是它们包括程序设计语言和程序设计语言工具，开发人员最终通过这些工具控制不同的系统组件。

计算机科学家使用的抽象工具是基于逻辑和数学的计算思维技能，它们在从抽象和计算的角度描述问题、任务和过程时是必要的工具。为了掌握该技能，我们需要掌握一种抽象和计算语言。当然，最好的方法是掌握一门程序设计语言。实际上，程序设计语言是连接系统和开发人员抽象工具的黏合剂。因此，掌握程序设计语言是计算机科学家必须具有的核心技能。

第 2 章

Introduction to Computing Using Python: An Application Development Focus, Second Edition

Python 数据类型

本章将介绍一个非常小的 Python 子集。虽然内容不多，但所涉及的范围足够着手解决一些有趣的问题。在接下来的章节中，我们将陆续展开详细的阐述。我们首先使用 Python 作为计算器，用于计算代数表达式的值。然后，引入变量作为一种“记住”这种计算结果的手段。最后，我们将展示 Python 是如何处理数值以外的值：逻辑值 True 和 False、文本值和值列表。

在介绍了 Python 支持的核心数据类型之后，我们将进一步精确地定义有关数据类型和存储给定类型值的对象的概念。数据一旦存储在对象中，我们就可以忽略数据是如何在计算机中表示和存储的，并且只需要使用对象类型显式提供的抽象但熟悉的属性来工作。抽象出重要属性的思想是计算机科学中的一个核心理念，后续章节我们将会多次讨论涉及。

除了核心的内置数据类型外，Python 还包括大量的附加类型库，它们被组织成模块。我们使用两个数学模块来说明 Python 标准库的用法。

2.1 表达式、变量和赋值语句

让我们从熟悉的东西开始。我们从简单的代数表达式开始，使用 Python 集成开发环境交互式命令行作为计算器，来对 Python 表达式求值。我们的目标是说明 Python 是如何直观并且通常按照预期的方式运行。

2.1.1 代数表达式和函数

在 Python 交互式命令提示符 >>> 下，键入一个代数表达式，例如“3 + 7”，然后按键盘上【 Enter 】键，查看该表达式的求值结果：

```
>>> 3 + 7
10
```

让我们尝试使用不同代数运算符（或者称操作符）的表达式：

```
>>> 3 * 2
6
>>> 5 / 2
2.5
>>> 4 / 2
2.0
```

在前两个表达式中，整数进行加或者乘，结果是一个整数，这符合预期。在第三个表达式中，一个整数除以另一个整数，结果用小数点表示。这是因为当一个整数除以另一个整数时，结果不一定是整数。Python 中的运算规则是返回一个小数点和小数部分（即使结果是整数）。在最后一个表达式中说明了这一点，其中整数 4 除以整数 2，结果显示为 2.0 而不是 2。

没有小数点的值称为整数类型，或者简称整数（`int`）。包括小数点和小数部分的值称为浮点型类型，或者简称浮点数（float）。让我们继续使用这两种类型的值来对表达式求值：

```
>>> 2 * 3 + 1
7
>>> (3 + 1) * 3
12
>>> 4.321 / 3 + 10
11.440333333333333
>>> 4.321 / (3 + 10)
0.3323846153846154
```

如果在这些表达式中使用了多个操作符，则会出现一个问题：表达式运算应该以什么顺序进行求值？标准代数的优先级规则适用于 Python：乘法和除法的优先级高于加法和减法。正如在代数中，当我们想要显式指定操作应该发生的顺序时，可以使用括号。如果没有其他的规则，则表达式将使用从左到右的求值规则进行运算。*从左到右的求值规则*适用于如下的表达式，其中加法运算在减法运算之后执行：

```
>>> 3 - 2 + 1
2
```

迄今为止，我们求值的所有表达式都是简单的代数表达式，包括数值（整型 int 或者浮点型 float）、代数运算符（例如，+、-、/ 和 *）和括号。

当按【 Enter 】键时，Python 解释器将读取表达式并按照预期的方式对其进行求值。下面是另外一个稍微不寻常的代数表达式的例子：

```
>>> 3
3
```

Python 将表达式 3 求值为 3。

两种类型的数值（int 和 float）具有一些不同的属性。例如，当两个 int 值相加、相减或者相乘时，结果是一个 int 值。但是，如果表达式中至少有一个 float 值时，则结果总是一个 float 值。注意，当两个 int 值（例如，4 和 2）相除时，结果也会得到 float 值。

其他几个代数运算符也经常被使用。要计算 2^4，则需要使用幂运算符 **：

```
>>> 2**3
8
>>> 2**4
16
```

所以 Python 表达式 x**y 用来计算 x^y。

为了得到两个整数值整除的商和余数，可以使用运算符 // 和 %。表达式 a//b 中运算符 // 返回 a 除以 b 时得到的商（整数值，也即运算符 // 表示整除）。表达式 a%b 中运算符 % 返回 a 除以 b 后得到的余数。例如：

```
>>> 14 // 3
4
>>> 14 % 3
2
```

在第一个表达式中，14//3 运算结果为 4，因为 14 中包括 4 个 3。在第二个表达式中，14%3 运算结果为 2，因为 14 除以 3，所得到的余数为 2。

Python 还支持在代数课上使用的数学函数。回想一下，代数中使用如下书写方法来定义函数 f()：

```
f(x) = x + 1
```

其中，`f()` 包含一个参数，表示为 `x`，返回一个值，此处为 `x+1`。例如，当输入值为 3 时，可以使用书写方法 `f(3)` 来调用此函数，其求值结果为 `4`。

Python 函数与此类似。例如，Python 函数 `abs()` 可以用于计算一个数的绝对值：

```
>>> abs(-4)
4
>>> abs(4)
4
>>> abs(-3.2)
3.2
```

Python 中还提供了其他的一些函数，包括 `min()` 和 `max()`，分别返回若干输入值的最小值或者最大值。例如：

```
>>> min(6, -2)
-2
>>> max(6, -2)
6
>>> min(2, -4, 6, -2)
-4
>>> max(12, 26.5, 3.5)
26.5
```

练习题 2.1 根据如下语句编写 Python 代数表达式：

(a) 前 5 个正整数的和。

(b) Sara（23 岁）、Mark（19 岁）和 Fatima（31 岁）的平均年龄。

(c) 403 中包含多少个 73。

(d) 403 除以 73 的余数。

(e) 2 的 10 次方。

(f) Sara 的身高（54 英寸）和 Mark 的身高（57 英寸）之差的绝对值。

(g) 如下价格中最低价格：$34.99、$29.95 和 $31.50。

2.1.2 布尔表达式和运算符

代数表达式的运算结果总是为一个数值，不管数据类型是 `int` 或者 `float`，还是 Python 支持的其他数据类型。在代数课堂中，除了代数表达式外，还有其他常用的运算表达式。例如，表达式 2 < 3 的运算结果并不是一个数值，其运算结果要么是 `True` 要么是 `False`（本例结果为 `True`）。Python 也可以对此类称为布尔表达式的表达式进行求值。布尔表达式是运算结果为以下两个布尔值之一的表达式：`True` 和 `False`。这两个值称为布尔类型，和 Python 语言中的 `int` 和 `float` 数据类型类似，用 bool 表示。

比较运算符（例如，< 或 >）是布尔表达式中常用的运算符。例如：

```
>>> 2 < 3
True
>>> 3 < 2
False
>>> 5 - 1 > 2 + 1
True
```

最后一个表达式说明，比较运算符两端的算术表达式先求值，然后进行比较运算。本章后续章节将阐述，算术表达式的运算优先级高于比较运算符的优先级。例如，`5 - 1 > 2 + 1`，首先对运算符 `-` 和 `+` 求值，然后对结果值进行比较。

如果要检查两个值是否相等，可以使用相等运算符 `==`。注意，相等运算符包括两个等号 `=`，而不是一个。例如：

```
>>> 3 == 3
True
>>> 3 + 5 == 4 + 4
True
>>> 3 == 5 - 3
False
```

其他的逻辑比较运算符包括：

```
>>> 3 <= 4
True
>>> 3 >= 4
False
>>> 3 != 4
True
```

布尔表达式 `3 <= 4` 使用 `<=` 运算符来测试左侧的表达式（3）是否小于或者等于右侧的表达式（4）。因此，该布尔表达式运算结果为 `True`。运算符 `>=` 用来测试左侧操作数是否大于或者等于右侧的操作数。表达式 `3 != 4` 使用不相等运算符 `!=` 来测试左侧的表达式和右侧的表达式是否不相等。

练习题 2.2 根据如下语句编写 Python 布尔表达式并求值：

(a) 2 和 2 之和小于 4。

(b) `7 // 3` 的值等于 `1 + 1`。

(c) 3 的平方和 4 的平方之和等于 25。

(d) 2、4、6 之和大于 12。

(e) 1387 可以被 19 整除。

(f) 31 是偶数。(提示：31 除以 2 的余数是多少？)

(g) $34.99、$29.95 和 $31.50 的最低价格小于 $30.00。

正如代数表达式可以组合成复杂的代数表达式，布尔表达式也可以使用布尔运算符（`and`、`or` 和 `not`）组合成复杂的布尔表达式。`and` 运算符应用于两个布尔表达式时，当两个表达式的运算结果均为 `True` 时，则结果为 `True`；如果任一表达式运算结果为 `False`，则结果为 `False`。例如：

```
>>> 2 < 3 and 4 > 5
False
>>> 2 < 3 and True
True
```

上述两个表达式表明，比较运算符的运算优先于布尔运算符。这是因为比较运算符的优先级高于布尔运算符，有关优先级，本章稍后将进一步阐述。

`or` 运算符应用于两个布尔表达式时，当两个表达式的运算结果均为 `False` 时，则结果为 `False`；如果任一表达式运算结果为 `True`，则结果为 `True`：

```
>>> 3 < 4 or 4 < 3
True
>>> 3 < 2 or 2 < 1
False
```

`not` 运算符是一元布尔运算符（又称为单目运算符），这意味着它应用于单个布尔表达式（相对于二元（或称为双目）布尔运算符 `and` 和 `or`）。当表达式为真时，其运算结果为 `False`；当表达式为假时，运算结果为 `True`。

```
>>> not (3 < 4)
False
```

知识拓展：乔治·布尔和布尔代数

乔治·布尔（1815—1864）发明了布尔代数。布尔代数是构建计算机硬件的数字逻辑和程序设计语言的形式化规范的基石。

布尔代数是关于值 true 和 false 的代数。布尔代数包括运算符 **and**、**or** 和 **not**，可以用于创建布尔表达式，布尔表达式的运算结果为 true 或者 false。如下所示的真值表定义了这些操作符的运算规则。

p	q	p and q
true	true	true
true	false	false
false	true	false
false	false	false

p	q	p or q
true	true	true
true	false	true
false	true	true
false	false	false

p	not p
true	false
false	true

2.1.3　变量和赋值语句

让我们进一步深入研究我们的代数主题。正如我们从代数中所知道的，将名称分配给值是非常有用的，这些名称被称为变量。例如，在代数问题中，可以按如下方式把值 3 赋值给变量 **x**：$x = 3$。变量 **x** 可以认为是值 3 的名称，并且随后可以检索到。为了检索它，可以在表达式中对 x 求值。

Python 语言也可以实现同样的操作。一个值可以赋给一个变量：

```
>>> x = 4
```

语句 **x = 4** 称为*赋值语句*。一条赋值语句的一般语法格式为：

```
< 变量 > = < 表达式 >
```

等于运算符（=）的右侧是称为 < 表达式 > 的表达式，它可以是代数表达式、布尔表达式、或者其他任何类型的表达式。左侧是称为 < 变量 > 的变量。赋值语句把 < 表达式 > 的计算结果赋值给 < 变量 >。在上一个例子中，**x** 被赋值为值 4。

一旦把一个值赋值给一个变量，在 Python 表达式中就可以使用该变量。例如：

```
>>> x
4
```

当 Python 对一个包含一个变量的表达式进行求值时，将首先根据赋给它的值计算变量的值，然后再执行表达式中的运算。例如：

```
>>> 4 * x
16
```

包含变量的表达式可以出现在赋值语句的右侧。例如：

```
>>> counter = 4 * x
```

在语句 counter = 4 * x 中，首先 x 的运算结果为 4，然后表达式 4 * 4 的运算结果为 16，最后把 16 赋值给变量 counter：

```
>>> counter
16
```

到目前为止，我们定义了两个变量：值为 4 的变量 x 和值为 16 的变量 counter。那么，假设变量 z 还没有赋值，结果会怎样呢？请观察如下代码：

```
>>> z
Traceback (most recent call last):
  File "<pyshell#1>", line 1, in <module>
    z
NameError: name 'z' is not defined
```

结果出乎意料……我们产生了第一个错误信息（遗憾的是，这并不是最后一个）。结果表明，如果一个变量（此处为 z）没有被赋值，则该变量不存在。当 Python 尝试对一个未赋值的名称求值时，将产生一个错误，并输出一条错误信息（例如，name 'z' is not defined，即名称 'z' 未定义）。我们将在第 4 章详细阐述更多有关错误（又称之为异常）的内容。

练习题 2.3 根据如下操作要求，编写 Python 语句并执行：

(a) 把整数值 3 赋值给变量 a。

(b) 把 4 赋值给变量 b。

(c) 把表达式 a * a + b * b 的值赋值给变量 c。

读者也许记得以前学过的代数知识，变量的值是可以改变的。Python 变量的值也可以改变。例如，假定变量 x 的值最初为 4：

```
>>> x
4
```

现在我们把 7 赋值给变量 x：

```
>>> x = 7
>>> x
7
```

因此，赋值语句 x = 7 把 x 的值从 4 改变为 7。

注意事项：赋值运算符和相等运算符

请特别注意区别赋值运算符 = 和相等运算符 ==。

下面是一个赋值语句，把 7 赋值给变量 x：

```
>>> x = 7
```

但是，下面是一个布尔表达式，比较变量 x 的值和数值 7，如果两者相等，则返回 True：

```
>>> x == 7
True
```

表达式的运算结果为 True，因为变量 x 的值为 7。

2.1.4 变量名称

构成变量名称的字符可以是字母表中的小写字母和大写字母（从a到z，从A到Z）、下划线（_）和0到9的数字（但数字不能为第一个字符）。例如：

- `myList` 和 `_list` 是有效的变量名，但 `5list` 就不是。
- `list6` 和 `l_2` 是有效的变量名，但 `list-3` 就不是。
- `mylist` 和 `myList` 是不同的变量名。

即使一个变量名是“合法”的（即符合命名规则），也可能不是一个“好”的变量名。设计规范的变量名一般遵循如下普遍接受的惯例：

- 变量名必须有意义，例如，变量名 `price` 优于变量名 `p`。
- 多个单词组成的变量名使用下划线作为分隔符（例如，`temp_var` 和 `interest_rate`），或者使用camelCase方式（例如，`tempVar`、`TempVar`、`interestRate` 或者 `InterestRate`），请选择一种风格并贯彻整个程序。
- 短小精悍且有意义的变量名优于冗长的变量名。

在本教程中，所有的变量名称均以小写字母开始。

知识拓展：Python 3 及其以上版本中的变量名

变量名称所使用字符的限定规则仅适合于Python 3.0之前的版本。这些旧版本使用ASCII字符编码（仅包括英文字母表中的字符，详细描述请参见第6章）作为默认字符集。

从Python 3.0版本开始，Python默认字符编码是Unicode字符编码（详细描述也请参见第6章）。基于这种改变，许多其他的字符（例如，斯拉夫语、中文或者阿拉伯文的字符）也可以用于变量名称。这一变化反映了全球化在当今世界的重要社会地位和经济地位。

到目前为止，大多数程序设计语言依然要求变量名和其他对象名使用ASCII字符编码。基于上述原因，虽然本教材遵循Python 3.0及以上版本的规范，我们还是限制设计变量名时使用ASCII字符编码。

Python语言包含如下保留关键字。在程序中它们只能作为Python命令，不能作为变量名。

```
False     break      else      if        not       while
None      class      except    import    or        with
True      continue   finally   in        pass      yield
and       def        for       is        raise
as        del        from      lambda    return
assert    elif       global    nonlocal  try
```

2.2 字符串

除了数值类型和布尔类型，Python还支持大量的其他复杂数据类型。Python字符串类型（表示为 `str`），用于表示和处理文本数据（换言之，字符序列，包括空格、标点符号和各种符号）。字符串值使用一系列包含在引号中的字符表示。例如：

```
>>> 'Hello, World!'
'Hello, World!'
>>> s = 'hello'
>>> s
'hello'
```

第一个表达式，'Hello, world!' 是一个包含字符串值的表达式，其计算结果为其本身，就像表达式 3 的计算结果为 3。语句 s = 'hello' 把字符串 'hello' 赋值给变量 s。注意，在表达式中，s 的计算结果为其字符串值。

2.2.1 字符串运算符

Python 提供了用于处理文本（即字符串值）的运算符。和数值一样，字符串可以使用比较运算符（==、!=、<、>，等等）进行比较。例如，对于相等运算符 ==，如果运算符两侧的字符串的值相同，则返回 True：

```
>>> s == 'hello'
True
>>> t = 'world'
>>> s != t
True
>>> s == t
False
```

相等运算符 == 和不等运算符 != 用于测试两个字符串是否相等，比较运算符 < 和 > 则使用*字典序*来比较字符串。例如：

```
>>> s < t
True
>>> s > t
False
```

（到目前为止，我们基于直观感受理解*字典序*，精确的定义请参见 6.3 节。）

运算符 + 作用于两个字符串时，运算结果为一个包含两个字符串*拼接*（即连接）的新字符串。例如：

```
>>> s + t
'helloworld'
>>> s + ' ' + t
'hello world'
```

在第二个例子中，变量 s 和 t 的运算结果分别为字符串 'hello' 和 'world'，随后它们和一个空格字符串 ' ' 拼接在一起。我们可以把两个字符串*相加*，那么两个字符串是否可以*相乘*呢？

```
>>> 'hello ' * 'world'

Traceback (most recent call last):
  File "<pyshell#146>", line 1, in <module>
    'hello ' * 'world'
TypeError: cannot multiply sequence by non-int of type 'str'
```

很显然，结果表明似乎不可以。如果稍作思考，就会发现两个字符串相乘其意义不明。字符串相加（即拼接在一起）则看起来更有道理。总而言之，Python 程序设计语言的设计思路，以及各种数据类型（整型、浮点型、布尔型、字符串，等等）的标准运算符（+、*、/，等等）的意义都是基于直观知识的。那么，凭直观判断，请问如果一个字符串与一个整数相乘，会产生什么结果？让我们尝试一下：

```
>>> 3 * 'A'
'AAA'
>>> 'hello ' * 2
```

```
'hello hello '
>>> 30 * '-'
'------------------------------'
```

将一个字符串 s 与一个整数 k 相乘，结果是 k 个字符串 s 的副本拼接在一起。注意，通过把字符串 '-' 乘以 30，可以非常方便地获得一行下划线（看到了吗？是不是对于展示你的简单的文本输出很有帮助呢？）。

使用运算符 in，可以检查一个字符是否包含在一个字符串中。例如：

```
>>> s = 'hello'
>>> 'h' in s
True
>>> 'g' in s
False
```

运算符 in 也可以用于检查一个字符串是否包含在另一个字符串中。例如：

```
>>> 'll' in s
True
```

因为 'll' 包含在字符串 s 中，所以我们说 'll' 是 s 的子串。

使用函数 len() 可以计算一个字符串的长度。例如：

```
>>> len(s)
5
```

表 2-1 总结了字符串常用运算符的用法和说明。

表 2-1　字符串运算符。其中仅仅列举了少数常用的字符串运算符，实际上 Python 中还有许多可用的其他运算符。通过在交互式命令行中使用 help() 文档函数，例如 help(str)，可以查看所有字符串相关的帮助列表

用　　法	说　　明
x in s	如果字符串 x 是字符串 s 的子字符串，则返回 True，否则返回 False
x not in s	如果字符串 x 是字符串 s 的子字符串，则返回 False，否则返回 True
s + t	字符串 s 和字符串 t 的拼接
s * n, n * s	*n* 个字符串 s 的副本的拼接
s[i]	字符串 s 的索引 i 位置的字符
len(s)	字符串 s 的长度

练习题 2.4　首先执行如下赋值语句：

```
>>> s1 = 'ant'
>>> s2 = 'bat'
>>> s3 = 'cod'
```

使用 s1、s2、s3 和运算符 +、*，编写 Python 表达式，要求运算结果如下：

(a) 'ant bat cod'

(b) 'ant ant ant ant ant ant ant ant ant ant '

(c) 'ant bat bat cod cod cod'

(d) 'ant bat ant bat ant bat ant bat ant bat ant bat ant bat '

(e) 'batbatcod batbatcod batbatcod batbatcod batbatcod '

2.2.2 索引运算符

通过索引运算符 []，可以访问一个字符串中的单个字符。让我们先定义索引的概念：字符在字符串中的索引是指该字符相对于第一个字符的偏移量（即在字符串中的位置）。第一个字符的索引是 0，第二个字符的索引是 1（因为相对于第一个字符偏移了一个位置），第三个字符的索引为 2，以此类推。索引运算符 [] 带一个非负索引 i，返回字符串中索引位置为 i 的单个字符（参见图 2-1）：

```
>>> s[0]
'h'
>>> s[1]
'e'
>>> s[4]
'o'
```

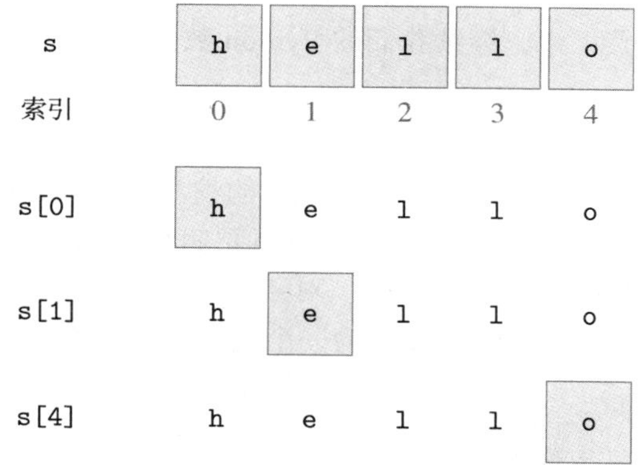

图 2-1 字符串索引和索引运算符。索引 0 指向第一个字符，索引 i 指向位于第一个字符右侧第 i 个位置的字符。表达式 `s[0]` 使用索引运算符 `[]`，运算结果为 `'h'`；`s[1]` 的运算结果为 `'e'`；`s[4]` 的运算结果为 `'o'`

练习题 2.5 首先执行如下赋值语句：

```
s = '0123456789'
```

然后使用字符串 `s` 和索引运算符 `[]` 书写表达式，表达式的计算结果如下：

(a) `'0'`

(b) `'1'`

(c) `'6'`

(d) `'8'`

(e) `'9'`

负的索引可以用于从字符串的后面（右侧）访问字符。例如，最后一个字符可以使用负的索引 −1 访问，倒数第二个字符可以使用负的索引 −2 访问（参见图 2-2）：

```
>>> s[-1]
'o'
>>> s[-2]
'l'
```

负的索引	−5	−4	−3	−2	−1
s	h	e	l	l	o
索引	0	1	2	3	4
s[-1]	h	e	l	l	o
s[-2]	h	e	l	l	o

图 2-2　使用负索引的索引运算符。索引 −1 指向倒数第一个字符，因此 `s[-1]` 的运算结果为 `'o'`。`s[-2]` 的运算结果为 `'o'`

我们才仅仅接触到 Python 语言文本处理的皮毛而已。本教程后续章节将继续多次深入讨论字符串和文本处理。接下来，继续我们的 Python 数据类型之旅。

2.3 列表和元组

在很多情况下，数据会组织成一个列表，例如购物车列表、课程列表、手机中的联系人列表、音频播放器中的歌曲列表，等等。在 Python 语言中，列表通常存储在一种被称为 list 的对象类型中。一个列表就是一个对象序列。对象可以是任何类型：数值、字符串、甚至是其他列表。例如，下例是把变量 `pets` 赋值为一个表示若干宠物的字符串列表：

```
>>> pets = ['goldfish', 'cat', 'dog']
```

变量 `pets` 的运算结果为列表：

```
>>> pets
['goldfish', 'cat', 'dog']
```

在 Python 中，列表表示为包括在方括号中以逗号分隔的对象序列。空列表表示为 `[]`。列表中可以包含各种不同的数据类型。例如，如下名为 `things` 的列表包括三个元素：第一个元素为字符串 `'one'`，第二个元素为整数 `2`，第三个元素为列表 `[3, 4]`：

```
>>> things = ['one', 2, [3, 4]]
```

2.3.1 列表运算符

在前一节讨论的大多数字符串运算符同样适用于列表。例如，列表中的元素可以使用索引运算符访问，正如在字符串中访问单个字符：

```
>>> pets[0]
'goldfish'
>>> pets[2]
'dog'
```

图 2-3 描述了列表 `pets` 及列表各元素的索引。同样列表也可以使用负的索引：

```
>>> pets[-1]
'dog'
```

表 2-2 中列举了一些常用的列表运算符。通过在交互式命令行中使用 `help()` 文档函数，可以查看关于 list 的所有帮助列表：

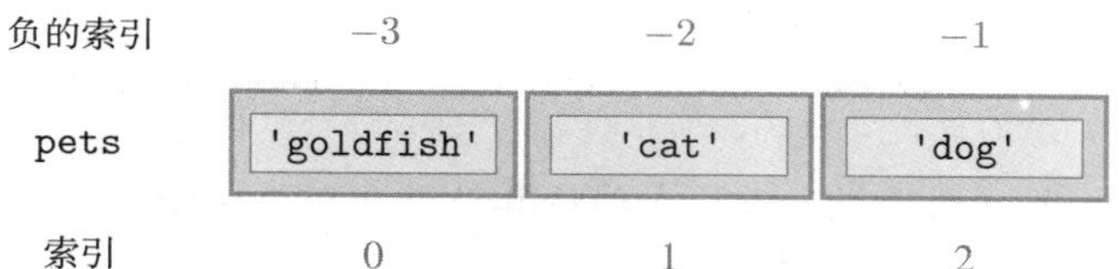

图 2-3 字符串对象列表。列表 pets 是一个对象序列。位于索引 0 的第一个对象为 'goldfish'。和字符串一样，正的索引和负的索引都可以使用

```
>>> help(list)
```

表 2-2 列表运算符和函数

用　法	说　明
x in lst	如果对象 x 存在于列表 lst，则返回 True，否则返回 False
x not in lst	如果对象 x 存在于列表 lst，则返回 False，否则返回 True
lstA + lstB	列表 lstA 和列表 lstB 的拼接
lst * n, n * lst	*n* 个列表 lst 的副本的拼接
lst[i]	列表 lst 的索引 *i* 位置的项
len(lst)	列表 lst 的长度
min(lst)	列表 lst 中的最小项
max(lst)	列表 lst 中的最大项
sum(lst)	列表 lst 中所有的项之和

使用函数 len() 可以计算一个列表的长度（即列表中项的个数）：

```
>>> len(pets)
3
```

和字符串类似，列表也可以“相加”，意思是列表可以拼接在一起。列表也可以“乘以”一个整数 k，结果是列表的 *k* 个副本拼接在一起：

```
>>> pets + pets
['goldfish', 'cat', 'dog', 'goldfish', 'cat', 'dog']
>>> pets * 2
['goldfish', 'cat', 'dog', 'goldfish', 'cat', 'dog']
```

如果要判断列表中是否存在字符串 'rabbit'，可以在布尔表达式中使用 in 运算符，如果列表 pets 中存在字符串 'rabbit'，则运算结果为 True：

```
>>> 'rabbit' in pets
False
>>> 'dog' in pets
True
```

表 2-2 总结了一些列表运算符。在表中还包含了函数 min()、max() 和 sum()，这些函数均将一个列表作为输入参数，分别返回列表中最小项、最大项和各项之和：

```
>>> lst = [23.99, 19.99, 34.50, 120.99]
>>> min(lst)
19.99
>>> max(lst)
120.99
>>> sum(lst)
199.46999999999997
```

练习题 2.6　首先执行如下的赋值语句：

```
words = ['bat', 'ball', 'barn', 'basket', 'badminton']
```

然后编写两个 Python 表达式，表达式的运算结果分别为 words 的第一个和最后一个单词（按字典序）。

2.3.2　列表是可变类型，字符串是不可变类型

列表的一个重要特性是其可变性。这意味着列表的内容可以改变。例如，假设我们需要更加具体地区分列表 pets 中的猫的类别。如果希望 pets[1] 的运算结果为 'cymric cat'，而不是 'cat'，我们可以把 'cymric cat' 赋值给 pets[1]：

```
>>> pets[1] = 'cymric cat'
>>> pets
['goldfish', 'cymric cat', 'dog']
```

结果，列表在索引位置 1 不再包含字符串 'cat'，而是包含字符串 'cymric cat'。

虽然列表是可变类型，字符串却不是。这意味着我们不能改变一个字符串值的单个字符。例如，假设 cat 的类别拼写错误：

```
>>> myCat = 'cymric bat'
```

假如希望把索引 7 位置的字符从 'b' 更改为 'c'。尝试如下：

```
>>> myCat[7] = 'c'
Traceback (most recent call last):
  File "<pyshell#35>", line 1, in <module>
    myCat[7] = 'c'
TypeError: 'str' object does not support item assignment
```

上述错误信息的本质意思是字符串的单个字符（元素）不能被修改（赋值）。字符串是不可变类型，是否意味着无法修正 myCat 的拼写错误呢？当然不是，我们可以把一个全新的值赋给变量 myCat：

```
>>> myCat = 'cymric cat'
>>> myCat
'cymric cat'
```

我们将在 3.4 节中进一步讨论字符串和列表赋值（以及其他不可变类型和可变类型）。

2.3.3　元组

除了列表，Python 还支持元组（tuple）。元组在很多地方与列表类似，但元组是不可变类型。一个元组对象包含若干包含在圆括号（()，而不是方括号 []）中以逗号分隔的一系列值：

```
>>> days = ('Mo', 'Tu', 'We')
>>> days
('Mo', 'Tu', 'We')
```

在类似下例赋值语句的简单表达式中，圆括号是可选的：

```
>>> days = 'Mo', 'Tu', 'We', 'Th'
>>> days
('Mo', 'Tu', 'We', 'Th')
```

表 2-2 中的所有运算符同样适用于元组。例如：

```
>>> 'Fr' in days
False
>>> week = days + ('Fr', 'Sa', 'Su')
>>> week
('Mo', 'Tu', 'We', 'Th', 'Fr', 'Sa', 'Su')
>>> len(week)
7
>>> 2*week
('Mo', 'Tu', 'We', 'Th', 'Fr', 'Sa', 'Su', 'Mo', 'Tu', 'We', 'Th',
 'Fr', 'Sa', 'Su')
```

特别地，使用元素的偏移量作为索引，可以使用索引运算符来访问元组中的各元素，这和列表访问一样：

```
>>> days[2]
'We'
```

但是，任何尝试更改元组的操作将导致错误。例如：

```
>>> days[4] = 'th'
Traceback (most recent call last):
  File "<pyshell#261>", line 1, in <module>
    days[4] = 'th'
TypeError: 'tuple' object does not support item assignment
```

因此，和列表类似，元组中的元素按顺序排列，可以使用索引（偏移量）来访问。与列表不同的是，元组是不可变类型：一旦创建了元组，就不能更改其内容。要了解元组支持的其他更多运算符，可以阅读在线帮助文档，或者使用文档帮助函数 `help()`。有关什么情况下使用元组而不是列表存储一个序列数据的说明，将在后续章节中阐述。在 3.4 节、3.5 节和 6.1 节中包含阐述的实例。

注意事项：单元素元组

假设我们需要创建一个仅仅包含一个元素的元组，例如：

```
>>> days = ('Mo')
```

让我们计算对象 `days` 的值和类型：

```
>>> days
'Mo'
>>> type(days)
<class 'str'>
```

我们所得到的结果并不是一个元组！结果却是字符串 `'Mo'`。根本上讲，圆括号被忽略了。让我们再举一个例子来阐明这种情况：

```
>>> t = (3)
>>> t
3
>>> type(3)
<class 'int'>
```

很显然，圆括号的处理方式类似于数学表达式中的处理方式。事实上，当对表达式 `('Mo')` 求值时是同样的处理方式。虽然把字符串包括在圆括号中感觉有些奇怪，Python 字符串运算符 * 和 + 有时候要求使用括号来指定字符串运算求值应该遵循的运算优先级，如下例所示：

```
>>> ('Mo'+'Tu')*3
'MoTuMoTuMoTu'
>>> 'Mo'+('Tu'*3)
'MoTuTuTu'
```

那么，如何创建一个单元素的元组呢？一般元组的圆括号和表达式中的圆括号的区别在于，元组的圆括号中以逗号分隔各元素。因此，逗号是区分的关键所在，所以可以通过在第一个（唯一一个）项目后面加逗号，即可创建一个单元素元组：

```
>>> days = ('Mo',)
```

让我们检查我们创建的元组对象：

```
>>> days
('Mo',)
>>> type(days)
<class 'tuple'>
```

2.3.4 元组和列表的方法

前面章节我们列举了作用于列表的函数的使用方法，例如，min() 函数：

```
>>> numbers = [6, 9, 4, 22]
>>> min(numbers)
4
```

在表达式 min(numbers) 中，调用函数 min() 时带一个输入参数：列表 numbers。

当然，Python 中还存在作用于列表的函数。例如，要向列表 pets 中添加一个 'guinea pig'，可以调用列表 pets 的函数 append()：

```
>>> pets.append('guinea pig')
>>> pets
['goldfish', 'cymric cat', 'dog', 'guinea pig']
```

让我们再次向列表 pets 中添加一个 'dog'：

```
>>> pets.append('dog')
>>> pets
['goldfish', 'cymric cat', 'dog', 'guinea pig', 'dog']
```

请注意函数 append() 的特殊调用方法：

```
pets.append('guinea pig')
```

该调用可以解释为：在列表 pets 上调用函数 append() 时带一个输入参数 'guinea pig'。执行语句 pets.append('guinea pig') 的结果是 'guinea pig' 添加到列表 pets 的后面。

函数 append() 是一个列表函数。这意味着不能单独调用函数 append()。必须基于一个列表 lst，使用语法格式 lst.append() 进行调用。我们把这类函数称为*方法*。

列表方法的另一个例子是 count() 方法。当在一个列表上带一个输入参数调用该函数时，结果返回输入参数在该列表中出现的次数：

```
>>> pets.count('dog')
2
```

同样，我们说在列表 pets 上调用方法 count()（带一个输入参数 'dog'）。

要移除列表中第一次出现的 'dog'，可以使用如下列表方法 remove()：

```
>>> pets.remove('dog')
>>> pets
['goldfish', 'cymric cat', 'guinea pig', 'dog']
```

列表方法 reverse() 把对象顺序逆序排列：

```
>>> pets.reverse()
>>> pets
['dog', 'guinea pig', 'cymric cat', 'goldfish']
```

表 2-3 中列举了常用的列表方法。通过在交互式命令行中使用 help() 文档函数，可以查看所有的列表方法。

```
>>> help(list)
Help on class list in module builtins:
...
```

表 2-3　一些列表方法。函数 append()、insert()、pop()、remove()、reverse() 和 sort() 修改列表 lst。要在交互式命令行中获取全部列表方法一览信息，可以使用 help() 文档函数

用　法	说　明
lst.append(item)	把元素 item 添加到列表尾部
lst.count(item)	返回列表 lst 中元素 item 出现的次数
lst.index(item)	返回元素 item 在列表 lst 中第一次出现的索引号
lst.insert(index, item)	在列表中索引 index 之前插入元素 item
lst.pop()	移除列表中的最后一个项
lst.remove(item)	移除列表中第一个出现的元素 item
lst.reverse()	把列表中的项逆序排列
lst.sort()	把列表排序

sort() 方法按升序（适用于列表中对象的“自然”顺序）排列列表中的元素。由于列表 pets 包含字符串对象，因此排序方法按字典序：

```
>>> pets.sort()
>>> pets
['cymric cat', 'dog', 'goldfish', 'guinea pig']
```

一个数值的列表排序方法按照通常的数值升序排列：

```
>>> lst = [4, 2, 8, 5]
>>> lst.sort()
>>> lst
[2, 4, 5, 8]
```

如果针对一个包含数值和字符串的列表进行排序，结果会如何呢？由于无法比较字符串和数值，因此该列表无法排序，将导致一个错误。请读者自己验证。

练习题 2.7　给定一个学生家庭作业成绩列表：

```
>>> grades = [9, 7, 7, 10, 3, 9, 6, 6, 2]
```

请编写：

(a) 求成绩 7 出现的次数的表达式。

(b) 把最后一个成绩修改为 4 的语句。

(c) 求最好成绩的表达式。

(d) 把列表 grades 排序的语句。

(e) 求平均成绩的表达式。

继续下一个章节内容之前，我们先讨论可以用于元组的方法。我们曾经提及，元组类似于列表，但元组是不可变类型。查看表 2-3，我们注意到，除了两个方法，其他方法的调用都会修改列表。这两个方法是 count() 和 index()，它们也是唯一可以适用于元组的方法。

2.4 对象和类

迄今为止，我们讨论了如何使用几种 Python 支持的数据类型：int、float、bool、str、list 和 tuple。但呈现方法并非正式，而是采用直观式地讨论 Python 如何处理这些值。直观式的讨论到此为止。接下来，我们将花一点时间正式讨论数据类型、数据类型支持的运算符和方法的含义。

在 Python 语言中，每一个值，不管是一个简单的整数值（例如 3），或者一个更为复杂的值（例如字符串 'Hello, World!' 或者列表 ['hello', 4, 5]），都作为一个对象存储在内存中。把一个对象看作是存储在计算机内存中的值的容器，对理解会很有帮助。

容器的思想正是对象背后的目的。实际上，计算机系统中数据（例如，整数值）的表示和处理十分复杂。但是，整数的算术运算却是简单直观的。对象是值（不管是整数，或者其他类型）的容器，隐藏了整数存储和处理的复杂性，并且仅为程序员提供需要的信息：对象的值和所适用的运算。

2.4.1 对象类型

每一个对象都关联一个类型和值。图 2-4 中描述了四个对象：一个值为 3 的整型对象、一个值为 3.0 的浮点型对象、一个值为 'Hello World' 的字符串对象和一个值为 [1, 1, 2, 3, 5, 8] 的列表对象。

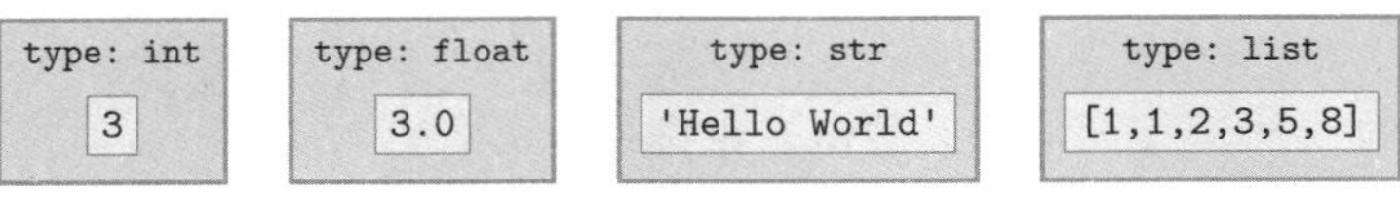

图 2-4 四个对象。其中描述了 4 个不同类型的对象。每个对象有一个类型和一个值

一个对象的类型指明该对象可以存储的值的类型以及该对象支持的操作。迄今为止我们涉及的类型包括：整型（int）、浮点型（float）、布尔型（bool）、字符串型（str）、列表（list）。使用 Python 的 type() 函数可以确定一个对象的类型：

```
>>> type(3)
<class 'int'>
>>> type(3.0)
```

```
<class 'float'>
>>> type('Hello World')
<class 'str'>
>>> type([1, 1, 2, 3, 5, 8])
<class 'list'>
```

type() 函数作用于一个变量时，将返回该变量引用的对象的类型：

```
>>> a = 3
>>> type(a)
<class 'int'>
```

注意事项：变量没有类型

值得注意的是，变量没有类型。一个变量仅仅是一个名称。只有变量指向的对象才属于某个类型。因此，当下面结果：

```
>>> type(a)
<class 'int'>
```

实际上是指变量当前指向的对象属于整型类型。

我们强调当前，因为 a 指向的对象的类型可能会被改变。例如，如果把 3.0 赋值给 a：

```
a = 3.0
```

则 a 将指向一个浮点值：

```
>>> type(a)
<class 'float'>
```

Python 程序设计语言被称为面向对象的程序设计语言，因为所有的值总是存储为对象。有别于 Python，其他的程序设计语言中，某些类型的值并不保存为类似对象的抽象实体，而是直接保存在内存中。术语类是指存储在对象中的值的类型。因为 Python 语言中每个值都保存在一个对象中，因此每个 Python 类型都是一个类。在本教程中，类和类型可以互换使用。

在前面章节中，我们非正式地介绍了若干 Python 数值类型。为了阐述对象的类型的概念，接下来我们将更加准确地阐述其行为。

2.4.2 数值类型的有效值

每个对象都有一个值，且必须为该对象类型的合法值。例如，一个整型对象的值可以为 3，但不能为 3.0 或者 `'three'`。整型值可以任意大。例如，我们可以创建一个值为 2^{1024} 的整型对象：

```
>>> x = 2**1024
>>> x
17976931348623159077293051907890247336179769789423065727343008
...
7163350510684586298239947245938479716304835356329624224137216
```

实际上，一个整型对象可存储的值的大小是有限制的：值受限于可用的计算机内存。这是因为无法存储一个位数超出计算机内存存储范围的整型值。

Python 浮点型（`float`）用于表示实数，使用有限小数位：

```
>>> pi = 3.141592653589793
>>> 2.0**30
1073741824.0
```

虽然整型值可以包含任意大的位数（仅受限于计算机内存大小），表示浮点值的位数是有限制的，在当今的笔记本和台式机上通常为64位。这意味着一些限制。首先，不能表示超大的浮点数：

```
>>> 2.0**1024
Traceback (most recent call last):
  File "<pyshell#92>", line 1, in <module>
    2.0**1024
OverflowError: (34, 'Result too large')
```

尝试定义一个超出浮点值允许位数的浮点值时，会导致一个错误。（注意，仅当浮点值时才产生该错误，前面我们看到，整型值 `2**1024` 没有问题。）另外，小数部分的值将被近似，不能被精确表示：

```
>>> 2.0**100
1.2676506002282294e+30
```

这个表示方法是什么意思？这是被称为科学计数法的表示方法，用于表示数值 $1.2676506002282294 \times 10^{30}$。将其与相对应的全精度的整数值进行比较：

```
>>> 2**100
1267650600228229401496703205376
```

下例结果的小数部分也做了近似处理：

```
>>> 2.0**-100
7.888609052210118e-31
```

非常非常小的值近似为0：

```
>>> 2.0**-1075
0.0
```

2.4.3 数值类型的运算符

Python 语言提供了运算符和内置数学函数（例如 `abs()` 和 `min()`）用于构建代数表达式。表2-4列举了 Python 语言支持的算术表达式运算符。

表2-4 数值类型运算符。其中列出了可以用于数值对象（例如，bool、int、float）的运算符。如果一个操作数为 float，则结果一定为 float 值；否则，结果为 int 值。除法运算符（/）除外，其结果总是为 float 值

用　法	说　明	类型（如果 x 和 y 是整型）
`x + y`	加法	整型
`x - y`	减法	整型
`x * y`	乘法	整型
`x / y`	除法	浮点型
`x // y`	整除	整型
`x % y`	`x // y` 的余数	整型
`-x`	x 的负数	整型
`abs(x)`	x 的绝对值	整型
`x ** y`	x 的 y 次方	整型

除法（/）以外的运算操作都遵循如下规则：如果两个操作数 x 和 y（单目运算符 - 以及 abs()，则仅有一个操作数 x）为整数，则结果为整数。如果其中有一个操作数是浮点值，则结果为浮点值。对于除法运算符（/），不管操作数是什么数据类型，结果总是为浮点值。

比较运算符用于比较值。Python 语言包括六个比较运算操作，如表 2-5 所示。

表 2-5　比较运算符。使用比较运算符，可以比较两个相同或不同类型的数值

用　法	说　明	用　法	说　明
<	小于	>=	大于或等于
<=	小于或等于	==	等于
>	大于	!=	不等于

值得注意的是，Python 语言中，比较运算操作可以任意链接。例如：

```
>>> 3 <= 3 < 4
True
```

当一个表达式包含多个运算符时，表达式的运算要求规定一个顺序。例如，表达式 2 * 3 + 1 的计算结果是 7 还是 8？

```
>>> 2 * 3 + 1
7
```

运算符计算的顺序要么使用括号显式指定，要么隐式遵循运算符优先级规则（如果运算符优先级相同，则遵循从左到右的运算规则）。Python 语言的运算符优先级规则遵循代数规则，描述如表 2-6 所示。注意，依赖于从左到右规则容易犯错，所以好的开发人员会使用括号指定优先级。例如，可以依赖于从左到右的规则计算下列表达式的值：

```
>>> 2 - 3 + 1
0
```

但一个好的开发人员会使用括号更清晰地表达其意图：

```
>>> (2 - 3) + 1
0
```

表 2-6　运算符优先级。其中按优先级顺序（从高到低）列出运算符，同一行的运算符的优先级相同。优先级高的运算符先执行，相同优先级的运算符按从左到右顺序执行

用　法	说　明
[表达式…]	列表定义
x[], x[index:index]	索引运算符
**	乘幂
+x、-x	正号、负号
*、/、//、%	乘法、除法、整除、取模（求余数）
+、-	加法、减法
in、not in、<、<=、>、>=、<>、!=、==	比较，包括成员测试以及同一性测试
not x	布尔非
and	布尔与
or	布尔或

练习题 2.8　请描述如下表达式的计算顺序：

(a) 2 + 3 == 4 or a >= 5

(b) `lst[1] * -3 < -10 == 0`

(c) `(lst[1] * -3 < -10) in [0, True]`

(d) `2 * 3**2`

(e) `4 / 2 in [1, 2, 3]`

2.4.4　创建对象

要创建一个值为 3 的整型对象（并把它赋值给变量 x），可以使用如下语句：

```
>>> x = 3
```

注意，并没有明确指定创建整型对象。Python 还支持显式指定创建对象类型的方法：

```
>>> x = int(3)
>>> x
3
```

函数 `int()` 被称为构造函数。它用于显式实例化一个整型对象。对象的值由函数参数确定：使用 `int(3)` 创建的对象，其值为 3。如果没有给定参数，则把默认值赋给创建的对象。

```
>>> x = int()
>>> x
0
```

因此，整型对象的默认值是 0。

浮点型、列表和字符串类型的构造函数分别为 `float()`、`list()` 和 `str()`。我们可以使用无参构造函数确认其默认值。对于浮点型对象，默认值是 0.0：

```
>>> y = float()
>>> y
0.0
```

字符串和列表的默认值分别为 `''`（空字符串）和 `[]`（空列表）：

```
>>> s = str()
>>> s
''
>>> lst = list()
>>> lst
[]
```

2.4.5　隐式类型转换

如果一个代数表达式或逻辑表达式中包含不同类型的操作数，则 Python 会把每个操作数转换为另一个包含其他类型的类型。例如，在整型加法运算之前，`True` 会转换为 1，执行结果为一个整数：

```
>>> True + 5
6
```

这种看起来奇怪的行为的原因在于，布尔类型实际上是整型类型的“子类型”，如图 2-5 所示。布尔值 `True` 和 `False`，在大多数场合下，一般分别相当于值 1 和 0。

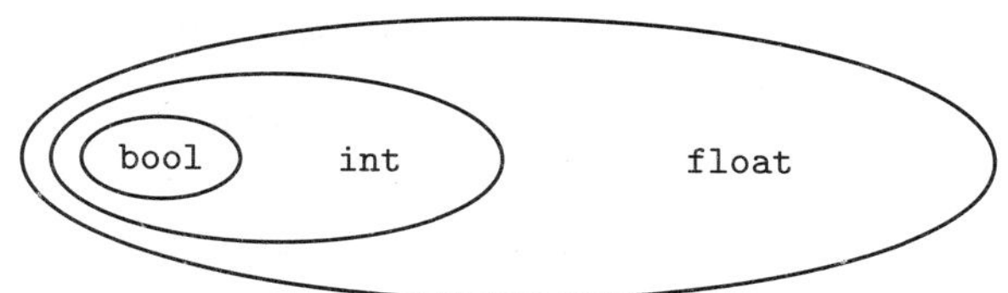

图 2-5 数值类型转换。在不同类型操作数的算术表达式中，值会转换为包含其他类型的类型。数值类型包含关系如图 2-5 所示。注意，从整型到浮点型的转换可能会导致溢出

因为整数可以用小数点记法来表示（3 就是 3.0），但反过来则不可以（2.63 不能表示为一个整数），故 `int` 类型包含在 float 类型之中，如图 2-5 所示。考虑一个例子，表达式 `3 + 0.35` 中，一个 `int` 值和一个 `float` 值相加。因为 `float` 类型包含 `int` 类型，因此 3 被转换为 3.0，然后执行两个浮点数值的加法运算：

```
>>> 3 + 0.35
3.35
```

注意事项：从 `int` 转换为 `float`

回顾前文，`int` 对象的值的范围远远大于 `float` 对象。虽然 `int` 类型包含在 `float` 类型之中，这并不意味着 `int` 都可以转换为 `float` 值。例如，`2**10000+3` 的计算结果对于 `int` 值没有任何问题，但转换为 `float` 时会导致溢出：

```
>>> 2**10000+3.0
Traceback (most recent call last):
  File "<pyshell#139>", line 1, in <module>
    2**10000+3.0
OverflowError: Python int too large to convert to C double
```

2.4.6 显式类型转换

类型转换还可以通过使用前面介绍的构造函数进行显式转换。例如，`int()` 构造函数可以基于一个 `float` 类型输入参数创建一个整型对象，转换方法是把小数部分去掉：

```
>>> int(3.4)
3
>>> int(-3.6)
-3
```

构造函数 `float()` 作用于一个整数，将改变其表示方式为浮点数，如果发生溢出则报错。

```
>>> float(3)
3.0
```

字符串也可以转换为数值类型，只要字符串有数值意义（即字符串是目标类型的有效表示）。否则，将导致错误：

```
>>> int('3.4')
Traceback (most recent call last):
  File "<pyshell#123>", line 1, in <module>
    int('3.4')
ValueError: invalid literal for int() with base 10: '3.4'
>>> float('3.4')
3.4
```

字符串构造函数 `str()` 作用于一个数值时，将返回该数值的字符串表示形式：

```
>>> str(2.72)
'2.72'
```

练习题 2.9　下列表达式的计算结果分别是什么数据类型？

(a) False + False

(b) 2 * 3**2.0

(c) 4 // 2 + 4 % 2

(d) 2 + 3 == 4 or 5 >= 5

2.4.7　类方法和面向对象的程序设计

一个类型（即类）可以看作是所有可以作用于该类的对象的运算符和方法的集合。例如，类 `list` 可以定义为 `list` 类的运算符和方法，`list` 类的部分运算符和方法请参见表 2-2 和表 2-3。前文中曾经使用 `list` 的 `append()`、`count()` 和 `remove()` 方法。例如：

```
>>> pets = ['goldfish', 'cat', 'dog']
>>> pets.append('guinea pig')
>>> pets.append('dog')
>>> pets
['goldfish', 'cat', 'dog', 'guinea pig', 'dog']
>>> pets.count('dog')
2
>>> pets.remove('dog')
>>> pets
['goldfish', 'cat', 'guinea pig', 'dog']
>>> pets.reverse()
>>> pets
['dog', 'guinea pig', 'cat', 'goldfish']
```

要查看类 `list` 支持的所有方法，可以使用 `help()` 文档工具：

```
>>> help(list)
```

我们现在正式解释前面方法调用的表示方法。在每一个例子中，有一个 `list` 对象 `pets`，后跟圆点（.），后跟方法（函数）调用。例如：

```
pets.append('guinea pig')
```

其含义是：使用输入字符串参数 `'guinea pig'` 调用列表对象 `pets` 的列表方法 `append()`。一般而言，表示法：

```
o.m(x,y)
```

其含义是使用输入参数 `x` 和 `y` 调用对象 `o` 的方法 `m`。方法 `m` 必须是对象 `o` 所属类的方法。

Python 语言的每一个操作都是这种格式的方法调用。也许你会质问，表达式 `x + y` 并不像这种格式，实际上是，我们将在第 8 章讨论。这种处理数据的方法（数据储存在对象中，针对对象调用方法）称之为*面向对象程序设计*（OOP）。面向对象程序设计是代码组织和开发的强大方法。我们将在第 8 章深入学习。

2.5 Python 标准库

核心 Python 程序设计语言包括一些函数（例如 `max()` 和 `sum()`）和类（例如 `int`、`str` 和 `list`）。而并不是所有的函数和类都是 Python 内置的，基于高效和易用性的目的，Python 语言的核心特性保持精简。除了核心函数和类之外，Python 标准库中还定义了许许多多的函数和类。Python 标准库由数千个函数和类组成，它们被组织成称为*模块*的组件。

每个模块包含一组特定应用领域相关的函数和 / 或类。超过 200 个内置模块一起构成了 Python 标准库。标准库中的每个模块中包含的函数和类支持在某些特定领域的应用程序编程。标准库中包含的模块支持如下应用：

- 网络编程
- Web 应用程序编程
- 图形用户界面（GUI）开发
- 数据库程序设计
- 数学函数
- 伪随机数发生器

我们最终将使用所有这些模块。现在我们将学习如何使用 `math` 模块和 `fraction` 模块。

2.5.1 math 模块

Python 语言核心仅支持基本的数学运算符，这些在本章前面章节已经学习过。如果要使用其他的数学函数（例如平方根函数）和三角函数，则需要数学模块。数学模块是包含数学常量和函数的库。要使用数学模块中的函数，必须先显式导入该模块：

```
>>> import math
```

`import` 语句使得所有定义在模块 `math` 中的数学函数可用（有关 `import` 语句工作原理的详细介绍，请参见下一章和第 6 章）。

平方根函数 `sqrt()` 定义在 `math` 模块中，但不能按如下方法直接使用：

```
>>> sqrt(3)
Traceback (most recent call last):
  File "<pyshell#28>", line 1, in <module>
    sqrt(3)
NameError: name 'sqrt' is not defined
```

很显然，Python 解释器无法解析 `sqrt`（平方根函数的名称）。我们必须显式告诉解释器在何处查找该名称：

```
>>> math.sqrt(3)
1.7320508075688772
```

表 2-7 列举了定义在数学模块中一些常用的函数。表中还包括定义在模块中的两个常用数学常量。变量 `math.pi` 的值是数学常量 π 的近似值，`math.e` 的值是欧拉常量 e 的近似值。

表 2-7 math 模块。其中列出了 math 模块中的一些函数和常量。导入 math 模块之后，在交互式命令行中通过 help() 函数，可以获取全部函数和常量一览

用 法	说 明
`sqrt(x)`	$\sqrt{x}$
`ceil(x)`	$\lceil x \rceil$（即大于或等于 x 的最小整数）
`floor(x)`	$\lfloor x \rfloor$（即小于或等于 x 的最大整数）
`cos(x)`	$\cos(x)$
`sin(x)`	$\sin(x)$
`log(x, base)`	$\log_{base}(x)$
`pi`	3.141592653589793
`e`	2.718281828459045

练习题 2.10 根据如下要求编写 Python 表达式：

(a) 两条直角边边长分别为 a 和 b 的直角三角形的斜边长度。

(b) 判断上述斜边长度是否等于 5 的表达式。

(c) 半径为 a 的圆盘的面积。

(d) 判断坐标为 x 和 y 的点是否位于中心位置为 (a, b) 且半径为 r 的圆内的表达式。

2.5.2 fractions 模块

fractions 模块引入了一种新的数值类型：分数类型。分数类型用于表示分数，执行有理数算术运算，例如：

$$\frac{1}{2}+\frac{3}{4}=\frac{5}{4}$$

要使用 fractions 模块，必须先导入该模块：

```
>>> import fractions
```

要创建一个分数对象，可以使用 Fraction() 构造函数并带两个参数：分子和分母。定义分数 3/4 和 1/2 的方法如下：

```
>>> a = fractions.Fraction(3, 4)
>>> b = fractions.Fraction(1, 2)
```

注意，必须指定类 Fraction 的位置（位于 fractions 模块）。表达式 a 的计算结果如下：

```
>>> a
Fraction(3, 4)
```

注意，a 的计算结果不是 0.75。

和其他数值一样，Fraction 对象可以相加，结果是一个 Fraction 对象：

```
>>> c = a + b
>>> c
Fraction(5, 4)
```

那么，float 类型和 fractions.Fraction 有什么区别呢？前面我们提到，float 值使

用有限的位数（通常为 64 位）存储在计算机中。这意味着 `float` 对象可以存储的值的范围有限制。例如，0.5^{1075} 无法存储为一个 `float` 值，因此其运算结果为 0：

```
>>> 0.5**1075
0.0
```

然而，`fractions.Fraction` 对象可以表示的值的范围则非常大（仅受限于内存大小，和 `int` 类型一样）。所以可以使用如下方式很容易地计算 $(1/2)^{1075}$：

```
>>> fractions.Fraction(1, 2)**1075
Fraction(1, 404804506614621236704990693437834614099113299528284236
713802716054860679135990693783920767402874248990374155728633623822
779617474771586953734026799881477019843034848553132722728933815484
186432682479535356945490137124014966849385397236206711298319112681
620113024717539104666829230461005064372655017292012526615415482186
989568)
```

那为什么不一直使用 `fractions.Fraction` 类型呢？这是因为包括 `float` 值的表达式的计算速度要远远高于包含 `fractions.Fraction` 值的表达式的计算速度。

2.6 电子教程案例研究：海龟图形

在案例研究 CS.2 中，我们使用图形工具（可视化地）描述本章涉及的内容：对象、类和类方法、面向对象程序设计以及模块。海龟绘图工具允许用户绘制直线和各种形状，类似于使用钢笔在纸上绘制图形。

2.7 本章小结

本章是 Python 语言基本概念和核心内置数据类型的概述。

我们介绍了使用交互式命令行计算表达式的值。我们首先介绍了运算结果为数值的代数表达式，以及运算结果为 `True` 和 `False` 的布尔表达式。我们还介绍了变量和赋值语句，赋值语句用于给一个变量名赋一个值。

本章介绍了核心 Python 内置数据类型：`int`、`float`、`bool`、`str`、`list` 和 `tuple`。我们讨论了内置的数值运算符，解释了各种数值类型（`int`、`float` 和 `bool`）的不同之处。我们介绍了字符串（`str`）运算符（字符串方法将在第 4 章讨论）。我们特别讨论了极其重要的索引运算符。关于 `list` 和 `tuple` 类型，我们介绍了其运算符和方法。

在讨论了若干内置类之后，我们进一步讨论了对象和类的概念。然后我们使用这些概念来讨论类构造函数和类型转换。

Python 标准库包含许多模块，这些模块包含了大量内置函数和类型没有涉及的函数和类型。我们介绍了非常实用的 `math` 模块，`math` 模块提供了许多经典的数学函数。

2.8 练习题答案

2.1 表达式分别为：

(a) `1 + 2 + 3 + 4 + 5`

(b) `(23 + 19 + 31) / 3)`

(c) `403 // 73`

(d) `403 % 73`

(e) `2**10`

(f) abs(54 - 57)

(g) min(34.99, 29.95, 31.50)

2.2 布尔表达式分别为：

(a) 2 + 2 < 4，运算结果为：False

(b) 7 // 3 == 1 + 1，运算结果为：True

(c) 3**2 + 4**2 == 25，运算结果为：True

(d) 2 + 4 + 6 > 12，运算结果为：False

(e) 1387 % 19 == 0，运算结果为：True

(f) 31 % 2 == 0，运算结果为：False

(g) min(34.99, 29.95, 31.50) < 30.00，运算结果为：True

2.3 交互式命令行中的语句系列为：

```
>>> a = 3
>>> b = 4
>>> c = a * a + b * b
```

2.4 表达式分别为：

(a) s1 + ''+ s2 + ''+ s3

(b) 10 * (s1 + '')

(c) s1 + '' + 2 * (s2 + '') + 2 * (s3 + '') + s3

(d) 7 * (s1 + ''+ s2 + '')

(e) 3 * (2 * s2 + s3 + '')

2.5 表达式分别为：

(a) s[0]，(b) s[1]，(c) s[6]，(d) s[8]，(e) s[9]。

2.6 表达式为 min(words) 和 max(words)。

2.7 方法调用为：

(a) grades.count(7)

(b) grades[-1] = 4

(c) max(grades)

(d) grades.sort()

(e) sum(grades) / len(grades)

2.8 优先级顺序使用括号表示为：

(a) ((2 + 3) == 4) or (a >= 5)

(b) (((lst[1]) * (-3)) < (-10)) == 0

(c) (((lst[1]) * (-3)) < (-10)) in [0, True]

(d) 2 * (3**2)

(e) (4 / 2) in [1, 2, 3]

2.9 请读者在交互式命令行中自己通过对这些表达式求值检查答案的正确性。

(a) 当两个操作数为布尔值时，+ 运算符是一个 int 运算符，而不是布尔运算符。结果 0 是一个 int 值。

(b) float 值。

(c) int 值。

(d) or 运算符两侧的表达式的运算结果都是布尔值，因此结果是一个布尔值。

2.10 表达式分别为：

(a) math.sqrt(a**2 + b**2)

(b) math.sqrt(a**2 + b**2) == 5

(c) `math.pi * a**2`

(d) `(x - a)**2 + (y - b)**2 < r**2`

2.9 习题

2.11 根据如下语句编写 Python 表达式：

(a) 负数 −7 到 −1 的累加和。

(b) 一组夏令营中孩子的平均年龄，假设 17 个 9 岁、24 个 10 岁、21 个 11 岁、27 个 12 岁。

(c) 2 的 −20 次方。

(d) 4356 中包含了多少个 61？

(e) 4356 除以 61 的余数。

2.12 首先在交互式命令行中执行如下赋值语句：

```
>>> s1 = '-'
>>> s2 = '+'
```

接下来编写字符串表达式，使用字符串 `s1` 和 `s2` 以及字符串运算符 `+` 和 `*`，要求表达式的运算结果如下：

(a) `'-+'`

(b) `'-+-'`

(c) `'+--'`

(d) `'+--+--'`

(e) `'+--+--+--+--+--+--+--+--+--+--+'`

(f) `'+-+++--+-+++--+-+++--+-+++--+-+++--'`

尽量使得字符串表达式简洁。

2.13 首先在交互式命令行中运行如下赋值语句：

```
>>> s = 'abcdefghijklmnopqrstuvwxyz'
```

接下来编写表达式，使用字符串 s 和索引运算符，要求表达式的运算结果为：`'a'`、`'c'`、`'z'`、`'y'` 和 `'q'`。

2.14 首先执行如下语句：

```
s = 'goodbye'
```

然后编写布尔表达式检查是否：

(a) 字符串 `s` 的第一个字符是 `'g'`。

(b) 字符串 `s` 的第七个字符是 `'g'`。

(c) 字符串 `s` 的前两个字符是 `'g'` 和 `'a'`。

(d) 字符串 `s` 的倒数第二个字符是 `'x'`。

(e) 字符串 `s` 的中间字符是 `'d'`。

(f) 字符串 `s` 的第一个和最后一个字符相等。

(g) 字符串 `s` 的后面 4 个字符是 `'tion'`。

注意：上述七个表达式的运算结果应该分别为：`True`、`False`、`False`、`False`、`True`、False 和 `False`。

2.15 根据如下语句编写 Python 表达式：

(a) 单词 "anachronistically" 的字符个数比单词 "counterintuitive" 的字符个数多 1 个。

(b) 单词 "misinterpretation" 在字典中位于单词 "misrepresentation" 之前。

(c) 字母 "e" 不包含在单词 "floccinaucinihilipilification" 中。

(d) 单词 "counterrevolution" 的字符个数等于单词 "counter" 和 "resolution" 的字符个数之和。

2.16 编写相对应的 Python 赋值语句：

(a) 把 6 赋值给变量 `a`，把 7 赋值给变量 `b`。

(b) 把变量 `a` 和 `b` 的平均值赋值给变量 `c`。

(c) 把变量 `inventory` 赋值为包含字符串 `'paper'`、`'staples'` 和 `'pencils'` 的列表。

(d) 分别把变量 `first`、`middle` 和 `last` 赋值为字符串 `'John'`、`'Fitzgerald'` 和 `'Kennedy'`。

(e) 把变量 `fullname` 赋值为字符串变量 `first`、`middle` 和 `last` 的拼接。请确保使用适当的空格。

2.17 使用习题 2.16 中定义的变量，根据下列逻辑语句编写布尔表达式并对表达式求值：

(a) 17 和 −9 之和小于 10。

(b) 列表 `inventory` 的长度大于字符串 `fullname` 的长度的 5 倍。

(c) `c` 不大于 24。

(d) 6.75 位于整数 `a` 和 `b` 之间。

(e) 字符串 `middle` 的长度大于字符串 `first` 的长度但小于字符串 `last` 的长度。

(f) 列表 `inventory` 或者为空或者包含 10 个以上的对象。

2.18 根据下列要求编写 Python 语句：

(a) 把变量 `flowers` 赋值为一个包含字符串 `'rose'`、`'bougainvillea'`、`'yucca'`、`'marigold'`、`'daylilly'`，和 `'lilly of the valley'` 的列表。

(b) 编写一个布尔表达式并对表达式求值：如果字符串 `'potato'` 包含在列表 `flowers` 中，则返回 `True`。

(c) 把列表 `thorny` 赋值为包含列表 `flowers` 的前三个对象的子列表。

(d) 把列表 `poisonous` 赋值为包含列表 `flowers` 的最后一个对象的子列表。

(e) 把列表 `dangerous` 赋值为列表 `thorny` 和列表 `poisonous` 的拼接。

2.19 首先把变量 `answers` 赋值为一个包含任意字符串 `'Y'` 和 `'N'` 序列的列表。例如：

```
answers = ['Y ', 'N ', 'N ', 'Y ', 'N ', 'Y ', 'Y ', 'Y ', 'N ', 'N ', 'N ']
```

然后根据下列要求编写 Python 语句：

(a) 把变量 `numYes` 赋值为 `'Y'` 在列表 `answers` 中出现的次数。

(b) 把变量 `numNo` 赋值为 `'N'` 在列表 `answers` 中出现的次数。

(c) 把变量 `percentYes` 赋值为 `'Y'` 在列表 `answers` 中出现的百分比。

(d) 对列表 `answers` 排序。

(e) 把变量 `f` 赋值为 `'Y'` 在排序后的列表 `answers` 中第一次出现的索引位置。

2.20 编写一个表达式，把一个包含三个字母的字符串 `s` 逆序，即表达式运算结果为 `s` 的反序字符串。如果 `s` 为 `'top'`，则表达式运算结果为 `'pot'`。

2.21 编写一个表达式，字符串 `s` 和 `t` 分别包含一个人的姓和名，表达式运算结果为姓名的首字母缩写。如果两个字符串包含本教程作者的名和姓（Ljubomir Perkovic），则表达式运算结果为 `'LP'`。

2.22 一个数值列表的范围是列表中任意两个值的最大差。编写一个 Python 表达式，计算一个数值列表 `lst` 的范围。假如，`lst` 为 `[3, 7, -2, 12]`，则表达式的计算结果为 14（12 和 −2 的差）。

2.23 首先分别给两个变量 `monthsL`（列表）和 `monthsT`（元组）赋值，都依次包含字符串 `'Jan'`、`'Feb'`、`'Mar'` 和 `'May'`。然后，针对这两个容器，分别编写执行下列操作的语句：

(a) 在 `'Mar'` 和 `'May'` 之间插入 `'Apr'`。

(b) 添加字符串 `'Jun'`。

(c) 从容器中 pop 出一个项目。

(d) 从容器中移除第二个项目。

(e) 把容器中的项目反序排列。

(f) 把容器中的项目排序。

注意：在元组 monthsT 上尝试上述操作会导致错误。

2.24 首先把变量 grades 赋值为一个包含任意成绩（字符串 'A'、'B'、'C'、'D' 和 'F'）序列的列表。例如：

```
grades = ['B','B','F','C','B','A','A','D','C','D','A','A','B']
```

编写一系列 Python 语句，最终产生一个包含列表 grades 中各成绩（按字典序）出现的次数的列表 count。对于上述给定的例子，列表结果为 [4, 4, 2, 2, 1]。

2.25 修改习题 2.24，把变量 grades 定义为元组类型而不是列表类型，即：

```
grades = ('B','B','F','C','B','A','A','D','C','D','A','A','B')
```

变量 count 依旧指向一个列表。

2.26 半径为 10 的圆形飞镖靶以及其所悬挂的墙面可以使用二维坐标系统来表示。镖靶的中心位置坐标为（0，0）。变量 x 和 y 存储飞镖击中位置的 x 坐标和 y 坐标。编写一个使用 x 和 y 的表达式，如果飞镖击中标靶（位于圆形之内），则表达式计算结果为 True。并计算如下飞镖击中位置坐标的表达式求值结果：

(a) (0, 0)

(b) (10, 10)

(c) (6，−6)

(d) (−7，8)

2.27 靠在墙上的梯子与墙的角度要小于 90 度，否则梯子会倒下。假设变量 length 和 angle 分别存储梯子的长度和梯子靠在墙上与地面形成的夹角，编写一个使用 length 和 angle 的表达式，计算梯子抵靠在墙上的高度。使用下列 length 和 angle 值对表达式进行求值：

(a) 16 英尺[⊖]和 75 度

(b) 20 英尺和 0 度

(c) 24 英尺和 45 度

(d) 24 英尺和 80 度

提示：可以使用三角公式 height = length * sin(angle)。

math 模块的 sin() 函数带一个单位为弧度的输入参数。因此必须把单位为度的角度转换为单位为弧度的角度，转换公式为：

$$\text{radians} = \frac{\pi * \text{degrees}}{180}$$

2.28 根据下列要求，编写 Python 表达式或语句，使用数值列表 lst 以及列表运算符和方法，实现如下要求：

(a) 编写表达式，求出列表 lst 中间元素的索引值。

(b) 编写表达式，求出列表 lst 中间元素的值。

(c) 编写语句，将列表 lst 按升序排序。

(d) 编写语句，将列表的第一个元素移除并把它添加到列表尾部。

注意：如果列表的长度是偶数，则列表的中间元素为列表中间两个元素右边的一个。

2.29 为下列表达式添加括号对使得其求值结果为 True。

(a) `0 == 1 == 2`

(b) `2 + 3 == 4 + 5 == 7`

(c) `1 < -1 == 3 > 4`

⊖ 1 英尺≈0.3048 米。

对每个表达式，解释其操作符的运算顺序。

2.30 自行编程，实现将一些字符串显式转换为一个列表的功能。请自己组织文字语言，描述带字符串输入参数的列表构造函数的工作原理。

2.31 本章讨论了一些（但不是全部）有关类 `list` 的方法。使用如下一系列交互式命令作为帮助，请自己组织文字语言，描述 `list` 方法 `extend()`、`copy()` 和 `clear()` 的功能。

```
>>> lst = [2, 3, 4]
>>> lst.extend([5, 6])
>>> lst
[2, 3, 4, 5, 6]
>>> lst2 = lst.copy()
>>> lst2
[2, 3, 4, 5, 6]
>>> lst.clear()
>>> lst
[]
>>> lst2
[2, 3, 4, 5, 6]
```

第 3 章

Introduction to Computing Using Python: An Application Development Focus, Second Edition

命令式编程

本章我们将讨论如何开发 Python 程序。Python 程序是按顺序执行的 Python 语句序列。为了根据不同的条件实现不同的程序行为，我们引入了条件控制结构和循环（或迭代）控制流结构来控制特定的语句是否执行以及执行的次数。

随着代码开发量的增加，我们将注意到，我们会经常重复使用一组 Python 语句来实现一个可以抽象描述的任务。Python 允许开发人员将代码封装到函数中，以便只使用一个函数调用就可以执行代码。函数的一个优点是代码可重用性，另一个优点是可以简化开发人员的工作：（1）对开发人员隐藏实现函数的代码；（2）清晰地阐明代码实现的抽象任务。本章将介绍如何定义 Python 函数以及调用函数时如何传递参数。

本章所涵盖的是基本的程序设计语言概念，而不仅仅是 Python 概念。本章还将介绍如何将问题分解为可以用 Python 语句描述的步骤的实现过程。

3.1 Python 程序

在第 2 章中，我们使用交互式命令来计算 Python 表达式的值，以及执行单个 Python 语句。实现计算机应用程序的 Python 程序是多个 Python 语句的序列。Python 语句序列存储在开发人员使用编辑器创建的一个或多个文件中。

3.1.1 我们的第一个 Python 程序

为了编写第一个程序，需要使用 Python IDE 中包含的编辑器。如何打开编辑器取决于 IDE。例如，如果你正在使用的 Python IDE 是 IDLE，则可以通过单击 IDLE 窗口中的【 File 】选项卡，然后单击【 New File 】按钮，打开一个新的窗口，可以在这个新的窗口中键入第一个 Python 程序。

```
1 line1 = 'Hello Python developer...'
2 line2 = 'Welcome to the world of Python!'
3 print(line1)
4 print(line2)
```

这个程序包括四条语句，每行一条语句。第一行和第二行包含赋值语句；第三行和第四行调用 `print()` 函数。一旦你键入程序后，就可能想执行程序以观测运行结果。可以通过 Python IDE 执行程序。同样，执行程序所采用的操作步骤也取决于你正在使用的 IDE 类型。例如，如果你使用的 Python IDE 是 IDLE，则可以直接使用键盘上的功能键【 F5 】（或者用鼠标单击 IDLE 命令窗口中的【 Run 】选项卡，然后单击【 Run Module 】按钮）。IDLE 会要求你把程序保存到一个文件中。注意 Python 程序的文件名后缀必须为“`.py`”。保存文件 `hello.py` 到你所选择的文件夹中，之后，程序将被执行，并在交互式命令行中输出如下结果：

```
>>> ======================== RESTART ========================
>>>
```

```
Hello Python developer...
Welcome to the world of Python!
```

Python 解释器从第一行到第四行依次执行所有的语句。程序的流程图如图 3-1 所示。流程图是描述一个程序执行流程的图。在这第一个例子中，流程图表明四条语句从头到尾依次执行。

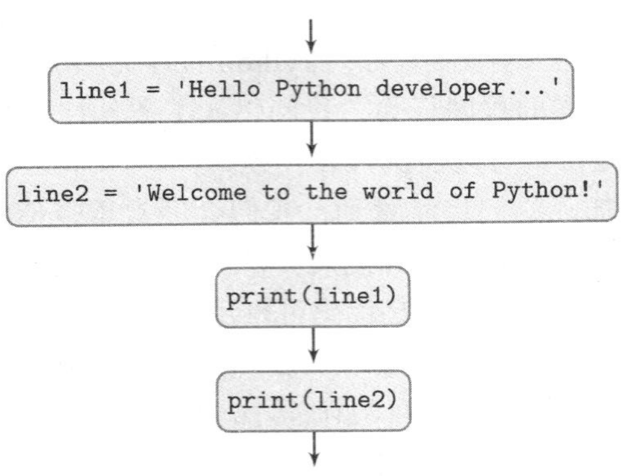

图 3-1 第一个程序的流程图。程序的每一条语句位于各自的矩形框中，矩形框之间的连接箭头表示程序的执行流

注意事项：重启命令行

当执行 hello.py 时，Python 解释器在输出实际结果之前先输出如下内容：

```
>>> ======================== RESTART ========================
...
```

该行内容表明 Python 命令行被重启。重启命令行的效果是清除到目前为止命令行中定义的所有的变量。这是必需的，因为程序必须在空白状态和默认命令行环境中执行。

交互式命令行也可以直接重启。在 IDLE 中，通过单击 IDLE 窗口中的【Shell】选项卡，然后单击【Restart Shell】按钮实现重启。在下一个例子中，我们将变量 x 赋值为 3，表达式 x 的计算结果为 3 之后，重启了命令行。

```
>>> x = 3
>>> x
3
>>> ======================== RESTART ========================
>>> x
Traceback (most recent call last):
  File "<pyshell#4>", line 1, in <module>
    x
NameError: name 'x' is not defined
>>>
```

在重启后的命令行中，注意 x 没有定义，因此程序报错。

应用程序通常独立于软件开发环境（例如 IDLE）运行，所以了解如何在命令行方式下运行 Python 程序尤为重要。运行程序的一个简单方法是在命令行窗口中运行如下命令：

```
> python hello.py
Hello Python developer...
Welcome to the world of Python!
```

（注意，请确保在包含 Python 程序的文件夹下运行该程序。）

知识拓展：编辑器

类似于微软 Word 的编辑器并不适合编写和编辑程序。程序员专用的编辑器应该包含有助于提高程序开发过程效率的工具。这类软件开发环境称为集成开发环境（IDE）。

适合于开发 Python 程序的 IDE 有很多种。它们都包含有助于 Python 编程的功能，包括自动缩进、在编辑器中运行/调试 Python 代码、快速访问 Python 标准库等。三种流行的集成开发环境为：IDLE（包含在 Python 开发工具包中）、Komodo 和 PyDev with Eclipse。

3.1.2 Python 模块

我们创建并保存的 `hello.py` 文件就是*用户自定义* Python 模块的一个例子。在第 2 章中，我们使用术语模块来描述内置的标准库组件 `math`、`fractions` 和 `turtle`。这些是内置 Python 模块。那么，`hello.py` 和 Python 内置模块之间有什么共同点呢？

简而言之，模块是包含 Python 代码的文件。任何一个包含 Python 代码且后缀为 `.py` 的文件就是一个 Python 模块。我们创建的文件 `hello.py` 是一个模块，你的电脑中的某个文件夹下用于实现对应标准库组件的文件 `math.py`、`fractions.py` 和 `turtle.py` 等，也是 Python 模块。

显然，模块中的代码是用来执行的。例如，当通过按下功能键【F5】执行 `hello.py` 时，模块中的代码会被从开始到结尾执行。当我们针对一个模块（例如，`math` 或 `turtle`）执行一条 `import` 语句时，结果等同于按下【F5】（当然这种阐述并不精确，我们将在第 7 章进一步阐述）。当执行

```
>>> import math
```

时，文件 `math.py` 中的代码会被执行。其中的代码恰好是定义一系列的数学函数。

3.1.3 内置函数 print()

我们的第一个程序包含两行使用函数 `print()` 的代码。这个函数在交互式命令行输出所传入的参数。例如，如果传入一个数值，则输出该数值：

```
>>> print(0)
0
```

同样，如果传入一个列表，则输出该列表：

```
>>> print([0, 0, 0])
[0, 0, 0]
```

一个字符串参数输出为不带引号的字符串：

```
>>> print('zero')
zero
```

如果输入参数包含一个表达式，则先对该表达式求值，然后输出计算结果：

```
>>> x = 0
>>> print(x)
0
```

注意，在我们的第一个程序中，每一条 `print()` 语句在单独的行中输出其参数。

3.1.4 使用 input() 函数实现交互式输入

程序执行时常常需要与用户进行交互。函数 input() 可以实现该功能。该函数通常位于赋值语句的右侧，例如：

```
>>> x = input('Enter your first name: ')
```

当 Python 执行这个 input() 函数时，将首先在命令行输出该函数的输入参数（即字符串“Enter your first name:”）：

```
Enter your first name:
```

然后中断程序的运行，并等待用户在键盘上键入内容。输出的字符串“Enter your first name:”实际上是提示内容。当用户键入内容，并按键盘上的【Enter/Return】键后，程序将继续运行，而用户键入的任何内容则会赋值给变量 name：

```
>>> name = input('Enter your first name: ')
Enter your first name: Ljubomir
>>> name
'Ljubomir'
```

注意，对用户键入的所有内容，Python 都作为一个字符串来处理（例如，本例中的 Ljubomir）。

input() 函数一般在程序中使用。我们将在如下更为人性化的问候程序（hello.py）中说明其使用方法。下一个程序请求用户输入他的名和姓，然后在屏幕上输出人性化的问候语。

```
1 first = input('Enter your first name: ')
2 last = input('Enter your last name: ')
3 line1 = 'Hello '+ first + ' ' + last + '...'
4 print(line1)
5 print('Welcome to the world of Python!')
```

当我们运行该程序时，首先执行第一行语句，输出信息“Enter your first name:”，然后中断程序的执行，等待直到用户使用键盘键入内容并按【Enter/Return】键。用户输入的所有内容将被赋值给变量 first。第二行语句与第一行类似。在第三行，使用字符串拼接来创建问候语字符串，并在第四行输出。程序的运行示例如下所示：

```
>>>
Enter your first name: Ljubomir
Enter your last name: Perkovic
Hello Ljubomir Perkovic...
Welcome to the world of Python!
```

注意事项：input() 函数返回字符串

如上所述，调用 input() 函数时，用户键入的所有内容将作为字符串处理。我们观察一下当用户键入数值时的情况：

```
>>> x = input('Enter a value for x: ')
Enter a value for x: 5
>>> x
'5'
```

Python 解释器把该值视为字符串 '5'，而不是整数 5。验证如下：

```
>>> x == 5
False
>>> x == '5'
True
```

input() 函数总是把用户输入的所有内容作为字符串来处理。

3.1.5 eval() 函数

如果期望用户输入非字符串值，则需要明确指示 Python 使用函数 eval() 将用户输入的内容作为一个 Python 表达式来求值。

eval() 函数带一个字符串输入参数，并且把该字符串作为一个 Python 表达式来求值。下面是一些示例：

```
>>> eval('3')
3
>>> eval('3 + 4')
7
>>> eval('len([3, 5, 7, 9])')
4
```

当我们期望用户按要求输入一个表达式（数值、列表，等等）时，可以把函数 eval() 和函数 input() 结合在一起使用。只需要在 input() 函数之上调用 eval() 函数即可，其效果是将用户输入的内容作为一个表达式来求值。例如，下面例子可以保证用户输入的数值被作为数值来处理：

```
>>> x = eval(input('Enter x: '))
Enter x: 5
```

我们可以验证 x 是数值，而不是字符串：

```
>>> x == 5
True
>>> x == '5'
False
```

练习题 3.1 编写一个程序，实现如下功能：要求用户输入一个华氏温度，使用如下公式转换输出其 摄氏温度：

$$\text{celsius} = \frac{5}{9}(\text{fahrenheit} - 32)$$

程序的运行结果如下所示：

```
>>>
Enter the temperature in degrees Fahrenheit: 50
The temperature in degrees Celsius is 10.0
```

3.2 执行控制结构

Python 程序是一系列连续执行的语句。迄今为止，在我们所涉及的简短程序中，不管用户输入什么值（如果有的话），总是从第一行语句开始执行相同的语句序列。实际上，在计算机上使用应用程序的情况并非总是如此。计算机应用程序通常会根据输入值来做不同的事情。例如，玩完一局游戏后，根据用户单击【 Exit 】或者【 Play Again 】按钮，游戏可能停止或者继续运行。接下来，我们将介绍一些 Python 语句，这些语句可以控制执行不同的语句以及重复执行语句。

3.2.1 单分支结构

假设我们打算开发一个程序，要求用户输入当前温度，然后在超过 86 度的情况下输出适当的信息。如果用户输入 87，该程序的运行结果为：

```
>>>
Enter the current temperature: 87
It is hot!
Be sure to drink liquids.
```

如果用户输入 67，则该程序的运行结果为：

```
>>>
Enter the current temperature: 67
```

换言之，如果温度为 86 或更低，则不输出任何信息。如果温度高于 86 度，则输出如下信息：

```
It is hot!
Be sure to drink liquids.
```

要实现所描述的行为（即代码片段的条件执行），必须有一种方法根据条件来控制是否执行一段代码。如果条件为真，则执行代码片段；否则不执行。

`if` 语句用来实现条件执行。使用 `if` 语句实现预期的程序的代码如下所示：

模块：oneWay.py

```
1 temp = eval(input('Enter the current temperature: '))
2
3 if temp > 86:
4     print('It is hot!')
5     print('Be sure to drink liquids.')
```

（注意：使用空白行的目的是增加程序的可读性。）`if` 语句包含程序中的第三行到第五行。在第三行，`if` 关键字后面是条件“`temp > 86`”。如果条件表达式的计算结果为 `True`，则第三行下面的缩进语句将会被执行；如果条件“`temp > 86`”的计算结果为 `False`，则不执行这些缩进语句。图 3-2 描述了程序的两条执行流分支（使用虚线）。

现在假设我们需要为程序增加一个功能：不管用户输入的温度高低，程序结束前输出“`Goodbye!`”。程序的运行效果如下所示：

```
>>>
Enter the current temperature: 87
It is hot!
Be sure to drink liquids.
Goodbye.
```

或者如下所示：

```
>>>
Enter the current temperature: 67
Goodbye.
```

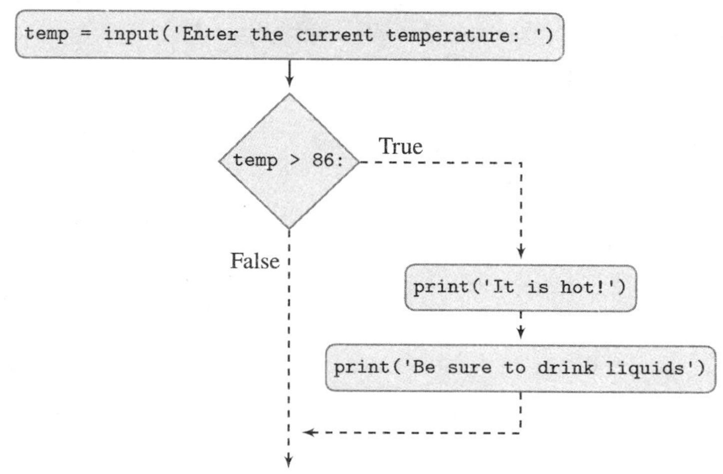

图 3-2　单分支程序（oneWay.py）的流程图。首先执行 input() 语句，然后将用户所输入的值赋值给变量 temp。使用 if 语句检查条件“temp > 86”。如果条件为真，则执行两条 print() 语句，并结束程序；如果条件为假，则直接结束程序

执行 if 语句之后需要执行 print('Goodbye')。这意味着 print('Goodbye') 语句在程序中的位置必须符合：（1）位于缩进的 if 语句块之后；（2）与 if 语句的第一行的缩进相同。

模块：oneWay2.py

```
1 temp = eval(input('Enter the current temperature: '))
2
3 if temp > 86:
4     print('It is hot!')
5     print('Be sure to drink liquids.')
6
7 print('Goodbye.')
```

执行完第三行语句后，可能执行缩进的语句块（第四行和第五行），也可能不执行。无论何种情况，程序将继续执行第七行的语句。程序 oneWay2.py 对应的流程图如图 3-3 所示。

一般来说，if 语句的格式如下：

```
if <条件>:
    <缩进语句块>
<非缩进语句>
```

if 语句的第一行包含 if 关键字，紧接着是 <条件> 布尔表达式（即计算结果为 True 或 False 的表达式），然后是一个英文冒号（用于指示条件结束）。第一行之后是相对于 if 关键字的缩进语句块，当 <条件> 表达式计算结果为 True 时，将被执行。

如果 <条件> 表达式计算结果为 False，则跳过缩进代码块。无论哪种情况，不管缩进代码是否被执行，将继续执行紧接着下面的与 if 语句第一行缩进相同的 Python 语句 <非缩进语句>。

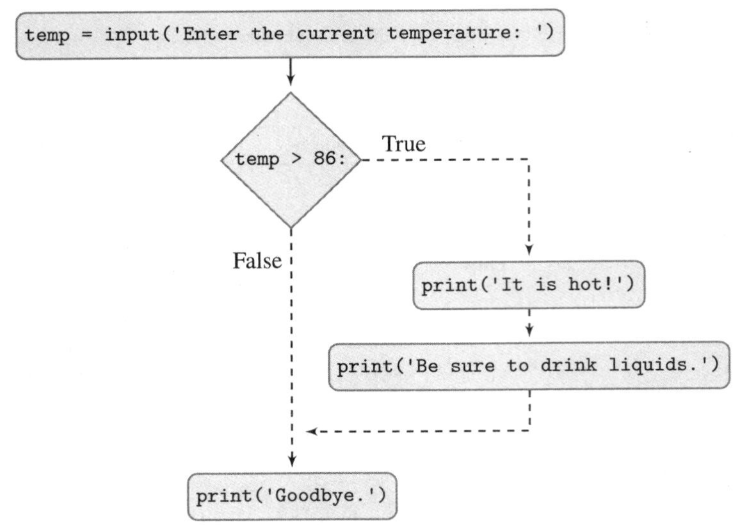

图 3-3 单分支程序（oneWay2.py）的流程图。与 if 语句的条件是真或假无关，执行 if 语句之后，语句 print('Goodbye.') 都会被执行

注意事项：关于缩进

在 Python 语言中，Python 语句的正确缩进非常关键。请比较：

代码片段 1：

```
if temp > 86:

    print('Its hot!')
    print('Be sure to drink liquids.')

print('Goodbye.')
```

和代码片段 2：

```
if temp > 86:

    print('It is hot!')
    print('Be sure to drink liquids.')
    print('Goodbye.')
```

在代码片段 1 中，语句 print('Goodbye.') 的缩进与 if 语句的第一行相同。因此，该语句将在 if 语句执行后被执行，与 if 语句中的条件是真或假无关。

在代码片段 2 中，语句 print('Goodbye.') 相对于 if 语句的第一行缩进。因此，该语句是 if 缩进语句块的一部分，仅当 if 条件为真时才会被执行。

练习题 3.2 把下列条件语句翻译成 Python 语言的 if 语句：

(a) 如果 age 大于 62，则输出“You can get your pension benefits”。

(b) 如果 name 包含在列表 ['Musial', 'Aaraon', 'Williams', 'Gehrig', 'Ruth'] 中，则输出“One of the top 5 baseball players, ever!”。

(c) 如果 hits 多于 10 并且 shield 为 0，则输出“You are dead...”。

(d) 如果布尔变量 north、south、east 和 west 至少有一个为 True，则输出“I can escape.”。

3.2.2 双分支结构

在单分支 if 语句结构中，仅当条件为真才执行动作。然后，无论条件是真或假，继续执行 if 语句后面的语句。换言之，当条件为假时，没有执行任何特殊操作。

然而，有时候这并不是我们所期望的结果。我们也许希望当条件为真时执行一种操作，而当条件为假时执行另一种操作。继续使用温度示例，假设我们希望温度不大于 86 时输出另一条消息。我们可以使用 if 语句的新版本（使用 else 子句的版本）来实现这种行为。我们使用程序 twoWay.py 进行说明。

模块：twoWay.py

```
1  temp = eval(input('Enter the current temperature: '))
2
3  if temp > 86:
4
5      print('It is hot!')
6      print('Be sure to drink liquids.')
7
8  else:
9
10     print('It is not hot.')
11     print('Bring a jacket.')
12
13 print('Goodbye.')
```

当程序的第三行被执行时，有两种情况。如果 temp 的值大于 86，则执行如下缩进语句块：

```
print('It is hot!')
print('Be sure to drink liquids.')
```

当 temp 不大于 86 时，则执行 else 下面的缩进语句块：

```
print('It is not hot.')
print('Bring a jacket.')
```

在两种情况下，程序都将继续执行后续与 if/else 缩进相同的语句（即第 13 行语句）。描述两种执行流分支的流程图如图 3-4 所示。

if 语句更一般的语法形式如下：

```
if <条件>:
    <缩进代码块 1>
else:
    <缩进代码块 2>
<非缩进语句>
```

当 < 条件 > 计算结果为 True 时，则执行 < 缩进代码块 1>；当 < 条件 > 计算结果为 False 时，则执行 < 缩进代码块 2>。执行完任意缩进代码块之后，程序继续执行 < 非缩进语句 >。

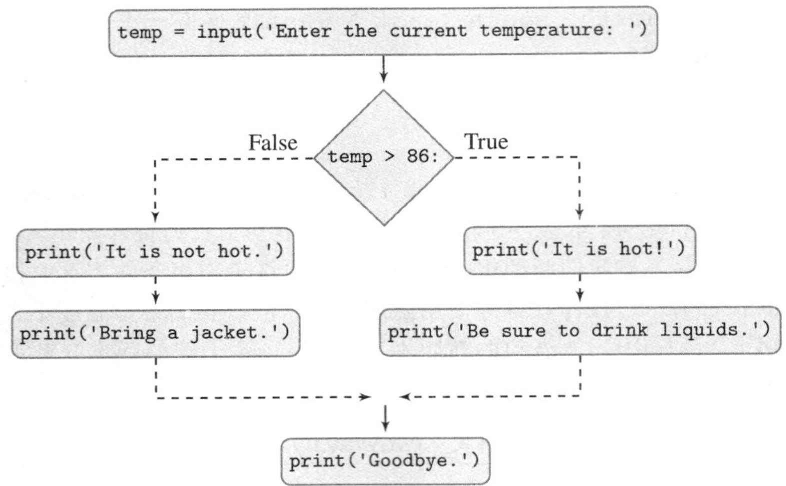

图 3-4　双分支程序（twoWay.py）的流程图。如果条件 temp > 86 为真，则执行 if 语句的语句块；如果为假，则执行 else 语句的语句块。在两种情况下，执行完 if/else 语句块后，程序都会继续执行后面的语句

练习题 3.3　把下列条件语句翻译成 Python 语言的 if/else 语句：

(a) 如果 year 能够被 4 整除，则输出“Could be a leap year.”；否则，输出“Definitely not a leap year.”。

(b) 如果列表 ticket 等于列表 lottery，则输出“You won!”；否则，输出“Better luck next time…”。

练习题 3.4　编写 Python 程序，首先要求用户输入登录 ID（即一个字符串）。然后，程序检测用户输入的 ID 是否位于表示有效用户的列表 ['joe', 'sue', 'hani', 'sophie'] 中。如果是有效的用户，则输出适当的提示信息。无论是否为有效用户，均在输出“Done.”后程序结束执行。例如，以下是一个成功登录的示例：

```
>>>
Login: joe
You are in!
Done.
```

未成功登录的示例则如下：

```
>>>
Login: john
User unknown.
Done.
```

3.2.3　循环结构

在第 2 章中，我们介绍了字符串和列表。两者都是对象序列。字符串可以被视为字符的序列；列表是任何类型（字符串、数值甚至其他列表）的对象的序列。所有序列的一个共同任务是对序列中的每个对象执行同一操作。例如，通过联系人列表，可以向附近的联系人发送聚会邀请；或者，通过一个购物清单列表来检查你购买的东西；再或者，读入一串表示姓

名的字符并按单个字母来拼写姓名。

我们使用上述最后一个例子作为程序示例。假设我们想实现一个简短的程序，逐个输出用户输入的字符串中所包含的每个字符：

```
>>>
Enter a word: Lena
The word spelled out:
L
e
n
a
```

程序首先要求用户输入一个字符串。然后输出“`The word spelled out:`”，随后逐行输出用户输入的字符串中包含的每个字符。程序的实现可以从如下两行语句开始：

```
name = input('Enter a word: ')
print('The word spelled out:')
...
```

为了实现该程序，我们需要一种方法，允许针对字符串变量 `name` 中包含的每一个字符执行一次 `print()` 语句。Python 语言的 `for` 循环语句可以用来完成这个任务。实现该功能的程序如下所示：

模块：spelling.py

```
1 name = input('Enter a word: ')
2 print('The word spelled out: ')
3
4 for char in name:
5     print(char)
```

`for` 循环语句包含程序的第四行和第五行。在第四行中，`char` 是一个变量名。`for` 循环语句将把字符串变量 `name` 中包含的每个字符依次赋值给变量 `char`。假如 `name` 是字符串 `'Lena'`，则 `char` 首先被赋值为 `'L'`，然后是 `'e'`、`'n'`，最后为 `'a'`。针对 `char` 的每个值，将执行缩进的 `print` 语句“`print(char)`”。图 3-5 描述了该循环的工作原理。

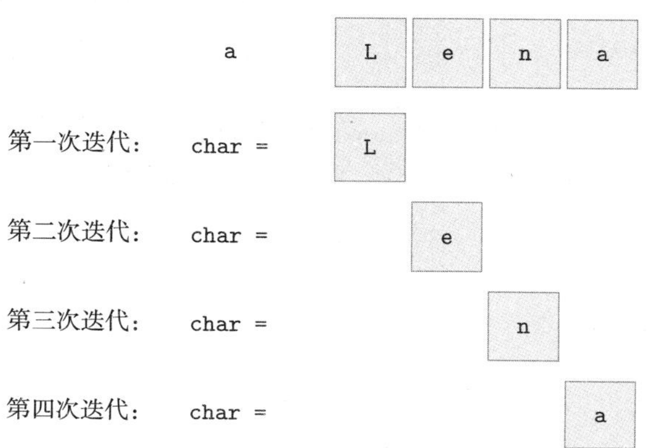

图 3-5 一个字符串的迭代过程。在第一次迭代中，变量 `char` 被赋值为 `'L'`；第二次迭代中，变量 `char` 被赋值为 `'e'`；第三次迭代中，变量 `char` 被赋值为 `'n'`；第四次迭代中，变量 `char` 被赋值为 `'a'`。每次迭代过程中，输出变量 `char` 的当前值。因此，当 `char` 为 `'L'` 时输出 `'L'`，当 `char` 为 `'e'` 时输出 `'e'`，以此类推

for 循环语句还可以用来迭代一个列表中的项目。在下一个示例中，我们在交互式命令行中，使用一个 for 循环语句迭代表示宠物的字符串对象：

```
>>> animals = ['fish', 'cat', 'dog']
>>> for animal in animals:
        print(animal)

fish
cat
dog
```

for 循环语句执行缩进代码“print(animal)”三次，即针对 animal 的每一个值执行一次。animal 的值首先为 'fish'，然后是 'cat'，最后是 'dog'。其示意如图 3-6 所示。

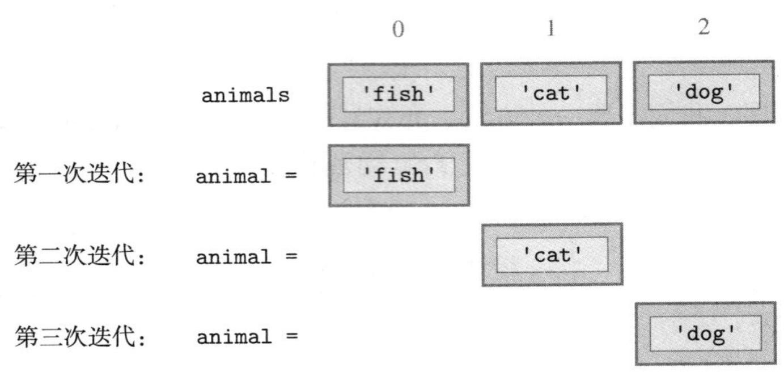

图 3-6　一个列表的迭代过程。在第一次迭代中，变量 animal 被赋值为 'fish'；第二次迭代赋值为 'cat'；第三次迭代赋值为 'dog'。每次迭代过程中，输出 animal 的值

注意事项：for 循环语句的变量

假设有如下两个 for 循环语句：

```
for char in name:
    print(char)

for animal in animals:
    print(animal)
```

上述两个 for 循环语句中的变量 name 和 animal 均为变量名称（建议变量选用有意义的命名方式，以增加程序的可读性）。当然，我们也可以简单使用变量 x 来书写 for 循环语句：

```
for x in name:
    print(x)

for x in animals:
    print(x)
```

注意：如果更改了 for 循环语句的变量名，则 for 循环语句体中所有使用该变量的地方也应该修改。

一般来说，for 语句的语法形式如下：

```
for <变量> in <序列>:
    <缩进代码块>
<非缩进代码块>
```

for 循环语句依次按照从左到右的顺序把 <序列> 中的对象赋值给 <变量>。<缩进代码块> 通常被称为 for 循环语句体，将针对 <变量> 的每一个值执行一次。也就是说，for 循环语句迭代序列中的对象。依次执行完 <缩进代码块> 后，程序继续执行 for 循环语句后的 <非缩进代码块>。<非缩进代码块> 位于 for 循环语句之后，且与 for 循环语句的第一行代码缩进相同。

3.2.4 嵌套的控制流结构

接下来我们编写一个结合 for 循环语句和 if 语句的程序。程序首先提示用户输入一个短语。用户输入一个短语后，程序将输出短语中所有的元音字母，但不输出其他字母。程序的运行结果如下所示：

```
>>>
Enter a phrase: test case
e
a
e
```

该程序将包含若干成分：使用一个 input() 语句读取短语；使用一个 for 循环语句迭代输入字符串中的字母；在 for 循环语句的每次迭代过程中，使用一个 if 语句判断当前字符是否为元音字母，如果是，则输出。完整的程序如下所示：

模块：for.py

```
phrase = input('Enter a phrase: ')

for c in phrase:
    if c in 'aeoiuAEIOU':
        print(c)
```

注意，我们把一个 for 循环语句和一个 if 语句结合在一起，不同的缩进指定不同的语句体。if 语句体仅包含 print(c) 语句，而 for 循环语句体则包括：

```
if c in 'aeiouAEIOU':
    print(c)
```

练习题 3.5 编写一个程序，提示用户输入一个单词（即字符串）列表，然后在屏幕上输出所有四个字母的单词，每个单词单独占一行。例如：

```
>>>
Enter word list: ['stop', 'desktop', 'top', 'post']
stop
post
```

3.2.5 range() 函数

前面阐述了使用 for 循环语句迭代列表中的各项元素或者字符串的每个字符。尽管没有显式给出一个数值列表，但我们经常需要针对给定范围的数值序列进行迭代。例如，可能需要查找一个数值的每个因子，或者迭代一个序列对象的索引 0，1，2，…。结合内置函数 `range()` 和 `for` 循环语句，可以实现在给定范围的数值序列上进行迭代。如下所示，在整数 0、1、2、3、4 上迭代：

```
>>> for i in range(5):
        print(i)


0
1
2
3
4
```

`range(n)` 函数通常用来在整数序列 0，1，2，…，n-1 上迭代。在上一个例子中，第一次迭代中变量 `i` 被赋值为 0，在接下来的迭代中，`i` 依次被赋值为 1、2、3，最后是 4（当 n=5 时）。针对 `i` 的每个值，每次迭代将执行 `for` 循环语句的缩进代码块。

练习题 3.6 在交互式命令行中，编写一个 `for` 循环语句，输出下列数值序列，每个数值单独占一行：

(a) 从 0 到 9 的整数（即 0、1、2、3、4、5、6、7、8、9）。

(b) 从 0 到 1 的整数（即 0、1）。

`range()` 函数还可以用来迭代更加复杂的数值序列。假如我们希望序列从非零数值 `start` 开始，在数值 `end` 前结束，则可以通过函数调用 `range(start, end)` 实现。例如，如下 `for` 循环语句在序列 2、3、4 上迭代。

```
>>> for i in range(2, 5):
        print(i)


2
3
4
```

为了产生步长不等于 1 的序列，可以使用第三个参数。函数调用 `range(start, end, step)` 可以用来迭代从 `start` 开始，步长为 `step`，在 `end` 前结束的整数序列。例如，以下循环语句迭代序列 1、4、7、10、13：

```
>>> for i in range(1, 14, 3):
        print(i)
```

`for` 循环语句输出的序列从 1 开始，步长为 3，在 14 之前结束。因此，程序输出 1、4、7、10 和 13。

练习题 3.7 编写 `for` 循环语句，输出如下数值序列，每个数值单独占一行：

(a) 从 3 到 12（包括）的整数。

(b) 从 0 到 9（不包括）的整数，步长为 2（而不是默认值 1），即结果为 0、2、4、6、8。

(c) 从 0 到 24（不包括）的整数，步长为 3。

(d) 从 3 到 12（不包括）的整数，步长为 5。

3.3 用户自定义函数

我们已经接触并使用了若干 Python 内置函数。例如，函数 `len()` 接收一个序列（例如，一个字符串或者列表）作为输入，然后返回序列中项的个数：

```
>>> len('goldfish')
8
>>> len(['goldfish', 'cat', 'dog'])
3
```

函数 `max()` 可以接收两个数值作为输入，返回其中的最大值：

```
>>> max(4, 7)
7
```

函数 `sum()` 可以接收一个数值列表作为输入，返回这些数值的和：

```
>>> sum([4, 5, 6, 7])
22
```

一些函数可以直接调用而无须参数，例如：

```
>>> print()
```

一般而言，一个函数接收零个或者多个输入参数，并返回一个结果。函数的优点之一是可以通过单行语句进行调用来完成实际上需要多行 Python 语句来完成的任务。更加突出的优点是，通常使用函数的开发人员并不需要知道函数的实现语句。由于开发人员无须知道函数的实现原理，所以函数可以简化程序开发过程。基于上述原因，Python 和其他程序设计语言均允许开发人员定义自己的函数。

3.3.1 我们自定义的第一个函数

我们将通过开发一个命名为 `f`、带一个数值 x 作为输入参数、计算并返回 $x^2 + 1$ 的 Python 函数来阐述 Python 语言中如何定义函数。该函数的运行结果如下所示：

```
>>> f(9)
82
>>> 3 * f(3) + 4
34
```

函数 `f()` 可以在一个 Python 模块中定义如下：

模块：ch3.py

```
def f(x):
  res = x**2 + 1
  return res
```

如果要使用函数 `f()`（例如计算 `f(3)` 或 `f(9)`），必须先运行包含该函数定义的模块（例如，按功能键【F5】）。当函数定义语句被执行之后，就可以使用函数 `f()`。

也可以直接在交互式命令行中按如下方式定义函数 `f()`：

```
>>> def f(x):
        res = x**2 + 1
        return res
```

一旦定义了函数 `f()`，就可以像使用其他内置函数一样使用它。

Python 函数定义语句的一般格式如下：

```
def <函数名称>(<0个或多个变量>)
    <缩进函数体>
```

函数定义语句从关键字 def 开始，紧接着是函数的名称。在上例中，函数名是 f。函数名之后括号中是输入参数的位置，如果有输入参数的话。在函数 f() 中，x 在

```
def f(x):
```

中的作用与数学函数 $f(x)$ 相同，均用作输入值的名称。

函数定义的第一行以英文冒号结束，下面的缩进部分是函数体，即实现函数的语句序列。当调用函数时，执行函数体语句。如果一个函数有返回值，则使用 return 语句指定要返回的值。在上例中，函数体返回变量 res 的值。当执行 return 语句后，或者函数体的最后一条语句执行后，函数执行结束。

练习题 3.8 在交互式命令行中直接定义一个函数 perimeter()，带一个输入参数——圆的半径（非负数值），要求返回圆的周长。运行示例如下所示：

```
>>> perimeter(1)
6.283185307179586
>>> perimeter (2)
12.566370614359172
```

注意，程序需要使用圆周率 π（在模块 math 中定义）来计算周长。

3.3.2 函数输入参数

如果函数 f() 定义为带一个输入参数，则可以使用变量 x 作为引用输入参数的变量名称。如果要定义一个带多个参数的函数，则需要为每一个输入参数指定一个不同的变量名称。

例如，需要定义一个名为 squareSum() 的函数，带两个数值 x 和 y 作为输入参数，并且返回它们的平方和 $x^2 + y^2$。则我们需要定义函数 squareSum()，一个变量名（例如 x）引用输入参数 x，另一个变量名（例如 y）引用输入参数 y：

模块：ch3.py

```
def squareSum(x, y):
  return x**2 + y**2
```

（注意，本例仅仅使用了一条 return 语句来实现函数 squareSum() 的功能，而上例 f() 的实现则使用了额外的赋值语句。）

练习题 3.9 实现函数 average()，带两个数值作为输入参数，要求返回它们的平均值。请在一个命名为 average.py 的模块中编写该函数。函数使用示例结果如下：

```
>>> average(1,3)
2.0
>>> average(2, 3.5)
2.75
```

目前为止，我们定义的函数均使用一个或多个数值作为输入参数。当然，函数也可以带其他类型的输入参数，包括字符串和列表。

练习题 3.10 实现函数 noVowel()，带一个字符串 s 作为输入参数，如果字符串 s 中不包含元音字母，则返回 True，否则返回 False（即判断字符串 s 中是否包含元音字母）。函数使用示例结果如下：

```
>>> noVowel('crypt')
True
>>> noVowel('cwm')
True
>>> noVowel('car')
False
```

练习题 3.11 实现函数 allEven()，带一个整数列表作为输入参数，如果列表中的所有整数均为偶数，则返回 True，否则返回 False。函数使用示例结果如下：

```
>>> allEven([8, 0, -2, 4, -6, 10])
True
>>> allEven([8, 0, -1, 4, -6, 10])
False
```

并不是所有的函数都需要返回一个值，接下来将给出一个例子。

3.3.3 print() 与 return 的比较

作为另一个用户自定义函数，我们开发了一个个性化的 hello() 函数，该函数带一个姓名（一个字符串）作为输入参数，然后输出一句问候语：

```
>>> hello('Sue')
Hello, Sue!
```

我们同样在函数 f() 所在的模块中实现该函数：

模块：ch3.py

```
def hello(name):
    print('Hello, '+ name + '!')
```

调用函数 hello() 时，输出的结果为字符串 'Hello, '、输入字符串和 '! ' 的拼接结果。

注意，函数 hello() 在屏幕上输出内容，并不返回任何值。那么，调用 print() 的函数和返回值的函数之间有什么不同呢？

注意事项：语句 return 与函数 print() 的比较

一个常见的错误是在函数定义中使用 print() 函数代替 return 语句。假设我们按如下方式定义第一个函数 f()：

```
def f(x):
  print(x**2 + 1)
```

如下运行结果似乎表明函数 f() 的这种实现没有任何问题：

```
>>> f(2)
5
```

然而，当在表达式中使用函数 f() 时，结果会出错：

```
>>> 3 * f(2) + 1
5
Traceback (most recent call last):
  File '<pyshell#103>', line 1, in <module>
    3 * f(2) + 1
TypeError: unsupported operand type(s) for *:
           'int' and 'NoneType'
```

当在表达式“3 * f(2) + 1”中对 `f(2)` 求值时，Python 解释器会对 `f(2)` 求值（即执行），也就是输出值 5，这显示在 Traceback 错误行信息之前。

因此 `f()` 输出计算值，而不是返回值。这意味着 `f(2)` 没有返回任何值，所以在表达式中求值结果为空。实际上，Python 包含一个“空”的数据类型 `NoneType`（显示在错误信息中）。引起错误信息的原因是试图把一个整数值与“空”相乘。

也就是说，只要目的是输出而不是返回一个值，在一个函数中调用 `print()` 就没有任何问题。

练习题 3.12 编写函数 `negatives()`，带一个列表作为输入参数，要求输出列表中的负数，每个负数单独占一行。函数不返回任何值。函数使用示例结果如下：

```
>>> negatives([4, 0, -1, -3, 6, -9])
-1
-3
-9
```

3.3.4 函数定义实际上是“赋值”语句

为了阐述函数定义实际上就是普通的 Python 语句，效果等同于赋值语句，我们引入如下程序：

模块：dynamic.py

```
s = input('Enter square or cube: ')
if s == 'square':
    def f(x):
        return x*x
else:
    def f(x):
        return x*x*x
```

在上例中，`f()` 定义在一个 Python 程序中，就像赋值语句可以出现在程序中一样。函数 `f()` 的定义依赖于运行时用户的输入。如果在命令提示符下输入 `cube`，则 `f()` 被定义为立方函数：

```
>>>
Enter square or cube: cube
>>> f(3)
27
```

但是，如果用户输入 `square`，则 `f()` 被定义为平方函数。

注意事项：函数必须先定义后使用

Python 语言不允许在函数定义之前调用，就像变量被赋值前不能在表达式中使用一样。基于上述知识，请分析下列模块中产生错误结果的原因：

```
print(f(3))

def f(x):
    return x**2 + 1
```

答案：执行一个模块时，自上而下依次执行其中的 Python 语句。语句 `print(f(3))` 将导致错误，因为此时 `f` 尚未被定义。

那么，下列模块是否会产生函数运行错误呢？

```
def g(x):
    return f(x)

def f(x):
    return x**2 + 1
```

答案：不会。因为模块运行时，函数 `f()` 和 `g()` 并不会执行，仅仅是函数定义。定义这两个函数后，它们都可以被执行而不会导致错误。

3.3.5 注释

Python 程序应该包含完备的注释，理由如下：

1. 程序的用户需要了解程序的功能。

2. 开发维护代码的开发人员需要理解程序的工作原理。

文档无论对于程序开发人员还是未来的维护人员都十分重要，因为没有文档的代码维护会很困难，即使对于编写该代码的程序员也是如此。文档一般由函数开发人员在程序的附近通过编写注释的方式来实现。

注释是一行代码中跟在 # 后面的内容。为函数 `f()` 的实现增加注释说明的示例如下所示：

```
def f(x):
    res = x**2 + 1   # 计算 x**2+1，并把结果值存储到 res
    return res       # 返回值 res
```

Python 解释器忽略注释（即代码行中 # 后面的所有内容）。

虽然注释是必需的，但注意不要过度注释。注释的原则是不能破坏程序的可读性。理想情况下，程序应该尽量使用有意义的变量名称、简单的良好设计的代码，以使得程序几乎可以自我解释。注释应该用于标识程序的主要组件，解释说明程序的复杂部分。

3.3.6 文档字符串

为了方便函数用户的使用，函数也应当编写文档。目前为止，我们涉及的所有内置函数均包含文档，可以通过函数 `help()` 来查看。例如：

```
>>> help(len)
Help on built-in function len in module builtins:
```

```
len(...)
    len(object) -> integer

    Return the number of items of a sequence or mapping.
```

假如使用 `help()` 获取我们的第一个函数 `f()` 的帮助信息，令人惊奇的是，同样可以获取如下的一些文档信息。

```
>>> help(f)
Help on function f in module __main__:

f(x)
```

但是，为了获取更有意义的信息，函数开发人员需要在函数定义中添加一种特殊的注释，这种注释可以被 `help()` 工具读取。这种注释被称为文档字符串（docstring），用于描述函数功能，必须直接位于函数定义的第一行之下。为函数 `f()` 添加文档字符串“返回 `x**2 + 1`”的示例如下：

```
def f(x):
    '返回 x**2+1'
    res = x**2 + 1   # 计算 x**2+1，并把结果值存储到 res
    return res       # 返回值 res
```

为函数 `hello()` 添加文档字符串：

```
def hello(name):
    '一个个性化的 hello 函数'
    print('Hello,' + name + ' !')
```

如果存在文档字符串，则 `help` 函数将使用它们作为函数文档。例如，当查看函数 `f()` 的文档时，将显示文档字符串“返回 `x**2 + 1`”：

```
>>> help(f)
Help on function f in module __main__:

f(x)
        返回 x**2 + 1
```

同样，查看 `hello()` 的文档时将显示其文档字符串：

```
>>> help(hello)
Help on function hello in module __main__:

hello(name)
        一个个性化的 hello 函数
```

练习题 3.13 为练习题 3.9 的函数 `average()` 和练习题 3.12 的函数 `negatives()` 分别添加文档字符串。使用 `help()` 文档工具检查这两个程序的文档字符串内容。程序运行示例如下：

```
>>> help(average)
Help on function average in module __main__:

average(x, y)
    返回 x 和 y 的平均值
```

3.4 Python 变量和赋值语句

函数可以在交互式命令行中调用，或者被另一个程序（我们称之为调用程序）调用。为了设计函数，我们需要理解调用程序（或者交互式命令行）如何创建一个值并作为输入参数传递给函数。在理解参数传递之前，首先需要理解赋值语句的原理。

我们基于赋值语句“a = 3”来考虑上述问题。首先请注意，执行该赋值语句之前，标识符 a 并不存在：

```
>>> a
Traceback (most recent call last):
  File "<pyshell#15>", line 1, in <module>
    a
NameError: name 'a' is not defined
```

当执行如下赋值语句后：

```
>>> a = 3
```

一个整型对象 3 和其名称 a 被创建。Python 将在由 Python 维护的变量表中保存变量名称。描述示意如图 3-7 所示。

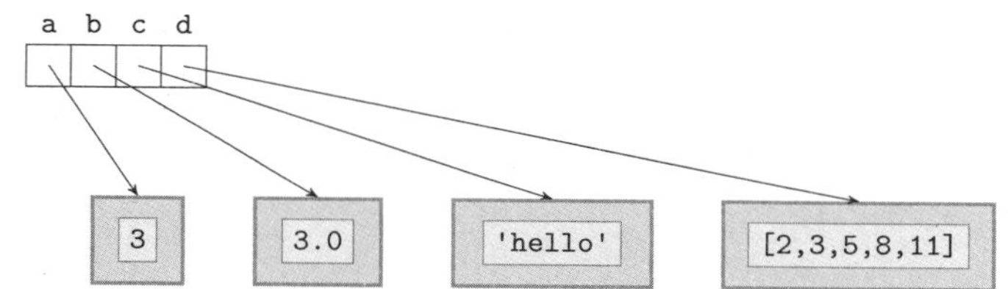

图 3-7 赋值给新变量。一个 int 对象（值为 3）被赋值给变量 a；float 对象 3.0 被赋值给变量 b；str 对象 'hello' 被赋值给变量 c；list 对象 [2, 3, 5, 8, 11] 被赋值给变量 d

此时，变量 a 指向值为 3 的整型对象：

```
>>> a
3
```

图 3-7 显示了变量表中的其他变量：变量 b 指向 float 对象 3.0；变量 c 指向 str 对象 'hello'；变量 d 指向 list 对象 [2, 3, 5, 8, 11]。换言之，这表明还存在如下赋值语句：

```
>>> b = 3.0
>>> c = 'hello'
>>> d = [2, 3, 5, 8, 11]
```

一般而言，Python 语言的赋值语句具有如下语法格式：

```
<变量> = <表达式>
```

赋值运算符 = 右侧的 <表达式> 被求值，其结果值存储在一个相应类型的对象中。然后该对象被赋值给 <变量>，我们称之为变量指向对象，或变量绑定到对象。

3.4.1 可变类型和不可变类型

针对变量 a 的赋值，例如：

```
>>> a = 6
```

将重用既存的变量 a。该赋值语句的结果是变量 a 将指向另一个对象（整型对象 6）。而 int 对象 3 将不再被任何变量引用。示意如图 3-8 所示。

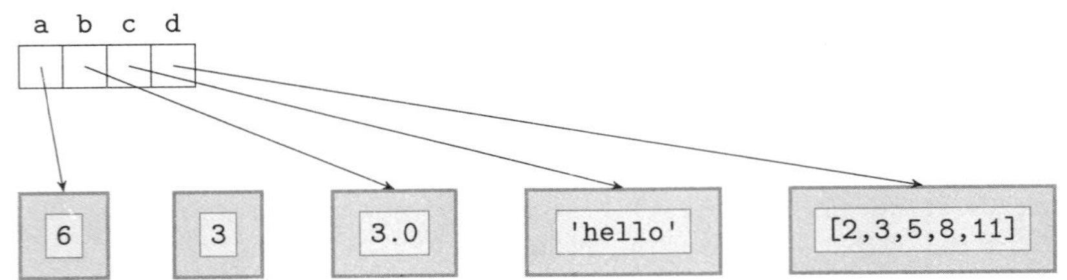

图 3-8　把一个不可变对象赋值给一个既存变量。int 对象 6 被赋值给既存变量 a；int 对象 3 不再被赋值给任何变量，因为不再能够被访问

需要强调的是，赋值语句 a = 6 并没有改变整型对象 3 的值，而是创建了一个新的整型对象 6，变量 a 指向这个新对象。事实上，也无法改变包含值 3 的对象的值。这是 Python 语言的一个重要特征：Python 语言的 int 对象不能改变。整型对象并不是唯一不能被改变的对象。不能被改变的对象的类型称为不可变类型。所有的 Python 值类型（bool、int、float 和 complex）均为不可变类型。

在第 2 章中，我们发现列表对象是可以被更改的。例如：

```
>>> d = [2, 3, 5, 8, 11]
>>> d[3] = 7
>>> d
[2, 3, 5, 7, 11]
```

列表 d 在第二条语句中被更改：索引为 3 的项被修改为 7，如图 3-9 所示。其对象可以被更改的类型称为可变类型。

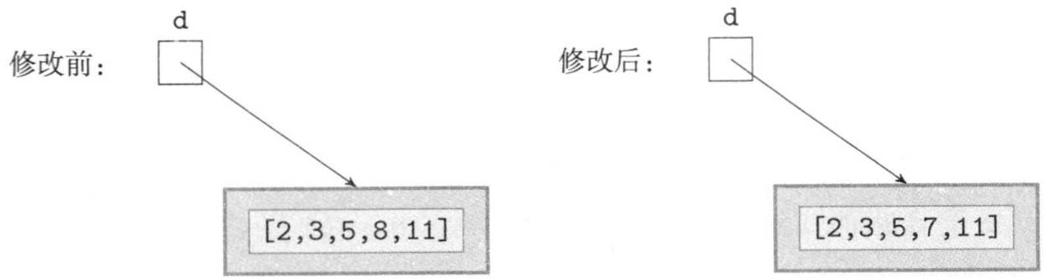

图 3-9　列表是可变类型。赋值语句 d[3] = 7 把列表 d 的索引为 3 的对象更改为一个新的 int 对象 7

列表类型是可变类型。数值类型是不可变类型。那么字符串类型呢？

```
>>> c = 'hello'
>>> c[1] = 'i'
Traceback (most recent call last):
  File "<pyshell#23>", line 1, in <module>
    c[1] = 'i'
TypeError: 'str' object does not support item assignment
```

我们不能修改字符串对象中的字符，因此，字符串类型是不可变类型。

3.4.2 赋值语句和可变性

常常存在多个变量指向同一个对象的情况（特别是，一个值作为输入参数传递给一个函数的情况）。有必要理解当一个变量被赋予另一个对象时会发生什么。例如，假设执行如下语句：

```
>>> a = 3
>>> b = a
```

第一条语句创建了一个值为 3 的整型对象，并赋值给变量 a。第二条赋值语句中，表达式 a 的求值结果为整型对象 3，并被赋值给另一个变量 b。示意图如图 3-10 所示。

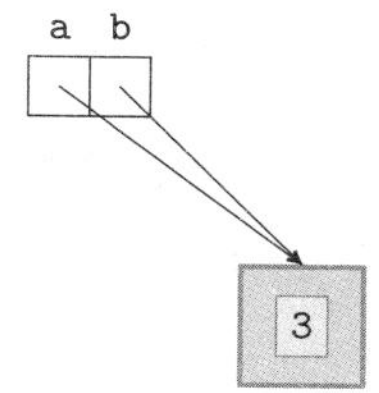

图 3-10 指向同一个对象的多个引用。赋值语句 b = a 中，运算符 = 右侧的表达式 a 求值结果为对象 3，并被赋值给变量 b

变量 a 和 b 同时指向同一个整型对象 3。此时，如果我们给变量 a 赋予其他值，结果会如何？

```
>>> a = 6
```

赋值语句 a = 6 并没有把对象的值从 3 更改为 6，因为 int 类型为不可变类型。因此，变量 a 将指向一个新的值为 6 的对象。那么变量 b 呢？

```
>>> a
6
>>> b
3
```

变量 b 依旧指向值为 3 的对象，示意如图 3-11 所示。

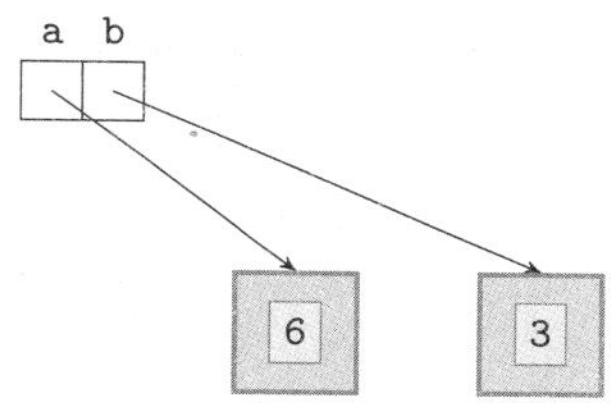

图 3-11 多重赋值和可变性。如果变量 a 和 b 指向同一个对象 3，随后对象 6 被赋值给变量 a，则变量 b 依旧指向对象 3

关键点在于：如果两个变量指向同一个不可变对象，则修改一个变量不会影响另一个变量。

接下来我们讨论列表的情况。一开始把一个列表赋值给变量 a，然后把变量 a 赋值给变量 b。

```
>>> a = [3, 4, 5]
>>> b = a
```

我们期望变量 a 和 b 指向同一个列表，事实上确实如此。示意图如图 3-12 所示。

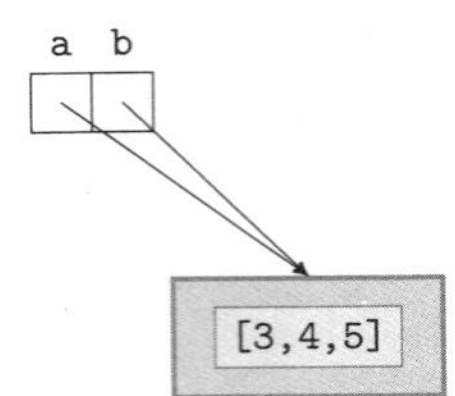

图 3-12　可变对象的多重赋值。两个变量 a 和 b 指向同一个列表。赋值语句 b[1] = 8 和赋值语句 a[-1] = 16 将更改同一个列表，因此任何对变量 b 指向的列表的更改，也将更改变量 a 所指向的列表，反之亦然

现在我们讨论将一个新对象赋值给 b[1]：

```
>>> b[1] = 8
>>> b
[3, 8, 5]
>>> a
[3, 8, 5]
```

正如第 2 章所述，列表可以被修改。列表 b 通过赋值语句 b[1] = 8 被修改。但是，因为变量 a 也绑定到同一个列表，所以变量 a 同时被修改。同样，修改列表 a 也会更改列表 b：赋值语句 a[-1] = 16 将列表 a 和 b 的最后一个对象改变为一个新的对象 16。

练习题 3.14　绘制表示执行如下语句后的变量和对象状态的示意图：

```
>>> a = [5, 6, 7]
>>> b = a
>>> a = 3
```

3.4.3　交换

现在我们讨论一个基本的赋值问题。设变量 a 和 b 指向两个不同的整型值：

```
>>> a = 6
>>> b = 3
```

假设我们需要交换变量 a 和 b 的值。换言之，交换之后，变量 a 指向 3，变量 b 指向 6。示意图如图 3-13 所示。

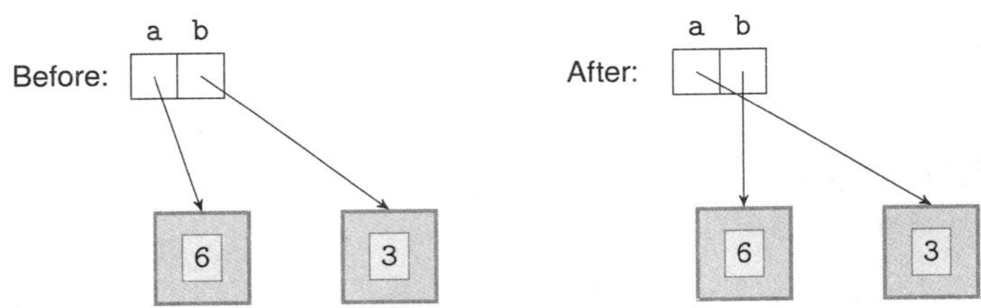

图 3-13　交换值。变量 a 和 b 交换它们所指向的对象。Python 支持多重赋值（即序列解包赋值），以方便交换

如果我们把变量 b 的值赋给变量 a：

```
a = b
```

则变量 a 将与变量 b 指向同一个对象，结果变量 a 和变量 b 同时指向 3，同时会“失去”整型对象 6。因此，在执行 a = b 之前，必须保存指向 6 的引用，并且在最后把它赋给变量 b：

```
>>> temp = a    # temp 指向 6
>>> a = b       # a 指向 3
>>> b = temp    # b 指向 6
```

在 Python 语言中，还有一个更简单的方法可以实现交换。Python 支持多重赋值（即序列解包赋值）语句：

```
>>> a = 6
>>> b = 3
>>> a, b = b, a
>>> a
3
>>> b
6
```

在多重赋值（即序列解包赋值）语句“a, b = b, a”中，运算符 = 右侧的两个表达式首先求值为两个对象，然后分别赋值给左侧对应的变量。

在结束讨论 Python 赋值语句之前，请注意另一个 Python 特性。一个值可以同时赋给多个变量：

```
>>> i = j = k = 0
```

三个变量 i、j、k 均被赋值为 0。

练习题 3.15 假设有一个非空的列表 team 已被正确赋值。编写一条或多条 Python 语句，交换列表中的第一个和最后一个值。因此，如果原始列表为：

```
>>> team = ['Ava', 'Eleanor', 'Clare', 'Sarah']
```

则结果列表为：

```
>>> team
['Sarah', 'Eleanor', 'Clare', 'Ava']
```

3.5 参数传递

透彻理解了 Python 赋值语句的原理之后，就可以理解函数调用中输入参数的传递方式了。函数既可以通过交互式命令行调用，也可以通过其他程序调用。两者均称为*调用程序*。函数调用中的输入参数是调用程序中所创建的对象的*名称*。这些名称可能指向可变类型或不可变类型。接下来分别讨论这两种情况。

3.5.1 不可变类型参数传递

我们采用如下函数 g() 来讨论在函数调用中传递指向一个不可变对象的引用的效果。

模块：ch3.py

```
def g(x):
    x = 5
```

首先我们把整数 3 赋给变量名 a：

```
>>> a = 3
```

在上述赋值语句中，整型对象 3 被创建并赋给变量名 a，如图 3-14 所示。

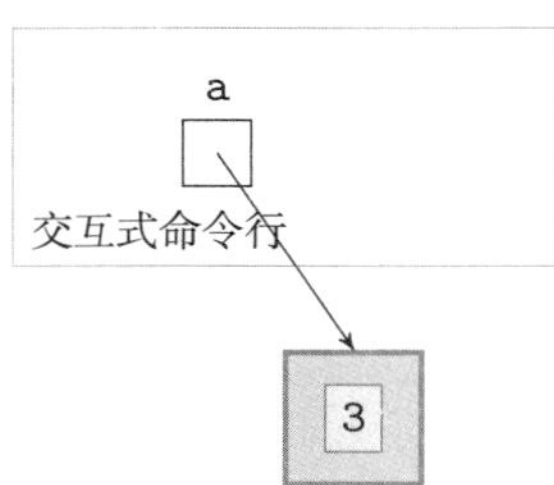

图 3-14 主程序中的赋值语句。在主程序（交互式命令行）中，整型对象 3 被赋给变量名 a

图 3-14 表明，变量名 a 已经在交互式命令上下文中定义。变量名 a 指向一个值为 3 的整型对象。接下来，我们使用变量名 a 作为输入参数调用函数 g()：

```
>>> g(a)
```

当执行该函数调用时，首先参数 a 被求值。其求值结果为整型对象 3。请回顾函数 g() 的定义：

```
def g(x):
    x = 5
```

然后，“def g(x):”中的变量 x 被赋值为指向输入整型对象 3。其效果等同于执行了赋值语句 x = a。

因此，开始执行 g(a) 时，两个变量指向同一个对象 3：变量 a 在交互式命令行中定义，而变量 x 在函数 g() 中定义（请参见示意图 3-15）。

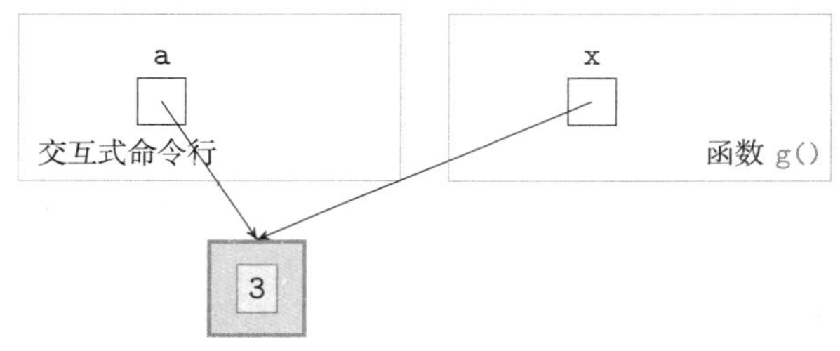

图 3-15 参数传递。函数调用 g(a) 把引用 a 作为输入参数传递。开始执行 g() 时定义的变量 x 将被赋值为该引用。a 和 x 将同时指向同一个对象

在 g(a) 的执行过程中，变量 x 被赋值为 5。由于整型对象是不可变类型，因此 x 不再指向 3，而是指向一个新的整型对象 5，如图 3-16 所示。但是，变量 a 依然指向对象 3。

这就是上述例子的关键点所在。函数 g() 不会也不能改变交互式命令行中的变量 a 的值。一般而言，调用和执行一个函数时，函数不会修改任何作为函数参数传递的指向不可变

对象的变量。

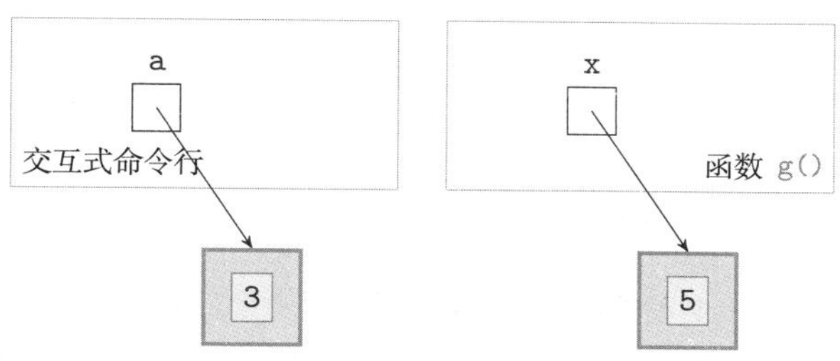

图 3-16 不可变类型参数传递。当执行语句 `x = 5` 时，`x` 将指向一个新的值为 5 的整型对象。值为 3 的整型对象保持不变。主程序（交互式命令行）中的变量 `a` 依然指向该对象

那么，如果传递一个可变对象引用，结果会怎样？

3.5.2 可变类型参数传递

我们采用如下函数来讨论在函数调用中传递一个可变对象的变量的效果。

模块：ch3.py

```
def h(lst):
    lst[0] = 5
```

考虑执行如下语句后的结果：

```
>>> myList = [3, 6, 9, 12]
>>> h(myList)
```

在上述赋值语句中，创建了一个列表对象，并赋值给变量 `myList`。然后调用函数 `h(myList)`。当函数 `h()` 开始执行时，`myList` 指向的列表将被赋值给 `h()` 的函数定义中的变量名 `lst`。因此上述情况可以用图 3-17 描述。

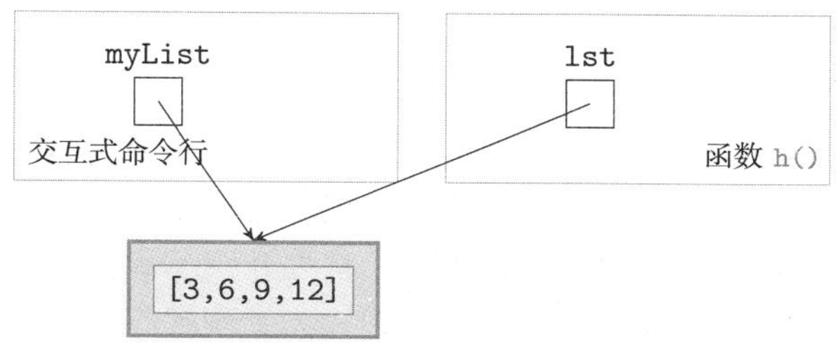

图 3-17 可变类型参数传递。函数调用 `h()` 把指向一个列表的引用作为参数传递。因此交互式命令中的变量 `myList` 和 `h()` 中的变量 `lst` 现在指向同一个列表

当执行函数 `h()` 时，`lst[0]` 将被赋值为 5，因此 `lst[0]` 将指向一个新的对象 5。由于列表是可变类型，所以 `lst` 指向的列表对象被修改。由于交互式命令行中的变量 `myList` 指向同一个列表对象，这就意味着 `myList` 指向的列表对象也被修改。示意图如图 3-18 所示。

这个例子表明，在函数调用时，如果一个可变对象（例如，列表对象 `[3,6,9,12]`）作为输入参数传递，则函数可以修改该对象。

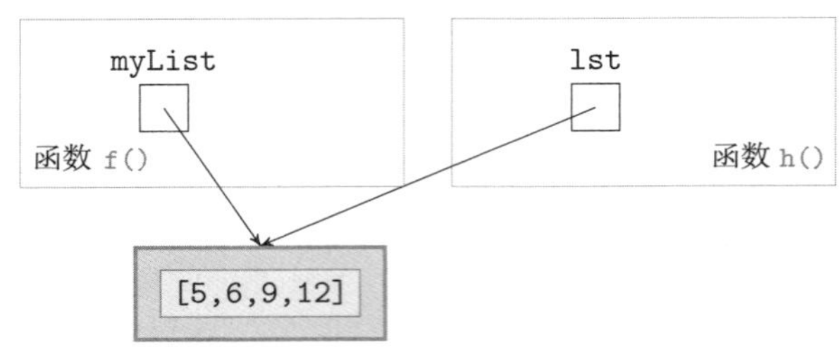

图 3-18　函数可以修改可变类型参数。由于列表是可变类型，因此赋值语句 `lst[0] = 5` 把索引为 0 的列表项替代为 5。由于主程序（交互式命令行）中的变量 **myList** 指向同一个列表，因此修改的结果在主程序中也可见

练习题 3.16　实现一个函数 `swapFL()`，带一个列表作为输入参数，要求交换列表中的第一个和最后一个元素。可以假定列表非空。函数不返回任何值。程序运行示例如下：

```
>>> ingredients = ['flour', 'sugar', 'butter', 'apples']
>>> swapFL(ingredients)
>>> ingredients
['apples', 'sugar', 'butter', 'flour']
```

3.6　电子教程案例研究：自动化海龟图形

在程序的不同部分重复使用相同的代码片段是很常见的现象。在案例研究 CS.3 中，我们展示了把代码片段封装为函数并把程序中的代码片段替换为函数的优点。这个案例研究有效地说明了（功能）封装和抽象的基本软件工程概念。

3.7　本章小结

第 3 章介绍了编写 Python 程序的工具以及基本的程序开发概念。首先，我们介绍如何使用内置函数 `print()`、`input()` 和 `eval()` 编写非常简单的交互式程序。然后，为了编写能够根据用户的输入执行不同语句的程序，我们引入 `if` 语句。我们描述了单分支和双分支语法形式。

接下来我们介绍了 `for` 循环语句的简单形式：作为迭代列表的项或者字符串的字符的方式。我们还引入了 `range()` 函数，实现在给定范围的整数序列上进行迭代。

本章的重点是如何在 Python 中定义新函数。首先介绍了函数定义语句的语法，然后重点讨论了参数传递（即调用函数时如何传递参数）。为了理解参数传递，我们深入讨论了赋值语句的工作原理。最后，我们介绍了通过注释和文档字符串为一个函数编写文档的方法。

3.8　练习题答案

3.1　使用一个 `input()` 语句来获取温度。用户输入的值作为字符串处理。把字符串值转变为数值的方法之一是使用 `eval()` 函数。`eval()` 函数把字符串作为表达式求值。使用一个算术表达式实现从华氏温度到摄氏温度的转换，然后输出结果。

```
fahr = eval(input('Enter the temperature in degrees Fahrenheit: '))
cels = (fahr - 32) * 5 / 9
print('The temperature in degrees Celsius is', cels)
```

3.2 下面为交互式命令行中实现的 if 语句（省略了运行结果）：

```
>>> if age > 62:
        print('You can get your pension benefits!')
>>> if name in ['Musial','Aaron','Williams','Gehrig','Ruth']:
        print('One of the top 5 baseball players, ever!')
>>> if hits > 10 and shield == 0:
        print('You\'re dead ...')
>>> if north or south or east or west:
        print('I can escape.')
```

3.3 下面为交互式命令行中实现的 if 语句（省略了运行结果）：

```
>>> if year % 4 == 0:
        print('Could be a leap year.')
    else:
        print('Definitely not a leap year.')
>>> if ticket == lottery:
        print('You won!')
    else:
        print('Better luck next time...')
```

3.4 首先定义列表 users。然后使用函数 input() 请求用户输入 id。在 if 语句中使用条件“id in users”来确定输出相应的信息：

```
users = ['joe', 'sue', 'hani', 'sophie']
id = input('Login: ')
if id in users:
    print('You are in!')
else:
    print('User unknown.')
print('Done.')
```

图 3-19 描述了该程序不同执行流的流程图。

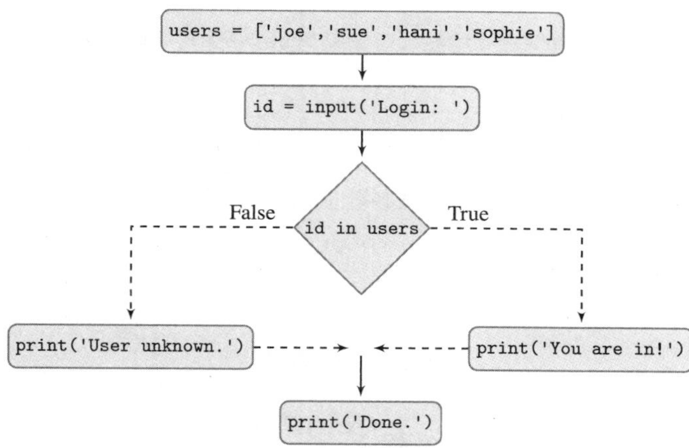

图 3-19 程序流程图。实线箭头表示无条件执行的流。虚线箭头表示根据条件可能执行的流

3.5 使用一个 for 循环语句迭代列表中的单词。对于每一个单词，检查其长度是否为 4，如果长度为 4，则输出。

```
wordList = eval(input('Enter word list: '))
for word in wordList:
  if len(word) == 4:
    print(word)
```

3.6 使用如下的 for 循环语句实现程序的功能：

```
>>> for i in range(10):
        print(i)
>>> for i in range(2):
        print(i)
```

3.7 省略完整的 for 循环语句，仅给出 range 函数：
(a) range (3, 13), (b) range (0, 10, 2), (c) range (0, 24, 3), (d) range (3, 12, 5)。

3.8 半径为 r 的圆的周长是 $2\pi r$。注意首先必须导入 math 模块，才能够使用 math.pi：

```
import math
def perimeter(radius):
    return 2 * math.pi * radius
```

3.9 函数 average() 带两个输入参数。我们使用变量名 x 和 y 指向输入参数。x 和 y 的平均值为 (x+y)/2：

```
def average(x, y):
    return (x + y) / 2
```

3.10 使用一个 for 循环语句来检查输入字符串中各字符是否为元音。如果包含元音字母，则立即返回 False。只有当所有的字母都检查完毕后（即 for 循环语句执行完毕后），才返回 True。

```
def noVowel(s):
    '如果字符串 s 不包含任何元音，返回 True，否则返回 False'
    for c in s:
        if c in 'aeiouAEIOU':
            return False
    return True
```

3.11 使用一个 for 循环语句来检查列表中的各数值是否为偶数。如果不为偶数，则立即返回 False。仅当 for 循环语句执行完毕后，才返回 True。

```
def allEven(numList):
    '如果 numlist 中的所有整数均为偶数，则返回 True，否则返回 False'
    for num in numList:
        if num%2 != 0:
            return False
    return True
```

3.12 函数需要迭代列表中的所有数值，测试各数值以确定其是否为负数。如果为负数，则输出该数值。

```
def negatives(lst):
    '输出列表 lst 中的负数'
    for i in lst:
        if i < 0:
            print(i)
```

3.13 文档字符串的实现参见各自的练习题答案。

3.14 当变量 a 被赋值为 3 时，a 被绑定到新对象 3。变量 b 则依旧绑定到列表对象。

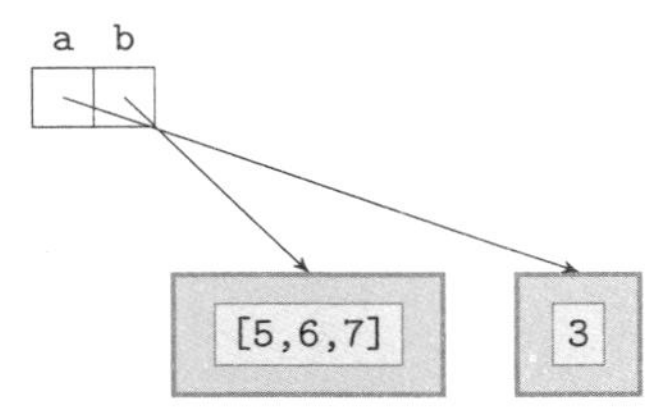

3.15 多重赋值（即序列解包赋值）语句是实现交换的最简单方式：

```
>>> team[0], team[-1] = team[-1], team[0]
```

另一种交换方式是使用一个临时变量 temp：

```
>>> temp = team[0]
>>> team[0] = team[-1]
>>> team[-1] = temp
```

3.16 该函数仅仅对上一个练习题中所开发的交换代码进行封装。

```
def swapFL(lst):
    lst[0], lst[-1] = lst[-1], lst[0]
```

3.9 习题

3.17 使用 eval() 函数把下列字符串作为 Python 表达式求值：

(a) '2 * 3 + 1'

(b) 'hello'

(c) "'hello' + ' ' + 'world!'"

(d) "'ASCII'.count('I')"

(e) 'x = 5'

哪一个求值结果会出现错误？请给出解释。

3.18 假设在交互式命令行中按如下方式定义了变量 a、b 和 c：

```
>>> a, b, c = 3, 4, 5
```

在交互式命令行中，编写 if 语句，如果满足下列条件，则输出 'OK'：

(a) a 小于 b。

(b) c 小于 b。

(c) a 和 b 之和等于 c。

(d) a 和 b 的平方和等于 c 的平方。

3.19 改写习题 3.18，增加一项功能，当条件不满足时，输出 'NOT OK'。

3.20 编写一个 for 循环语句，迭代一个字符串列表 lst，输出每个单词的前三个字母。假如 lst 为列表 ['January', 'February', 'March']，则输出如下内容：

```
Jan
Feb
Mar
```

3.21 编写一个 for 循环语句，迭代一个数值列表 lst，输出列表中的偶数。例如，假设 lst 为 [2, 3, 4, 5, 6, 7, 8, 9]，则输出数值 2、4、6 和 8。

3.22 编写一个 for 循环语句，迭代一个数值列表 lst，输出列表中数值的平方能被 8 整除的数值。例如，假设 lst 为 [2, 3, 4, 5, 6, 7, 8, 9]，则输出数值 4 和 8。

3.23 编写使用函数 range() 的 for 循环语句，输出如下序列：

(a) 0 1

(b) 0

(c) 3 4 5 6

(d) 1

(e) 0 3

(f) 5 9 13 17 21

3.10 思考题

注意：在程序中，如果要求使用交互式输入非字符串的值，则需要使用函数 `eval()` 强制 Python 把用户输入的内容作为 Python 表达式（而不仅仅是一个字符串）处理。

3.24 实现一个程序，请求用户输入一个单词列表，然后输出列表中不是 `'secret'` 的每个单词。

```
>>>
Enter list of words: ['cia','secret','mi6','isi','secret']
cia
mi6
isi
```

3.25 实现一个程序，请求用户输入一个学生姓名列表，然后输出以 A 到 M 开头的姓名。

```
>>>
Enter list: ['Ellie', 'Steve', 'Sam', 'Owen', 'Gavin']
Ellie
Gavin
```

3.26 实现一个程序，请求用户输入一个非空列表，然后在屏幕上输出列表的第一个和最后一个元素的信息。

```
>>>
Enter a list: [3, 5, 7, 9]
The first list element is 3
The last list element is 9
```

3.27 实现一个程序，请求用户输入一个正整数 n，然后输出前 4 个 n 的整数倍数。

```
>>>
Enter n: 5
0
5
10
15
```

3.28 实现一个程序，请求用户输入一个整数 n，然后在屏幕上输出 0 到 n（不包括 n）的平方。

```
>>>
Enter n: 3
0
1
4
```

3.29 实现一个程序，请求用户输入一个正整数 n，然后在屏幕上输出 n 的所有正因子。注意：0 不是任何整数的因子，而 n 整除自身。

```
>>>
Enter n: 49
1
7
49
```

3.30 实现一个程序，请求用户输入四个数值（整数或浮点数）。先计算前三个数的平均值，然后把平均值与第四个数进行比较。如果相等，则程序在屏幕上输出“`Equal`”。

```
>>>
Enter first number: 4.5
Enter second number: 3
Enter third number: 3
Enter last number: 3.5
Equal
```

3.31 实现一个程序，请求用户输入投掷飞镖的坐标 x 和 y（均位于 −10 到 10 之间），并计算飞镖是否命中中心位于（0，0）、半径为 8 的圆形飞镖靶。如果命中，则在屏幕上输出“It is in!”。

```
>>>
Enter x: 2.5
Enter y: 4
It is in!
```

3.32 实现一个程序，请求用户输入一个四位数的整数，然后输出各位上的数字。不允许使用字符串数据类型操作完成任务。要求程序读取用户的输入作为整数，然后使用标准的算术运算符（+、*、-、/、%，等等）处理该整数。

```
>>>
Enter n: 1234
1
2
3
4
```

3.33 实现一个函数 reverse_string()，带一个三个字符的字符串作为输入参数，输出字符反序的字符串。

```
>>> reverse_string('abc')
'cba'
>>> reverse_string('dna')
'and'
```

3.34 实现一个函数 pay()，带两个输入参数：一个雇员上星期的小时工资和工作小时数。程序计算并返回雇员的工资。40 小时以外的工作算加班，加班工资为平时工资的 1.5 倍。

```
>>> pay(10, 35)
350
>>> pay(10, 45)
475.0
```

3.35 掷一枚公平硬币 n 次后得到 n 个正面的概率是 2^{-n}。实现一个函数 prob()，带一个非负整数 n 作为输入参数，返回掷一枚公平硬币 n 次后得到 n 个正面的概率。

```
>>> prob(1)
0.5
>>> prob(2)
0.25
```

3.36 实现一个函数 reverse_int()，带一个三位数整数作为输入参数，输出数字反序的整数。例如，如果输入为 123，则函数返回 321。不允许使用字符串数据类型操作完成任务。程序应该仅读取输入作为整数，并使用运算符（例如，// 和 %）处理该整数。可以假定输入整数的最后一位数字不为 0。

```
>>> reverse_int(123)
321
>>> reverse_int(908)
809
```

3.37 编写函数 points()，带四个数值 x_1、y_1、x_2、y_2 作为输入参数，它们代表平面上的两个点（x_1，y_1）和（x_2，y_2）的坐标。程序将计算：

- 通过两个点的直线的斜率，垂直直线除外。
- 两个点的距离。

函数按如下格式输出计算的斜率和距离。如果直线是垂直的，则斜率的值为字符串 'infinity'。注意：请把斜率和距离转换为字符串后，再输出。

```
>>> points(0, 0, 1, 1)
斜率是 1.0, 距离是 1.41421356237
>>> points(0, 0, 0, 1)
斜率是无穷，距离是 1.0
```

3.38 实现函数 abbreviation()，带一个英文星期作为输入参数，输出星期的前两个字母缩写。

```
>>> abbreviation('Tuesday')
'Tu'
```

3.39 编写一个计算机游戏函数 collision()，检查两个圆形对象是否碰撞。如果发生碰撞，则返回 True，否则返回 False。每个圆形对象由其半径和中心位置坐标（x，y）指定。因此，函数带六个数值作为输入参数：第一个圆的中心位置坐标 x_1 和 y_1 及其半径 r_1，第二个圆的中心位置坐标 x_2 和 y_2 及其半径 r_2。

```
>>> collision(0, 0, 3, 0, 5, 3)
True
>>> collision(0, 0, 1.4, 2, 2, 1.4)
False
```

3.40 实现函数 partition()，把一个足球运动员列表分成两个组。更准确地，函数带一个姓名列表作为输入参数，输出以 A 到 M 开头的足球运动员的姓名。

```
>>> partition(['Eleanor', 'Evelyn', 'Sammy', 'Owen', 'Gavin'])
Eleanor
Evelyn
Gavin
```

3.41 编写函数 lastF()，带两个字符串作为输入参数，分别代表 'FirstName' 和 'LastName'，输出格式为 'LastName, F.' 的字符串（即仅输出英文名字的首字母）。

```
>>> lastF('Albert', 'Camus')
'Camus, A.'
```

3.42 实现函数 avg()，带一个包含若干数值列表的列表作为输入参数。每个数值列表表示一个学生某门课程的成绩。例如，一门课程 4 名学生的成绩输入列表参数如下：

　　[[95,92,86,87],[66,54],[89,72,100],[33,0,0]]

　　函数 avg 输出每个学生的平均成绩，每个学生单独占一行。可以假设成绩列表均非空，但是并不保证每个学生的成绩个数相同。

```
>>> avg([[95, 92, 86, 87], [66, 54], [89, 72, 100], [33, 0, 0]])
90.0
60.0
87.0
11.0
```

3.43 实现计算机游戏函数 hit()，带五个数值作为输入参数：圆 C 的中心位置坐标 x 和 y 及其半径，点 P 的位置坐标 x 和 y。如果 P 位于圆 C 内部或者位于圆 C 上，则函数返回 True，否则返回 False。

```
>>> hit(0, 0, 3, 3, 0)
True
>>> hit(0, 0, 3, 4, 0)
False
```

3.44 编写一个函数 distance()，带一个数值作为输入参数：闪电和雷声之间的时间差（单位为秒）。函数返回闪电击中位置的距离（单位为千米）。声音传播的速度大约为 340.29 米 / 秒。

```
>>> distance(3)
1.0208700000000002
```

文本数据、文件和异常

本章重点讨论用于文本和文件处理的 Python 工具和问题求解模式。

首先我们继续讨论第 2 章介绍的字符串类。特别讨论字符串方法的扩展集合，它们赋予了 Python 强大的文本处理能力。然后我们讨论 Python 提供的控制输出文本格式的文本处理工具。我们重点讨论用于解析和创建包含日期和时间数据的字符串的工具。

掌握了文本处理之后，我们将继续讨论文件和文件输入 / 输出（I/O）（即 Python 程序中如何读取文件内容，以及如何将数据写入文件中）。当今的许多计算都涉及处理存储在文件中的文本内容。我们定义了几种读取文件的模式，这些文件给程序提供需要处理的内容。

处理用户交互式输入的数据以及取自文件的数据时，会给程序引入实际很难控制的错误源。我们将讨论可能产生的常见错误，介绍异常的概念以及默认的异常控制流程。

4.1 深入研究字符串

在第 2 章中，我们介绍了字符串类 `str`。当时的目的是说明 Python 支持数值以外的其他值。我们讨论了如何使用字符串运算符编写字符串表达式和处理字符串，其方式和编写代数表达式类似。我们还使用字符串引入了索引运算符 `[]`。

在本节中，我们将更加深入地讨论字符串的其他功能。特别地，我们将描述索引运算符的一个更加通用的版本，以及许多常用的字符串的方法，这些功能使得 Python 成为一个强大的文本处理工具。

4.1.1 字符串表示

我们已经了解到字符串值可以表示为包含在引号（英文单引号或双引号）中的字符序列：

```
>>> "Hello, World!"
'Hello, World!'
>>> 'hello'
'hello'
```

注意事项：遗漏引号错误

书写字符串值的一个常见错误是遗漏引号。如果遗漏了引号，则文本将作为名称处理（例如，变量名），而不是作为字符串值。因为通常没有给该变量赋值，所以会导致一个错误。举例如下：

```
>>> hello
Traceback (most recent call last):
  File "<pyshell#35>", line 1, in <module>
    hello
NameError: name 'hello' is not defined
```

上述错误信息表示名称 `hello` 没有被定义。换言之，表达式 `hello` 被当作一个变量来对待，错误是尝试求值该变量的结果。

字符串通过使用引号分隔符来标识，那么如何构造包含引号的字符串呢？如果文本包含一个单引号，我们可以使用双引号分隔符，反之则使用单引号分隔符：

```
>>> excuse = 'I am "sick"'
>>> fact = "I'm sick"
```

如果文本中包含两种类型的引号，则可以使用转义字符序列 `\'` 或 `\"` 来指明引号不是分隔符，而是字符串值的一部分。因此，如果要创建一个字符串值：

```
I'm "sick".
```

其书写方法如下：

```
>>> excuse = 'I\'m "sick"'
```

让我们验证一下它是否正确：

```
>>> excuse
'I\'m "sick"'
```

好吧，结果看起来并不如人意。我们期望的结果是“`I'm"sick"`”。结果还是产生了转义字符序列 `\'`。为了使得 Python 更好地输出字符串（把转义字符序列 `\'` 输出为 `'`），可以使用 `print()` 函数。`print()` 函数带一个表达式作为输入参数，并在屏幕上输出结果。如果是字符串表达式，则 `print()` 函数将会解释字符串中的所有转义字符序列并忽略字符串分隔符：

```
>>> print(excuse)
I'm "sick"
```

总而言之，字符串中的转义字符序列是以 \ 开始的字符序列，转义字符序列用于定义特殊的字符并被函数 `print()` 解释。

使用单引号或双引号定义字符串值，必须在一行中定义。如果字符串表示多行文本，则有两种实现方法。第一种方法是使用三连引号，例如下列艾米莉·狄金森的诗歌：

```
>>> poem = '''
To make a prairie it takes a clover and one bee, -
One clover, and a bee,
And revery.
The revery alone will do
If bees are few.
'''
```

让我们观察一下变量 `poem` 的求值结果：

```
>>> poem
'\nTo make a prairie it takes a clover and one bee, -\nOne clover
 , and a bee,\nAnd revery.\nThe revery alone will do\nIf bees are
  few.\n'
```

这是另一个包含转义字符序列的例子。转义字符序列 `\n` 表示换行字符。当 `print()` 函数的字符串参数中包含换行转义字符序列 `\n` 时，将做换行处理：

```
>>> print(poem)

To make a prairie it takes a clover and one bee, -
One clover, and a bee,
And revery.
The revery alone will do
If bees are few.
```

创建多行字符串的另一种方法是显式编码换行字符：

```
>>> poem = '\nTo make a prairie it takes a clover and one bee, -\n\
           One clover, and a bee,\nAnd revery.\nThe revery alone\
           will do\nIf bees are few.\n'
```

4.1.2 深入研究索引运算符

在第 2 章中，我们介绍了索引运算符 `[]`：

```
>>> s = 'hello'
>>> s[0]
'h'
```

索引运算符带一个参数，即索引号 `i`，返回字符串中位于索引 `i` 位置的单个字符组成的字符串。

索引运算符还可以用来获取一个字符串的切片（一部分）。例如：

```
>>> s[0:2]
'he'
```

表达式 `s[0:2]` 为字符串 `s` 从索引 0 开始到索引 2 之前的求值结果（切片）。更一般地，`s[i:j]` 是字符串从索引 `i` 开始到索引 `j-1` 结束的子字符串。更多的例子如下（也可以参见图 4-1）：

```
>>> s[3:4]
'l'
>>> s[-3:-1]
'll'
```

最后一个例子说明了如何使用负的索引号获取切片：子字符串从索引 −3 开始到索引 −1 之前（即索引 −2）结束。如果切片从字符串的第一个字符开始，可以省略第 1 个索引：

```
>>> s[:2]
'he'
```

要获取直到字符串最后一个字符结束的切片，可以省略第 2 个索引：

```
>>> s[-3:]
'llo'
```

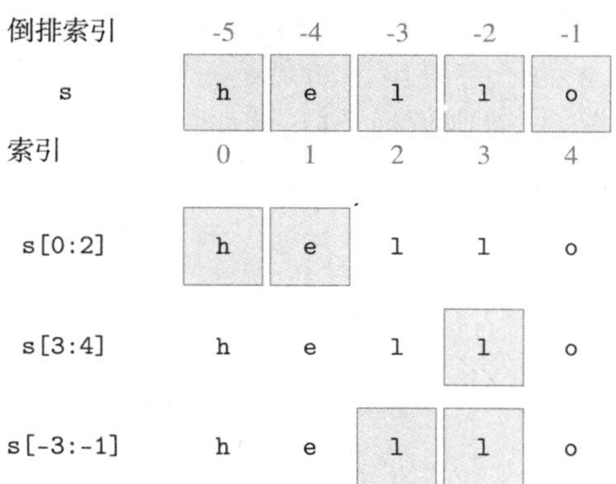

图 4-1 切片。表达式 `s[0:2]` 的求值结果为字符串 `s` 从索引 0 开始到索引 2 之前结束的切片。表达式 `s[:2]` 的求值结果与表达式 `s[0:2]` 的求值结果相同。表达式 `s[3:4]` 等价于 `s[3]`。表达式 `s[-3:-1]` 是字符串 `s` 从索引 −3 开始到索引 −1 之前的切片

练习题 4.1　首先执行赋值语句：

```
s = '0123456789'
```

接着使用字符串 s 和索引运算符编写表达式，要求求值结果如下：

(a) '234'

(b) '78'

(c) '1234567'

(d) '0123'

(e) '789'

注意事项：列表切片

索引运算符是字符串和列表类共用的运算符之一。索引运算符也可以用于获取一个列表的切片。例如，如果 pets 定义为：

```
>>> pets = ['goldfish', 'cat', 'dog']
```

则可以使用索引运算符获取 pets 的切片：

```
>>> pets[:2]
['goldfish', 'cat']
>>> pets[-3:-1]
['goldfish', 'cat']
>>> pets[1:]
['cat', 'dog']
```

列表的切片也是一个列表。换言之，带两个参数的索引运算符作用于一个列表时，结果将返回一个列表。注意，这与仅使用一个参数的索引运算符作用于一个列表的情况不同，使用一个参数时，返回的结果是位于索引 i 位置的列表的项。

4.1.3 字符串方法

字符串类中提供了数量众多的方法，这些方法为开发人员提供了文本处理的工具集，可以简化文本应用程序的开发过程。接下来我们将讨论其中一些常用的字符串方法。

方法 find()。在字符串 s 上使用一个输入参数 target 调用 find() 方法时，该方法将检查 target 是否是 s 的子字符串。如果是，则返回字符串 target 第一次出现的位置索引（第一个字符位置）；否则返回 -1。例如，在字符串 message 中使用目标字符串 'top secret' 调用方法 find() 的方式如下：

```
>>> message = '''This message is top secret and should not
be divulged to anyone without top secret clearance'''
>>> message.find('top secret')
16
```

方法 find() 的输出结果为 16，因为 'top secret' 在字符串 message 中出现的位置从索引 16 开始。

方法 count()。当使用输入参数 target 在字符串 s 上调用 count() 方法时，结果返回 target 作为子字符串在字符串 s 中出现的次数。例如：

```
>>> message.count('top secret')
2
```

结果返回 2，因为字符串 'top secret' 在 message 中出现了 2 次。

方法 replace()。在字符串 s 上调用 replace() 时带 old 和 new 两个输入参数，输出结果为 s 字符串的一个副本，其中所有的子字符串 old 都被替换为字符串 new。例如：

```
>>> message.replace('top', 'no')
'This message is no secret and should not\n
be divulged to anyone without no secret clearance'
```

上述操作是否修改了字符串 message？让我们验证一下：

```
>>> print(message)
This message is top secret and should not
be divulged to anyone without top secret clearance
```

因此字符串 message 并没有被 replace() 方法修改。结果返回的是相应子字符串被替代后的 message 的副本。返回的字符串随后即无法访问，这是因为没有为其赋予一个变量名。通常，replace() 方法一般按下列方式在赋值语句中使用：

```
>>> public = message.replace('top', 'no')
>>> print(public)
This message is no secret and should not
be divulged to anyone without no secret clearance
```

请回忆一下，字符串是不可变类型（即不能被更改）。这就是调用字符串方法 replace() 返回一个更改后的字符串副本，而不是直接更改原字符串的原因。在下一个例子中，我们将展示其他一些返回更改后的字符串的方法：

```
>>> message = 'top secret'
>>> message.capitalize()
'Top secret'
>>> message.upper()
'TOP SECRET'
```

方法 capitalize() 和方法 upper()。在字符串 s 上调用 capitalize() 时，该方法把字符串 s 的第一个字符大写；而方法 upper() 则把所有的字符大写。

方法 split()。该方法非常有用，在字符串上调用时可以获取字符串的单词列表：

```
>>> 'this is the text'.split()
['this', 'is', 'the', 'text']
```

在上述语句中，方法 split() 使用字符串 'this is the text' 中的空格创建子字符串并构成一个列表返回。方法 split() 还可以带一个分隔符字符串作为输入参数来调用：分隔符字符串用于代替空格来拆分字符串。例如，要把下列字符串拆分成数值列表：

```
>>> x = '2;3;5;7;11;13'
```

可以使用 ';' 作为分隔符：

```
>>> x.split(';')
['2', '3', '5', '7', '11', '13']
```

方法 translate()。该方法用于基于字符到字符的映射表把一个字符串中的某些字符替换为另一些字符。映射表使用一种特殊的字符串方法来构造，其调用不是通过字符串对象，而是直接使用 str 类本身：

```
>>> table = str.maketrans('abcdef', 'uvwxyz')
```

变量 table 表示字符 a、b、c、d、e、f 到字符 u、v、w、x、y、z 的“映射”关系。我们将在第 6 章深入讨论这种映射关系。目前，读者只需要理解其用作方法 translate() 的一个参数：

```
>>> 'fad'.translate(table)
'zux'
>>> 'desktop'.translate(table)
'xysktop'
```

方法 translate() 返回的字符串是根据 table 描述的映射关系替换对应字符后的字符串副本。在最后一个例子中，d 和 e 分别被替换为 x 和 y，其他的字符则保持不变，因为在映射表 table 中没有包括其他字符。

表 4-1 列举了部分字符串方法。还有更多的方法，可以使用 help() 工具查看全部方法：

```
>>> help(str)
...
```

表 4-1　字符串方法。注意，表中仅列举了一些常用的字符串方法。由于字符串是不可变类型，所以这些方法都不会改变字符串 s 的值。方法 count() 和 find() 返回一个整数，方法 split() 返回一个列表，其他方法则（通常）返回字符串 s 的一个修改后副本

用　法	返　回　值
s.capitalize()	返回字符串 s 的一个副本，如果第一个字符是字母，则大写
s.count(target)	返回子字符串 target 在字符串 s 中出现的次数
s.find(target)	返回子字符串 target 在字符串 s 中第一次出现的位置
s.lower()	返回字符串 s 的一个副本，字符全部转换为小写
s.replace(old, new)	返回字符串 s 的一个副本，从左到右把所有的子字符串 old 替换为子字符串 new
s.translate(table)	返回字符串 s 的一个副本，根据 table 描述的映射关系，替换相应的字符
s.split(sep)	返回包含字符串 s 的子字符串的列表，使用分隔符字符串 sep 拆分字符串；默认的分隔符是空格
s.strip()	返回字符串 s 的一个副本，移除字符串 s 前后的空格
s.upper()	返回字符串 s 的一个副本，字符全部转换为大写

练习题 4.2　假设变量 forecast 被赋值为如下字符串：

```
'It will be a sunny day today'
```

请根据如下赋值语句描述，编写 Python 语句：

(a) 把变量 count 赋值为字符串 'day' 在字符串 forecast 中出现的次数。

(b) 把变量 weather 赋值为子字符串 'sunny' 在字符串 forecast 中出现的索引位置。

(c) 把变量 change 赋值为字符串 forecast 的一个副本，其中所有的子字符串 'sunny' 都被替换为 'cloudy'。

4.2 格式化输出

运行一个程序的结果通常显示在屏幕上或者写入一个文件中。无论哪种情况，结果应该以一种视觉上有效的方式呈现。Python 输出格式化工具有助于实现这一目标。在本节中，我们将学习如何使用 `print()` 函数和字符串方法 `format()` 来格式化输出。我们还会讨论如何创建和解析包含日期和时间的字符串。

4.2.1 函数 print()

函数 `print()` 用于在屏幕上输出值。其输入参数是一个对象，输出结果为对象值的字符串表示（我们将在第 8 章讨论对象的字符串表示）。

```
>>> n = 5
>>> print(n)
5
```

函数 `print()` 可以带任意多个输入对象参数，而且不要求类型相同。所有对象的值输出在同一行，并在它们之间插入空格（即字符 `' '`）进行分隔。

```
>>> r = 5/3
>>> print(n, r)
5 1.66666666667
>>> name = 'Ida'
>>> print(n, r, name)
5 1.66666666667 Ida
```

输出值之间插入的空格仅仅是默认分隔符，也可以指定在输出值之间插入分号来代替空格。除了输出的对象参数之外，`print()` 函数还带一个可选分隔符参数“`sep`”：

```
>>> print(n, r, name, sep=';')
5;1.66666666667;Ida
```

参数“`sep=';'`”指定在输出变量 `n`、`r` 和 `name` 值之间插入分号。

总而言之，当 `print()` 函数增加了参数“`sep=<some string>`”，则在输出值之间插入 `<some string>`。下面是分隔符的一些示例。如果希望输出值使用 `', '`（逗号加空格）分隔，则可以按下列方式书写：

```
>>> print(n, r, name, sep=', ')
5, 1.66666666667, Ida
```

如果希望在不同的行输出每一个值，则分隔符应该为换行字符 `'\n'`：

```
>>> print(n, r, name, sep='\n')
5
1.66666666667
Ida
```

练习题 4.3 编写一个语句，在同一行输出变量 `last`、`first` 和 `middle` 的值，以水平制表符分隔。（水平制表符的 Python 转义字符为 `\t`。）假设各变量的赋值如下：

```
>>> last = 'Smith'
>>> first = 'John'
>>> middle = 'Paul'
```

输出结果为：

```
Smith   John    Paul
```

除了参数 sep 外，函数 print() 还支持另一个格式化参数 end。通常，下一个 print() 函数调用将单独在另一行输出：

```
>>> for name in ['Joe', 'Sam', 'Tim', 'Ann']:
        print(name)

Joe
Sam
Tim
Ann
```

产生上述结果的原因是 print() 语句默认情况下在所有要被输出的参数后面附加一个参数（新行 \n）。假设我们希望输出结果为：

```
Joe! Sam! Tim! Ann!
```

当输出参数之后增加了参数 end=<some string>，则所有的输出参数输出之后，会输出 <some string>。如果省略了 end=<some string>，则会使用默认字符串 \n（新行字符串），这将导致结束当前行而开始新的一行。因此，要在屏幕上按上述要求输出，则需要在 print() 函数调用中增加参数“end = '! '”：

```
>>> for name in ['Joe', 'Sam', 'Tim', 'Ann']:
        print(name, end='! ')

Joe! Sam! Tim! Ann!
```

练习题 4.4 编写函数 even()，带一个正整数 n 作为输入参数，在屏幕上输出位于 2（包括）和 n 之间，能被 2 或 3 整除的所有数，输出结果格式如下：

```
>>> even(17)
2, 3, 4, 6, 8, 9, 10, 12, 14, 15, 16,
```

4.2.2 字符串方法 format()

print() 函数调用中增加 sep 参数可以在输出值之间插入相同的分隔符。但是，插入相同的分隔符有时候不能满足实际需求。考虑如下情况，给定各个日期和时间变量，如果希望按照日期时间格式输出：

```
>>> weekday = 'Wednesday'
>>> month = 'March'
>>> day = 10
>>> year = 2010
>>> hour = 11
>>> minute = 45
>>> second = 33
```

如果希望使用上述变量作为输入参数调用函数 print()，并输出如下格式内容：

```
Wednesday, March 10, 2010 at 11:45:33
```

很显然，我们使用分隔符无法获取这种输出。实现这种输出的一种方式是使用字符串拼接构造正确的格式：

```
>>> print(weekday+', '+month+' '+str(day)+', '+str(year)
    +' at '+str(hour)+':'+str(minute)+':'str(second))
SyntaxError: invalid syntax (<pyshell#36>, line 1)
```

啊，出错了。在 `str(second)` 之前遗漏了一个 + 号。尽管补充 + 号就可以修复（请时刻检查输入内容，确保无误！），但我们并不满意。犯错的主要原因在于所采用的方法十分枯燥且容易出错。还有一个更加简单更加灵活的格式化输出方法。字符串（`str`）类提供了一个强大的类方法 `format()` 用于此目的。

`format()` 方法在一个表示输出的格式的字符串上调用。`format()` 函数的参数是要输出的对象。为了说明 `format()` 函数的用法，我们使用一个简化的日期和时间格式的例子（仅仅输出时间）：

```
>>> '{0}:{1}:{2}'.format(hour, minute, second)
'11:45:33'
```

要输出的对象（`hour`、`minute` 和 `second`）是 `format()` 方法的参数。调用 `format()` 函数的字符串（即 `'{0}:{1}:{2}'`）是格式化字符串，用来描述输出格式。花括号外面的所有字符（即两个冒号（`':'`））将直接被输出。花括号 `{0}`、`{1}` 和 `{2}` 是占位符，对应于要输出的对象。数值 0、1 和 2 显式指定这些占位符分别对应 `format()` 函数调用的第一个、第二个和第三个参数。示意图请参见 4-2。

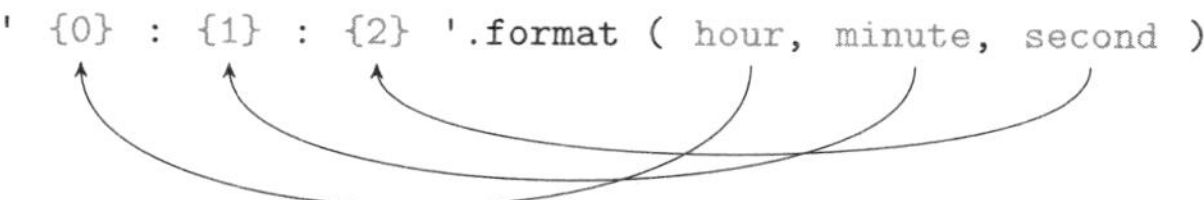

图 4-2 输出格式化。`format()` 函数的参数值在由花括号占位符指定的位置输出

图 4-3 描述了改变上例中索引 0、1 和 2 后会发生什么情况：

```
>>> '{2}:{0}:{1}'.format(hour, minute, second)
'33:11:45'
```

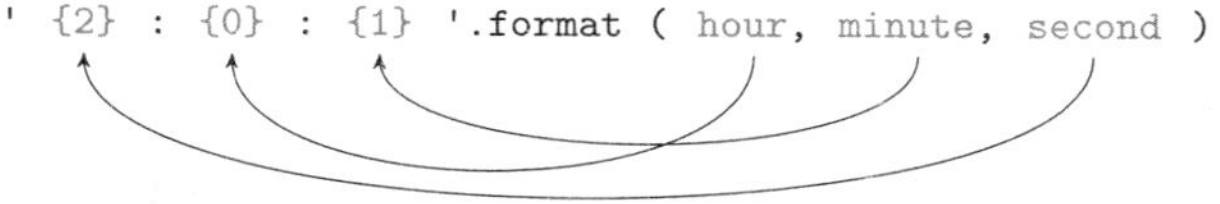

图 4-3 显式占位符映射

默认情况下，如果在花括号中没有显式指定数值，则从左到右第一个占位符对应于 `format()` 函数的第一个参数，第二个占位符对应于第二个参数，以此类推，如图 4-4 所示。

```
>>> '{}:{}:{}'.format(hour, minute, second)
'11:45:33'
```

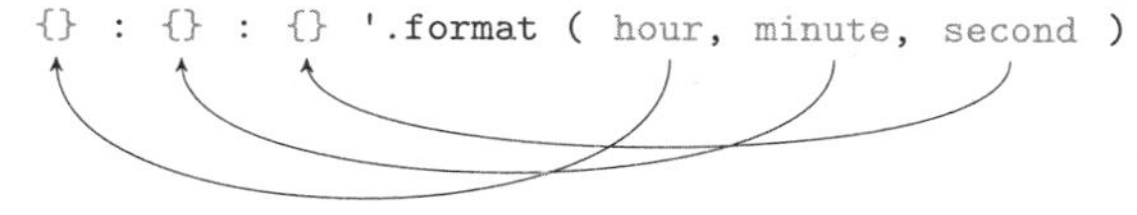

图 4-4 默认占位符映射

让我们回到最初输出日期和时间的目标上。我们需要的格式化字符串为：'{}, {} {}, {} at {}:{}:{}'，假设调用 format() 函数依次传入的变量为 weekday、month、day、year、hours、minutes 和 seconds。

测试检验如下（有关变量和占位符的映射关系描述，请参见图 4-5）：

```
>>> print('{}, {} {}, {} at {}:{}:{}'.format(weekday, month,
              day, year, hour, minute, second))
Wednesday, March 10, 2010 at 11:45:33
```

图 4-5　日期和时间变量到占位符的映射关系

练习题 4.5　假设变量 first、last、street、number、city、state 和 zipcode 均已经被赋值。编写一个打印语句，生成一个邮件标签：

```
John Doe
123 Main Street
AnyCity, AS 09876
```

假设：

```
>>> first = 'John'
>>> last = 'Doe'
>>> street = 'Main Street'
>>> number = 123
>>> city = 'AnyCity'
>>> state = 'AS'
>>> zipcode = '09876'
```

4.2.3　按列对齐排列数据

接下来讨论按列对齐“漂亮地”呈现数据的问题。作为问题的动机，设想邮件客户的 From（发件人）、Subject（主题）和 Date（日期）字段的组织方式，或者屏幕上显示的火车或飞机的出发时间和到达时间信息。当我们开始处理大量数据时，有时候也需要以按列对齐的方式呈现数据。

为了描述这个问题，让我们考虑针对 i=1, 2, 3, …，整齐输出函数 i^2、i^3 和 2^i 的值的问题。整齐输出这些值非常有用，因为结果可以描述这些函数的不同增长率：

```
i   i**2   i**3   2**i
1      1      1      2
2      4      8      4
3      9     27      8
4     16     64     16
5     25    125     32
6     36    216     64
7     49    343    128
8     64    512    256
```

```
 9     81    729    512
10    100   1000   1024
11    121   1331   2048
12    144   1728   4096
```

那么，如何获得这种输出格式呢？我们首先尝试使用 `print()` 函数的 `sep` 参数，在各行的不同值之间插入适当数量的空格：

```
>>> print('i    i**2    i**3    2**i')
>>> for i in range(1,13):
        print(i, i**2, i**3, 2**i, sep='        ')
```

输出结果如下：

```
i    i**2    i**3    2**i
1        1        1        2
2        4        8        4
3        9        27        8
4        16        64        16
5        25        125        32
6        36        216        64
7        49        343        128
8        64        512        256
9        81        729        512
10        100        1000        1024
11        121        1331        2048
12        144        1728        4096
```

虽然前几行的格式看起来没有问题，但是我们发现同一列的数据并没有很好地对齐。问题的根源在于固定大小的分隔符，当某一项的数值的位数增加时，其位置将向右偏移。因此，固定大小的分隔符不能胜任该任务。整齐呈现列数据的正确方法是保证所有数值的位一致对齐。我们需要的是把每列数值的宽度固定，然后使用*右对齐*的方式输出这些固定宽度的数值。可以使用格式化字符串实现该功能。

在格式化字符串的花括号中，可以指定映射到花括号占位符的值的呈现方式：我们可以指定*字段宽度*（width）、*对齐方式*（alignment）、*小数点精度*（decimal precision）、*数据类型*（type），等等。

我们可以使用一个十进制整数指定（*最小*）*字段宽度*，定义值的保留字符数位置。如果没有指定或者指定的字段宽度不够，则字段宽度将由显示值的数值位数 / 字符数确定。例如：

```
>>> '{0:3},{1:5}'.format(12, 354)
' 12,  354'
```

在上例中，我们输出整数值 12 和 354。格式化字符串中 12 的占位符为 `{0:3}`。0 表示 `format()` 函数的第一个参数（即 12），如前所述。`':'` 后的内容用于指定值的格式。在这个例子中，3 表示占位符的宽度应该为 3。因为 12 是一个两位数的数值，因此在前面添加了一个额外的空格。354 的占位符包括 `'1:5'`，因此在 354 前面添加了 2 个空格。

当字段宽度大于数值的位数时，默认情况下右对齐（即把数值靠右对齐）。字符串是左对齐。在下一个例子中，为参数 `first` 和 `last` 保留的字段宽度为 10 个字符。注意多余的空格添加到字符串值的后面：

```
>>> first = 'Bill'
>>> last = 'Gates'
>>> '{:10}{:10}'.format(first, last)
'Bill      Gates     '
```

精度（precision）是指定浮点值的小数点前后显示位数的十进制数。它位于字段宽度之后，用逗号分隔。在下一个例子中，字段宽度为 8，但只显示 4 位浮点数值：

```
>>> '{:8.4}'.format(1000 / 3)
'   333.3'
```

比较无格式化的输出结果：

```
>>> 1000 / 3
333.3333333333333
```

类型（type）决定值呈现的方式。整数的呈现方式类型如表 4-2 所示。

表 4-2　整数的呈现方式类型

类　型	说　明
b	以二进制形式输出数值
c	输出整数值所对应的 Unicode 字符
d	以十进制形式输出数值（默认方式）
o	以八进制形式输出数值
x	以十六进制形式输出数值，如果数字超过 9，则以小写字母显示
X	以十六进制形式输出数值，如果数字超过 9，则以大写字母显示

以整数 10 为例，其不同的整数类型选项描述如下：

```
>>> n = 10
>>> '{:b}'.format(n)
'1010'
>>> '{:c}'.format(n)
'\n'
>>> '{:d}'.format(n)
'10'
>>> '{:x}'.format(n)
'a'
```

浮点数的呈现方式选项有两种：`f` 和 `e`。类型选项 `f` 把值显示为定点数（即包括小数点和小数部分）。

```
>>> '{:6.2f}'.format(5 / 3)
'  1.67'
```

在上例中，格式化规格 `':6.2f'` 保留最小宽度为 6，正好 2 位小数，把浮点数值表述为定点数。类型选项 `e` 表述科学计数法，指数部分显示在字符 `e` 之后：

```
>>> '{:e}'.format(5 / 3)
'1.666667e+00'
```

即结果表示 1.666667×10^0。

现在让我们回到最初问题：对于 $i = 1, 2, 3, \cdots, 12$，显示函数 i^2、i^3、2^i 的值。我们为 i 的值指定最小宽度 3，为 i^2、i^3、2^i 的值指定最小宽度 6，以获得期望的格式。

模块：ch4.py

```
def growthrates(n):
```

```
    'prints values of below 3 functions for i = 1, ..., n'
    print(' i    i**2    i**3    2**i')
    formatStr = '{0:2d} {1:6d} {2:6d} {3:6d}'
    for i in range(2, n+1):
        print(formatStr.format(i, i**2, i**3, 2**i))
```

练习题 4.6 实现函数 `roster()`，带一个包含学生信息的列表作为输入参数，输出如下所示的花名册。学生信息包含学生的姓、名、班级和平均课程成绩，按顺序保存在一个列表中。因此，输入参数为一个列表的列表。请确保花名册输出的每个字符串值包含 10 个字符位置，成绩包含 8 个占位字符（包括 2 个小数点位）。

```
>>> students = []
>>> students.append(['DeMoines', 'Jim', 'Sophomore', 3.45])
>>> students.append(['Pierre', 'Sophie', 'Sophomore', 4.0])
>>> students.append(['Columbus', 'Maria', 'Senior', 2.5])
>>> students.append(['Phoenix', 'River', 'Junior', 2.45])
>>> students.append(['Olympis', 'Edgar', 'Junior', 3.99])
>>> roster(students)
Last      First     Class     Average Grade
DeMoines  Jim       Sophomore     3.45
Pierre    Sophie    Sophomore     4.00
Columbus  Maria     Senior        2.50
Phoenix   River     Junior        2.45
Olympia   Edgar     Junior        3.99
```

4.2.4 获取与格式化日期和时间

程序常常需要解析或者产生包含日期和时间的字符串。另外，还需要获取当前时间。当前日期和时间可以通过“查询”底层操作系统获取。在 Python 语言中，`time` 模块提供了操作系统时间功能的 API 接口，以及格式化日期和时间的工具。为了了解如何使用它，我们首先导入 `time` 模块：

```
>>> import time
```

`time` 模块中包含若干返回当前时间不同版本的函数。`time()` 函数返回从纪元开始经过的时间（以秒为单位）：

```
>>> time.time()
1268762993.335
```

通过另一个函数，可以返回与 `time()` 格式完全不同的时间，从而可以查看当前计算机系统的纪元：

```
>>> time.gmtime(0)
time.struct_time(tm_year=1970, tm_mon=1, tm_mday=1, tm_hour=
0, tm_min=0, tm_sec=0, tm_wday=3, tm_yday=1, tm_isdst=0)
```

知识拓展：纪元、时间、UTC 时间

计算机记录时间的方式是记录从某个时间点（纪元）开始所经过的秒数。在 UNIX 和基于 Linux 的计算机（包括 Mac OS X），纪元开始于格林尼治时间 1970 年 1 月 1 日 00:00:00。

为了记录自纪元开始所经过的准确秒数，计算机需要知道一秒钟是多长时间。每个计算机在其中央处理器（CPU）中有一个石英钟可以用于此目的（还可以控制“时钟周期”的长度）。但是石英钟存在着并不是“十分准确”的问题，每隔一段时间后会与“实际时间”产生偏离。这对于当今的联网计算机而言是一个问题，因为许多互联网应用程序要求计算机时间同步（至少误差较小）。

当今的联网计算机的石英钟会与互联网上的时间服务器保持同步，时间服务器的工作是提供称之为“协调世界时间、世界统一时间、世界标准时间、国际协调时间，或UTC时间”的“官方时间”的服务。UTC是大约12个原子钟的平均时间，在格林尼治英国皇家天文台，被用来追踪平均太阳时（基于地球绕太阳旋转）。

借助互联网上的时间服务器提供的这种国际认可的标准时间服务，计算机才能保持一致的时间（在很小的误差范围之内）。

函数 gmtime() 返回的对象类型为 time.struct_time，它是一个类似元组的类型。虽然这个类型有些陌生，但查看纪元（即纪元开始后的0秒的时间）并不困难，即1970年1月1日 00:00:00 UTC。这是UTC时间，因为给定一个整数作为输入参数 s，函数 gmtime() 返回自纪元开始 s 秒后的UTC时间。如果没有指定参数，则函数 gmtime() 返回当前UTC时间。关联的函数 localtime() 返回本地时区的当前时间：

```
>>> time.localtime()
time.struct_time(tm_year=2010, tm_mon=3, tm_mday=16, tm_hour=
13, tm_min=50, tm_sec=46, tm_wday=1, tm_yday=75, tm_isdst=1)
```

输出格式的可读性并不好（因为设计的目的不在于此）。模块 time 提供了一个格式化函数 strftime() 可以按期望的格式输出时间。strftime() 函数带一个格式化字符串参数和 gmtime() 或 localtime() 返回的时间参数，按格式化字符串描述的格式输出时间。下面给出一个例子（参见图4-6）：

```
>>> time.strftime('%A %b/%d/%y %I:%M %p', time.localtime())
'Tuesday Mar/16/10 02:06 PM'
```

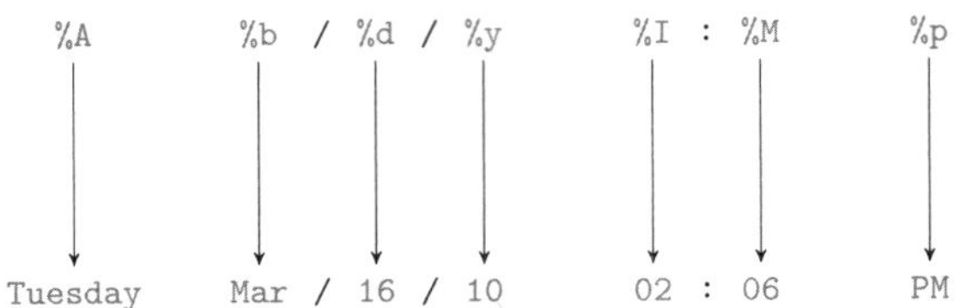

图4-6　映射指令。根据表4-3中的映射关系，在输出字符串中，指令 %A、%b、%d、%y、%I、%M 和 %p 映射到日期和时间值

在上例中，strftime() 根据格式化字符串 '%A %b/%d/%y %I:%M %p' 中指定的格式输出 time.localtime() 返回的时间。格式字符串中包含了指令 %A、%b、%d、%y、%I、%M 和 %p，指定日期和时间值在指定位置输出，其映射关系参见表4-3。格式化字符串中的其他字符（/、: 和空格）则原样复制到输出结果。

表 4-3　时间格式字符串指令。其中仅列举了一些常用的时间和日期格式化指令

指　令	输　出
%a	星期名称的缩写
%A	星期名称的全称
%b	月份名称的缩写
%B	月份名称的全称
%d	月份中的天，十进制 01 和 31 之间
%H	小时，数值 00 和 23 之间
%I	小时，数值 01 和 12 之间
%M	分钟，数值 00 和 59 之间
%p	AM 或 PM
%S	秒，数值 00 和 61 之间
%y	年，不带世纪，数值 00 和 99 之间
%Y	年，十进制数
%Z	时区名称

练习题 4.7　首先设定 `t` 为本地时间：自 1970 年 1 月 1 日 UTC 开始 1 500 000 000 秒：

```
>>> import time
>>> t = time.localtime(1500000000)
```

使用字符串时间格式化函数 `strftime()` 构建如下字符串：

(a) `'Thursday, July 13 2017'`

(b) `'09:40 PM Central Daylight Time on 07/13/2017'`

(c) `'I will meet you on Thu July 13 at 09:40 PM.'`

4.3　文件

文件是存储在辅助存储器设备（如磁盘驱动器）上的字节序列。文件可以是文本文档或电子表格，也可以是 HTML 文件或 Python 模块。这些文件称为文本文件。文本文件包含一系列使用某种编码（例如，ASCII、UTF-8 等）进行编码的字符。一个文件也可以是一个可执行的应用程序（例如 Python.exe）、一个图像或一个音频文件。这些文件被称为*二进制文件*，因为它们只是一个字节序列，没有编码。

所有文件都由文件系统管理，接下来进行介绍。

4.3.1　文件系统

文件系统是计算机系统的组成部分，它组织文件并提供创建、访问和修改文件的方法。虽然文件可以物理存储在各种辅助（硬件）存储设备上，但文件系统提供了文件的统一视图，隐藏了文件如何存储在不同硬件设备上的差异。这将导致读或写文件的方式都是相同的，无论文件存储在硬盘、闪存，还是 DVD-RW。

文件被分组到*目录*或*文件夹*中。文件夹除了包含（常规）文件外，还可以包含其他文件夹。文件系统将文件和文件夹组织成树形结构。Mac OS X 文件系统组织如图 4-7 所示。按照计算机科学中的惯例，采用倒置方式绘制树状层次结构，树的根位于顶部。

树形层次结构顶部的文件夹称为*根目录*。在 UNIX、Mac OS X 和 Linux 文件系统中，根

文件夹被命名为 `/`；在 MS Windows 操作系统中，每个硬件设备都有自己的根目录（例如，`C:\`）。文件系统中的每个文件夹和文件都有一个名称。但是，名称不足以有效地定位文件。每个文件可以通过*路径名*指定。使用路径名可以有效地查找文件。文件路径可以以两种方式指定。

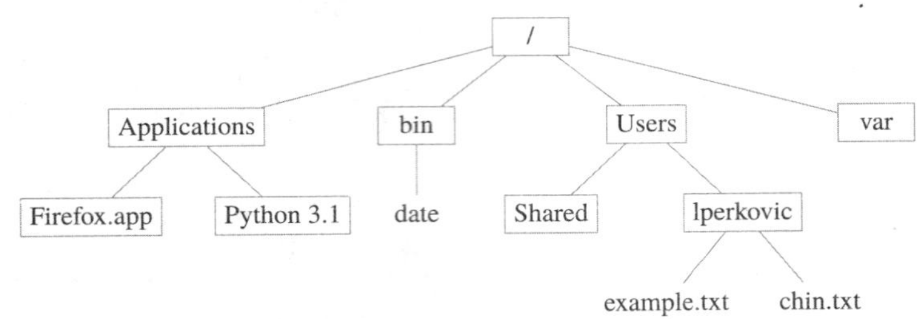

图 4-7　Mac OS X 文件系统组织。文件系统中包括文本文件（例如，`example.txt` 和 `chin.txt`）、二进制文件（如，`date`）和文件夹（矩形框），它们组织成一棵树形层次结构；树的根是一个名为 / 的文件夹。图中显示了文件系统的一小部分，文件系统通常包括成千上万的文件夹和数量众多的文件

文件的*绝对路径名*包含从根目录开始、遍历到该文件的文件夹的序列。绝对路径名表示为一个字符串，其中文件夹序列使用斜杠（`/`）或反斜杠（`\`）分隔（取决于操作系统）。

例如，`Python 3.1` 文件夹的绝对路径是：

```
/Applications/Python 3.1
```

而文件 `example.txt` 的绝对路径是：

```
/Users/lperkovic/example.txt
```

上述是 Unix、Mac OS X 和 Linux 机器的情况。在 Windows 机器上，斜杠用反斜杠代替，而根目录名（"第一个反斜杠"）则使用 `C:\` 代替。

计算机系统执行的每个命令或程序都与*当前工作目录*相关联。当使用命令行时，当前工作目录通常在命令行提示符下列出。当执行 Python 模块时，当前工作目录通常是包含模块的文件夹。在交互式命令行中运行 Python 模块之后（例如，通过在 IDLE 交互式命令行中按下【F5】)，则包含该模块的文件夹将成为后续交互式命令行的当前工作目录。

文件的*相对路径*是从当前工作目录开始遍历到该文件的文件夹序列。如果当前工作目录是 `Users`，则图 4-7 中的文件 `example.txt` 的相对路径名是：

```
lperkovic/example.txt
```

如果当前目录是 `lperkovic`，则可执行文件 `date` 的相对路径名是：

```
../../bin/date
```

双句点符号（..）用于引用*父文件夹*，它是包含当前工作目录的文件夹。

4.3.2　打开和关闭文件

处理一个文件包括如下三个步骤：

1. 打开用于读或写的文件。
2. 从文件中读取内容和 / 或写入数据到文件。

3. 关闭文件。

内置函数 `open()` 用于打开一个文件，不管是文本文件还是二进制文件。为了读取文件 `example.txt`，首先必须要打开它：

```
infile = open('example.txt', 'r')
```

函数 `open()` 包括三个字符串参数：文件名、打开模式（`mode`，可选）和编码（可选）。我们将在第 6 章讨论编码参数。文件名实际上是要打开的文件的路径（绝对路径或相对路径）。在上例中，使用的是相对路径 `example.txt`。Python 将在当前工作路径（回顾前述内容，包含上次导入模块的文件夹）中查找名为 `example.txt` 的文件。如果文件不存在，则抛出异常。例如：

```
>>> infile = open('sample.txt')
Traceback (most recent call last):
  File "<pyshell#339>", line 1, in <module>
    infile = open('sample.txt')
IOError: [Errno 2] No such file or directory: 'sample.txt'
```

文件名也可以是文件的绝对路径，例如，在 UNIX 机器上为：

```
/Users/lperkovic/example.txt
```

在 Windows 机器上则为：

```
C:/Users/lperkovic/example.txt
```

注意事项：文件系统路径使用斜杠还是反斜杠?

在 UNIX、Linux 和 Mac OS X 系统中，在路径中使用斜杠（/）作为分隔符。在微软 Windows 系统中，则使用反斜杠（/）作为分隔符：

```
C:\Users\lperkovic\example.txt
```

也就是说，Python 将接受 Windows 系统中使用斜杠（/）的路径。这是一个相当棒的功能，因为在一个字符串中，反斜杠（\）被解释为转义序列的开始。

打开模式（mode）是一个字符串，用于指定如何与打开的文件进行交互。在函数调用 `open('example.txt', 'r')` 中，打开模式 `'r'` 表示打开文件用于读取内容；同时还规定，该文件将作为文本文件被读取。

一般而言，打开模式字符串会包含 `r`、`w`、`a` 或 `r+` 之一，分别表示打开文件用于读取、写入、附加、读取并写入。如果没有指定，默认值为 `r`。另外，打开模式字符串中还允许使用字符 `t` 和 `b`，`t` 表示文件是文本文件，而 `b` 表示文件是二进制文件。如果两者都没有被指定，则默认为 `t`。因此，`open('example.txt', 'r')` 等价于 `open('example.txt', 'rt')`，也等价于 `open('example.txt')`。文件打开模式的总结如表 4-4 所示。

表 4-4 文件打开模式。文件打开模式是描述文件使用方式的字符串：读取、写入、读取并写入；按字节读取、使用文本编码方式读取

模　式	描　述
r	读取模式（默认）
w	写入模式；如果文件已经存在，则清除原内容

（续）

模　式	描　述
a	附加模式；将数据内容附加写入到文件末尾
r+	读取并写入模式（超出本教程讨论范围）
t	文本模式（默认）
b	二进制模式

将文件作为文本文件或二进制文件打开的区别在于，二进制文件被视为字节序列，在读取时不进行解码，在写入时不进行编码。然而，文本文件被当作使用某种编码的编码文件。

`open()` 函数返回一个输入或输出流类型的对象，支持读取和/或写入字符的方法。我们把这种对象被称为文件对象。不同的文件打开模式返回不同文件类型的文件对象。根据文件打开的不同模式，所返回的文件类型将支持表4-5中描述的全部或部分方法。

表4-5　文件对象方法。文件对象（例如，open()函数返回的对象）支持表4-5中的方法

方法用法	解释说明
`infile.read(n)`	从文件infile中读取n个字符，或者直到文件末尾，并把读取的字符作为一个字符串返回
`infile.read()`	从文件infile中读取全部字符（直到文件末尾），并把读取的字符作为一个字符串返回
`infile.readline()`	从文件infile中读取一行数据，直到（包括）换行符，或者直到文件末尾，并把读取的字符作为一个字符串返回
`infile.readlines()`	从文件infile中读取数据，直到文件末尾，并把读取的字符作为一个行数据的列表返回
`outfile.write(s)`	把字符串s写入到文件outfile
`file.close()`	关闭文件

不同的读取方法用于以不同的方式读取文件的内容。以 `example.txt` 文件为例说明三者的差异。假设 `example.txt` 的内容是：

文件：example.txt

```
The 3 lines in this file end with the new line character.

There is a blank line above this line.
```

首先把文件作为文本输入流打开，用于进行读取：

```
>>> infile = open('example.txt')
```

对于每个打开的文件，文件系统将关联一个指向文件中某个字符的游标。当文件第一次打开时，游标通常指向文件的开头（即文件的第一个字符），如图4-8所示。读取文件时，读取的字符是从游标开始的字符；如果我们正在写入文件，那么我们的任何内容都将从游标位置开始写入。

现在使用 `read()` 函数读取一个字符。`read()` 函数将把文件中的第一个字符作为字符串（仅包含一个字符的字符串）返回。

```
>>> infile.read(1)
'T'
```

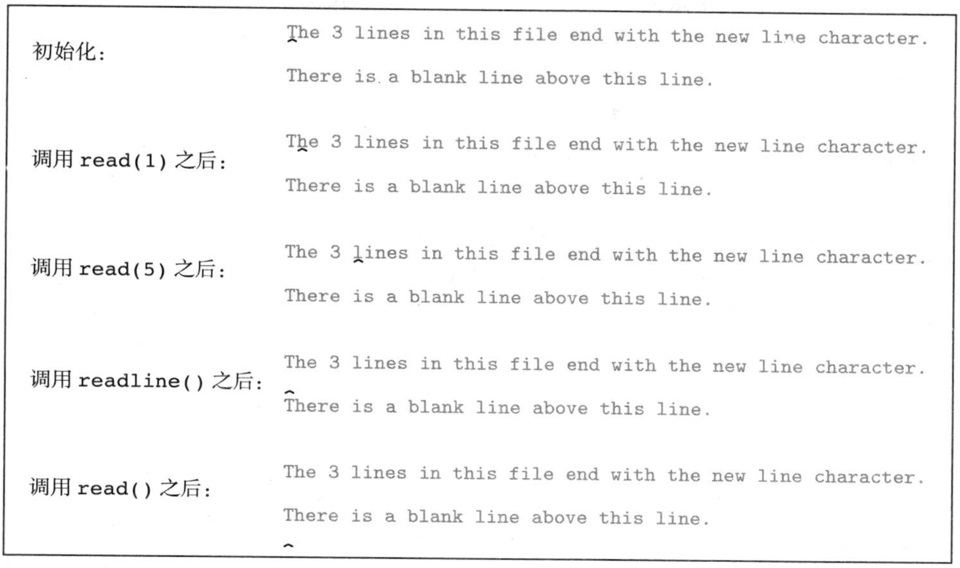

初始化：	The 3 lines in this file end with the new line character. There is a blank line above this line.
调用 read(1) 之后：	The 3 lines in this file end with the new line character. There is a blank line above this line.
调用 read(5) 之后：	The 3 lines in this file end with the new line character. There is a blank line above this line.
调用 readline() 之后：	The 3 lines in this file end with the new line character. There is a blank line above this line.
调用 read() 之后：	The 3 lines in this file end with the new line character. There is a blank line above this line.

图 4-8　读取文件 example.txt。读取文件时，游标随字符被读取而移动，并且一直指向下一个未读取的字符。执行 `read(1)` 之后，字符 `'T'` 被读取，游标移动并指向 `'h'`。执行 `read(5)` 之后，字符串 `'he 3'` 被读取，游标移动并指向 `'l'`。执行 `readline()` 之后，第一行剩余的内容被读取，游标移动并指向第二行的开头，第二行为空（除了换行符）

读取字符 `'T'` 之后，游标将移动并指向下一个字符，即 `'h'`（即第一个未读取字符），如图 4-8 所示。让我们再次调用 `read()` 函数，这次读取 5 个字符。返回的结果是最初读取的字符 `'T'` 之后的 5 个字符构成的字符串：

```
>>> infile.read(5)
'he 3 '
```

函数 `readline()` 将从文件中读取字符直到行尾（即换行字符 `\n`）或者文件结尾。注意，上例中 `readline()` 返回的字符串的最后一个字符是换行符：

```
>>> infile.readline()
'lines in this file end with the new line character.\n'
```

现在，游标指向第二行的开头，如图 4-8 所示。最后，我们使用不带参数的 `read()` 读取文件中剩余的内容：

```
>>> infile.read()
'\nThere is a blank line above this line.\n'
```

现在，游标指向“文件结尾”(EOF) 字符，EOF 指示文件结束。

要关闭 `infile` 所指向的打开文件，可以使用如下语句：

```
infile.close()
```

关闭文件将释放跟踪打开文件的信息（即游标位置信息）的文件系统资源。

注意事项：结束符

如果一个文件被当作二进制文件来读取和写入，则文件只是一个字节序列，不存在行的概念。因此一种编码必须存在一个换行的码（即换行符）。在 Python 语言中，换行符表示为转义字符序列 \n。然而，文本文件的格式与计算机系统平台有关，不同的操作系统使用不同的字节序列编码一个新行：

- MS Windows 使用 \r\n 两个字符序列。
- Linux/UNIX 和 Mac OS X 使用 \n 字符序列。
- Mac OS 版本 9（包括）之前使用 \r 字符序列。

当进行读取操作时，Python 将与平台相关的行结束符转换为 \n；当进行写入操作时，Python 将 \n 转换为与平台相关的行结束符。通过这种转换，Python 实现了与平台无关的特性。

4.3.3 读取文本文件的模式

Python 根据用户需要对文件进行什么操作，提供以下几种不同的方法以用于访问文件内容并为其处理做准备。接下来将具体描述这几种打开要读取的文件和读取文件内容的模式。我们将再次使用文件 `example.txt` 说明这些模式。`example.txt` 的内容如下：

```
The 3 lines in this file end with the new line character.

There is a blank line above this line.
```

访问文本文件的一种方法是把文件的内容读取到一个字符串对象。这种模式适合于文件不是太多的情况，可以使用字符串操作来处理文件内容。例如，这种模式可以用于查找文件内容，或把一个子字符串替换为另一个字符串。

我们通过实现函数 `numChars()` 来描述该模式。`numChars()` 带一个文件名作为输入参数，返回文件中的字符个数。我们使用 `read()` 函数把文件内容读取到一个字符串：

模块：ch4.py

```
def numChars(filename):
    ' 返回文件 filename 中的字符个数 '
    infile = open(filename, 'r')
    content = infile.read()
    infile.close()

    return len(content)
```

针对 `example.txt` 文件调用该函数，结果如下：

```
>>> numChars('example.txt')
98
```

练习题 4.8 编写函数 stringCount()，带 2 个字符串作为输入参数：文件名和目标字符串，返回目标字符串在文件中出现的次数。

```
>>> stringCount('example.txt', 'line')
4
```

接下来要讨论的文件读取模式适用于处理文件中的单词。要访问文件中的单词，可以读取文件内容到一个字符串，然后使用 `split()` 函数的默认形式把内容拆分为一个单词列表。（因此，我们在该例中关于单词的定义仅仅是连续的非空字符序列。）我们通过下一个函数描述该模式，该函数返回文件中的单词个数。它还输出这些单词列表，以便观察单词列表。

模块：ch4.py

```
def numWords(filename):
    ' 返回文件 filename 中的单词个数 '
    infile = open(filename, 'r')
    content = infile.read()          # 读取文件内容到一个字符串
    infile.close()

    wordList = content.split()       # 把文件拆分为单词列表
    print(wordList)                  # 同时输出单词列表
    return len(wordList)
```

在 example.txt 上运行该程序的输出结果如下：

```
>>> numWords('example.txt')
['The', '3', 'lines', 'in', 'this', 'file', 'end', 'with',
 'the', 'new', 'line', 'character.', 'There', 'is', 'a',
 'blank', 'line', 'above', 'this', 'line.']
20
```

在函数 numWords() 中，列表中的单词可能会包含标点符号，例如 'line.' 中的句点。我们最好先去掉标点符号，然后再把内容拆分成单词。这样做是下一个练习题的目标。

练习题 4.9 编写函数 words()，带一个文件名作为输入参数，返回文件中的真正单词（除去标点符号 !、,、.、:、;、?）列表。

```
>>> words('example.txt')
['The', '3', 'lines', 'in', 'this', 'file', 'end', 'with',
 'the', 'new', 'line', 'character', 'There', 'is', 'a',
 'blank', 'line', 'above', 'this', 'line']
```

有时需要逐行处理文本文件。例如，在 Web 服务器日志文件中搜索包含可疑 IP 地址的记录。日志文件是一个文件，其中每一行都是某个事务的记录（例如，Web 服务器对 Web 页面请求的处理）。在这第三种模式中，readlines() 函数用来读取文件的内容作为一个行文本的列表。我们通过一个简单的例子说明这种模式：通过返回行文本的长度的方式计算一个文件中的行数。它还将打印文本行的列表，以便我们观察列表的内容。

模块：ch4.py

```
def numLines(filename):
    ' 返回文件 filename 中的行数 '
    infile = open(filename, 'r')     # 打开文件
    lineList = infile.readlines()    # 读取文件内容到文本行列表
    infile.close()

    print(lineList)                  # 打印行列表
    return len(lineList)
```

在 example.txt 上运行该程序。注意每行内容都包含换行符（\n）：

```
>>> numLines('example.txt')
['The 3 lines in this file end with the new line character.\n',
```

```
'\n', 'There is a blank line above this line.\n']
3
```

到目前为止，我们涉及的文件处理模式都是读取整个文件内容作为字符串或字符串（行）列表。如果文件不太大，这种方法是可行的。如果文件很大，则更好的方法是逐行处理文件，这样就避免了把整个文件保存在内存中。Python 支持对文件对象行的迭代。我们使用这种方法打印 **example.txt** 的每一行：

```
>>> infile = open('example.txt')
>>> for line in infile:
        print(line,end='')

The 3 lines in this file end with the new line character.

There is a blank line above this line.
```

在 **for** 循环的每一次迭代中，变量 **line** 将引用文件的下一行。在第一次迭代中，变量 line 指向的行是 **'The three lines in ...'**；在第二次迭代中，变量 **line** 行指向的行是 **'\n'**；在最后一次迭代中，它指的行是 **'There is a blank ... '**。因此，在任何时间点，只有一行文件需要保存在内存中。

练习题 4.10 实现函数 **myGrep()**，带 2 个输入参数：文件名和目标字符串，输出文件中所有包含目标字符串作为子串的行。

```
>>> myGrep('example.txt', 'line')
The 3 lines in this file end with the new line character.
There is a blank line above this line.
```

4.3.4 写入文本文件

为了向文本文件中写入内容，文件必须以写入方式打开：

```
>>> outfile = open('test.txt', 'w')
```

如果在当前工作目录中，不存在文件 **test.txt**，则 **open()** 函数将创建该文件。如果文件 **test.txt** 已经存在，则清空其内容。两种情况下，游标都会指向（空）文件的开头。（如果我们希望向既存文件中添加更多内容，则需要使用打开模式 **'a'** 替代 **'w'**。）

一旦以写入方式打开了文件，则可以使用函数 **write()** 写入字符串到文件。它将从游标位置开始写入字符串。让我们先写入一个单字符字符串：

```
>>> outfile.write('T')
1
```

返回值是写入到文件的字符个数。游标现在指向字符 **T** 后面的位置，下一次写入将从此位置开始。

```
>>> outfile.write('his is the first line.')
22
```

这次写入将在文件的第一行的字符 **T** 之后写入 22 个字符。现在游标将指向句点后面的位置。

```
>>> outfile.write(' Still the first line...\n')
25
```

直到换行符之前写入的所有内容都将写入到同一行之中。当写入 '\n' 之后，下一次写入将写入第二行：

```
>>> outfile.write('Now we are in the second line.\n')
31
```

转义字符 \n 表示我们结束了第二行，接下来写入到第三行。要写入字符串以外的其他内容，必须先转换为字符串：

```
>>> outfile.write('Non string value like '+str(5)+' must be
                  converted first.\n')
49
```

此时可以借助于字符串的 format() 函数。为了说明使用字符串格式化的优越性，下面使用字符串格式化输出前面相同的行内容：

```
>>> outfile.write('Non string value like {} must be converted
                  first.\n'.format(5))
49
```

在读取文本文件之前，必须在写入之后先关闭文件：

```
>>> outfile.close()
```

test.txt 文件将被保存在当前工作目录中，且其内容如下：

```
This is the first line. Still the first line...
Now we are in the second line.
Non string value like 5 must be converted first.
Non string value like 5 must be converted first.
```

注意事项：刷新输出

当一个文件被打开用于写入时，内存中会创建一个缓冲区。对文件的所有写入实际上都是写入这个缓冲区，并没有写入到磁盘，至少不是立即写入。

不直接写入诸如磁盘之类的辅助存储器的原因在于，这种写入需要很长时间，如果每次写入都要在辅助存储器上进行，那么进行多次写入的程序将非常缓慢。这意味着在文件和写入刷新之前，文件系统中没有创建文件。close() 函数将在关闭文件之前，刷新缓冲区的内容到磁盘文件，所以一定不要忘记关闭文件。也可以使用 flush() 函数刷新写入内容而不用关闭文件：

```
>>> outfile.flush()
```

4.4 错误和异常

我们通常尝试编写不产生错误的程序，但不幸的事实是，即使是最有经验的开发人员编写的程序有时也会崩溃。而且，即使程序是完美的，它仍然可能产生错误，因为来自程序外的数据（从用户或文件交互）错误将会导致程序中的错误。对于服务器程序（如网络、邮件、游戏服务器），这是一个大问题。我们绝对不希望一个不好的用户请求造成服务器崩溃的错误。接下来，我们将讨论程序执行前和执行期间可能出现的一些错误类型。

4.4.1 语法错误

运行 Python 程序时，可能会出现两种基本错误类型。语法错误是由于 Python 语句格式不正确造成的错误。这些错误发生在语句或程序被转换为机器语言之时，在程序执行之前。一种被称为解析器的 Python 解释器的组件负责发现这些错误。例如，对于以下表达式：

```
>>> (3+4]
SyntaxError: invalid syntax
```

是非法表达式，解析器无法处理。更多的例子如下：

```
>>> if x == 5
SyntaxError: invalid syntax
>>> print 'hello'
SyntaxError: invalid syntax
>>> lst = [4;5;6]
SyntaxError: invalid syntax
>>> for i in range(10):
print(i)
SyntaxError: expected an indented block
```

在每个语句中，错误都是由于 Python 语句 的语法（格式）错误。所以这些错误发生在 Python 在给定参数（如果有的话）上执行语句之前。

练习题 4.11 解释导致上述每个语句中的语法错误的原因，并写出每个 Python 语句的正确版本。

4.4.2 内置异常

现在我们重点关注语句或程序执行过程中发生的错误。它们不会因为 Python 语句或程序的错误而出现，而是因为程序执行进入了错误的状态。下面给出了一些示例。注意，在每种情况下，语法（即 Python 语句的格式）是正确的。

被 0 除导致的错误：

```
>>> 4 / 0
Traceback (most recent call last):
  File "<pyshell#52>", line 1, in <module>
    4 / 0
ZeroDivisionError: division by zero
```

由于错误的索引导致的错误：

```
>>> lst = [14, 15, 16]
>>> lst[3]
Traceback (most recent call last):
  File "<pyshell#84>", line 1, in <module>
    lst[3]
IndexError: list index out of range
```

访问未赋值变量导致的错误：

```
>>> x + 5
Traceback (most recent call last):
  File "<pyshell#53>", line 1, in <module>
    x + 5
NameError: name 'x' is not defined
```

由于不正确的操作数类型导致的错误：

```
>>> '2' * '3'
Traceback (most recent call last):
  File "<pyshell#54>", line 1, in <module>
    '2' * '3'
TypeError: cant multiply sequence by non-int of type 'str'
```

由于非法值导致的错误：

```
>>> int('4.5')
Traceback (most recent call last):
  File "<pyshell#80>", line 1, in <module>
    int('4.5')
ValueError: invalid literal for int() with base 10: '4.5'
```

在每种情况下，都会出现一个错误，因为语句执行进入无效状态。除以 0 是无效的，使用给定列表中有效索引范围之外的列表索引也是无效的。当发生这种情况时，我们说 Python 解释器引发了一个异常。这意味着一个对象被创建了，这个对象包含了所有与错误相关的信息。例如，它将包含错误信息，指出发生了什么，错误发生在程序（模块）的第几行（在前面的示例中，行号总是 1，因为在一个交互式命令行语句"程序"中只有一个语句）。当出现错误时，默认情况下是语句或程序崩溃，并输出错误信息。

错误发生时创建的对象称为异常。每个异常都有一个类型（和 `int` 或 `list` 类似的类型），与错误类 型关联。在最后一个例子，我们观察到这些异常类型分别为：`ZeroDivisionError`、`IndexError`、`NameError`、`TypeError` 和 `ValueError`。表 4-6 描述了这些以及其他一些常见错误。

表 4-6　常用异常类型。当程序执行过程中发生了一个错误时，会创建一个异常对象。异常对象的类型与发生的错误类型有关。这里仅仅列举了少数内置异常类型

异　常	解释说明
`KeyboardInterrupt`	当用户按快捷键【Ctrl+C】时抛出
`OverflowError`	当一个浮点表达式求值结果太大时抛出
`ZeroDivisionError`	试图除 0 时抛出
`IOError`	当一个 I/O 操作由于输入输出故障失败时抛出
`IndexError`	当一个系列索引值超出有效索引范围时抛出
`NameError`	试图求值一个未赋值的标识符（名称）时抛出
`TypeError`	当一个操作或函数应用于错误类型的对象时抛出
`ValueError`	当一个操作或函数的操作类型正确但值不正确时抛出

让我们再看几个有关异常的例子。当一个浮点表达式的求值结果超出使用浮点类型可以表示的值范围之外时，将抛出 `OverflowError` 对象。在第 3 章中，我们讨论过如下例子：

```
>>> 2.0**10000
Traceback (most recent call last):
  File "<pyshell#92>", line 1, in <module>
    2.0**10000
OverflowError: (34, 'Result too large')
```

有趣的是，对整数表达式求值时不会抛出溢出异常：

```
>>> 2**10000
19950631168807583848837421626835850838234968318861924548520089498
```

```
... # many more lines of numbers
0455803416826949787141316063210686391511681774304792596709376
```

（请读者回顾学过的知识，类型 `int` 的值本质是没有上限的。）

`KeyboardInterrupt` 异常某种程度上有别于其他异常，这是因为该异常由程序用户交互式地显式引发。在执行程序过程中，通过按快捷键【 Ctrl+C 】，用户可以中断程序运行。这将导致程序进入一种错误的中断状态。Python 解释器抛出的异常是 `Keyboard-Interrupt` 类型。一般用户通过按快捷键【 Ctrl+C 】来中断程序运行（例如，当程序运行时间过长）：

```
>>> for i in range(2**100):
        pass
```

Python 语句 `pass` 不执行任何（实际）操作！常用于需要代码（例如一个 `for` 循环语句的循环体）但不执行任何操作的地方。通过按快捷键【 Ctrl+C 】，可以中断程序运行，产生 `KeyboardInterrupt` 错误信息：

```
>>> for i in range(2**100):
        pass

KeyboardInterrupt
```

当输入和输出操作失败时，将抛出 `IOError` 异常。例如，如果尝试打开一个文件用于读取，但给定文件名的文件并不存在：

```
>>> infile = open('exaple.txt')
Traceback (most recent call last):
  File "<pyshell#55>", line 1, in <module>
    infile = open('exaple.txt')
IOError: [Errno 2] No such file or directory: 'exaple.txt'
```

当用户尝试打开没有访问权限的文件时，也会抛出 `IOError` 异常。

4.5 电子教程案例研究：图像文件

本章的重点是文本处理和使用 Python 读取和写入文本文件。在案例研究 CS 4 中，我们将讨论使用 Python 读取和写入图像文件（通常存储为二进制文件而不是文本文件）以及处理图像的方法。我们也借此机会展示如何安装没有包括在 Python 标准库但在 Python 包索引（PyPI，官方的第三方 Python 软件库）中列出的 Python 模块。

4.6 本章小结

本章介绍了 Python 文本处理和文件处理工具。

我们继续讨论第 2 章介绍的字符串 `str` 类，描述了定义字符串值的不同方法：使用单引号、双引号、三引号。我们描述了在字符串中如何使用转移字符序列来定义特殊字符。最后，我们介绍了类 `str` 支持的方法，因为第二章中仅仅讨论了字符串运算符。

我们重点讨论的一个字符串方法是 `format()`，用于控制字符串格式。格式化字符串可以通过 `print()` 函数输出。我们解释了描述输出格式的格式化字符串的语法格式。掌握了字符串格式化输出之后，读者可以更加专注于程序的复杂部分，而不用担心输出格式。我们还介绍了一个重要的标准库模块 `time`，该模块提供获取时间的函数，以及按期望格式输出时间的格式化函数。

本章还介绍了文件处理工具。首先我们解释了文件和文件系统的概念。然后介绍了打开文件的方法 `open()`、关闭文件的方法 `close()`、读取文件的方法 `read()`、写入字符串到文件的方法 `write()`。根据文件处理的方式不同，我们描述了读取文件的几种不同模式。

在前几章中非正式地讨论了编程错误。由于在处理文件时出错的可能性较高，我们正式讨论错误的概念，并定义了异常。我们列出了学生可能会遇到的各种不同类型的异常。

4.7 练习题答案

4.1 表达式为：

(a) `s[2:5]`, (b) `s[7:9]`, (c) `s[1:8]`, (d) `s[:4]`, and (e) `s[7:]` (or `s[-3:]`).

4.2 方法调用为：

(a) `count = forecast.count('day')`

(b) `weather = forecast.find('sunny')`

(c) `change = forecast.replace('sunny', 'cloudy')`

4.3 使用制表符作为分隔符。

```
>>> print(last, first, middle, sep='\t')
```

4.4 使用函数 `range()` 迭代从 2 到 n 的整数，测试每个整数，如果能被 2 或 3 整除，则使用参数 `end = ', '` 输出。

```
def even(n)
    for i in range(2, n+1):
        if i%2 == 0 or i%3 == 0:
            print(i, end=', ')
```

4.5 我们只需要在合适的位置放置一个逗号和两个换行符：

```
>>> fstring = '{} {}\n{} {}\n{}, {} {}'
>>> print(fstring.format(first,last,number,street,city,state,zipcode))
```

4.6 答案使用浮点数表示类型 `f`：

```
def roster(students):
    'prints average grade for a roster of students'
    print('Last      First     Class     Average Grade')
    for student in students:
        print('{:10}{:10}{:10}{:8.2f}'.format(student[0],
                student[1], student[2], student[3]))
```

4.7 格式化字符串如下所示：

(a) time.strftime('%A, %B %d %Y', t)

(b) time.strftime('%I:%M %p %Z Central Daylight Time on %m/%d/%Y',t)

(c) time.strftime('I will meet you on %a %B %d at %I:%M %p.', t)

4.8 首先读取文件内容到一个字符串，然后使用字符串函数来统计子字符串 `target` 出现的次数。

```
def stringCount(filename, target):
    '返回 target 在文件 filename 中出现的次数'
    infile = open(filename)
    content = infile.read()
    infile.close()
    return content.count(target)
```

4.9 为了移除文本中的标点符号，可以使用字符串 `translate()` 方法，把每一个标点符号字符替换成一个空字符串 `''`：

```
def words(filename):
    '返回文件 filename 中的单词列表'
    infile = open(filename, 'r')
    content = infile.read()
    infile.close()
    table = str.maketrans('!,.:;?', 6*' ')
    content=content.translate(table)
    content=content.lower()
    return content.split()
```

4.10 迭代文件的各行可以完成任务：

```
def myGrep(filename, target):
    '输出文件 filename 中包含字符串 target 的行'
    infile = open(filename)
    for line in infile:
        if target in line:
            print(line, end='')
```

4.11 语法错误的原因和正确的语句分别如下：

（1）左边的圆括号与右边的方括号不匹配。期望的表达式可能是 `(3+4)`（求值结果为整数 7），或者是 `[3+4]`（求值结果为包含整数 7 的列表）。

（2）遗漏了冒号。正确的表达式是“`if x == 5:`”。

（3）`print()` 是一个函数，因此其调用需要使用括号，并在括号中指定参数（如果带参数）。正确的表达式是 `print('hello')`。

（4）列表中的对象使用逗号分隔，所以“`lst=[4,5,6]`”是正确的表达式。

（5）`for` 循环语句的循环体中的语句必须缩进。

```
>>> for i in range(3):
        print(i)
```

4.8 习题

4.12 首先在交互式命令行中运行下列赋值语句：

```
>>> s = 'abcdefghijklmnopqrstuvwxyz'
```

然后，使用字符串 `s` 和索引运算符编写表达式，要求表达式的求值结果分别为 `'bcd'`、`'abc'`、`'defghijklmnopqrstuvwx'`、`'wxy'` 和 `'wxyz'`。

4.13 首先定义字符串 `s`：

```
s = 'abcdefghijklmnopqrstuvwxyz'
```

然后，根据下列假设，编写 Python 布尔表达式：

(a) 包括 `s` 的第二个和第三个字符的切片是 `'bc'`。

(b) 包括 `s` 的前 14 个字符的切片是 `'abcdefghijklmn'`。

(c) 不包括 `s` 的前 14 个字符的切片是 `'opqrstuvwxyz'`。

(d) 不包括 `s` 的第一个和最后一个字符的切片是 `'bcdefghijklmnopqrstuvw'`。

4.14 把下列叙述翻译成一个 Python 语句：

(a) 把变量 `log` 赋值为如下字符串（该字符串是一个 Web 服务器上请求一个文本文件的日志的片段）：

```
128.0.0.1 - - [12/Feb/2011:10:31:08 -0600] "GET /docs/test.txt HTTP/1.0"
```

(b) 把变量 address 赋值为 log 的子字符串：到 log 的第一个空格前结束。请使用字符串方法 split() 和索引运算符。

(c) 把变量 date 赋值为字符串 log 的切片，包含日期 (12/Feb ...-6000)。在字符串 log 上使用索引运算符。

4.15 对于下列每一个 s 的字符串值，编写使用字符串 s 和字符串方法 split() 的表达式，要求表达式的求值结果为如下列表：

```
['10', '20', '30', '40', '50', '60']
```

(a) s = '10 20 30 40 50 60'

(b) s = '10,20,30,40,50,60'

(c) s = '10&20&30&40&50&60'

(d) s = '10 - 20 - 30 - 40 - 50 - 60'

4.16 实现一个程序，请求用户输入三个单词（字符串）。如果输入的三个单词按字典序排列，则输出布尔值 True；否则，什么也不输出。

```
>>>
Enter first word: bass
Enter second word: salmon
Enter third word: whitefish
True
```

4.17 使用合适的字符串方法，把下列叙述翻译成一个 Python 语句：

(a) 把变量 message 赋值为字符串：'The secret of this message is that it is secret'。

(b) 使用运算符 len()，把变量 length 赋值为字符串 message 的长度。

(c) 使用字符串方法 count()，把变量 count 赋值为子字符串 'secret' 在字符串 message 中出现的次数。

(d) 使用字符串方法 replace()，把变量 censored 赋值为字符串 message 的一个副本：字符串中所有的子字符串 'secret' 都被替换为 'xxxxxx'。

4.18 假设变量 s 按如下方式赋值：

```
s = '''It was the best of times, it was the worst of times; it
was the age of wisdom, it was the age of foolishness; it was the
epoch of belief, it was the epoch of incredulity; it was ...'''
```

（查尔斯·狄更斯的小说《双城记》的开头部分。）然后依次完成：

(a) 编写一系列语句，生成 s 的一个名为 newS 的副本：其中字符 .、,、; 和 \n 都被替换成空格。

(b) 移除 newS 的开始和结尾空格（并把新字符串命名为 newS）。

(c) 把 newS 的所有字符转变为小写字母（并把新字符串命名为 newS）。

(d) 计算字符串 'it was' 在 newS 中出现的次数。

(e) 把所有的 was 替换成 is（并把新字符串命名为 newS）。

(f) 把 newS 拆分为一个单词列表并命名为 listS。

4.19 假设已经分别为变量 first、middle 和 last 赋值：

```
>>> first = 'Marlena'
>>> last = 'Sigel'
>>> middle = 'Mae'
```

编写 Python 语句，使用以上变量打印下列格式的输出：

(a) Sigel, Marlena Mae

(b) Sigel, Marlena M.

(c) Marlena M. Sigel

(d) M. M. Sigel

(e) Sigel, M.

4.20 给定电子邮件的 **sender**、**recipient** 和 **subject** 的字符串值，编写一个字符串格式化表达式，使用变量 **sender**、**recipient** 和 **subject**，输出如下格式的内容：

```
>>> sender = 'tim@abc.com'
>>> recipient = 'tom@xyz.org'
>>> subject = 'Hello!'
>>> print(???)              # fill in
From: tim@abc.com
To: tom@xyz.org
Subject: Hello!
```

4.21 编写 Python 语句，按下列格式输出 π 和欧拉常数 e 的值：

(a) pi = 3.1, e = 2.7

(b) pi = 3.14, e = 2.72

(c) pi = 3.141593e+00, e = 2.718282e+00

(d) pi = 3.14159, e = 2.71828

4.9 思考题

4.22 编写函数 **month()**，带一个输入参数：1 到 12 之间的数值，返回对应月份的 3 个字母缩写形式。要求不能使用 **if** 语句，只允许使用字符串操作。提示：使用一个字符串，按顺序保存月份的缩写。

```
>>> month(1)
'Jan'
>>> month(11)
'Nov'
```

4.23 编写一个函数 **average()**，不带任何参数，但提示用户输入一个句子。函数返回句子中单词的平均长度。

```
>>> average()
Enter a sentence: A sample sentence
5.0
```

4.24 编写函数 **cheer()**，带一个输入参数：团队名（字符串），输出如下所示的加油口号：

```
>>> cheer('Huskies')
How do you spell winner?
I know, I know!
H U S K I E S !
And that's how you spell winner!
Go Huskies!
```

4.25 编写函数 **vowelCount()**，带一个字符串作为输入参数，统计并输出字符串中元音出现的次数：

```
>>> vowelCount('Le Tour de France')
a, e, i, o, and u appear, respectively, 1, 3, 0, 1, 1 times.
```

4.26 加密函数 **crypto()** 带一个字符串作为输入参数（即当前目录中的一个文件的文件名）。函数在屏幕上输出文件，并作如下修改：文件中的所有字符 'secret' 替代为 'xxxxxx'。

```
>>> crypto('crypto.txt')
I will tell you my xxxxxx. But first, I have to explain
why it is a xxxxxx.

And that is all I will tell you about my xxxxxx.
```

4.27 编写一个函数 fcopy()，带两个文件名（字符串）作为输入参数，把第一个文件的内容拷贝到第二个文件中。

```
>>> fcopy('example.txt','output.txt')
>>> open('output.txt').read()
'The 3 lines in this file end with the new line character.\n\n
 There is a blank line above this line.\n'
```

4.28 编写函数 links()，带一个输入参数：一个 HTML 文件（字符串），返回该文件中超链接的个数。假定每个超链接出现在一个锚点标签中（<a> 开始），且每个锚点标签以子字符串 </a> 结束。

可以使用 HTML 文件 twolinks.html 或者任何从 Web 上下载到程序所在目录的 HTML 文件来测试编写的代码。

```
>>> links('twolinks.html')
2
```

4.29 编写一个函数 stats()，带一个输入参数：一个文本文件的文件名。要求函数在屏幕上输出该文件的行数、单词个数、字符个数。要求函数仅打开文件一次。

```
>>> stats('example.txt')
line count: 3
word count: 20
character count: 98
```

4.30 编写函数 distribution()，带一个输入参数：一个文件的文件名（字符串）。该单行文件中包含空格分隔的成绩的等级字母。要求函数输出成绩的分布，如下所示：

```
>>> distribution('grades.txt')
6 students got A
2 students got A-
3 students got B+
2 students got B
2 students got B-
4 students got C
1 student  got C-
2 students got F
```

4.31 实现函数 duplicate()，带一个输入参数：当前目录中一个文件的文件名（字符串）。如果文件包含重复的单词，则返回 True，否则返回 False。

```
>>> duplicate('Duplicates.txt')
True
>>> duplicate('noDuplicates.txt')
False
```

4.32 函数 censor() 带一个输入参数：一个文件的文件名（字符串）。要求函数打开该文件，读取文件内容，按下列要求修改并写入到文件 censored.txt：文件中所有的 4 个字母的单词替换为 'xxxx'：

```
>>> censor('example.txt')
```

注意：这个函数没有任何输出，但会在当前目录中创建文件 censored.txt。

第 5 章

Introduction to Computing Using Python: An Application Development Focus, Second Edition

执行控制结构

本章深入讨论 Python 语句以及控制什么时候执行什么语句块和执行多少次的方法。

我们首先讨论 Python 语言的选择控制结构：`if` 语句。第 3 章介绍了 `if` 语句的单分支和双分支格式。本章将介绍其一般格式：多重选择控制结构，允许任意数量的条件并定义相关的代码块。

接下来将深入讨论 Python 迭代控制结构和方法。两种 Python 语句提供重复执行代码块的能力：`for` 循环和 `while` 循环。两种循环都有广泛的用途。本章的大部分小节将讨论不同的迭代模式，什么时候使用以及如何使用这些迭代模式。

理解不同的迭代模式实际上是理解不同的分解问题并迭代解决它们的方法。因此，本章从根本上来说是关于问题解决方法的讨论。

5.1 选择控制和 if 语句

`if` 语句是基本的选择控制结构，它允许基于某些条件执行相应的选择代码块。在第 3 章中，我们介绍了 Python 语言的 `if` 语句。我们首先讨论了它的最简单形式，即单分支格式：

```
if <条件>:
    <缩进代码块>
<非缩进语句>
```

当 <条件> 求值结果为 `True` 时，则执行 <缩进代码块>；如果 <条件> 求值结果为 `False`，则跳过缩进代码块，没有可选择执行的语句块。无论哪种情况，不管缩进代码是否被执行，将继续执行紧接着下面的与 `if` 语句相同缩进的 <非缩进语句>。

当两个可选代码块必须根据条件执行时，使用 `if` 语句的双分支格式：

```
if <条件>:
    <缩进代码块 1>
else:
    <缩进代码块 2>
<非缩进语句>
```

当 <条件> 求值结果为 `True`，则执行 <缩进代码块 1>；当 <条件> 求值结果为 `False`，则执行 <缩进代码块 2>。注意：根据条件执行的两个代码块是互斥的。不管哪种情况，程序继续执行 <非缩进语句>。

5.1.1 三路以及多路分支

Python 语言的 `if` 语句的最一般的格式是多路（三分支或更多分支）的选择控制结构：

```
if <条件 1>:
    <缩进代码块 1>
elif <条件 2>:
    <缩进代码块 2>
elif <条件 3>:
    <缩进代码块 3>
else:          # 还可以有更多的 elif 语句
    <最后的缩进代码块>
<非缩进语句>
```

上述语句按下列方法执行：

- 如果 <条件 1> 为 `True`，则执行 <缩进代码块 1>；
- 如果 <条件 1> 为 `False` 但是 <条件 2> 为 `True`，则执行 <缩进代码块 2>；
- 如果 <条件 1> 和 <条件 2> 均为 `False` 但是 <条件 3> 为 `True`，则执行 <缩进代码块 3>；
- 如果没有条件为 `True`，则执行 <最后的缩进代码块>。

在任何情况下，程序将继续执行 <非缩进语句>。

关键字 `elif` 表示“else if”。一个 `elif` 语句后跟一个条件，这与 `if` 语句类似。`if` 语句后可跟任意数量的 `elif` 语句，最后还可以跟一个 `else` 语句（可选）。每个 `if` 语句、`elif` 语句以及可选的 `else` 语句后，都关联一个缩进代码块。Python 将执行第一个求值结果为 `True` 的条件的关联缩进代码块。如果没有条件求值结果为 `True`，且存在 `else` 语句，则执行 `else` 语句后的缩进代码块。

在下述函数 `temperature()` 中，我们拓展第 3 章的 temperature 示例，描述三路分支 `if` 语句的用法：

模块：ch5.py

```python
def temperature(t):
    ' 根据温度值 t 输出不同信息 '
    if t > 86:
        print('It is hot!')
    elif t > 32:
        print('It is cool.')
    else:                          # t <= 32
        print('It is freezing!')
```

对于一个给定 `t` 的值，第一个满足条件的缩进语句将被执行；如果第一个和第二个条件都不满足，则 `else` 语句相应的缩进语句将被执行。

```
>>> temperature(87)
It is hot!
>>> temperature(86)
It is cool.
>>> temperature(32)
It is freezing!
```

该函数执行流程图如图 5-1 所示。

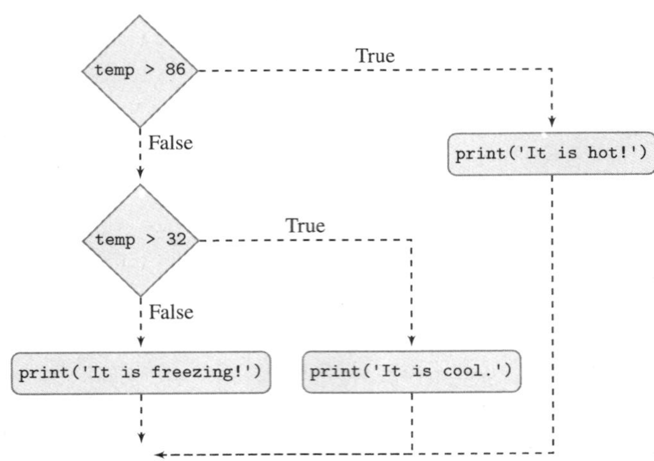

图 5-1 函数 `temperature()` 的流程图。首先检查条件 `t > 86`，如果为 `True`，则执行语句 `print('It is hot!')`。如果为 `False`，则检查条件 `t > 32`，如果为 `True`，则执行语句 `print('It is cool!')`。如果为 `False`，则执行语句 `print('It is freezing!')`

5.1.2 条件的排列顺序

多路分支结构存在一个单分支或双分支 `if` 语句不存在的问题：在多路 `if` 语句中条件的排列顺序十分重要。为了说明这一点，请读者尝试分析下列 `temperature()` 函数实现中条件的排列顺序有什么错误。

```
def temperature(t):
    if t > 32:
        print('It is cool.')
    elif t > 86:
        print('It is hot!')
    else:
        print('It is freezing!')
```

该实现的问题在于：对于所有 `t` 大于或等于 32 的情况，都将输出 `'It is cool.'`。因此，如果 `t` 等于 104，结果输出 `'It is cool.'`。事实上，不管 `t` 的值多大，永远都不会输出 `'It is hot!'`。问题的根源在于条件 `t > 32` 和 `t > 86` 并不是互斥的，而双分支结构中对应语句块的条件则是互斥的。

修正错误实现的一种方法是显式保证条件互斥：

```
def temperature(t):
    if 32 < t <= 86:         # 增加条件 t <= 86
        print('It is cool.')
    elif t > 86:
        print('It is hot!')
    else:                        # t <= 32
        print('It is freezing!')
```

然而，显式指定互斥条件会让程序变得非常复杂臃肿。另一种修正这种错误实现的方法是隐式保证条件互斥，正如我们最初的函数 `temperature()` 的实现方式。解释如下：

temperature() 函数包括三个不同的代码片段，每个对应于一个特定的温度范围：$t > 86$°F[⊖]、32°F< t <= 86°F 和 t <= 32°F。其中一个范围必须作为三路分支 if 语句的第一个条件，例如：t > 86。

在三路分支 if 语句中，仅当第一个条件不满足时（即：t 的值不大于 86），才会继续测试后续条件。因此，任何后续条件隐式包括 t <= 86。所以，显式指定的第二个条件实际上等同于 32 < t <=86。同样地，else 语句的隐式条件是 t <= 32，因为仅当 t 最多为 32 时才会被执行。

练习题 5.1 编写函数 myBMI()，带两个输入参数：身高（单位：英寸）和体重（单位：磅），计算人体体重指数（BMI）。BMI 的计算公式为：

$$\text{bmi} = \frac{\text{weight} * 703}{\text{height}^2}$$

要求函数体中：当 bmi < 18.5 时，输出“体重过轻”；当 18.5 <= bmi < 25 时，输出“正常”；当 bmi >= 25 时，输出“体重过重”。

```
>>> myBMI(190, 75)
正常
>>> myBMI(140, 75)
体重过重
```

5.2 for 循环和迭代模式

在第 3 章中，我们介绍了 for 循环。一般来说，for 循环具有如下结构：

```
for <变量> in <序列>:
    <缩进代码块>
<非缩进语句>
```

变量 <序列> 必须指向一个可迭代的对象，例如字符串、列表、range、或其他可迭代容器类型，我们将在第 8 章进一步讨论。当 Python 运行 for 循环时，依次把 <序列> 中的值赋值给 <变量>，并针对 <变量> 的每一个值执行 <缩进代码块>。针对 <序列> 中的最后一个值执行完 <缩进代码块> 后，程序继续执行 for 循环语句后的 <非缩进语句>。<非缩进语句> 位于 for 循环语句之后，且与 for 循环语句的第一行代码缩进相同。

for 循环语句以及一般循环结构广泛用于程序设计，并且存在许多使用循环的方法。本节我们将讨论若干基本的循环使用模式。

5.2.1 循环模式：迭代循环

本书到目前为止，我们都是使用 for 循环迭代一个列表的项：

```
>>> l = ['cat', 'dog', 'chicken']
>>> for animal in l:
        print(animal)

cat
```

⊖ °F 为华氏温度，与摄氏温度的换算关系为：$t_c = 5 \times (t_F - 32)/9$。

```
dog
chicken
```

当然，还可以使用 for 循环迭代一个字符串的字符：

```
>>> s = 'cupcake'
>>> for c in s:
        if c in 'aeiou':
            print(c)


u
a
e
```

迭代一个显式指定的序列值并针对每个值执行某种操作，这是 for 循环的最简单的使用模式。我们把这种使用模式称为*迭代循环模式*。这种循环模式是本书目前为止使用最多的模式。作为迭代循环模式的最后一个示例，我们列出第 4 章中的代码：逐行读取文件的文本行并在交互式命令行中输出各行内容：

```
>>> infile = open('test.txt', 'r')
>>> for line in infile:
        print(line, end='')
```

在上例中，迭代的内容不是字符串的字符，也不是列表的项，而是文件对象 infile 的文本行。虽然容器各不相同，但基本的迭代模式保持不变。

5.2.2　循环模式：计数器循环

我们可以使用的另一个循环模式是迭代通过函数 range() 指定的一个整数序列：

```
>>> for i in range(10):
        print(i, end=' ')


0 1 2 3 4 5 6 7 8 9
```

我们把这种模式称为计数器循环模式。计数器循环模式用于需要针对某个整数范围的每个整数执行代码块的情况。例如，查找（并且输出）从 0 到整数 n 的所有偶数：

```
>>> n = 10
>>> for i in range(n):
        if i % 2 == 0:
            print(i, end = ' ')


0 2 4 6 8
```

练习题 5.2　编写一个名为 powers() 的函数，带一个正整数 n 作为输入参数。在屏幕上输出从 2^1 到 2^n 的所有 2 的乘幂。

```
>>> powers(6)
2 4 8 16 32 64
```

迭代一个连续整数序列的一个很常见的原因是生成序列的索引，不管序列是一个列表、字符串还是其他序列。下面使用一个新的宠物列表（pets）来说明：

```
>>> pets = ['cat', 'dog', 'fish', 'bird']
```

可以使用迭代循环模式来输出列表中的动物：

```
>>> for animal in pets:
        print(animal)

cat
dog
fish
bird
```

作为迭代列表 pets 中项的替代方法，还可以通过迭代列表 pets 的索引来获得相同的结果：

```
>>> for i in range(len(pets)):  # i 被赋值为 0、1、2、…
        print(pets[i])          # 打印位于索引 i 处的对象

cat
dog
fish
bird
```

注意函数 range() 和函数 len() 协同工作，生成列表 pets 的索引 0、1、2 和 3。循环的执行描述如图 5-2 所示。

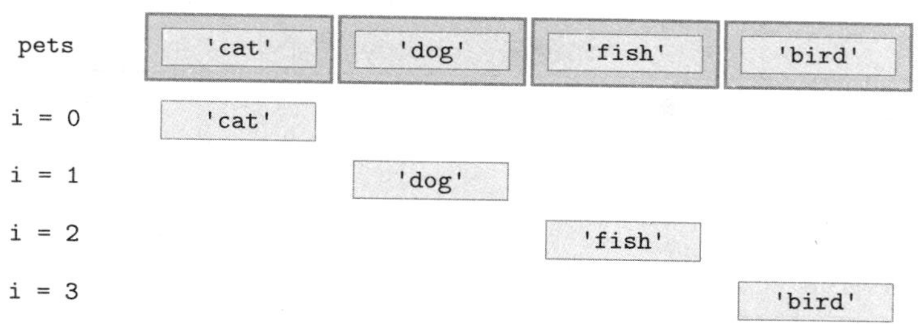

图 5-2 计数器模式。在 for 循环中，变量 i 依次被赋值为 0、1、2 和 3。对于每一个值 i，输出列表对象 pets[i]：当 i 为 0 时，输出 'cat'，当 i 为 1 时，输出 'dog'，以此类推

第二种方法（使用迭代列表索引）相对于遍历列表项的方法更复杂并且不直观。那么为什么要使用它呢？

的确存在必须按索引而不是按值迭代序列的情况。例如，考虑检查一个数值列表 lst 是否按递增顺序排序的问题。要做到这一点，必须检查列表中的每一个数值是否比下一个数值（如果存在下一个数值的话）要小。让我们通过遍历列表中的项来实现这个方法：

```
for item in lst:
    # 此处把 item 和列表 lst 中的下一个对象比较
```

我们被卡住了。应该如何将列表项与其后面的项比较呢？问题是我们无法获取列表 lst 中对象 item 之后的对象。

如果通过列表索引而不是列表项迭代列表，则有如下解决方法：索引 *i* 位置的项之后的项位于索引位置 *i*+1：

```
for i in range(len(lst)):
    # 比较 lst[i] 和 lst[i +1]
```

下一个要解决的问题是如何比较 lst[i] 和 lst[i +1]。如果条件 lst[i] <

`lst[i +1]` 为真，我们无需做任何处理，直接可以检查循环中的下一对相邻数据。如果条件为假（即 `lst[i] > lst[i +1]`），则我们知道 `lst` 不可能为升序排列，因此可以直接返回 `False`。所以，我们只需要在 `for` 循环中增加一条单分支 `if` 语句：

```
for i in range(len(lst)):
    if lst[i] >= lst[i+1]:
        return False
```

在上述循环中，变量 `i` 被赋值为列表 `lst` 的索引。对于 `i` 的每一个值，我们检查位置 `i` 的对象是否大于或等于位置 `i+1` 的对象。如果满足条件，则返回 `False`。如果 `for` 循环终止，则意味着列表 `lst` 中所有相邻的两个对象都按升序排列，因此整个列表按升序排列。

事实证明我们在这个代码中犯了一个错误。注意，我们依次比较在索引 0 和 1、1 和 2、2 和 3，直到索引 `len(lst)-1` 和 `len(lst)` 位置的项。但是在索引 `len(lst)` 位置不存在项。换言之，我们无需把最后一个列表项与列表中的“下一个项”进行比较。我们需要做的是把 `for` 循环迭代的范围缩小 1。

下面是最终的函数形式的解决方案。函数带一个列表作为输入参数。如果列表不是升序排列，则返回 `True`；否则返回 `False`。

模块：ch5.py

```
def sorted(lst):
    ' 如果 lst 升序排列，则返回 True；否则返回 False。'
    for i in range(0, len(lst)-1): # i = 0, 1, 2, ··· , len(lst)-2
        if lst[i] > lst[i+1]:
            return False
    return True
```

练习题 5.3 编写函数 `arithmetic()`，带一个整数列表作为输入参数。如果这些整数构成一个等差数列（如果一个整数列表中连续两个项目的差相同，则这个整数系列称为等差数列），则返回 `True`；否则返回 `False`。

```
>>> arithmetic([3, 6, 9, 12, 15])
True
>>> arithmetic([3, 6, 9, 11, 14])
False
>>> arithmetic([3])
True
```

5.2.3 循环模式：累加器循环

循环的一种常见模式是在循环的每次迭代中累积“东西”。例如，给定一个数值列表 `numList`，我们希望计算数值的累积和。可以使用 `for` 循环实现这个目的。我们首先需要引入一个保存累积和的变量 `mySum`。初始化变量 `mySum` 为 0，然后可以使用一个 `for` 循环语句迭代列表 `numList` 中的数值并把它们累加到 `mySum`。例如：

```
>>> numList = [3, 2, 7, -1, 9]
>>> mySum = 0                      # 初始化累加器
>>> for num in numList:
```

```
        mySum = mySum + num      # 累加到累加器
                                 # 列表 numList 中的数值之和
>>> mySum
20
```

上述 for 循环语句的执行过程如图 5-3 所示。

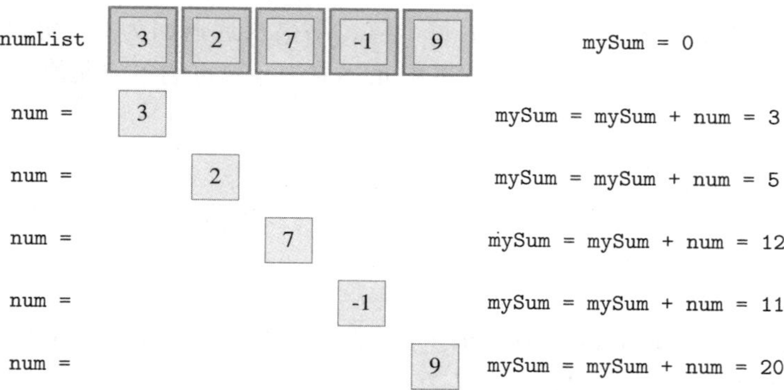

图 5-3　累加器模式。for 循环语句迭代列表 numList 中的数值。每次迭代中，通过赋值语句“mySum = mySum + num”，把当前的数值累加到累加器 mySum 中

变量 mySum 的作用是*累加器*。在此例中，这是一个整数累加器，被初始化为 0，因为累加整数，0 是加法的单位元（即 0 不影响累加结果）。每个 num 值都通过赋值语句累加到累加器：

```
mySum = mySum + num
```

在赋值运算符 = 的右侧表达式中，num 的值和当前累加器 mySum 的值累加在一起，然后赋值语句把累加结果重新赋值给累加器 mySum。我们称之为 mySum *递增*了 num 值。该操作非常常见，存在一个简洁书写方法（复合赋值语句）：

```
mySum += num
```

让我们使用复合赋值语句重新计算 sum：

```
>>> mySum = 0
>>> for num in numList:
        mySum += num
```

我们把这种 for 循环模式称为*累加器循环模式*。

5.2.4 其他类型的累加

下面通过若干其他示例进一步阐述累加器模式。回顾第 2 章，我们介绍了内置函数 sum()，用于计算一个列表中的值之和：

```
>>> sum(numList)
20
```

因此，编写一个 for 循环来计算列表中数值之和其实没有必要。然而，通常没有可用的内置函数。例如，假如我们希望把列表中的所有数值相乘？可以采用类似于上述累加和的方法解决此问题：

```
>>> myProd = 0                    # 初始化乘积
>>> for num in numList:           # num 从 numList 中获取值
        myProd = myProd * num     # myProd 乘以 num
>>> myProd                        # 为什么结果不正确呢?
0
```

究竟哪儿出错了呢？我们将乘法累积器 **myProd** 初始化为 0。问题是 0 乘以任何数结果都是 0。当 **myProd** 乘以 **numList** 中的每个值，结果永远返回为 0。初始化累加和时，值 0 是正确的选择，因为 0 是加法运算符的单位元。乘法运算符的单位元值为 1：

```
>>> myProd = 1
>>> for num in numList:
    myProd = myProd * num

>>> myProd
-378
```

练习题 5.4　实现函数 **factorial()**，带一个非负整数作为输入参数，返回其阶乘。一个非负整数 n 的阶乘表示为 $n!$，其定义为：

$$n!=\begin{cases}1 & \text{if } n=0\\ n\times(n-1)\times(n-2)\times\ldots\times2\times1 & \text{if } n>0\end{cases}$$

因此，$0!=1$，$3!=6$，$5!=120$。

```
>>> factorial(0)
1
>>> factorial(3)
6
>>> factorial(5)
120
```

在累加器模式的前两个示例中，累加器用于数值类型。如果我们累加（拼接）字符到字符串，则累加器应该为字符串。那么，字符串累加器应该初始化为什么值呢？它必须为字符串拼接的单位元（即具有如下属性：当和其他字符拼接时，结果字符串仅仅是该字符）。因此，空字符串 ''（注意不是空格！）是字符串拼接的单位元。

练习题 5.5　缩略词是一个短语中每个单词的第一个字母组成的单词。例如，RAM 是 random access memory 的缩略词。编写一个函数 **acronym()**，带一个短语（即一个字符串）作为输入参数，返回该短语的缩略语。注意，缩略语应该全大写，即使短语中的单词不是大写。

```
>>> acronym('Random access memory')
'RAM'
>>> acronym('central processing unit')
'CPU'
```

如果把对象累加到列表，则累加器应该是一个列表。那么，列表拼接的单位元是什么？它是空列表 **[]**。

练习题 5.6　编写函数 **divisors()**，带一个正整数 n 作为输入参数，输出包含 n 的所有正因子的列表。

```
>>> divisors(1)
[1]
>>> divisors(6)
[1, 2, 3, 6]
>>> divisors(11)
[1, 11]
```

5.2.5 循环模式：嵌套循环

假设希望开发一个函数 nested()，带一个整数作为输入参数，在屏幕上输出 *n* 行数据：

```
0 1 2 3 ... n-1
0 1 2 3 ... n-1
0 1 2 3 ... n-1
...
0 1 2 3 ... n-1
```

例如：

```
>>> n = 5
>>> nested(n)
0 1 2 3 4
0 1 2 3 4
0 1 2 3 4
0 1 2 3 4
0 1 2 3 4
```

如前所述，为了输出其中一行，可以使用如下方法实现：

```
>>> for i in range(n):
        print(i,end=' ')

0 1 2 3 4
```

为了输出 *n* 个这样的行（本例是 5 行），我们要做的就是重复 *n* 次（本例为 5 次）。我们可以使用另一个外部 for 循环来实现，重复执行内部的 for 循环：

```
>>> for j in range(n):          # 外循环迭代 5 次
        for i in range(n):          # 内循环输出 0 1 2 3 4
            print(i, end = ' ')

0 1 2 3 4 0 1 2 3 4 0 1 2 3 4 0 1 2 3 4 0 1 2 3 4
```

哎呀，结果并不符合要求。语句 print(i, end=' ') 强制所有的数值输出在一行之中。我们希望在输出每个序列 0 1 2 3 4 后换行。换言之，我们需要在每次内循环之后调用不带参数的 print() 函数。内循环是：

```
for i in range(n):
    print(i, end = ' ')
```

最终的解决方案如下：

模块：ch5.py

```
def nested(n):
    ' 输出n行，每行内容为0 1 2 … n -1 '
    for j in range(n): # 重复n 次:
```

```
        for i in range(n):          # 输出0、1、…、n -1
            print(i, end = ' ')
        print()                     # 光标移动到下一行
```

注意，外部 for 循环中使用的变量和内部 for 循环中使用的变量名称应该不同。

在该程序中，一个循环语句包含在另一个循环语句中。我们把这种循环模式称为嵌套循环模式。嵌套循环模式可以包含两重以上的嵌套循环。

练习题 5.7 编写一个函数 xmult()，带两个整数列表作为输入参数，输出一个列表，包括所有第一个列表的整数与第二个列表的整数的乘积。

```
>>> xmult([2], [1, 5])
[2, 10]
>>> xmult([2, 3], [1, 5])
[2, 10, 3, 15]
>>> xmult([3, 4, 1], [2, 0])
[6, 0, 8, 0, 2, 0]
```

假如我们希望编写另一个函数 nested2()，带一个正整数作为输入参数，在屏幕上输出 *n* 行：

```
0
0 1
0 1 2
0 1 2 3
...
0 1 2 3 ... n-1
```

例如：

```
>>> nested2(5)
0
0 1
0 1 2
0 1 2 3
0 1 2 3 4
```

应该怎样修改函数 nested() 以创建这些输出呢？在 nested() 中，对于每一个变量 j 的值，输出完整的行 0 1 2 3 … n-1。现在我们需要做的是：

当 j 为 0 时，输出 0。

当 j 为 1 时，输出 0 1。

当 j 为 2 时，输出 0 1 2，以此类推。

内循环变量 i 需要在值 0、1、2、…、j 的对应的范围 range(j+1) 上迭代，而不是在 range(n) 上迭代。由此可以得出解决方案：

模块：ch5.py

```
def nested2(n):
    ' 对于j = 0, 1, …, n -1，输出n行0 1 2 … j '
    for j in range(n):          # j = 0、1、…、n -1
        for i in range(j+1):    # 输出0 1 2 … j
            print(i, end=' ')
        print()                 # 移动到下一行
```

练习题 5.8 把一个包含 n 个不同数值的列表按升序排列的方法是在列表中执行 $n-1$ 轮比较操作。每轮比较操作比较列表中所有相邻的数字，如果它们顺序不正确，则交换它们。在第一轮比较操作结束后，最大的项将是列表中的最后一个（位于索引 $n-1$）。因此，第二轮比较操作可以在到达最后一个元素之前停止，因为最后一个元素已经处于正确的位置；第二轮比较操作将把第二大的元素放在倒数第二个位置。一般来说，第 i 轮比较操作将比较索引 0 和 1、1 和 2、2 和 3、…，以及 $i-1$ 和 i 的数值对；在第 i 轮比较操作之后，第 i 个最大的项目将位于索引 $n-$i。因此，执行 $n-1$ 轮比较操作后，列表将处于升序状态。

编写一个函数 `bubbleSort()`，带一个数值列表作为输入参数，使用上述方法对列表进行排序。

```
>>> lst = [3, 1, 7, 4, 9, 2, 5]
>>> bubblesort(lst)
>>> lst
[1, 2, 3, 4, 5, 7, 9]
```

5.3 深入研究列表：二维列表

迄今为止，我们讨论的列表可以看作是一维表。例如，对于以下列表：

```
>>> l = [3, 5, 7]
```

可以看作是如下一维表：

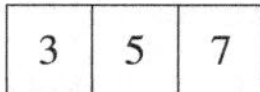

3	5	7

在 Python 中，一维表很容易使用列表来表示。那么，类似如下的二维表呢？

4	7	2	5
5	1	9	2
8	3	6	6

在 Python 中，二维表可以表示为列表的列表，又被称为二维列表。

5.3.1 二维列表

二维表可以看作是若干行（或一维表）组成的表。这正是二维表在 Python 中表示的方式：列表元素的列表，每个列表元素对应于表的一行。例如，上文的二维表在 Python 中表示如下：

```
>>> t = [[4, 7, 2, 5], [5, 1, 9, 2], [8, 3, 6, 6]]
>>> t
[[4, 7, 2, 5], [5, 1, 9, 2], [8, 3, 6, 6]]
```

列表 `t` 的示意图如图 5-4 所示。注意，`t[0]` 对应于表的第 1 行，`t[1]` 对应于表的第 2 行，`t[2]` 对应于表的第 3 行。验证如下：

```
>>> t[0]
[4, 7, 2, 2]
>>> t[1]
[5, 1, 9, 2]
```

到目前为止，这里并没有涉及新的知识点：我们知道一个列表可以包含另一个列表。这里的特殊之处是每个列表元素的大小相同。那么，该如何访问（读或写）单个表的项呢？一个二维表中的项通常通过它的“坐标”（即它的行索引和列索引）来访问。例如，值8在表中位于第2行（从最上面的一行开始计数，从索引0开始）和0列（从最左边的列开始计数）。换言之，8位于列表 `t[2]` 的索引0位置，或者 `t[2][0]` 位置（参见图5-4）。一般而言，位于二维列表 `t` 第 `i` 行第 `j` 列的项可以通过表达式 `t[i][j]` 来访问：

```
>>> t[2][0]             # 位于第 2 行第 0 列的元素
8
>>> t[0][0]             # 位于第 0 行第 0 列的元素
4
>>> t[1][2]             # 位于第 1 行第 2 列的元素
9
```

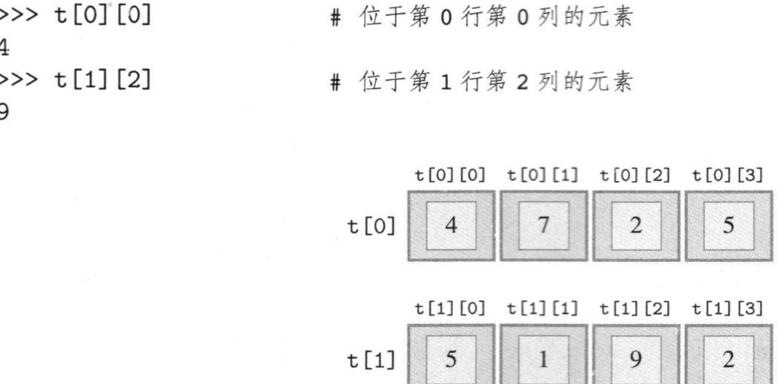

图5-4　二维列表。列表 `t` 表示一个二维表。二维表的第1行是 `t[0]`，第2行是 `t[1]`，第3行是 `t[2]`。第1行的项分别为：`t[0][0]`、`t[0][1]`、`t[0][2]` 和 `t[0][3]`。第2行的项分别为：`t[1][0]`、`t[1][1]`、`t[1][2]` 和 `t[1][3]`。以此类推

要把一个值赋值给第 i 行第 j 列的项，我们可以简单地使用赋值语句。例如：

```
>>> t[2][3] = 7
```

第 i 行第 j 列的项现在是 7：

```
>>> t
[[4, 7, 2, 5], [5, 1, 9, 2], [8, 3, 6, 7]]
```

有时我们需要以某种顺序访问二维列表的所有项，而不仅仅是位于指定行和列中的一个项。要系统地访问二维列表的项，可以使用嵌套循环模式。

5.3.2　二维列表和嵌套循环模式

当我们输出二维列表 `t` 的值时，输出的结果是一个列表的列表，而不是位于各行的表。通常，输出二维列表的内容也不错，因为它看起来像一个表。下一个方法使用迭代模式在单独的行中打印表的每一行：

```
>>> for row in t:
        print(row)

[4, 7, 2, 5]
[5, 1, 9, 2]
[8, 3, 6, 7]
```

假如我们不希望打印表的每一行为一个列表，而希望有一个函数 `print2D()`，打印 `t` 中的项如下所示：

```
>>> print2D(t)
4 7 2 5
5 1 9 2
8 3 6 7
```

我们使用嵌套循环模式实现这个函数。外部 `for` 循环用于产生行，而内部 `for` 循环则迭代行中的项并输出：

模块：ch5.py

```
def print2D(t):
    '输出二维列表的值为一个二维表'
    for row in t:
        for item in row:
            print(item, end=' ')      # 输出项，后跟一个空格
        print()                       # 移动到下一行
```

让我们再讨论一个示例。假如我们希望开发一个函数 `incr2D()`，把一个数值二维列表中的每个数值递增 1：

```
>>> print2D(t)
4 7 2 5
5 1 9 2
8 3 6 7
>>> incr2D(t)
>>> print2D(t)
5 8 3 6
6 2 10 3
9 4 7 8
```

显而易见，函数 `incr2D()` 需要针对输入参数二维列表 `t` 中的每个行索引 `i` 和列索引 `j` 执行如下语句：

```
t[i][j] += 1
```

我们可以使用嵌套循环模式生成所有行索引和列索引的组合。

外循环应该生成 `t` 的行索引。因此，我们需要知道 `t` 的行数。它就是 `len(t)`。内循环应该生成 `t` 的列索引。这里我们遇到了麻烦。如何确定 `t` 有多少列呢？它实际上是一行中的项的个数。由于我们假定所有行都有相同数量的项，所以我们可以随意选择第一行来获得列的数目 `len(t[0])`。现在我们可以实现该函数：

模块：ch5.py

```
def incr2D(t):
    '把数值二维列表中每个数值递增1'
    nrows = len(t)                   # 行数
    ncols = len(t[0])                # 列数

    for i in range(nrows):           # i是行索引
        for j in range(ncols):           # j是列索引
            t[i][j] += 1
```

该程序使用嵌套循环模式逐行自左向右自顶向下访问二维列表 t 中的项。首先访问的是第 0 行的各项，依次为 `t[0][0]`、`t[0][1]`、`t[0][2]` 和 `t[0][3]`。如图 5-5 所示。然后，从左到右访问第 1 行的各项，最后访问第 2 行的各项。

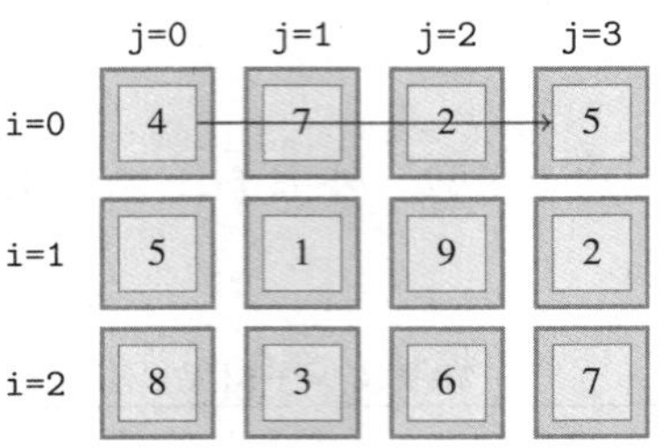

图 5-5　嵌套循环模式。外部 for 循环产生行索引。内部 for 循环产生列索引。箭头描述了第 1 行（索引 0）的内部 for 循环的执行流

练习题 5.9　编写一个函数 add2D，带两个相同大小（即行列数都相同）的二维列表作为输入参数，把第一个列表中的每个项增加第二个列表中对应的项的值。

```
>>> t = [[4, 7, 2, 5], [5, 1, 9, 2], [8, 3, 6, 6]]
>>> s = [[0, 1, 2, 0], [0, 1, 1, 1], [0, 1, 0, 0]]
>>> add2D(t,s)
>>> for row in t:
        print(row)

[4, 8, 4, 5]
[5, 2, 10, 3]
[8, 4, 6, 6]
```

5.4　while 循环

除了 for 循环，Python 还有另外一个更通用的迭代控制结构：while 循环。为了理解 while 循环是 如何工作的，我们首先回顾一下单向 if 语句是如何工作的：

```
if < 条件 >:
    < 缩进代码块 >
< 非缩进语句 >
```

当 < 条件 > 求值结果为 True 时，则执行 < 缩进代码块 >。执行完 < 缩进代码块 > 后，将继续执行 < 非缩进语句 >。如果 < 条件 > 求值结果为 False，则程序直接转向 < 非缩进语句 >。

while 语句的语法格式和单分支 if 语句的语法格式类似：

```
while < 条件 >:
    < 缩进代码块 >
< 非缩进语句 >
```

和 if 语句类似，在 while 语句中，当 < 条件 > 求值结果为 True 时，则执行 < 缩进代码块 >。但是当执行完 < 缩进代码块 > 后，程序执行重新返回并检查 < 条件 > 求值结果是否为 True。如果满足条件，则重新执行 < 缩进代码块 >。只要 < 条件 > 求值结果为 True，则

不断重复执行 <缩进代码块>。当 <条件> 求值结果为 `False`，则跳转到 <非缩进语句>。图 5-6 中的 `while` 循环流程图描述了可能的执行路径。

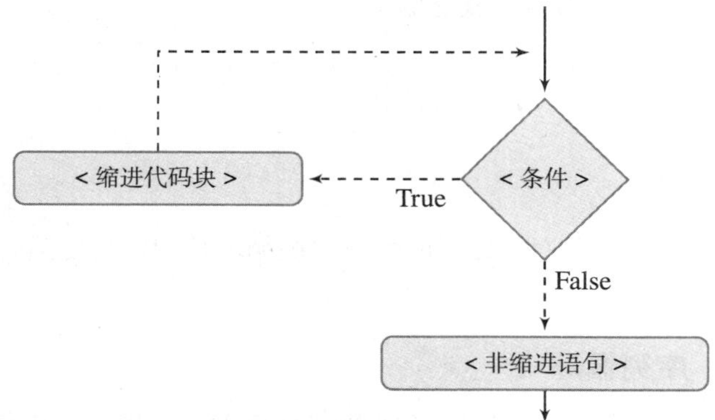

图 5-6 `while` 语句流程图。只要条件的求值结果为 `True`，则重复执行条件语句模块。当条件的求值结果为 `False`，则执行紧跟在 `while` 循环语句后的语句

`while` 循环的用法

`while` 循环何时有用？我们用下一个问题说明这一点。假设我们有一个奇怪的想法：计算大于 3 951 的 73 的第一个倍数。解决这个问题的一种方法是连续生成 73 的正倍数，直到大于 3 951。该思想的 `for` 循环实现可以从下列语句着手：

```
for multiple in range(73, ???, 73)}:
    ...
```

我们尝试使用函数 `range()` 生成 73 的倍数：73、146、291、…。但是，什么时候终止呢？换言之，该用什么数值替换“`???`”？

当我们需要迭代但不知道迭代多少次时，while 循环为此提供了完美的解决方案。在我们的例子中，我们需要持续生成 73 的倍数，只要倍数 <=3 951。换言之，当倍数 <=3 951，则生成下一个倍数。让我们翻译成 Python 语句：

```
while multiple <= 3951:
  multiple += 73
```

在 `while` 循环之前，必须先初始化变量 `multiple`。我们可以把它初始化为 73 的第 1 个正倍数，即 73。在 `while` 循环的每次迭代中，检查条件 `multiple <= 3951`。如果条件为 `True`，则 `multiple` 增加到下一个 73 的倍数：

```
>>> bound = 3951
>>> multiple = 73
>>> while multiple <= bound:
        multiple += 73

>>> multiple
4015
```

当 `while` 循环条件的求值结果为 `False` 时，循环执行终止，`multiple` 的值大于 `bound`。因为前一个 `multiple` 的值不大于 `bound`，因此它就是我们所求的值：大于 `bound` 的最小倍数。

练习题 5.10　编写一个函数 interest()，带一个浮点数利率（例如，0.06，对应于 6% 利率）作为输入参数。函数计算并返回一笔投资价值翻倍所需要的时间（年数）。注意：一笔投资价值翻倍所需的时间与原始投资额无关。

```
>>> interest(0.07)
11
```

5.5 更多循环模式

掌握了 while 循环以及我们将介绍的另外一些循环控制结构之后，我们可以开发更多有用的循环模式。

5.5.1 循环模式：序列循环

有些问题，特别是来自科学、工程学和金融学的问题，可以通过生成一系列最终达到期望数值的数字来解决。我们以著名的斐波那契数列来说明这种模式：

1. 1, 2, 3, 5, 8, 13, 21, 34, 55, 89, …

斐波那契数列是从整数 1 和 1 开始的，随后的数字满足如下规则：序列中的当前数是序列中前两个数字之和。

拓展知识：斐波那契数列

斐波那契数列是以比萨的列奥纳多（他被称为斐波那契）命名的，他把斐波那契数列引入了西方世界。这个序列在印度数学家中早就知道了。

斐波那契开发该序列作为一个理想化的兔子种群增长的模型。他认为（1）兔子能在一个月大的时候交配，（2）小兔子出生需要一个月的时间。在第 i 个月的月末兔子对的数目可以用第 i 个斐波那契数描述如下：

- 最初，在第 1 个月的开始，只有一对兔子。
- 在第 1 个月的月末，第 1 对兔子交配但还是只有 1 对兔子。
- 在第 2 个月的月末，第 1 对兔子产下了一对兔子，并继续交配，因此有 2 对兔子。
- 在第 3 个月的月末，第 1 对兔子又产下了一对兔子，并继续交配。第 2 对兔子交配但还没有产下后代。现在有 3 对兔子。
- 在第 4 个月的月末，第 1 对兔子和第 2 对兔子分别产下一对兔子，因此有 5 对兔子。

一个自然的问题是计算第 i 个斐波那契数。本章最后的思考题 5.32 要求读者完成该任务。现在我们要解决一个稍微不同的问题。我们希望计算第一个大于给定整数大小的斐波那契数。我们将通过生成斐波那契数列来完成这项工作，当我们到达一个大于所限定边界的数时，就停止。因此，假如当前的斐波那契数是 current，则 while 循环条件是：

```
while current <= bound:
```

如果条件为真，则需要计算下一个斐波那契数，换言之，计算 current 的下一个值。为了计算，必须保留 current 之前的斐波那契数。因此，除了当前斐波那契数的变量 current 之外，我们需要另一个变量，例如 previous。在 while 循环之前，我们把 previous 和 current 初始化为第 1 个和第 2 个斐波那契数：

模块：ch5.py

```
def fibonacci(bound):
    ' 返回大于 bound 的最小斐波那契数 '
    previous = 1          # 第 1 个斐波那契数
    current = 1           # 第 2 个斐波那契数
    while current <= bound:
        # current 变为 previous，重新计算新的 current
        previous, current = current, previous+current
    return current
```

注意，使用系列解包赋值语句来计算下一个 `current` 和 `previous` 的值。

在函数 `fibonacci()` 中，使用循环语句来计算一个数值序列直到满足某种条件为止。我们称这类循环模式为序列循环模式。在下一个问题中，我们使用序列循环模式来求数学常数 e（称之为欧拉常数）的近似值。

练习题 5.11 众所周知，e 的精确值等于下列无穷序列之和：

$$\frac{1}{0!}+\frac{1}{1!}+\frac{1}{2!}+\frac{1}{3!}+\frac{1}{4!}+\frac{1}{5!}+\cdots$$

无限之和是不可能计算的。通过计算无穷和中的前几个项之和，我们可以得到 e 的近似值。例如，$e_0=\frac{1}{0!}=1$ 是 e 的一个（糟糕的）近似。下一个计算和 $e_1=\frac{1}{0!}+\frac{1}{1!}=2$ 稍微好些，但还是比较差。下一个计算和 $e_2=\frac{1}{0!}+\frac{1}{1!}+\frac{1}{2!}=2.5$ 则看起来更好。接下来的若干计算和则向正确的方向趋近：

$$e_3=\frac{1}{0!}+\frac{1}{1!}+\frac{1}{2!}+\frac{1}{3!}=2.6666\cdots$$

$$e_4=\frac{1}{0!}+\frac{1}{1!}+\frac{1}{2!}+\frac{1}{3!}+\frac{1}{4!}=2.7083\cdots$$

现在，因为 $e_4-e_3=\frac{1}{4!}>\frac{1}{5!}+\frac{1}{6!}+\frac{1}{7!}+\cdots$，我们知道 e_4 和实际的 e 值相差在范围 $\frac{1}{4!}$ 之内。这给我们提供了一种计算 e 的近似值的方法，它保证近似值与 e 的真值的误差在给定范围之内。

编写一个函数 `approxE()`，带一个浮点数 `error` 作为输入参数，返回误差在 `error` 范围内的常数 e 的近似值。可以通过生产系列近似值 e_0、e_1、e_2、⋯，直到当前的近似值与前一个近似值之间的误差不大于 `error`。

```
>>> approxE(0.01)
2.7166666666666663
>>> approxE(0.000000001)
2.7182818284467594
```

5.5.2 循环模式：无限循环

`while` 循环可以用来创建一个无限循环，即“永远”运行的循环：

```
while True:
    <缩进代码块>
```

因为 `True` 永远为真，因此将不断重复执行 <缩进代码块>。

无限循环适用于无限期提供服务的程序。Web 服务器（即提供 Web 页面的程序）是提供服务的程序的一个示例。它不断接受 Web 页面请求（来自你或者他人的浏览器），然后返回请求的 Web 页面。下一个示例说明了无限循环模式在一个更简单的“问候服务”中的使用。

我们将编写一个函数 `hello2()`，重复请求用户输入他们的姓名，当用户输入完毕并按【Return】键后，输出问候信息：

```
>>> hello2()
What is your name? Sam
Hello Sam
What is your name? Tim
Hello Tim
```

下面是一个简单的实现，它使用了无限循环模式：

模块：ch5.py

```
def hello2():
    ''' 一个问候服务；重复请求用户输入他们的姓名，
    并输出问候信息。'''
    while True:
        name = input('What is your name? ')
        print('Hello {}'.format(name))
```

如何停止使用无限循环模式的程序？任何正在运行的程序，包括一个运行无限循环的程序，都可以从程序外部通过按（注意要同时）键盘上的【Ctrl + C】键终止（准确地说，中断）。读者可以使用这种方法来停止上述 `hello2()` 函数的执行。

5.5.3 循环模式：循环和折半

当程序必须重复处理一些输入值直到一个标志到达时，应该使用 `while` 循环。（标志是用于指示输入结束的任意值）。

更具体地说，考虑开发一个函数 `cities()`，重复地请求用户输入城市名称（即字符串），并存储在一个列表中。用户通过输入空字符串指示输入的结束，此时函数返回用户输入的所有城市的列表。期望的运行结果如下：

```
>>> cities()
Enter city: Lisbon
Enter city: San Francisco
Enter city: Hong Kong
Enter city:
['Lisbon', 'San Francisco', 'Hong Kong']
>>>
```

如果用户没有输入任何城市，则返回一个空的列表：

```
>>> cities()
Enter city:
[]
```

显然，函数 `cities()` 应该使用循环来实现，在每次迭代中以交互方式请求用户输入一个城市。由于事先不知道迭代次数，我们需要使用 `while` 循环。`while` 循环的条件应该检查用户是否输入空字符串。这意味着在进入 `while` 循环之前，用户应该被要求输入第一个城市。当然，在 `while` 循环的每一次迭代中也会要求用户输入一个城市：

模块：ch5.py

```
def cities():
    ''' 返回包含用户交互式输入的城市的列表
        空字符串终止交互式输入 '''
    lst = []

    city = input('Enter city: ')    # 请求用户输入第一个城市

    while city != '':               # 如果 city 不是标志 flag 值
        lst.append(city)            # 把 city 添加到 list
        city = input('Enter city: ')  # 再次请求用户输入

    return lst
```

请注意，该函数使用累加器循环模式将城市累积到列表中。

在函数 `cities()` 中，有两次 `input()` 函数的调用：一次在 `while` 循环语句之前，一次在 `while` 循环中的代码块中。消除这些"冗余"语句并使代码更直观的一种方法是使用无限循环，在 `while` 循环的主体内使用一个 `if` 语句。`if` 语句将测试用户是否输入了标志值：

模块：ch5.py

```
def cities2():
    ''' 返回包含用户交互式输入的城市的列表
        空字符串终止交互式输入 '''
    lst = []

    while True:                    # 无限重复：
        city = input('Enter city: ') # 请求用户输入一个城市

        if city == '':             # 如果 city 是标志值
            return lst               # 返回 list

        lst.append(city)           # 把 city 添加到 list
```

执行函数 `cities2()` 时，`while` 循环的最后一次迭代是当用户输入了空字符串。在这次迭代中，只执行 `for` 循环的"一半"：跳过语句 `lst.append(city)`。因此，`cities2()` 中的循环模式通常被称为循环和折半（loop-and-a-half）模式。

5.6 其他迭代控制语句

我们将通过介绍几个 Python 语句来结束这一章，这些语句提供了对迭代的进一步控制。我们使用简单的例子，以便我们能清楚地说明它们是如何工作的。

5.6.1 break 语句

`break` 语句可以添加到循环的代码块中（无论 `for` 循环还是 `while` 循环）。执行 `break` 语句时，停止当前循环迭代，退出循环，然后继续执行紧跟在循环语句后面的语句。如果中断语句出现在嵌套循环模式的循环体代码块中，则只中断包含 `break` 语句的最内层循环。

为了说明 `break` 语句的用法，我们从另一个函数的实现开始，该函数把二维列表中的数值输出为二维表的格式：

模块：ch5.py

```
def print2D2(table):
    ' 输出二维列表 t 中的数值为二维表 '
    for row in table:
        for num in row:
            print(num, end=' ')
        print()
```

让我们测试该代码：

```
>>> table = [[2, 3, 0, 6], [0, 3, 4, 5], [4, 5, 6, 0]]
>>> print2D2(table)
2 3 0 6
0 3 4 5
4 5 6 0
```

假设不打印完整行，我们只希望打印行中第一个0之前（不包括0）的数值。函数 `before0()` 的运行结果如下：

```
>>> before0(table)
2 3

4 5 6
```

为了实现函数 `before0()`，我们修改函数 `print2D()` 的实现，在内部 `for` 循环的代码块中，添加一个 `if` 语句检查当前 `num` 的值是否为0。如果是，则执行 `break` 语句，这将终止内部 `for` 循环。注意，`break` 语句不会终止外部 `for` 循环，因此继续输出表的下一行。

模块：ch5.py

```
def before0(table):
    ''' 输出二维列表中的数值为二维表；
       仅输出各行中第一个 0 之前的数值 '''
    for row in table:

        for num in row:       # 内部 for 循环
            if num == 0:          # 如果 num 等于 0
                break             # 终止内部 for 循环
            print(num, end=' ') # 否则输出 num

        print()               # 光标移动到下一行
```

中断语句 `break` 不影响外部 `for` 循环的执行，它将遍历表的所有行，而不管中断语句是否被执行。

5.6.2 continue 语句

`continue` 语句可以添加到循环的代码块中，就像 `break` 语句一样。当执行 `continue` 语句执行时，终止当前最内层循环迭代，继续执行当前最内层循环语句的下一次迭代。与 `break` 语句不同，`continue` 语句不会终止最内层循环，它只终止最内层循环的当前迭代。

为了说明 `continue` 语句的用法，我们修改函数 `print2D2()`，不输出表中0值。改进的函数被称为 ignore0()，其运行结果如下：

```
>>> table = [[2, 3, 0, 6], [0, 3, 4, 5], [4, 5, 6, 0]]
>>> ignore0(table)
2 3 6
3 4 5
4 5 6
```

注意，表中的 0 值被忽略。让我们实现 ignore()：

模块：ch5.py

```
def ignore0(table):
    ''' 输出二维列表中的数值为二维表;
       但不输出 0 值 '''
    for row in table:

        for num in row:         # 内部 for 循环
            if num == 0:          # 如果 num 等于 0，终止当前内部循环迭代
                continue          # current inner loop iteration
            print(num, end=' ') # 否则，输出 num

        print()                 # 光标移动到下一行
```

5.6.3 pass 语句

在 Python 中，每个函数定义 def 语句、if 语句、for 语句、while 循环语句必须有一个语句体（即非空缩进代码块）。如果遗漏了代码块，则解析程序时会发生语法错误。在极少数情况下，当块中的代码实际上不需要做任何事情时，我们仍然需要在语句体中添加一些代码。出于这个原因，Python 提供了 pass 语句，它不执行任何操作，但是一个有效的语句。

在下一个例子中，我们演示其用法：在一个代码片段中，仅当 n 的值是奇数时才输出 n 的值。

```
if n % 2 == 0:
    pass        # 偶数 n 时，不执行任何操作
else:
    print(n)    # 仅输出奇数 n
```

如果 n 的值是偶数，则执行第一个代码块。这个代码块只是一个 pass 语句，它不执行任何操作。

当 Python 语法需要代码（函数体和执行控制语句的主体）时，可以使用 pass 语句。当代码体还没有实现时，也可以临时使用 pass 语句。

5.7 电子教程案例研究：图像处理

在案例研究 CS.4 中，我们学习了如何使用 Python 处理图像。特别地，我们将讨论如何复制、旋转、裁剪和模糊图像。在案例研究 CS.5 中，我们揭开面纱，讨论这种图像处理工具的实现方法。

5.8 本章小结

这个关键的章节深入介绍了 Python 控制流结构。

首先我们重新讨论了第 2 章介绍的 `if` 控制流结构。我们描述其一般语法格式：使用 `elif` 语句的多路分支结构。虽然单分支和双分支结构定义为只有一个条件，一般来说多路条件结构包含多个条件。如果条件不是相互排斥的，则在多路 `if` 语句中条件出现的次序十分重要，必须注意确保其顺序满足所需的行为。

本章的大部分小节侧重于描述迭代结构的不同使用方式。首先讨论的是基本迭代、计数器、累加器和嵌套循环模式。这些不仅是最常见的循环模式，而且是构建更高级循环模式的基础。嵌套循环模式特别适用于处理二维列表，我们在本章中讨论了这方面内容。

在描述更高级的迭代模式之前，我们引入另一个 Python 循环结构：`while` 循环。它比 `for` 循环结构更为普遍，可以用来实现使用 `for` 循环难于实现的循环。通过使用 `while` 循环结构，我们描述了序列、无限、交互式和循环折半循环模式。

在本章的最后，我们介绍了另外几个迭代控制语句（`break`、`continue` 和 `pass`），这些语句为迭代结构和代码开发提供了更多的控制。

决策和迭代控制流结构是用来描述问题的算法解决方案的基本构件。如何在解决问题时有效地应用这些结构是计算专业人员的基本技能之一。掌握多路分支条件结构和理解何时以及如何应用本章描述的迭代模式是发展这些技能的第一步。

5.9 练习题答案

5.1 在计算 BMI 之后，我们使用一个多路 `if` 语句来确定输出的内容：

```
def myBMI(weight, height):
    '输出 BMI 报告'
    bmi = weight * 703 / height**2
    if bmi < 18.5:
      print('体重过轻')
    elif bmi < 25:
      print('正常')
    else:                           # bmi >= 25
      print('体重过重')
```

5.2 我们需要输出 2^1，2^2，2^3，…，2^n（即对于所有 1 到 n 之间的 i，输出 2^i）。要在范围 1 到 n（包括）之间迭代，可以使用函数调用 `range(1, n+1)`：

```
def powers(n):
    '对于 i = 1, 2, · · · , n, 输出 2**i'
    for i in range(1, n+1):
      print(2**i, end=' ')
```

5.3 我们需要检查相邻列表值之间的差是否全部相同。一种方法是检查它们全部与前两个列表项目（`l[0]` 和 `l[1]`）之间的差是否相同。因此，我们需要检查 `l[2]-l[1]`、`l[3]-l[2]`、…、`l[n-1]-l[n-2]` 是否都等于 `diff = l[1] - l[0]`，其中 n 是列表 `l` 的大小。或者说，针对 $i=1$，2，…，$n-2$（通过迭代 `range(1, len(l)-1)`），检查是否满足 `l[i+1] - l[i] = diff`：

```
def arithmetic(lst):
    '''如果列表包含一个等差序列，返回 True；否则，
      返回 False。'''
```

```
    if len(lst) < 2: # 长度小于 2 的序列是等差序列
        return True
    # 检查相邻项之差是否等于前两个数之差
    diff = lst[1] - lst[0]
    for i in range(1, len(lst)-1):
        if lst[i+1] - lst[i] != diff:
            return False
    return True
```

5.4 我们需要把整数 1、2、3、…、n 相乘（累积）。累积器 `res` 初始化为 1（乘法的单位元）。然后迭代序列 2、3、4、…、n，并把 `res` 乘以序列中的每一个值：

```
def factorial(n):
    '返回 n!'
    res = 1
    for i in range(2, n+1):
        res *= i
    return res
```

5.5 在该问题中，我们要迭代短语中的单词，并累加每个单词的首字母。因此需要使用字符串 `split()` 方法把短语拆分为一个单词列表，然后迭代该列表中的每个单词。我们将把每个单词的首字母添加到累加器字符串 `res` 中。

```
def acronym(phrase):
    '返回输入字符串短语的首字母缩写'
    # 把短语拆分为一个单词列表
    words = phrase.split()
    # 累加每个单词的首字母（大写）
    res = ''
    for w in words:
        res = res + w[0].upper()
    return res
```

5.6 n 的因子包含 1 和 n，也许还有二者之间的其他数。要查找因子，我们需要迭代 `range(1, n+1)` 范围里的所有整数，并检查每个整数是否是 n 的因子。

```
def divisors(n):
    '返回 n 的因子的列表'
    res = []
    for i in range(1, n+1):
        if n % i == 0:
            res.append(i)
    return res
```

5.7 我们将使用嵌套循环模式将第一个列表中的每个整数乘以第二个列表中的每个整数。外部 `for` 循环将遍历第一个列表中的整数。然后，对于外部 `for` 循环中的每一个整数 i，内部 `for` 循环将迭代第二个列表的整数，每个整数乘以 i。乘积被累积到一个列表累加器中。

```
def xmult(l1, l2):
    '''返回列表 l1 中的项与列表
    l2 中的项的乘积列表'''
    l = []
    for i in l1:
        for j in l2:
            l.append(i*j)
    return l
```

5.8 正如练习题的阐述，在第一轮比较中，需要连续比较位于索引 0 和 1、1 和 2、2 和 3、…、直到

len(lst)-2 和 len(lst)-1 的项。这个可以通过产生一个从 0 到 len(lst)-1（不包括）的一系列整数来实现。

在第二轮比较中，我们可以在比较索引 len(lst)-3 和 len(lst)-2 的值对后停止，因此第二轮比较中的索引从 0 到 len(lst)-2（不包括）。这意味着我们应该使用外循环产生上限值：第 1 轮比较为 len(lst)-1，第二轮比较为 len(lst)-2，直到 1（最后一次时，是比较最前面两个列表项的值）。

内循环实现相邻列表项的比较，直到索引 i-1 和 i，如果顺序不对，则交换相邻列表项的位置：

```
def bubblesort(lst):
    '把列表 lst 按升序排列'
    for i in range(len(lst)-1, 0, -1):
        # 执行各轮比较，每轮终止在
        # i = len(lst)-1, len(lst)-2, ..., 1
        for j in range(i):
            # 对于各个 j = 0、1、...、i -1，比较索引
            j 和 j +1 的项
            if lst[j] > lst[j+1]:
            # 交换索引 j 和 j +1 的项
                lst[j], lst[j+1] = lst[j+1], lst[j]
```

5.9 我们使用嵌套循环模式产生所有的列和行索引对，并添加到对应的项：

```
def add2D(t1, t2):
    '''t1 和 t2 是二维列表，行数和列数相同。

    add2D 把 t1[i][j] 加上对应的 t2[i][j]'''
    nrows = len(t1)                # 行数
    ncols = len(t1[0])             # 列数
    for i in range(nrows):         # 对于每一行索引 i
        for j in range(ncols):     # 对于每一列索引
            t1[i][j] += t2[i][j]
```

5.10 首先注意一笔投资值翻倍所需的年限与投资额无关。因此，我们假设最初的投资额为 $100，我们使用一个 while 循环语句把每年的利息累加到投资 x 上。while 循环条件检查是否满足 x < 200。这个问题的答案相当于执行了 while 循环多少次。要统计计数，我们使用计数器循环模式：

```
def interest(rate):
    ''' 返回给定利率下一笔投资翻倍所需的年限 '''
    amount = 100                   # 初始账户余额
    count = 0
    while amount < 200:
        # 当投资没有翻倍
        count += 1                 # 增加 1 年
        amount += amount*rate      # 累加利息
    return count
```

5.11 首先我们把第一次近似值赋值给 prev，第二次近似值赋值给 current。因此 while 循环条件为：current - prev > error。如果条件为真，则需要计算 prev 和 current 的新值。变量 current 的值变成了 prev，新的 current 值则为 previous + 1/factorial(???)。那么这个 ??? 该是多少呢？在第一次迭代中，它为 2，因为第三次近似值是第二次近似值加上 1/2!。在下一次迭代中，它为 3，然后是 4，以此类推。于是解答如下：

```
def approxE(error):
    '返回误差在error范围内的e的近似值'
    prev = 1                         # 第0次近似值
    current = 2                      # 第1次近似值
    i = 2                            # 下一次近似值的索引
    while current-prev > error:
        # 当前近似值和前一次近似值之差太大时
        prev = current               # 当前近似值变成前一次近似

        current = prev + 1/factorial(i)  # 根据索引i计算新的近似值
        i += 1                       # 下一次近似值的索引
  return current
```

5.10 习题

5.12 实现函数 test()，带一个整数作为输入参数，根据输入参数的值输出“正数”、“零”或“负数”。

```
>>> test(-3)
Negative
>>> test(0)
Zero
>>> test(3)
Positive
```

5.13 阅读习题 5.14 到习题 5.22，确定每道习题应该使用哪种循环模式。

5.14 编写函数 mult3()，带一个整数列表作为输入参数，仅仅输出列表中是 3 的倍数的那些数值，每个值占一行。

```
>>> mult3([3, 1, 6, 2, 3, 9, 7, 9, 5, 4, 5])
3
6
3
9
9
```

5.15 实现函数 vowels()，带一个字符串作为输入参数，输出字符串中所有元音的索引。提示：元音是字符串 'aeiouAEIOU' 中的字符之一。

```
>>> vowels('Hello WORLD')
1
4
7
```

5.16 编写函数 indexes()，带两个输入参数：一个单词（作为字符串）和一个字符字母（作为字符串），输出字符字母在单词中出现位置的索引。

```
>>> indexes('mississippi', 's')
[2, 3, 5, 6]
>>> indexes('mississippi', 'i')
[1, 4, 7, 10]
>>> indexes('mississippi', 'a')
[]
```

5.17 编写函数 doubles()，带一个整数列表作为输入参数，输出列表中正好是前一个数的两倍的整数，每个数占一行。

```
>>> doubles([3, 0, 1, 2, 3, 6, 2, 4, 5, 6, 5])
2
6
4
```

5.18 实现函数 four_letter()，带一个单词（即字符串）列表作为输入参数，输出列表中所有由四个字母组成的单词的列表。

```
>>> four_letter(['dog', 'letter', 'stop', 'door', 'bus', 'dust'])
['stop', 'door', 'dust']
```

5.19 编写一个函数 inBoth()，带两个列表作为输入参数，如果两个列表包含一个相同的项，则返回 True，否则返回 False。

```
>>> inBoth([3, 2, 5, 4, 7], [9, 0, 1, 3])
True
```

5.20 编写一个函数 intersect()，带两个列表（各列表中不包括重复项）作为输入参数，返回两个列表都包含的共同值构成的列表（即两个输入列表的交集）。

```
>>> intersect([3, 5, 1, 7, 9], [4, 2, 6, 3, 9])
[3, 9]
```

5.21 实现函数 pair()，带三个输入参数：两个整数列表和一个整数 n。输出和为 n 的整数对（其中一个整数来自第一个列表，另一个整数来自第二个列表）。输出所有满足条件的整数对。

```
>>> pair([2, 3, 4], [5, 7, 9, 12], 9)
2 7
4 5
```

5.22 实现函数 pairSum()，带两个输入参数：一个值不重复的整数列表 lst 和一个整数 n。输出列表中所有和为 n 的整数对的索引。

```
>>> pairSum([7, 8, 5, 3, 4, 6], 11)
0 4
1 3
2 5
```

5.11 思考题

5.23 编写函数 pay()，带两个输入参数：小时工资和上周员工工作了的小时数。函数计算并返回员工的工资。加班工资的计算方法如下：大于 40 小时但小于或等于 60 小时按平时小时薪酬的 1.5 倍给薪；大于 60 小时则按平时小时薪酬的 2 倍给薪。

```
>>> pay(10, 35)
350
>>> pay(10, 45)
475.0
>>> pay(10, 61)
720.0
```

5.24 编写函数 case()，带一个字符串作为输入参数，根据字符串是否为大写、小写或非英文字母，分别返回“大写”、“小写”或“未知”。

```
>>> case('Android')
'capitalized'
>>> case('3M')
'unknown'
```

5.25 实现函数 leap()，带一个年份作为输入参数。如果是闰年，则返回 True，否则返回 False。

（如果某年能被 4 整除但不能被 100 整除，或者能被 400 整除，则该年是闰年。例如，1700、1800 和 1900 不是闰年，但 1600 和 2000 是闰年。）

```
>>> leap(2008)
True
>>> leap(1900)
False
>>> leap(2000)
True
```

5.26 “石头、剪刀、布”是一种两个人玩的游戏，每个人选择其中一项。如果两个人选择相同项，则游戏打成平手。否则，按如下规则决定胜负：

(a) 石头胜剪刀（因为石头能砸剪刀）

(b) 剪刀胜布（因为剪刀能剪布）

(c) 布胜石头（因为布包石头）

编写函数 **rps()**，带两个参数：选手 1 的选择和选手 2 的选择（**'R'**、**'P'** 或 **'S'**）。如果选手 1 胜则返回 1，如果选手 2 胜则返回 −1，如果平手则返回 0。

```
>>> rps('R', 'P')
1
>>> rps('R', 'S')
-1
>>> rps('S', 'S')
0
```

5.27 编写函数 **letter2number()**，带一个成绩等级字母（A、B、C、D、F，可以带 − 号和 + 号）作为输入参数，返回对应的成绩数值。A、B、C、D 和 F 的成绩数值分别为 4、3、2、1、0。+ 号增加 0.3，− 号减少 0.3。

```
>>> letter2number('A-')
3.7
>>> letter2number('B+')
3.3
>>> letter2number('D')
1.0
```

5.28 编写函数 **geometric()**，带一个整数列表作为输入参数，如果列表中整数构成几何序列（等比数列），则返回 **True**。一个序列 a_0，a_1，a_2，a_3，a_4、⋯ ，a_{n-2}，a_{n-1}，当 a_1/a_0，a_2/a_1，a_3/a_2，a_4/a_3，⋯，a_{n-1}/a_{n-2} 都相等时，则该序列为几何序列。

```
>>> geometric([2, 4, 8, 16, 32, 64, 128, 256])
True
>>> geometric([2, 4, 6, 8])
False
```

5.29 编写函数 **lastfirst()**，带一个字符串（格式为 <姓，名>）列表作为输入参数，返回如下两个列表：

(a) 一个包含所有名的列表

(b) 一个包含所有姓的列表

```
>>> lastfirst(['Gerber, Len', 'Fox, Kate', 'Dunn, Bob'])
[['Len', 'Kate', 'Bob'], ['Gerber', 'Fox', 'Dunn']]
```

5.30 编写函数 **many()**，带一个当前目录中的文件名（字符串）作为输入参数，输出长度分别为 1、2、3 和 4 的单词的个数。使用文件 **sample.txt** 测试函数。

```
>>> many('sample.txt')
Words of length 1 : 2
Words of length 2 : 5
Words of length 3 : 1
Words of length 4 : 10
```

5.31 编写一个函数 `subsetSum()`，带两个输入参数：一个正数列表和一个正数 `target`。如果列表中存在三个数累加和等于 `target`，则返回 `True`。例如，如果输入列表为 `[5, 4, 10, 20, 15, 19]`，`target` 为 38，则返回 `True`。因为 4 + 15 +19 = 38。但是，对于同样的输入列表但 `target` 为 10，则返回 `False`。因为列表中任何 3 个数的累加和都不等于 10。

```
>>> subsetSum([5, 4, 10, 20, 15, 19], 38)
True
>>> subsetSum([5, 4, 10, 20, 15, 19], 10)
False
```

5.32 实现函数 `fib()`，带一个非负整数 n 作为输入参数，返回第 n 个斐波那契数。

```
>>> fib(0)
1
>>> fib(4)
5
>>> fib(8)
34
```

5.33 实现一个函数 `mystery()`，带一个正整数 n 作为输入参数并回答下列问题：n 折半多少次（使用整数除法）后为 1？返回折半的次数。

```
>>> mystery(4)
2
>>> mystery(11)
3
>>> mystery(25)
4
```

5.34 编写一个函数 `statement()`，带一个浮点数列表作为输入参数，正数代表向银行账户存款，负数代表从银行账户取款。要求函数返回一个包括两个浮点数的列表：第一个数是存款总和，第二个数（负数）是取款总和。

```
>>> statement([30.95, -15.67, 45.56, -55.00, 43.78])
[120.29, -70.67]
```

5.35 实现函数 `pixels()`，带一个二维非负整数列表（表示一幅图像的像素值）作为输入参数，返回其中正数项的个数（即非全黑的像素点个数）。要求函数可以处理任何大小的二维列表。

```
>>> l = [[0, 156, 0, 0], [34, 0, 0, 0], [23, 123, 0, 34]]
>>> pixels(l)
5
>>> l = [[123, 56, 255], [34, 0, 0], [23, 123, 0], [3, 0, 0]]
>>> pixels(l)
7
```

5.36 实现函数 `prime()`，带一个正整数作为输入参数，如果是素数，则返回 `True`，否则返回 `False`。

```
>>> prime(2)
True
>>> prime(17)
True
>>> prime(21)
False
```

5.37 编写函数 `mssl()`（最大和子列表），带一个整数列表作为输入参数。要求函数计算并返回输入列表中的最大和子列表之和。最大和子列表是输入列表的子列表（切片），其各项之和最大。空列表的和定义为 0。例如，对于下列列表：

```
[4, -2, -8, 5, -2, 7, 7, 2, -6, 5]
```

其最大和子列表为 [5, -2, 7, 7, 2]，其各项之和为 19。

```
>>> l = [4, -2, -8, 5, -2, 7, 7, 2, -6, 5]
>>> mssl(l)
19
>>> mssl([3,4,5])
12
>>> mssl([-2,-3,-5])
0
```

在最后一个例子中，最大和子列表为空子列表，因为所有的列表项都是负数。

5.38 编写函数 `collatz()`，带一个正整数 x 作为输入参数，输出从 x 开始的 Collatz 序列。Collatz 序列按如下规则根据序列中前一个 x 重复计算下一个 x：

$$x = \begin{cases} x/2 & x\text{ 为偶数时} \\ 3x+1 & x\text{ 为奇数时} \end{cases}$$

要求当序列达到数值 1 时终止。注意：是否每一个正整数的 Collatz 序列总是结束为 1 是悬而未决的问题。

```
>>> collatz(10)
10
5
16
8
4
2
1
```

5.39 编写函数 `exclamation()`，带一个字符串作为输入参数，返回修改后的字符串：每个元音字母替换为 4 个连续的相同元音，最后增加一个感叹号（!）。

```
>>> exclamation('argh')
'aaaargh!'
>>> exclamation('hello')
'heeeelloooo!'
```

5.40 常数 π 是一个无理数，其近似值为 3.1415928…。π 的准确值等于如下无穷数列之和：

$$\pi = 4/1-4/3+4/5-4/7+4/9-4/11+\cdots$$

我们可以通过计算该无穷数列前几项之和得到 π 的一个很好的近似。编写一个函数 `approxPi()`，带一个浮点值 `error` 作为输入参数。逐项计算无穷数列的和，直到当前和和前一次和（少一项）之差小于或等于 `error`，来求得 π 的误差在 `error` 之内的近似值。函数应该返回新的和。

```
>>> approxPi(0.01)
3.1465677471829556
>>> approxPi(0.0000001)
3.1415927035898146
```

5.41 系数为 a_0，a_1，a_2，a_3，…，a_n 的 n 次多项式是如下的一个函数：

$$p(x) = a_0 + a_1x + a_2x^2 + a_3 * x^3 + \cdots + a_n * x^n$$

函数可以针对不同的 x 求值。例如，如果 $p(x) = 1 + 2x + x^2$，则 $p(2) = 1 + 2 * 2^2 + 2 = 9$。如

果 $p(x)=1+x^2+x^4$，则 $p(2)=2$，$p(3)=91$。

编写一个函数 poly()，带两个输入参数：一个多项式 $p(x)$ 的系数 a_0，a_1，a_2，a_3，…，a_n 的列表和一个数值 x。要求函数返回 $p(x)$，即多项式对 x 的求值结果。注意下面用法是上述三个例子的运行结果。

```
>>> poly([1, 2, 1], 2)
9
>>> poly([1, 0, 1, 0, 1], 2)
21
>>> poly([1, 0, 1, 0, 1], 3)
91
```

5.42 实现函数 primeFac()，带一个正整数 n 作为输入参数，返回一个包含 n 的所有素因子分解的约数的列表。（正整数 n 的素因子分解是乘积为 n 的所有素数的列表。）

```
>>> primeFac(5)
[5]
>>> primeFac(72)
[2, 2, 2, 3, 3]
```

5.43 编写函数 evenrow()，带一个二维整数列表作为输入参数。如果二维整数列表每一行之和均为偶数，则返回 True；否则返回 False（即有的行之和为奇数）。

```
>>> evenrow([[1, 3], [2, 4], [0, 6]])
True
>>> evenrow([[1, 3, 2], [3, 4, 7], [0, 6, 2]])
True
>>> evenrow([[1, 3, 2], [3, 4, 7], [0, 5, 2]])
False
```

5.44 数字 0，1，2，3，…，9 的替代密码是把 0，1，2，3，…，9 中的每一个数字替换为 0，1，2，3，…，9 中的另一个数字。它可以表示为一个 10 位数的字符串，指定 0，1，2，3，…，9 中的每个数字如何被替换。例如，10 位字符串“3941068257”指定了一个替代密码，其中数字 0 被替换为数字 3，1 被替换为 9，2 被替换为 4，等等。若要加密一个非负整数，请用加密密钥指定的数字替换其每个数字。

实现函数 encrypt()，带两个输入参数：一个 10 位字符串密钥和一个数字字符串（即要加密的明文），返回明文的加密密文。

```
>>> encrypt('3941068257', '132')
'914'
>>> encrypt('3941068257', '111')
'999'
```

5.45 函数 avgavg() 带一个列表作为输入参数，列表各项是由三个数组成的列表。每个三个数列表代表特定学生某门课程获得的三次成绩。例如，某门课程四名学生成绩的输入列表如下：

```
[[95,92,86], [66,75,54],[89, 72,100],[34,0,0]]
```

要求函数 avgavg() 在屏幕上输出两行内容。第一行为包含每个学生平均成绩的列表。第二行仅包含一个数值：班级平均成绩，即所有学生平均成绩的平均值。

```
>>> avgavg([[95, 92, 86], [66, 75, 54],[89, 72, 100], [34, 0, 0]])
[91.0, 65.0, 87.0, 11.333333333333334]
63.5833333333
```

5.46 序列中的逆序是一对反序的条目。例如，在字符串“ABBFHDL”中，因为字符 F 出现在 D 之前，因此 F 和 D 构成了逆序。字符 H 和 D 也是如此。序列中的逆序数量（即无序对的数量）是序列无序状态的一种度量。“ABBFHDL”中逆序的总数是 2。实现函数 inversions()，带一个由 A 到 Z 中大写字母组成的序列（即字符串）作为输入参数，返回序列中的逆序数。

```
>>> inversions('ABBFHDL')
2
>>> inversions('ABCD')
0
>>> inversions('DCBA')
6
```

5.47 编写函数 d2x()，带两个输入参数：一个非负整数 n（标准十进制表示）和一个 2 到 9 之间的整数 x，返回 n 的 x 进制表示的数字字符串。

```
>>> d2x(10, 2)
'1010'
>>> d2x(10, 3)
'101'
>>> d2x(10, 8)
'12'
```

5.48 假设 list1 和 list2 是两个整数列表。如果 list1 中的元素按相同顺序出现在 list2 中（但不一定要连续），则我们称 list1 是 list2 的子列表。例如，如果 list1 定义为：

```
[15, 1, 100]
```

list2 定义为：

```
[20, 15, 30, 50, 1, 100]
```

则 list1 是 list2 的子列表，因为 list1 的数值（15、1 和 100）包含在 list2 并且保持相同顺序。然而，列表：

```
[15, 50, 20]
```

不是 list2 的子列表。

实现函数 sublist()，带两个输入参数：列表 list1 和 list2。如果 list1 是 list2 的子列表，返回 True；否则返回 False。

```
>>> sublist([15, 1, 100], [20, 15, 30, 50, 1, 100])
True
>>> sublist([15, 50, 20], [20, 15, 30, 50, 1, 100])
False
```

5.49 Heron 方法是古希腊人用于计算一个数 n 的平方根的方法。该方法生产一系列值不断逼近 $\sqrt{n}$。序列中的第一个值是一个任意的猜测值，其他值根据前一个值 prev 计算获得，计算公式如下：

$$\frac{1}{2}(\texttt{prev}+\frac{n}{\texttt{prev}})$$

编写函数 heron()，带两个数值输入参数：n 和 *error*。函数从 $\sqrt{n}$ 的初始猜测值 1.0 开始，重复计算其更好的近似值，直到两次相邻的近似值之差（更准确地说，差的绝对值）小于或等于 *error*。

```
>>> heron(4.0, 0.5)
2.05
>>> heron(4.0, 0.1)
2.000609756097561
```

容器和随机性

本章重点讨论 Python 内置的其他容器类。虽然列表是非常实用的通用容器，但有些情况下使用起来会笨拙且效率不高。因此，Python 提供了其他内置的容器类。

在字典容器中，存储在容器中的值可以通过被称为键（keys）的用户指定索引进行索引。字典有很多诸如计数的用途。字典和列表容器一样，也是通用容器。除了字典，我们还将介绍内置容器类 set 的用法。

我们将再次讨论字符串，把字符串作为字符的容器。在当今互联的世界中，文本在一个地方创建，然后在另一个地方阅读，因此计算机必须能够为不同的写作系统处理字符编码和字符解码。我们引入 Unicode 作为字符编码的当前标准。

为了介绍一系列全新的问题和应用，包括计算机游戏，我们在这一章结束时讨论如何生成“随机”数字。

6.1 字典

我们通过介绍非常重要的字典容器内置类型来开始这一章的内容。

6.1.1 用户自定义索引作为字典的动机

假设我们需要为 50 000 名雇员的公司存储员工记录。理想情况下，我们希望能够使用员工的社会安全号码（SSN）或 ID 号码来访问每个员工的记录。类似如下方式：

```
>>> employee[987654321]
['Yu', 'Tsun']
>>> employee[864209753]
['Anna', 'Karenina']
>>> employee[100010010]
['Hans', 'Castorp']
```

在名为 `employee` 的容器的索引位置 987654321 存储着 SSN 987-65-4321 的员工的名和姓：Yu Tsun。名和姓保存在一个列表中，列表还可以包含其他信息（例如，地址、出生日期、职位，等等）。索引位置 864209753 和 100010010 分别存储着 `['Anna', 'Karenina']` 和 `['Hans','Castorp']`。总之，索引位置 *i* 中存储着 SSN 为 *i* 的记录（名和姓）。

如果 `employee` 是一个列表，则必须是一个非常大的列表。至少要比最大的员工 SSN 大。由于 SSN 是 9 位数，因此 `employee` 的大小至少为 1 000 000 000。如此巨大，即使系统支持如此巨大的列表，结果也是巨大的浪费：列表的大部分都为空，只使用了 50 000 个列表位置。列表还存在其他诸多问题：SSN 实际上并不是整数值，通常表示为带中划线（例如，987-65-4321），也可能从 0 开始（例如，012-34-5678）。类似 987-65-4321 和 012-34-5678 的值可以更好地表示为字符串：'012-34-5678' 和 '987-65-4321'。

问题在于列表项是要使用一个表示集合中项的位置的整数索引来访问。然而我们期望如此不同：我们希望使用“用户定义的索引”(如 '012-34-5678' 或 '987-65-4321') 来访问项。如图 6-1 所示。

索引	'987-65-4321'	'864-20-9753'	'100-01-0010'
项	['Anna','Karenina']	['Yu','Tsun']	['Hans','Castorp']

图 6-1　字典的动机。字典是存储项的容器，可以使用“用户自定义”索引访问

Python 包括一个内置的称为 dictionary（字典）的容器类型，允许用户使用“用户自定义索引”。按要求可以定义名为 employee 的字典如下：

```
>>> employee = {
        '864-20-9753': ['Anna', 'Karenina'],
        '987-65-4321': ['Yu', 'Tsun'],
        '100-01-0010': ['Hans', 'Castorp']}
```

赋值语句分为多行书写是为了强调“索引” '864-20-9753' 对应于 ['Anna', 'Karenina']，索引 '987-65-4321' 对应于 ['Yu','Tsun']，等等。让我们检查一下 employee 的行为是否符合预期：

```
>>> employee['987-65-4321']
['Yu', 'Tsun']
>>> employee['864-20-9753']
['Anna', 'Karenina']
```

字典 employee 与列表的区别在于：字典中的项使用用户自定义的“索引”（而不是表示项在容器中的位置的索引）来访问。接下来将详细讨论。

6.1.2　字典类属性

与 list 和 str 一样，Python 字典类型（名称为 dict）也是一个容器类型。字典包含 (key, value) ((键 , 值)) 对。字典对象的通用表达式格式如下：

```
{<键1>:<值1>, <键2>:<值2>, ···, <键i>:<值i>}
```

这个表达式定义了一个包含 i 个“键 : 值”对的字典。键和值都是对象。键是用于访问值的“索引”。因此，在我们的字典 employee 中，'100-01-0010' 是键，而 ['Hans', 'Castorp'] 是值。

字典表达式中的“(键，值)”对包括在花括号（这一点不同于列表，列表使用方括号 []）中，并且使用逗号分隔。每个“(键，值)”对中的键和值使用冒号（:）分隔，键位于冒号左侧，值则位于冒号右侧。键可以是任何不可变类型。因此数值和字符串对象可以用作键，而列表类型则不能。值可以是任何类型。

我们常常说键映射到值，或者键是值的索引。这是因为字典可以看作是从键到值的映射，所以字典也通常被称为映射（map）。例如，下面是一个字典，把星期名称缩写 'Mo'、'Tu'、'We'、'Th'（键）映射到对应的星期名称（值）'Monday'、'Tuesday'、'Wednesday'、'Thursday'：

```
>>> days = {'Mo':'Monday', 'Tu':'Tuesday', 'We':'Wednesday',
        'Th':'Thursday'}
```

变量 days 指向一个字典，如图 6-2 所示。字典包含 4 个 (键，值) 对。(键，值) 对

“'Mo':'Monday'” 的键为 'Mo'，值为 'Monday'；(键，值) 对 “'Tu':'Tuesday'” 的键为 'Tu'，值为 'Tuesday'；等等。

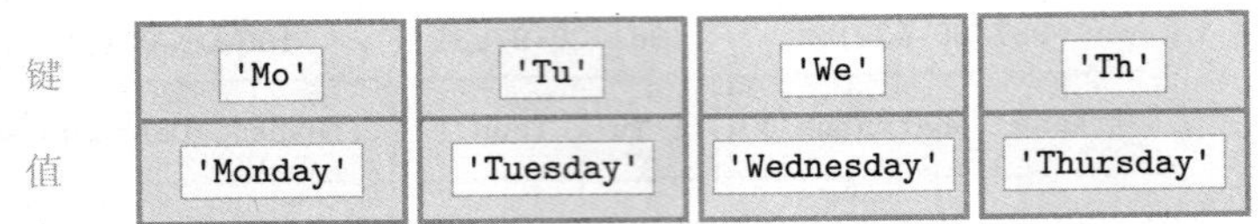

图 6-2　字典 days。字典把字符串键 'Mo'、'Tu'、'We'、'Th' 映射到字符串值 'Monday'、'Tuesday'，等等

字典中的值通过键（而不是偏移）来访问。要访问字典 days 中的值 'Wednesday'，可以使用键 'We'：

```
>>> days['We']
'Wednesday'
```

但不能使用索引 2 来访问：

```
>>> days[2]
Traceback (most recent call last):
  File "<pyshell#27>", line 1, in <module>
    days[2]
KeyError: 2
```

KeyError 异常表示我们使用了一个非法的键，在上例中并未定义。

字典中的 (键，值) 是无序的，因此不能做任何顺序假设。例如，我们可以定义字典 d 如下：

```
>>> d = {'b':23, 'a':34, 'c':12}
```

然而，求值 d 时，结果不一定是定义中的 (键，值) 对顺序：

```
>>> d
{'a': 34, 'c': 12, 'b': 23}
```

和列表一样，字典也是可变类型。可以修改字典以包括一个新的 (键，值) 对：

```
>>> days['Fr'] = 'friday'
>>> days
{'Fr': 'friday', 'Mo': 'Monday', 'Tu': 'Tuesday',
'We': 'Wednesday', 'Th': 'Thursday'}
```

这意味着字典的大小是动态的。也可以修改字典，使得既存的键指向一个新的值：

```
>>> days['Fr'] = 'Friday'
>>> days
{'Fr': 'Friday', 'Mo': 'Monday', 'Tu': 'Tuesday',
'We': 'Wednesday', 'Th': 'Thursday'}
```

使用默认的 dict() 构造函数可以定义一个空的字典，也可以采用如下简单方式：

```
>>> d = {}
```

练习题 6.1　编写一个函数 birthState()，带一个最近几届美国总统的姓名（字符串）作为输入参数，返回该总统的出生所在州。请使用如下字典保存最近几届美国总统出生所在州的信息：

```
{'Barack Hussein Obama II':'Hawaii',
 'George Walker Bush':'Connecticut',
 'William Jefferson Clinton':'Arkansas',
 'George Herbert Walker Bush':'Massachussetts',
 'Ronald Wilson Reagan':'Illinois',
 'James Earl Carter, Jr':'Georgia'}

>>> birthState('Ronald Wilson Reagan')
'Illinois'
```

6.1.3 字典运算符

字典类支持一些列表类支持的运算符。如前所述，可以使用索引运算符（[]）通过把键当作索引来访问值：

```
>>> days['Fr']
'Friday'
```

还可以使用索引运算符来更改字典中对应键的值，或增加新的 (键，值) 对：

```
>>> days
{'Fr': 'Friday', 'Mo': 'Monday', 'Tu': 'Tuesday',
'We': 'Wednesday', 'Th': 'Thursday'}
>>> days['Sa'] = 'Sat'
>>> days
{'Fr': 'Friday', 'Mo': 'Monday', 'Tu': 'Tuesday',
'We': 'Wednesday', 'Th': 'Thursday', 'Sa': 'Sat'}
```

使用 `len` 函数，可以获取字典的长度（即字典中 (键，值) 对的个数）：

```
>>> len(days)
6
```

使用 `in` 和 `not` 运算符，可以判断一个对象是否是字典的一个键：

```
>>> 'Fr' in days
True
>>> 'Su' in days
False
>>> 'Su' not in days
True
```

表 6-1 列举了可以用于字典的若干运算符。

表 6-1 类 dict 的运算符。表中列举了常用的字典运算符的用法和说明

运算符	说明
k in d	如果 k 是字典 d 中的一个键，则返回 True，否则返回 False
k not in d	如果 k 是字典 d 中的一个键，则返回 False，否则返回 True
d[k]	返回字典 d 中对应键 k 的值
len(d)	字典 d 中（键，值）对的个数

有些运算符 `list` 类支持但 `dict` 类不支持。例如，不能使用索引运算符 [] 获取字典的切片。这是有道理的：切片意味着顺序，但是字典并不存在顺序。其他不支持的运算符包括 `+` 和 `*` 等。

练习题 6.2 实现函数 rlookup()，提供电话簿的反向查找功能。函数带一个表示电话

簿的字典作为输入参数。在字典中，电话号码（键）映射到个人信息（值）。函数应该提供一个简单的用户界面，允许用户输入一个电话号码，获取关联该号码的个人的名和姓。

```
>>> rphonebook = {'(123)456-78-90':['Anna','Karenina'],
                  '(901)234-56-78':['Yu', 'Tsun'],
                  '(321)908-76-54':['Hans', 'Castorp']}
>>> rlookup(rphonebook)
    请按如下格式输入电话号码 (xxx)xxx-xx-xx: (123)456-78-90
('Anna', 'Karenina')
    请按如下格式输入电话号码 (xxx)xxx-xx-xx: (453)454-55-00
    你输入的电话号码不存在。
    请按如下格式输入电话号码        (xxx)xxx-xx-xx:
```

6.1.4 字典方法

虽然 list 和 dict 类共用不少的运算符，但共用的方法却只有一个：pop()。这个方法带一个键，如果该键在字典中存在，则从字典中移除关联的（键，值）对，并返回值：

```
>>> days
{'Fr': 'Friday', 'Mo': 'Monday', 'Tu': 'Tuesday',
'We': 'Wednesday', 'Th': 'Thursday', 'Sa': 'Sat'}
>>> days.pop('Tu')
'Tuesday'
>>> days.pop('Fr')
'Friday'
>>> days
{'Mo': 'Monday', 'We': 'Wednesday', 'Th': 'Thursday',
'Sa': 'Sat'}
```

接下来介绍其他的字典方法。当字典 d1 使用字典 d2 作为输入参数调用方法 update() 时，d2 中的所有（键，值）对将添加到 d1 中，如果存在相同的键，则覆盖 d1 中的（键，值）对。例如，假设一个字典包含了我们喜欢的日子：

```
>>> favorites = {'Th':'Thursday', 'Fr':'Friday','Sa':'Saturday'}
```

我们可以把这些日子添加到 days 字典：

```
>>> days.update(favorites)
>>> days
{'Fr': 'Friday', 'Mo': 'Monday', 'We': 'Wednesday',
'Th': 'Thursday', 'Sa': 'Saturday'}
```

（键，值）对“'Fr':'Friday'”被添加到 days 字典中了。（键，值）对“'Sa':'Saturday'”替换了字典 days 中原来的“'Sa':'Sat'”。注意，（键，值）对“'Th':'Thursday'”在字典中只能存在一个版本。

几个特别有用的字典方法是：keys()、values() 和 items()，它们分别返回字典中的键、值和（键，值）对。为了描述这些方法的用法，我们使用如下定义的字典 days：

```
>>> days
{'Fr': 'Friday', 'Mo': 'Monday', 'We': 'Wednesday',
'Th': 'Thursday', 'Sa': 'Saturday'}
```

方法 keys() 返回字典中的键：

```
>>> keys = days.keys()
>>> keys
dict_keys(['Fr', 'Mo', 'We', 'Th', 'Sa'])
```

方法 **keys()** 返回的容器对象并不是列表，让我们检查其类型：

```
>>> type(days.keys())
<class 'dict_keys'>
```

好吧，这是一种我们没有见到的类型。那么，我们是否必须学习关于这种新类型的一切知识呢？此时，并不需要。我们仅仅需要了解其用法即可。那么，方法 **keys()** 返回的对象该如何使用呢？其常用于迭代字典中的键，例如：

```
>>> for key in days.keys():
        print(key, end=' ')

Fr Mo We Th Sa
```

因此，类 **dict_keys** 支持迭代。事实上，当我们迭代一个字典时，例如：

```
>>> for key in days:
        print(key, end=' ')

Fr Mo We Th Sa
```

Python 解释器在执行之前，把语句 **for key in days** 翻译成语句 **for key in days.keys()**。

表 6-2 列举了一些字典类支持的常用方法。像往常一样，可以通过查看联机文档或通过在解释器中键入如下命令来了解更多信息：

```
>>> help(dict)
...
```

表 6-2　类 dict 的方法。表中列举了字典类的一些常用方法。d 表示一个字典

方　法	说　明
d.items()	返回字典 d 中的作为元组的（键，值）对的视图
d.get(k)	返回键 k 的值，等价于 d[k]
d.keys()	返回 d 的键的视图
d.pop(k)	从 d 中移除键 k 对应的（键，值）对，并返回值
d.update(d2)	把字典 d2 中的（键，值）对添加到 d
d.values()	返回 d 的值的视图

表 6-2 中的字典方法 **values()** 和 **items()** 同样返回可迭代的对象。方法 **values()** 常用于迭代字典中的值：

```
>>> for value in days.values():
        print(value, end=', ')

Friday, Monday, Wednesday, Thursday, Saturday,
```

方法 **items()** 返回包含元组（每个（键，值）对作为一个元组）的容器：

```
>>> days.items()
dict_items([('We', 'Wednesday'), ('Mo', 'Monday'),
            ('Th', 'Thursday'), ('Tu', 'Tuesday')])
```

这个方法常用于迭代字典的（键，值）对：

```
>>> for item in days.items():
        print(item, end='; ')

('Fr', 'Friday'); ('Mo', 'Monday'); ('We', 'Wednesday');
('Th', 'Thursday'); ('Sa', 'Saturday');
```

知识拓展：视图对象

方法 **keys()**、**values()** 和 **items()** 返回的对象被称为视图对象。视图对象分别为字典的键、值和（键，值）对提供动态视图。这就意味着，当字典改变时，视图会跟着改变。

例如，假如我们定义字典 **days** 和视图 **keys** 如下：

```
>>> days
{'Fr': 'Friday', 'Mo': 'Monday', 'We': 'Wednesday',
'Th': 'Thursday', 'Sa': 'Saturday'}
>>> keys = days.keys()
>>> keys
dict_keys(['Fr', 'Mo', 'We', 'Th', 'Sa'])
```

变量 **keys** 指向字典 **days** 的键的一个视图。现在让我们删除字典 **days** 的一个键（以及关联的值）：

```
>>> del(days['Mo'])
>>> days
{'Fr': 'Friday', 'We': 'Wednesday', 'Th': 'Thursday',
'Sa': 'Saturday'}
```

注意视图 **keys** 随之改变：

```
>>> keys
dict_keys(['Fr', 'We', 'Th', 'Sa'])
```

keys()、**values()** 和 **items()** 返回的容器对象的类型支持各种类似集合的操作，例如集合的并集和集合的交集。这些操作允许用户合并两个字典的键或者查找两个字典共同的值。我们将在第 6.2 节讨论内置类型 **set** 时再详细讨论这些操作。

6.1.5　字典作为多路分支 if 语句的替代方法

在本节开始介绍字典时，我们的动机是需要一个具有用户自定义索引的容器。我们现在展示字典的另一种用法。

假如我们希望开发一个小的函数（名为 **complete()**），带一个输入参数：星期名的缩写（例如 **'Tu'**）。返回对应的星期名称。例如，如果输入为 **'Tu'**，则结果返回 **'Tuesday'**：

```
>>> complete('Tu')
'Tuesday'
```

一种实现该函数的方法是使用多路分支 if 语句：

```
def complete(abbreviation):
    '返回星期名缩写对应的星期名称'
    if abbreviation == 'Mo':
        return 'Monday'
    elif abbreviation == 'Tu':
        return 'Tuesday'
```

```
    elif ...
        ...
    else: # 缩写一定是 Su
        return 'Sunday'
```

我们省略了一部分实现，因为代码太长，读者可以自己完成，而且代码的书写和阅读都比较乏味。我们省略部分代码的原因还在于这不是实现函数的有效方法。

上述实现方法的主要问题在于，使用七路 `if` 语句来实现这类问题有些小题大做，因为本题实际上就是想实现将星期名缩写“映射”到星期名称。我们现在知道了实现这种映射的最佳方法是使用字典。函数 `complete()` 的一种更好的实现方法如下：

模块：ch6.py

```
def complete(abbreviation):
    '返回星期名缩写对应的星期名称'

    days = {'Mo': 'Monday', 'Tu':'Tuesday', 'We': 'Wednesday',
            'Th': 'Thursday', 'Fr': 'Friday', 'Sa': 'Saturday',
            'Su':'Sunday'}

    return days[abbreviation]
```

6.1.6 字典作为计数器集合

字典类型的一个重要应用是计算较大集合中“事物”出现的次数。例如，搜索引擎可能需要计算 Web 页面中每个单词的出现频率，以便计算其对于搜索引擎查询的相关性。

在较小的范围内，假设我们希望在学生姓名列表中计算每个名字出现的频率，例如：

```
>>> students = ['Cindy', 'John', 'Cindy', 'Adam', 'Adam',
                'Jimmy', 'Joan', 'Cindy', 'Joan']
```

更准确地说，我们将实现一个函数 `frequency()`，带一个列表（例如 `students`）作为输入参数，计算列表中每个不同项的出现次数。

像往常一样，实现函数 `frequency()` 有多种不同方法。然而，最佳方法是为每个不同的项设置一个计数器，然后迭代列表中的项：对于每一个迭代的项，对应的计数器递增。为了完成任务，我们需要解决三个问题：

1. 如何确定需要多少个计数器？
2. 如何保存这些计数器？
3. 如何把计数器与列表项关联起来？

第一个问题的解决方案是按需动态创建计数器，而不管究竟需要多少个计数器。换言之，当迭代列表过程中，仅当第一次遇见一个项时，为该项创建一个计数器。图 6-3 描述了访问列表 `students` 中的第一个、第二个和第三个名字后的计数器的状态。

练习题 6.3　绘制访问列表 `students` 中接下来三个名字后的计数器状态。使用图 6-3 作为模型，绘制访问 `'Adam'` 后的状态图、访问 `'Adam'` 后的状态图和访问 `'Jimmy'` 后的状态图。

图 6-3 让我们知道如何回答第二个问题：我们可以使用字典存储计数器。每个项计数器将是字典中的一个值，该项本身将是与该值相对应的键。例如，字符串 `'Cindy'` 是键，对

应的值是计数器。字典是键到键值的映射也回答了第三个问题。

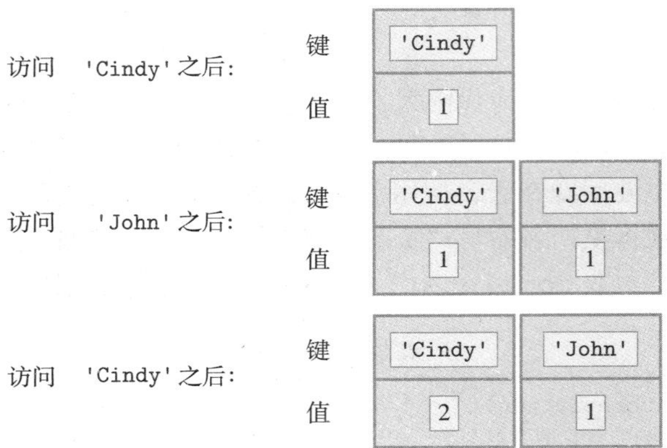

图 6-3 动态创建计数器。在迭代列表 students 过程中，动态创建计数器。当迭代第一个项（'Cindy'）时，创建一个字符串 'Cindy' 计数器。当迭代第二个项（'John'）时，创建一个 'John' 计数器。当迭代第三个项（'Cindy'）时，和 'Cindy' 关联的计数器递增

现在我们也可以确定函数 frequency() 的返回值：一个映射列表中不同的项到其在列表中出现的次数的映射的字典。函数的使用示例如下所示：

```
>>> students = ['Cindy', 'John', 'Cindy', 'Adam', 'Adam',
            'Jimmy', 'Joan', 'Cindy', 'Joan']
>>> frequency(students)
{'John': 1, 'Joan': 2, 'Adam': 2, 'Cindy': 3, 'Jimmy': 1}
```

在函数调用 frequency(students) 返回的字典中（如图 6-4 所示），键是列表 students 中的不同的名字，值是对应于这些名字的出现频率：因此 'John' 出现 1 次，'Joan' 出现 2 次，等等。

键	'Cindy'	'John'	'Adam'	'Jimmy'	'Joan'
值	3	1	2	1	2

图 6-4 字典作为计数器容器在列表 students 上运行函数 frequency() 输出的列表

所有的拼图都就位了，我们现在可以实现这个函数：

模块：ch6.py

```
def frequency(itemList):
    '返回列表中项的频率'
    counters = {}              # 初始化计数器字典

    for item in itemList:

        if item in counters:       # item 计数器已经存在
            counters[item] += 1       # 计数器加 1
```

```
9          else:                          # 创建 item 计数器
10             counters[item] = 1             # 计数器初始化为 1
11
12     return counters
```

在第三行 counters 字典被初始化为空。for 循环迭代列表 itemList 的项，针对每个项 item：

- 要么项目 item 对应的计数器加 1；
- 或者，如果项目 item 对应的计数器不存在，则创建一个项目 item 对应的计数器并初始化为 1。

注意累加器模式用于累积频率计数。

练习题 6.4 实现函数 wordcount()，带一个文本（字符串）作为输入参数，输出文本中各单词的频率。假设文本中没有标点符号，单词直接用空格分隔。

```
>>> text = 'all animals are equal but some \
animals are more equal than others'
>>> wordCount(text)
all      出现了 1 次。
animals  出现了 2 次。
some     出现了 1 次。
equal    出现了 2 次。
but      出现了 1 次。
are      出现了 2 次。
others   出现了 1 次。
than     出现了 1 次。
more     出现了 1 次。
```

6.1.7 元组对象可以作为字典的键

在练习题 6.2 中，我们定义了把电话号码映射到个人信息（名和姓）的字典：

```
>>> rphonebook = {'(123)456-78-90':['Anna','Karenina'],
                  '(901)234-56-78':['Yu', 'Tsun'],
                  '(321)908-76-54':['Hans', 'Castorp']}
```

我们使用这个字典来实现一个电话簿反向查询应用程序：给定一个电话号码，应用程序返回该号码对应的个人信息。假如我们希望构建另一个程序，实现电话簿正向查询：给定一个人的名和姓，应用程序返回个人信息对应的电话号码。

对于正向查询应用程序，类似于 rphonebook 的应用程序则不合适。我们需要一个从个人信息到电话号码的映射。因此，让我们定义一个新的字典，实际上是 rphonebook 的反向映射：

```
>>> phonebook = {['Anna','Karenina']:'(123)456-78-90',
                 ['Yu', 'Tsun']:'(901)234-56-78',
                 ['Hans', 'Castorp']:'(321)908-76-54'}
Traceback (most recent call last):
  File "<pyshell#242>", line 1, in <module>
    phonebook = {['Anna','Karenina']:'(123)456-78-90',
TypeError: unhashable type: 'list'
```

哎呀，出错了。问题在于我们试图定义一个键为列表对象的字典。回顾前文，list 类型是可变类型，字典键必须是不可变类型。

解决方法是使用内置元组（tuple）类。因为元组对象是不可变类型，所以可以用作字典的键。让我们回到最初的目标：构建一个字典，把个人信息（名和姓）映射到电话号码。现在可以使用 tuple 对象作为键来代替 list 对象：

```
>>> phonebook = {('Anna','Karenina'):'(123)456-78-90',
                 ('Yu', 'Tsun'):'(901)234-56-78',
                 ('Hans', 'Castorp'):'(321)908-76-54'}
>>> phonebook
{('Hans', 'Castorp'): '(321)908-76-54',
('Yu', 'Tsun'): '(901)234-56-78',
('Anna', 'Karenina'): '(123)456-78-90'}
```

让我们检查索引运算符是否符合预期：

```
>>> phonebook[('Hans', 'Castorp')]
'(321)908-76-54'
```

现在，我们就可以实现正向电话簿查询工具了。

练习题 6.5　实现函数 lookup()：实现正向电话簿查询应用程序。函数带一个表示电话簿的字典作为输入参数。在字典中，包含个人信息（名和姓）的元组（键）映射到包含电话号码的字符串（值）。示例如下：

```
>>> phonebook = {('Anna','Karenina'):'(123)456-78-90',
                 ('Yu', 'Tsun'):'(901)234-56-78',
                 ('Hans', 'Castorp'):'(321)908-76-54'}
```

函数必须提供一个简单的用户界面，提示用户输入名和姓，返回该个人信息对应的电话号码。

```
>>> lookup(phonebook)
请输入名: Anna
请输入姓: Karenina
(123)456-78-90
请输入名: Yu
请输入姓: Tsun
(901)234-56-78
```

6.2　集合

本节将介绍另一个内置 Python 容器。set 类（集合）具有数学集合的所有属性。set 对象用于存储无序的项集合，不允许重复项。集合中的项必须是不可变对象。set 类型支持用于实现经典集合运算的运算符：集合成员、交集、并集、对称差，等等。因此，它适用于把一个项目集合建模为数学集合，也适用于删除重复项。

集合使用数学集合中同样的符号来定义：包含在花括号（{}）中，并且由逗号分隔的项序列。把三个电话号码（作为字符串）组成的集合赋值给变量 phonebook1 的方法如下：

```
>>> phonebook1 = {'123-45-67', '234-56-78', '345-67-89'}
```

检查 phonebook1 的值和类型：

```
>>> phonebook1
{'123-45-67', '234-56-78', '345-67-89'}
>>> type(phonebook1)
<class 'set'>
```

如果定义集合时包含重复的项，则忽略重复项：

```
>>> phonebook1 = {'123-45-67', '234-56-78', '345-67-89',
                  '123-45-67', '345-67-89'}
>>> phonebook1
{'123-45-67', '234-56-78', '345-67-89'}
```

6.2.1 使用 set 构造函数移除重复项

集合不能有重复项的事实为我们提供了集合的第一个伟大应用：从列表中删除重复项。假设我们有一个有重复项的列表，比如一个班学生的年龄列表：

```
>>> ages = [23, 19, 18, 21, 18, 20, 21, 23, 22, 23, 19, 20]
```

要移除该列表中的重复项，我们可以使用 set 构造函数把列表转换为一个集合。set 构造函数将移除所有的重复项，因为集合中不允许重复项。通过把集合重新转换为列表，即可以获得没有重复项的列表：

```
>>> ages = list(set(ages))
>>> ages
[18, 19, 20, 21, 22, 23]
```

然而，存在一个主要的问题：元素被重新排序。

注意事项：空集合

如何初始化一个空集合呢，读者有可能尝试如下方法：

```
>>> phonebook2 = {}
```

如果检查 phonebook2 的类型，我们发现它是字典类型：

```
>>> type(phonebook2)
<class 'dict'>
```

问题的所在是花括号（{}）也用于定义字典，{} 表示一个空字典。如果是这样的话，那么提出了两个问题：

1. Python 如何区分集合和字典符号？

2. 我们如何创建一个空集合？

第一个问题的答案如下：尽管集合和字典都使用花括号内逗号分隔的序列项表示，字典中的项是由冒号（:）分隔的（键，值）对，而集合的项则不以冒号分隔。

第二个问题的答案是我们使用 set 构造函数显式创建一个空集合：

```
>>> phonebook2 = set()
```

检查 phonebook2 的值和类型，确保它是一个空集合：

```
>>> phonebook2
set()
>>> type(phonebook2)
<class 'set'>
```

6.2.2 set 运算符

set 类支持与通常的数学集合运算相对应的运算符。有些是可以与列表、字符串和字典类型一起使用的操作符。例如，运算符 in 和 not 用于测试集合成员：

```
>>> '123-45-67' in phonebook1
True
>>> '456-78-90' in phonebook1
False
>>> '456-78-90' not in phonebook1
True
```

len() 运算符返回集合的大小：

```
>>> len(phonebook1)
3
```

集合同样支持比较运算符 ==、!=、<、<=、> 和 >=，但其意义与特定的集合相关。两个集合仅当其元素相同才“相等”。

```
>>> phonebook3 = {'345-67-89','456-78-90'}
>>> phonebook1 == phonebook3
False
>>> phonebook1 != phonebook3
True
```

如图 6-5 所示，phonebook1 和 phonebook3 的元素不相同。

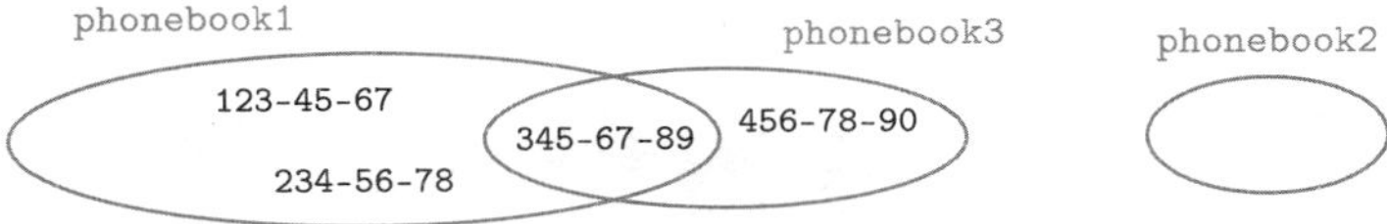

图 6-5 三个电话簿集合 phonebook1、phonebook2 和 phonebook3 的维恩图

如果集合 A 是集合 B 的子集，则集合 A“小于或等于”集合 B；如果集合 A 是集合 B 的真子集，则集合 A“小于”集合 B。

```
>>> {'123-45-67', '345-67-89'} <= phonebook1
True
```

如图 6-5 所示，集合 {'123-45-67','345-67-89'} 是集合 phonebook1 的子集。但是，phonebook1 不是 phonebook1 的真子集：

```
>>> phonebook1 < phonebook1
False
```

数学集合运算的并集、交集、差集、对称差，分别实现为集合运算符 |、&、-、和 ^。每个 set 运算符接受两个集合作为输入参数，并返回一个新集合。两个集合的并集包含两个集合中的所有元素：

```
>>> phonebook1 | phonebook3
{'123-45-67', '234-56-78', '345-67-89', '456-78-90'}
```

两个集合的交集包含两个集合中共同的元素：

```
>>> phonebook1 & phonebook3
{'345-67-89'}
```

两个集合的差集包含所有属于第一个集合但不属于第二个集合的元素：

```
>>> phonebook1 - phonebook3
{'123-45-67', '234-56-78'}
```

两个集合的对称差包含第一个集合或第二个集合中的元素，但不包含两个集合共同的元素：

```
>>> phonebook1 ^ phonebook3
{'123-45-67', '234-56-78', '456-78-90'}
```

使用图 6-5，检查集合运算符的正确性。

在继续讨论集合类方法之前，我们在表 6-3 中总结了我们刚刚讨论的常用集合运算符。

表 6-3 类 set 的运算符。表中列举了一些常用的集合运算符的用法和说明

运算符	说明
x in s	如果 x 包含在集合 s 中，则返回 True；否则返回 False
x not in s	如果 x 包含在集合 s 中，则返回 False；否则返回 True
len(s)	返回集合 s 的大小
s == t	如果集合 s 和 t 包含相同的元素，则返回 True；否则返回 False
s != t	如果集合 s 和 t 不包含相同的元素，则返回 True；否则返回 False
s <= t	如果集合 s 的每个元素都包含在集合 t 中，则返回 True；否则返回 False
s < t	如果 s <= t 并且 s != t，则返回 True；否则返回 False
s | t	返回集合 s 和 t 的并集
s & t	返回集合 s 和 t 的交集
s - t	返回集合 s 和 t 的差集
s ^ t	返回集合 s 和 t 的对称差

6.2.3 set 方法

除了运算符之外，set 类还支持若干方法。set 方法 add() 用于把一个项添加到一个集合中：

```
>>> phonebook3.add('123-45-67')
>>> phonebook3
{'123-45-67', '345-67-89', '456-78-90'}
```

方法 remove() 用于从一个集合中删除一个项：

```
>>> phonebook3.remove('123-45-67')
>>> phonebook3
{'345-67-89', '456-78-90'}
```

最后，方法 clear() 用于清空集合：

```
>>> phonebook3.clear()
```

检查发现 phonebook3 确实为空：

```
>>> phonebook3
set()
```

要了解更多关于 set 类的信息，请阅读在线文档，或者使用文档帮助函数 help()。

练习题 6.6　编写函数 sync()，带一个包含若干电话簿的列表（每个电话簿都是一个电话号码集合）作为输入参数，返回包含一个所有电话簿并集的电话簿（集合）。

```
>>> phonebook4 = {'234-56-78', '456-78-90'}
>>> phonebooks = [phonebook1, phonebook2, phonebook3, phonebook4]
>>> sync(phonebooks)
{'234-56-78', '456-78-90', '123-45-67', '345-67-89'}
```

6.3 字符编码和字符串

字符串类型（str）是用于存储文本值的 Python 类型。在第 2 章和第 4 章中，我们已经讨论了如何创建字符串对象，使用字符串运算符和方法对它们进行操作。当时的假设是我们正在处理包含英文文本的字符串对象。这种假设有助于使字符串处理看起来直观，但也隐藏了字符串表示的复杂性和丰富性。我们现在讨论文本表示的复杂性，是由于我们所说和写的世界语言中包含大量的符号和字符。我们将具体讨论字符串可以包含哪些字符。

6.3.1 字符编码

字符串对象用于存储文本，字符串就是字符的序列。字符可以是大写字母和小写字母、数字、标点符号和其他如美元符号（$）的符号。正如我们在第 2 章中讨论的，要创建值为文本 'An apple costs $0.99!' 的变量，可以使用如下赋值语句：

```
>>> text = 'An apple costs $0.99!'
```

变量 text 的求值结果为文本：

```
>>> text
'An apple costs $0.99!'
```

虽然这一切看起来既简洁又直观，但是字符串在某种程度上比较复杂。问题的根源是计算机处理的是二进制位和字节，故字符串值需要编码为二进制位和字节。换言之，字符串值的每个字符都需要映射到特定的二进制位编码，而这种编码应该能反向映射回到该字符。

但是我们为什么要关心这种编码呢？正如我们在第 2 章和第 4 章中所看到的，操作字符串是非常直观的，我们当然不担心字符串是如何编码的。大多数时候，我们不必关心编码问题。然而，在全球互联网中，在一个位置创建的文档可能需要在另一个位置读取。我们需要知道如何处理来自其他书写系统的字符，不管它们是来自其他语言的字符，如法语、希腊语、阿拉伯语或汉语，还是来自不同领域的符号，如数学、科学或工程。同样重要的是，我们需要理解字符串是如何表示的，因为作为计算机科学家，我们确实想知道其内部原理。

6.3.2 ASCII

多年来，英语中字符的标准编码是 ASCII。美国信息交换标准码（ASCII）是 20 世纪 60 年代发展起来的，它定义了 128 个字符、标点符号以及美国英语中常见的一些其他符号的数字代码。表 6-4 显示了可打印字符的十进制 ASCII 码。

表 6-4　ASCII 编码。表中列举了可打印字符及其对应的十进制 ASCII 码。例如，十进制 ASCII 码 43 对应字符是运算符 +。十进制 ASCII 码 32 对应字符是空格，显示为空格

32		48	0	64	@	80	P	96	`	112	p
33	!	49	1	65	A	81	Q	97	a	113	q
34	"	50	2	66	B	82	R	98	b	114	r
35	#	51	3	67	C	83	S	99	c	115	s
36	$	52	4	68	D	84	T	100	d	116	t
37	%	53	5	69	E	85	U	101	e	117	u
38	&	54	6	70	F	86	V	102	f	118	v
39	'	55	7	71	G	87	W	103	g	119	w
40	(	56	8	72	H	88	X	104	h	120	x
41	)	57	9	73	I	89	Y	105	i	121	y
42	*	58	:	74	J	90	Z	106	j	122	z
43	+	59	;	75	K	91	[	107	k	123	{
44	,	60	<	76	L	92	\	108	l	124	|
45	-	61	=	77	M	93	]	109	m	125	}
46	.	62	>	78	N	94	^	110	n	126	~
47	/	63	?	79	O	95	_	111	o		

让我们解释一下这个表各条目的含义。小写字母 a 的十进制 ASCII 码是 97。符号 & 编码为十进制 ASCII 码 38。ASCII 码 0 到 32 和 127 包含不可打印字符，例如退格键（十进制编码 8）、水平制表符（十进制编码 9）、换行符（十进制编码 10）。使用 Python 函数 `ord()`，可以返回一个字符的十进制 ASCII 编码：

```
>>> ord('a')
97
```

由字符序列组成的字符串值（例如“dad”）被编码为 ASCII 码序列：100、97 和 100。存储在内存中的就是这一系列的编码。当然，每个代码都存储为二进制。由于 ASCII 十进制码范围从 0 到 127，所以可以用 7 位编码；因为一个字节（8 个二进制位）是最小的内存存储单元，所以每个编码都存储在一个字节中。

例如，小写字母 a 的十进制 ASCII 码是 97，它对应于二进制 ASCII 码 1100001。因此，在 ASCII 编码中，字符 a 被编码在一个字节中，第一位为 0，其余的位为 1100001。结果字节 01100001 可以更简洁地用一个两位的十六进制数 0x61 描述（左边 4 位 0110 是 6，右边 4 位 0001 是 1）。事实上，使用十六进制 ASCII 码（作为 ASCII 二进制代码的简写）是很常见的。

例如，符号 & 编码为十进制 ASCII 码 38，对应于二进制编码 0100110 和十六进制编码 0x26。

练习题 6.7　编写一个函数 `encoding()`，带一个字符串作为输入参数，输出字符串中的每个字符的 ASCII 码（十进制、十六进制、二进制）表示。

```
>>> encoding('dad')
Char Decimal  Hex   Binary
 d       100   64  1100100
 a        97   61  1100001
 d       100   64  1100100
```

函数 `chr()` 是函数 `ord()` 的反函数。它接受一个数值编码参数，返回对应的字符。

```
>>> chr(97)
'a'
```

练习题 6.8 编写函数 `char(low, high)`，输出所有十进制编码 *i* 对应的字符：*i* 的值从 `low` 到 `high`（包括 `high`）。

```
>>> char(62, 67)
62 : >
63 : ?
64 : @
65 : A
66 : B
67 : C
```

6.3.3 Unicode

ASCII 编码是美国的标准。因此，它没有提供美国英语之外的字符编码。ASCII 编码中不包括法语的“é”、希腊语的“Δ”或中文的“世”字。除 ASCII 编码以外，还开发了许多编码，用于处理不同的语言或一组语言。但是，这导致了一个问题：随着不同编码的存在，一台计算机上可能没有安装某些编码。在一个全球互联的世界里，一台计算机上创建的文本文档常常需要在另一台计算机上读取。如果读取文档所在的计算机中没有正确的编码，该怎么办呢？

Unicode 编码被开发成为通用字符编码方案。它涵盖了所有书面语言的所有字符（无论是现代的还是古代的），包括科学、工程学、数学的技术符号、标点符号等。在 Unicode 编码中，每个字符都用整数编码表示。编码不一定是字符的实际字节表示，它只是特定字符的标识符。

例如，小写字母“k”的编码为十六进制值 0x006B，对应于十进制值 107 的整数。在表 6-4 可以发现，107 也是字母“k”的 ASCII 码。Unicode 合乎时宜地使用与 ASCII 编码相同的编码表示 ASCII 字符。

如何将 Unicode 字符合并到字符串中？例如，如果要包括字符“k”，可以使用 Python 的转义序列 `\u006B`：

```
>>> '\u006B'
'k'
```

在下面的例子中，转义字符 `\u0020` 用来表示编码为 0x0020（十六进制，对应于十进制的 32）的 Unicode 字符。很显然，这是空白字符（见表 6-4）：

```
>>> 'Hello\u0020World !'
'Hello World !'
```

现在我们尝试使用几个不同语言的例子。让我们从西里尔语中我的名字开始：

```
>>> '\u0409\u0443\u0431\u043e\u043c\u0438\u0440'
'Љубомир'
```

下面是希腊语中的“Hello World!”：

```
>>> '\u0393\u03b5\u03b9\u03b1\u0020\u03c3\u03b1\u03c2
     \u0020\u03ba\u03cc\u03c3\u03bc\u03bf!'
'Γεια σας κόσμο!'
```

最后，让我们输出中文中的“Hello World!”：

```
>>> chinese = '\u4e16\u754c\u60a8\u597d!'
>>> chinese
'世界你好!'
```

让我们验证基本字符串运算符在字符串上的运行结果：

```
>>> len(chinese)
5
>>> chinese[0]
'世'
```

字符串运算符与字符使用的字符集合无关。让我们验证 `ord()` 和 `chr()` 函数是否能从 ASCII 编码拓展到 Unicode 编码：

```
>>> ord(chinese[0])
19990
>>> chr(19990)
'世'
```

函数照样起作用！注意 19990 是十六进制值 0x4e16 的十进制值，当然它是字符“世”的 Unicode 编码。因此，内置函数 `ord()` 实际上带一个 Unicode 字符作为输入参数，输出其 Unicode 编码的十进制值；`chr()` 则相反。两个函数同样适用于 ASCII 字符的原因在于，ASCII 字符的 Unicode 编码被设计为和 ASCII 码相同。

知识拓展：字符串比较（深入研究）

既然我们知道字符串是如何表示的，我们就可以理解字符串比较是如何工作的。首先，Unicode 编码是整数，因此所有 Unicode 编码可以表示的字符具有自然序。例如，空格“ ”排序在西里尔字符 Љ 之前，因为“ ”的 Unicode 编码（0x0020）整数值比“Љ的 Unicode 编码（0x0409）要小：

```
>>> '\u0020' > '\u0409'
False
>>> '\u0020' < '\u0409'
True
```

Unicode 编码的设计使得同一个字母表中任意一对字符对满足：在字母表中一个字符比另一个字符出现得早，则其 Unicode 编码也更小。例如，字母表中的“a”在“d”之前，“a”的编码比“d”的编码要小。通过这种方式，Unicode 字符形成一个有序的字符集合，它与 Unicode 编码覆盖的所有字母表保持一致。

当比较两个字符串时，我们已经说明比较是用字典顺序完成的。字典顺序（dictionary order）的另一个名字是**词典序**（Lexicographic order）。这个顺序可以精确地定义，现在我们知道字符来自有序集合（Unicode）。单词：

$a_1a_2a_3 \cdots a_k$

在词典序中排在单词：

$b_1b_2b_3 \cdots b_l$

之前，必须满足下列条件之一：

$a_1=b_1$，$a_2=b_2$，…，$a_k=b_k$ 并且 $k < l$

满足 a_i 和 b_i 不同的最小索引 i，a_i 的 Unicode 编码小于 b_i 的 Unicode 编码。

6.3.4　Unicode 字符的 UTF-8 编码

一个 Unicode 字符串是一个代码序列，代码范围是从 0 到 0x10ffff 的数字。然而，与 ASCII 码不同的是，Unicode 代码并不是存储在内存中的代码。将 Unicode 字符或代码转换成字节序列的规则称为编码。

存在不止一个而是若干个 Unicode 编码：UTF-8、UTF-16 和 UTF-32。UTF 代表 Unicode Transformation Format（Unicode 转换格式），每个 UTF-x 定义了一种不同的方式来映射一段 Unicode 代码到字节序列。UTF-8 编码已成为那些字符存储或在网络中发送字符的电子邮件、网页和其他应用程序的首选编码。事实上，当你编写 Python 3 程序时，默认编码是 UTF-8。UTF-8 的一个特点是：每一个 ASCII 字符（即表 6-4 中每个字符）都有一个 UTF-8 编码，正好与 8 位（一个字节）的 ASCII 编码相同。这意味着一个 ASCII 文本是用 UTF-8 编码的 Unicode 文本。

在某些情况下，你的 Python 程序将接收没有指定编码的文本。例如，当程序从万维网（我们将在 11 章中讨论）下载文本文档的情况。在这种情况下，Python 别无选择，只能将“文本”视为存储在 bytes 类型对象中的原始字节序列。这是因为从网络下载的文件可能是图像、视频、音频，而不仅仅是文本。

考虑如下从 Web 下载的文本文件的内容：

```
>>> content
b'This is a text document\nposted on the\nWWW.\n'
```

变量 content 指向类型 bytes 的一个对象。读者可以验证，“字符串”前面的字母 b 表示：

```
>>> type(content)
<class 'bytes'>
```

要使用 UTF-8 的 Unicode 编码把它解码为字符串，我们需要使用 bytes 类的 decode() 方法：

```
>>> content.decode('utf-8')
'This is a text document\nposted on the\nWWW.\n'
```

如果调用方法 decode() 时没有带参数，则默认情况下，使用与平台相关的编码：Python 3 的编码是 UTF-8（Python 2 的编码是 ASCII 码）。

知识拓展：文件和编码

用于打开一个文件 open() 函数的第三个可选参数是读取或写入文本文件的编码。如果未指定，将使用与平台相关的默认编码。此参数仅在文本模式下使用。如果用于二进制文件，则会出现错误。让我们通过显式指定 UTF-8 编码打开文件 chinese.txt：

```
>>> infile = open('chinese.txt', 'r', encoding='utf-8')
>>> print(infile.read())
你好世界!

(translation: Hello World!)
```

6.4　random 模块

随机数对运行科学、工程和金融的模拟仿真非常有用。它们是提供计算机安全、通信隐私和身份验证的现代加密协议所必需的。它们也是随机游戏（如扑克牌游戏或二十一点游戏）中必不可少的组成部分，可以帮助减少电脑游戏的可预测性。

真正的随机数是不容易获得的。大多数要求随机数的计算机应用程序使用的是由伪随机数发生器生成的数字。“伪随机”中的“伪”表示假的，或不是真的。伪随机数发生器是一种生成“看起来”随机的一系列数的程序，可以满足需要随机数的大多数应用程序的需求。

在 Python 中，伪随机数发生器和相关工具可以通过 `random` 模块获得。像往常一样，如果需要使用 `random` 模块中的函数，我们需要首先导入它：

```
>>> import random
```

接下来，我们将描述 `random` 模块中若干特别有用的函数。

6.4.1 选择一个随机整数

我们首先讨论函数 `randrange()`，该函数带两个输入参数：一对整数 a 和 b，返回从 a（包括 a）到 b（不包括 b）范围内的一个整数。选中范围内的每个整数的概率相同。下面展示我们如何使用这个函数来模拟几次掷骰子（骰子有 6 个面）：

```
>>> random.randrange(1,7)
2
>>> random.randrange(1,7)
6
>>> random.randrange(1,7)
5
>>> random.randrange(1,7)
1
>>> random.randrange(1,7)
2
```

练习题 6.9 实现函数 `guess()`，带一个整数 n 作为输入参数，实现一个简单的交互式猜数游戏。函数首先选择一个从 0 到 n（不包括 n）范围内的随机数。然后重复请求用户猜测所选择的随机数。如果用户猜测正确，则函数输出 `'You got it.'` 提示信息并终止。每次用户猜测错误，函数输出帮助信息提示用户：`'Too low.'` 或者 `'Too high.'`。

```
>>> guess(100)
Enter your guess: 50
Too low.
Enter your guess: 75
Too high.
Enter your guess: 62
Too high.
Enter your guess: 56
Too low.
Enter your guess: 59
Too high.
Enter your guess: 57
You got it!
```

知识拓展：随机性

我们通常把掷硬币的结果（正面或背面）看作是随机事件。大多数随机游戏取决于随机事件的产生（掷骰子、洗牌、轮盘赌，等等）。这些生成随机事件的方法存在的问题是，它们不适合在运行中的计算机程序中足够快地产生随机性。事实上，计算机程序生成真正的随机数是不容易的。为此，计算机科学家们开发了确定性算法，称为伪随机数发生器，产生“随机”出现的数字。

6.4.2 选择一个随机“实数”

有时候，我们在应用程序中需要的不是随机整数，而是从给定的数字间隔中选择随机数。函数 `uniform()` 带两个参数：数值 a 和 b，返回一个浮点数 x，满足 $a \leqslant x \leqslant b$（假设 $a \leqslant b$）。选中范围中的每个浮点值概率相同。下面是获取若干 0 到 1 之间的随机数的方法：

```
>>> random.uniform(0,1)
0.9896941090637834
>>> random.uniform(0,1)
0.3083484771618912
>>> random.uniform(0,1)
0.12374451518957152
```

练习题 6.10 有一种估值数学常量 π 的方法：通过在飞镖靶上投掷飞镖。虽然这不是估值 π 的好方法，但很有趣。假如在墙上有一个 2×2 的正方形，其中有一个半径为 1 的飞镖靶。现在随机投掷飞镖，假设在击中正方形的 n 个飞镖中，有 k 个击中飞镖靶（见图 6-6）。

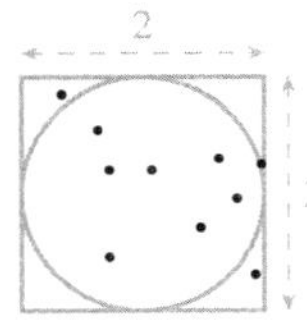

图中显示了 10 次随机投掷飞镖 8 次击中内部的飞镖靶。在这种情况下，π 的估值是 $\frac{4\times 8}{10}=3.2$

图 6-6　正方形中的飞镖靶

因为随机投掷飞镖，因此 k/n 大约与飞镖靶面积（$\pi\times 1^2$）和周围的正方形面积（2^2）之比相同。换言之，有如下约等式：

$$\frac{k}{n}\approx\frac{\pi}{4}$$

重新组织上述约等式，可以用于估值 π：

$$\pi\approx\frac{4k}{n}$$

实现函数 `approxPi()`，带一个整数 n 作为输入参数，模拟 n 次随机投掷飞镖到一个包含飞镖靶的 2×2 正方形墙面，统计击中飞镖靶的次数，并根据击中次数和 n 估值并返回 π。注意：为了模拟随机投掷飞镖到正方形墙面，只需要获得击中位置的 x 和 y 坐标。

```
>>> approxPi(1000)
3.028
>>> approxPi(100000)
```

```
3.1409600000000002
>>> approxPi(1000000)
3.141702
>>>
```

6.4.3 随机混排、挑选和抽样

让我们先举例说明 random 模块中其他一些函数的用法。函数 shuffle() 混排或置换一个序列中的对象，这类似于纸牌游戏（如二十一点）之前一副牌被洗牌。每种排列的概率相同。以下示例演示如何使用 shuffle() 函数把一个列表混排两次：

```
>>> lst = [1,2,3,4,5]
>>> random.shuffle(lst)
>>> lst
[3, 4, 1, 5, 2]
>>> random.shuffle(lst)
>>> lst
[1, 3, 2, 4, 5]
```

函数 choice() 允许我们从一个容器中均匀随机选择一个项。例如，给定如下列表：

```
>>> lst = ['cat', 'rat', 'bat', 'mat']
```

我们可以均匀随机选择一个列表项：

```
>>> random.choice(lst)
'mat'
>>> random.choice(lst)
'bat'
>>> random.choice(lst)
'rat'
>>> random.choice(lst)
'bat'
```

如果不止需要一个项而是需要 k 个采样，每个采样概率相同，则可以使用 sample() 函数。该函数带两个输入参数：容器和数值 k。

下面我们从列表 lst 中随机采样大小为 2 或 3 的子列表：

```
>>> random.sample(lst, 2)
['mat', 'bat']
>>> random.sample(lst, 2)
['cat', 'rat']
>>> random.sample(lst, 3)
['rat', 'mat', 'bat']
```

6.5 电子教程案例研究：机会游戏

随机游戏（如扑克牌游戏和二十一点游戏）已经成功过渡到数字时代。在案例研究 CS.6 中，我们展示了如何开发一个二十一点扑克牌游戏应用程序。在开发这个应用程序的过程中，我们使用了本章中介绍的几个概念：集合、字典、Unicode 字符，当然还有通过洗牌产生随机性。

6.6 本章小结

本章首先介绍几个内置的 Python 容器类，它们是我们目前使用的字符串类和列表类的补充。

字典类 dict 是一个（键，值）对容器。查看字典的方法之一是把它作为一个存储值的容器，值可以由用户指定的索引（被称为键）来访问。另一种方法是将其视为从键到值的映射。字典在实践中和列表一样有用。例如，字典替代多路条件控制结构，或作为计数器的集合。

在某些情况下，列表的可变性是一个问题。例如，我们不能使用列表作为字典的键，因为列表是可变对象。我们引入了内置类元组 tuple，它本质上是类 list 的不可变版本。当我们需要列表的不可变版本时，我们使用元组对象。

本书所涵盖的最后一个内置容器类是实现数学集合的类 set，即支持数学集合操作的容器，例如并和交。由于集合的所有元素必须是唯一的，所以可以使用集合来轻松地从其他容器中删除重复的元素。

在本章中，我们还完善了在第 2 章中开始并在第 4 章继续进行的 Python 内置字符串类型 str 的其他知识点。我们描述了字符串对象可以包含的字符范围。我们引入 Unicode 字符编码方案，Unicode 是 Python 3 的默认字符编码（Python 2 则不是），它使开发人员能够处理使用非美国英语字符的字符串。

最后，本章介绍了标准库模块 random。该模块支持返回伪随机数的函数，这些函数对于仿真和计算机游戏是必需的。我们还介绍了 random 模块的函数 shuffle()、choice() 和 sample()，可以用于对容器对象进行混排和抽样操作。

6.7 练习题答案

6.1 函数带一个总统的姓名（president）作为输入参数。姓名映射到州。总统姓名到州的映射可以用字典来实现。定义了字典之后，函数直接返回对应于键 president 的值：

```
def birthState(president):
    '返回给定总统的出生州'

    states = {'Barack Hussein Obama II':'Hawaii',
              'George Walker Bush':'Connecticut',
              'William Jefferson Clinton':'Arkansas',
              'George Herbert Walker Bush':'Massachussetts',
              'Ronald Wilson Reagan':'Illinois',
              'James Earl Carter, Jr':'Georgia'}

    return states[president]
```

6.2 反向查找服务是用无限的交互式的循环模式来实现的。在循环的每一次迭代中，都要求用户输入一个电话号码。使用电话簿，将用户输入的电话号码映射到一个名称。然后输出这个名称。

```
def rlookup(phonebook):
    '''实现一个交互式反向电话簿查找服务
       电话簿是一个电话号码映射到名称的字典'''
    while True:
        number = input('Enter phone number in the\
                        format (xxx)xxx-xx-xx: ')
        if number in phonebook:
            print(phonebook[number])
        else:
            print('The number you entered is not in use.')
```

6.3 参见图 6-7：

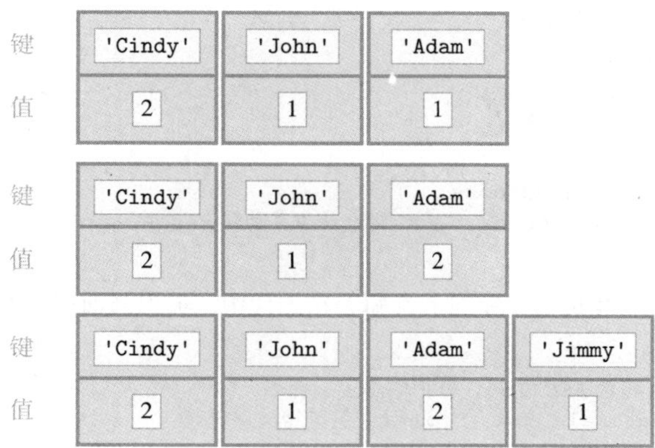

图 6-7 计数器状态。当遇到 `'Adam'` 时，添加（键，值）对（`'Adam',1`）到字典。当遇到了另一个字符串 `'Adam'` 时，相同的（键，值）对递增 1。当遇到字符串 `'Jimmy'` 时，添加了另一个（键，值）对

6.4 首先拆分文本并获取单词列表。然后使用字典计数器的标准模式。

```
def wordCount(text):
    '打印文本中每个单词的出现频率'

    wordList = text.split()  # 将文本拆分成单词列表
    counters = {}            # 计数器字典

    for word in wordList:
        if word in counters: # 对已存在的单词，计数器增加 1
            counters[word] += 1
        else:                # 对不存在的单词，计数器初始化为 1
            counters[word] = 1

    for word in counters:    # 打印单词计数结果（单词出现频率）
        if counters[word] == 1:
            print('{:8} appears {} time.'.format(word,\
                                                 counters[word]))
        else:
            print('{:8} appears {} times.'.format(word,\
                                                  counters[word]))
```

6.5 无限循环模式用于提供长期运行的服务。在每次迭代中，要求用户输入名和姓，然后将其用于构建元组对象。该对象用作电话簿字典的键。如果字典包含与此键相对应的值，则输出该值；否则将输出错误消息。

```
def lookup(phonebook):
    '''使用输入的电话簿字典实现交互式电话簿'''
    while True:
        first = input('Enter the first name: ')
        last = input('Enter the last name: ')

        person = (first, last)    # 构建键

        if person in phonebook:   # 如果键位于电话簿中
            print(phonebook[person])  # 打印与键相对应的值
        else:                     # 如果键不在电话簿中
            print('The name you entered is not known.')
```

6.6　目标是获得列表中出现的所有集合的并集。累加器模式是执行此操作的正确循环模式。累加器应该是一个被初始化为空的集合：

```
def sync(phonebooks):
    '返回电话簿中所有集合的并集'
    res = set()  # 初始化累加器

    for phonebook in phonebooks:
        res = res | phonebook    # 将电话簿累加到 res 中
    return res
```

6.7　迭代模式用于迭代字符串的每个字符。在每一次迭代中，输出当前字符的 ASCII 码：

```
def encoding(text):
    '打印 s 中每个字符的 ASCII 码，每个字符占一行'
    print('Char Decimal  Hex   Binary') # 打印列标题

    for c in text:
        code = ord(c)    # 计算 ASCII 码
        # 打印字符及其 ASCII 码（十进制、十六进制和二进制）
        print(' {}    {:7} {:4x}   {:7b}'.format(c,code,code,code))
```

6.8　我们使用计数器循环模式从小到大生成整数。并输出每个整数所对应的字符：

```
def char(low, high):
    '''打印其 ASCII 码位于 low 和 high 之间的字符'''
    for i in range(low, high+1):
        # 打印整数 ASCII 码及其对应的字符
        print('{} : {}'.format(i, chr(i)))
```

6.9　使用 `random` 模块的 `randrange()` 函数产生能用于猜测的密码。使用一个无限循环和循环折半模式实现交互式服务：

```
import random
def guess(n):
    '一个交互式的数值猜测游戏'
    secret = random.randrange(0,n)   # 生成一个秘密的数值

    while True:
        # 用户输入其猜想
        guess = eval(input('Enter you guess: '))
        if guess == secret:
            print('You got it!')
            break
        elif guess < secret:
            print('Too low.')
        else: # guess > secret
            print('Too high.')
```

6.10　通过在范围 −1 到 1 之间均匀随机选择 x 坐标和 y 坐标，来模拟每个随机飞镖的命中点位置。如果得到的点 (x, y) 与原点 $(0, 0)$（即飞镖靶的中心）的距离小于 1，则表示命中。使用一个累加器循环模式来累计“命中”次数。

```
import random
def approxPi(total):
    '通过“投掷飞镖”返回 pi 的近似值'
    count = 0               #统计飞镖命中次数
    for i in range(total):
   x = random.uniform(-1,1) # 飞镖命中点的 x 坐标
```

```
    y = random.uniform(-1,1) # 飞镖命中点的 y 坐标
    if x**2+y**2 <= 1:       # 如果飞镖命中飞镖靶
        count += 1               # 累加器 count 增加 1
return 4*count/total
```

6.8 习题

6.11 实现函数 `easyCrypto()`，带一个字符串作为输入参数，输出密文。加密规则如下：每个位于字母表奇数位置 i 的字符加密为位置 i+1 的字符；每个位于字母表偶数位置 i 的字符加密为位置 i-1 的字符。换言之，'a' 加密为 'b'、'b' 加密为 'a'、'c' 加密为 'd'、'd' 加密为 'c'，以此类推。小写字母保持小写不变，大写字母保持大写不变。

```
>>> easyCrypto('abc')
bad
>>> easyCrypto('Z00')
YPP
```

6.12 重新实现思考题 5.27，使用字典代替多路分支 `if` 语句的方法。

6.13 定义一个字典 `agencies`，存储缩略词 CCC、FCC、FDIC、SSB 和 WPA（键）到联邦政府机构 'Civilian Conservation Corps'、'Federal Communications Commission'、'Federal Deposit Insurance Corporation'、'Social Security Board' 和 'Works Progress Administration'（值）的映射，这些机构由总统罗斯福在新政期间创立。然后执行下列操作：

(a) 增加缩略词 SEC 到 'Securities and Exchange Commission' 的映射。

(b) 修改键 SSB 的值为 'Social Security Administration'。

(c) 移除键 CCC 和 WPA 对应的 (键，值) 对。

6.14 重新实现习题 6.13，要求：修改 `agencies` 之前，定义一个键的视图 `acronyms`。执行修改操作之后，对 `acronyms` 进行求值。

6.15 在练习题 6.5 中使用的字典中，假定一个人只可以有一个特定的名和姓。然而，在一本典型的电话簿中，同名同姓的人往往不止一个。可以修改字典，将一个（姓氏，名字）元组映射到电话号码列表，从而实现一个更真实的电话簿。重新实现练习题 6.5 中的 `lookup()` 函数，带修改后的字典（即列表作为字典的值）作为参数，返回一个（姓氏，名字）元组对应的所有电话号码。

6.16 使用一个计数器循环模式，构造三个集合 `mult3`、`mult5` 和 `mult7`，分别表示小于 100 的 3、5 和 7 的倍数。然后，使用这三个集合，编写返回下列结果的集合运算表达式：

(a)35 的倍数

(b)105 的倍数

(c)3 或 7 的倍数

(d)3 或 7（但不同时）的倍数

(e)7 的倍数但不是 3 的倍数

6.17 编写一个函数 `hexASCII()`，输出字母表中小写字母及其对应的 ASCII 码的十六进制表示。注意：格式化字符串以及格式化字符串方法可以用于输出一个值的十六进制表示形式。

```
>>> hexASCII()
a:61 b:62 c:63 d:64 e:65 f:66 g:67 h:68 i:69 j:6a k:6b l:6c m:6d
n:6e o:6f p:70 q:71 r:72 s:73 t:74 u:75 v:76 w:77 x:78 y:79 z:7a
```

6.18 实现函数 `coin()`，按相同概率返回 `'Heads'` 或 `'Tails'`。

```
>>> coin()
'Heads'
>>> coin()
```

```
'Heads'
>>> coin()
'Tails'
```

6.19　使用在线翻译（例如谷歌翻译），翻译一句话“My name is Ada”为阿拉伯语、日语和塞尔维亚语。然后将翻译结果复制并粘贴到交互式命令行中，并将它们作为字符串赋值给变量名 `arabic`、`japanese` 和 `serbian`。最后，对于每个字符串，使用迭代循环模式输出字符串中每个字符的 Unicode 代码。

6.9 思考题

6.20　编写函数 `reverse()`，带一个电话簿（即一个把姓名（键）映射到电话号码（值）的字典）作为输入参数。要求函数返回另一个字典，表示映射电话号码（键）到姓名（值）的反向电话簿。

```
>>> phonebook = {'Smith, Jane':'123-45-67',
               'Doe, John':'987-65-43','Baker,David':'567-89-01'}
>>> reverse(phonebook)
{'123-45-67': 'Smith, Jane', '567-89-01': 'Baker,David',
'987-65-43': 'Doe, John'}
```

6.21　编写函数 `ticker()`，带一个字符串（文件名）作为输入参数。该文件将包含公司名称和股票符号（股票代码）。在这个文件中，一个公司名称将占用一行，其股票代码将在下一行。接下来一行是另一个公司名称，以此类推。要求程序读取文件并将名称和股票代码存储在字典中。然后，它将为用户提供一个接口，以便用户可以获得给定公司的股票代码。使用提供的文件 `nasdaq.txt` 中的纳斯达克 100 股票代码列表来测试你的代码。

```
>>> ticker('nasdaq.txt')
Enter Company name: YAHOO
Ticker symbol: YHOO
Enter Company name: GOOGLE INC
Ticker symbol: GOOG
...
```

6.22　字符串 `vow` 的镜像字符串是 `wov`，字符串 `wood` 的镜像字符串是 `boow`。但是，字符串 `bed` 的镜像不能表示为字符串，因为 `e` 的镜像不是一个有效的字符。

开发函数 `mirror()`，带一个字符串作为输入参数，如果其镜像可以表示为字母表中的字母，则返回其镜像字符串。

```
>>> mirror('vow')
'wov'
>>> mirror('wood')
'boow'
>>> mirror('bed')
'INVALID'
```

6.23　你想制作一本独特的恐怖字典，但想找到成千上万的应该收入到该字典的单词并不是件很容易的事情。一个聪明的想法是编写一个函数 `scarydict()`，读入一本恐怖小说的电子版（例如，Mary Wollstonecraft Shelley（玛丽·沃斯通克拉夫特·雪莱）的 Frankenstein（《科学怪人》）），抽取其中的所有单词并把它们按字母顺序排列写入到一个新的文件 `dictionary.txt`，并输出这些单词。可以去掉一个和两个字母的单词，因为这些单词不是恐怖单词。

你会注意到文本中的标点符号使这个练习稍微复杂了一些。可以用空格或空字符串替换标点符号来处理它。

```
>>> scaryDict('frankenstein.txt')
abandon
```

```
abandoned
abbey
abhor
abhorred
abhorrence
abhorrent
...
```

6.24 实现函数 names()，不带任何输入参数，重复要求用户输入一个班级的学生姓名。当用户输入空字符串时，函数输出每个姓名及该姓名的学生数量。

```
>>> names()
Enter next name: Valerie
Enter next name: Bob
Enter next name: Valerie
Enter next name: Amelia
Enter next name: Bob
Enter next name:
There is 1 student named Amelia
There are 2 students named Bob
There are 2 students named Valerie
```

6.25 编写函数 different()，带一个二维表作为输入参数，返回表中不同项的数量。

```
>>> t = [[1,0,1],[0,1,0]]
>>> different(t)
2
>>> t = [[32,12,52,63],[32,64,67,52],[64,64,17,34],[34,17,76,98]]
>>> different(t)
10
```

6.26 编写函数 week()，不带任何输入参数。函数重复请求用户输入星期的缩写（Mo、Tu、We、Th、Fr、Sa 或 Su），然后输出对应的星期名称。

```
>>> week()
Enter day abbreviation: Tu
Tuesday
Enter day abbreviation: Su
Sunday
Enter day abbreviation: Sa
Saturday
Enter day abbreviation:
```

6.27 在本书和其他教科书的结尾，通常有一个索引，列出某个词出现的页面。在本题中，要求为文本创建索引，但不使用页码，而是使用行号。

请实现函数 index()，带两个输入参数：一个文本文件的文件名和一个单词列表。对于列表中的每个单词，函数将在文本文件中找到单词出现的行，并打印相应的行号（编号从 1 开始）。要求只打开和读取文件一次。

```
>>> index('raven.txt', ['raven', 'mortal', 'dying', 'ghost',
          'ghastly', 'evil','demon'])
ghost     9
dying     9
demon     122
evil      99, 106
ghastly   82
mortal    30
raven     44, 53, 55, 64, 78, 97, 104, 111, 118, 120
```

6.28 实现函数 `translate()`，提供基本的翻译服务。函数的输入参数是一个把一种语言（第一种语言）中的单词映射到另一种语言（第二种语言）中的对应词的字典。该函数提供了一种服务，允许用户交互地输入第一语言中的一个短语，然后通过按【回车键】获取到第二语言中的翻译。在字典里不存在的词翻译成 `____`。

6.29 在班级中，许多学生是朋友。让我们假设两个学生共有一个朋友，则他们俩也是朋友。换句话说，如果学生 0 和学生 1 是朋友，学生 1 和学生 2 是朋友，那么学生 0 和学生 2 必须是朋友。利用这条规则，我们可以把学生分成朋友圈子。

要完成该工作，实现函数 `networks()`，带两个输入参数。第一个参数是班上学生的总人数 n。我们假设学生使用整数 0 到 $n-1$ 来标识。第二个输入参数是定义朋友的元组对象列表。例如，元组 (0，2) 将学生 0 和学生 2 定义为朋友。要求函数 `networks()` 输出学生的朋友圈，如下所示：

```
>>> networks(5, [(0, 1), (1, 2), (3, 4)])
Social network 0 is {0, 1, 2}
Social network 1 is {3, 4}
```

6.30 实现函数 `simul()`，带一个整数 n 作为输入参数。模拟玩家 1 和玩家 2 之间的 n 轮石头、剪刀、布游戏。赢得次数最多的玩家赢得这 n 轮游戏也有可能平局。要求函数输出如下所示的游戏结果。(可以使用思考题 5.26 的解决方案)。

```
>>> simul(1)
Player 1
>>> simul(1)
Tie
>>> simul(100)
Player 2
```

6.31 双骰儿赌博是在许多赌场玩的掷骰子游戏。像二十一点扑克牌游戏一样，玩家和赌场比输赢。游戏开始时，玩家投掷一对标准的 6 面骰子。如果玩家总共掷出 7 点或 11 点，则玩家获胜。如果玩家总共掷出 2 点、3 点或者 12 点，则玩家输。如果是其他点数，则玩家将重复掷一对骰子，直到她再次掷出开始的点数（在这种情况下她赢）或 7（在这种情况下，她输）。

（a）实现函数 `craps()`，不带任何输入参数，模拟双骰儿赌博游戏，如果玩家赢，则输出 1；如果玩家输，则输出 0。

```
>>> craps()
0
>>> craps()
1
>>> craps()
1
```

（b）实现函数 `testCraps()`，带一个正整数 n 作为输入参数。模拟 n 次双骰儿赌博游戏，返回玩家胜出的比率。

```
>>> testCraps(10000)
0.4844
>>> testCraps(10000)
0.492
```

6.32 你可能知道曼哈顿的大街小巷构成一个网格。通过网格（即曼哈顿）的随机漫步是指在每个交叉点以相等的概率选择随机方向（N、E、S 或 W）的行走。例如，在 5×11 的网格上，从 (5，2) 开始的随机行走可以访问网格点 (6，2)、(7，2)、(9，2)、(8，2) 和 (10，2)，返回到 (9，2)，然后在离开网格之前返回到 (10，2)。

编写函数 manhattan()，带两个输入参数：网格的行数和列数，模拟从网格中心出发的一次随机游走，计算随机漫步访问每个交叉点的次数。当随机游走超出网格外，则函数逐行输出结果。

```
>>> manhattan(5, 11)
[0, 0, 0, 0, 0, 0, 0, 0, 0, 0, 0]
[0, 0, 0, 0, 0, 0, 0, 0, 0, 0, 0]
[0, 0, 0, 0, 0, 1, 1, 1, 1, 2, 2]
[0, 0, 0, 0, 0, 0, 0, 0, 0, 0, 0]
[0, 0, 0, 0, 0, 0, 0, 0, 0, 0, 0]
```

6.33 编写函数 diceprob()，带一个输入参数：投掷一对骰子的可能结果 r（即 2 到 12 范围内的一个整数）。模拟投掷一对骰子，直到获得 100 次结果 r。要求函数输出获得 100 次结果 r 的投掷次数。

```
>>> diceprob(2)
It took 4007 rolls to get 100 rolls of 2
>>> diceprob(3)
It took 1762 rolls to get 100 rolls of 3
>>> diceprob(4)
It took 1058 rolls to get 100 rolls of 4
>>> diceprob(5)
It took 1075 rolls to get 100 rolls of 5
>>> diceprob(6)
It took 760 rolls to get 100 rolls of 6
>>> diceprob(7)
It took 560 rolls to get 100 rolls of 7
```

6.34 两人纸牌游戏 War（战争）使用 52 张牌的标准套牌。一副洗好的牌均匀分配给两个玩家，各自的牌面朝下。该游戏包括一系列的比斗，直到一个玩家用完纸牌为止。在一次比斗中，每个玩家展示其最上面的纸牌，牌大的玩家将拿走赢得的两张牌，并把它们正面朝下放到她的牌堆底部。如果两张牌值相同，就会发生一场战争。

在一场战争中，每一个玩家都会面朝下放置其牌堆最上面的三张牌，并选择其中一张牌。所选牌大的玩家将所有八张牌加到她的牌堆底部。如果是另一个平局，则重复战争，直到一个玩家赢了，将牌桌上的所有牌纳为己有。在一场战争中，如果有一个玩家在放置三张牌之前就用完了所有的牌，他就可以用他的最后一张牌来赢得这场战争。

在战争中，纸牌的大小值是它的等级，纸牌 A、K、Q 和 J 的值分别为 14、13、12 和 11。

（a）编写一个函数 war()，模拟一次战争游戏，并返回一个元组，该元组包含游戏中比斗的次数、战争次数、两轮战争的次数。注意：在玩家的纸牌下添加纸牌时，一定要先洗牌，以增加模拟的随机性。

（b）编写一个函数 warStats()，带一个正整数 n 作为输入参数。模拟 n 次战争游戏，计算平均比斗次数、战争次数、两轮战争的次数。

6.35 开发一个简单的游戏，教幼儿园孩子学习个位数加法运算。函数 game() 带一个整数 n 作为输入参数。然后提问 n 个个位数加法问题。要求参与加法运算的数字从范围 [0, 9]（即 0 到 9，包含 0 和 9）随机选择。当问题提出后，用户将输入答案。如果答案正确，则函数输出“Correct”，答案错误则输出“Incorrect”。完成 n 次提问后，要求函数输出答案正确的次数。

```
>>> game(3)
8 + 2 =
Enter answer: 10
Correct.
```

```
6 + 7 =
Enter answer: 12
Incorrect.
7 + 7 =
Enter answer: 14
Correct.
You got 2 correct answers out of 3
```

6.36 恺撒密码是一种加密技术，在该技术中，消息中的每一个字母都由字母表上向后偏移固定数值位置的字母代替。这个“固定数”被称为密钥，它的值从 1 到 25。例如，如果密钥为 4，则 A 字母将由 E、B 由 F、C 由 G 替换，以此类推。字母表尾部的字符 W、X、Y 和 Z 将被 A、B、C 和 D 替换。

编写函数 `caesar()`，带两个参数：一个 1 到 25 范围之间的密钥和一个文本文件的文件名（字符串）。要求函数使用输入密钥把文件内容通过恺撒密码加密算法进行加密，并把加密后的内容写入到一个新的文件 `cipher.txt` 中，同时返回加密内容。

```
>>> caesar(3,'clear.txt')
"Vsb Pdqxdo (Wrs vhfuhw)\n\n1. Dozdbv zhdu d gdun frdw.\n2. Dozdbv
zhdu brxu djhqfb'v edgjh rq brxu frdw.\n"
```

6.37 乔治·金斯利·齐夫（George Kingsley Zipf）（1902–1950）观察到一篇文章中第 k 个最常见单词的频率约正比于 $1/k$。这意味着存在一个常量值 C，对于文章中的大多数的单词 w，下列关系式成立：

$$\text{如果 } w \text{ 是第 } k \text{ 个最常见的单词，则 } freq(w) \cdot k \approx C$$

这里，$freq(w)$ 是指单词 w 的频率，即单词 w 在文章中出现的次数除以文章中单词的总数。

实现函数 `zipf()`，带一个文件名作为输入参数。通过输出文件中 10 个最高频单词 w 的 $freq(w) \cdot k$ 值，来验证齐夫观察结果的正确性。处理文件时请忽略大小写和标点符号。

```
>>> zipf('frankenstein.txt')
0.0557319552019
0.0790477076165
0.113270715149
0.140452498306
0.139097394747
0.141648177917
0.129359248582
0.119993091629
0.122078888284
0.134978942754
```

第 7 章

Introduction to Computing Using Python: An Application Development Focus, Second Edition

名称空间

本章将名称空间作为管理程序复杂性的基本结构。随着计算机程序复杂性的增加，有必要采用模块化的方法，并使用若干较小的组件进行开发、测试和调试。这些组件无论是函数、模块还是类，都必须作为一个程序协同工作，且它们不应该相互干扰（以非允许方式）。

由于每个组件都有自己的名称空间，所以模块化和“非干扰”（通常称为封装）才成为可能。名称空间在函数、模块和类中组织命名方案，以便在组件中定义的名称对其他组件不可见。名称空间在函数调用的执行和程序的正常控制流中起着关键的作用。我们将此与由异常引发的异常控制流进行对比。我们引入异常处理作为控制该控制流的一种方法。

本章涵盖程序设计的基本概念和技术。我们在第 8 章中应用它们来创建新类，并在第 10 章中了解递归函数是如何执行的。

7.1 函数封装

在第 3 章中，我们介绍了函数，用于封装代码片段。回顾把代码封装为函数来调用的理由，我们以案例研究 CS.3 中的函数 `jump()` 为例：

模块：turtlefunctions.py

```
def jump(t, x, y):
    '让海龟跳转到坐标 (x, y)'
    t.penup()
    t.goto(x, y)
    t.pendown()
```

函数 `jump()` 提供了一个简洁的方法，使得海龟对象 `t`（即画笔）移动到一个新的位置（在绘画表面）而不留痕迹。在 3 章中，我们在画一个笑脸的函数 `emoticon()` 中多次调用了 `jump()` 函数：

模块：turtlefunctions.py

```
def emoticon(t, x, y):
    '指示海龟 t 在 (x, y) 位置绘制一个有下巴的笑脸'
    t.pensize(3)             # 设置海龟朝向和笔大小
    t.setheading(0)
    jump(t, x, y)            # 移动到 (x, y), 并绘制头部
    t.circle(100)
    jump(t, x+35, y+120)     # 移动并绘制右眼
    t.dot(25)
    jump(t, x-35, y+120)     # 移动并绘制左眼
    t.dot(25)
    jump(t, x-60.62, y+65) # 移动并绘制笑脸
    t.setheading(-60)
    t.circle(70, 120)        # 圆的 120 度部分
```

函数 `jump()` 和 `emoticon()` 展示函数的一些优越性：代码重用、封装和模块化。接下来将一一详细阐述。

7.1.1 代码重用

在一个或多个程序中多次使用的一段代码可以封装在一个函数中。这样，程序员只在函数定义内键入代码片段一次，然后在需要代码片段的地方调用函数。结果程序会变得精简（通过一个函数调用替换代码片段）和清晰（因为函数的名称可以更准确地描述代码片段正在执行的操作）。调试也变得更容易，因为代码片段中的错误只需要修复一次。

在函数 `emoticon()` 中，我们使用了四次函数 `jump()`，结果使得 `emoticon()` 函数更加短小且更具可读性。这也使程序更容易修改：任何修改跳转的操作只需要在 `jump()` 中修改一次。事实上，函数 `emoticon()` 甚至不需要修改。

我们在案例研究 CS.6 中看到了另一个代码重用的示例。CS.6 开发了一个二十一点扑克牌游戏应用程序。因为一副标准 52 张扑克牌的洗牌和给游戏参与者发牌是纸牌游戏中常用的操作，因此我们把洗牌和发牌动作实现为独立的、可重用的函数（`shuffledDeck()` 和 `dealCard()`）。

7.1.2 模块化

开发大型程序的复杂性可以通过将程序分解成更小、更简单、功能独立的部件来解决。每个较小的部分（例如函数）可以独立地设计、实现、测试和调试。

例如，我们把绘制笑脸的问题分解为两个函数。函数 `jump()` 独立于函数 `emoticon()`，可以独立测试和调试。一旦函数 `jump()` 开发完毕，函数 `emoticon()` 就更容易实现。我们还在案例研究 CS.6 中使用模块化的方法，使用了五个函数开发了二十一点扑克牌游戏应用程序。

7.1.3 封装

当在程序中使用函数时，开发人员通常不需要知道它的实现细节，而只需要知道它做了什么。事实上，从开发人员的角度而言，删除实现细节反而使工作更容易。

函数 `emoticon()` 的开发人员不需要知道函数 `jump()` 的工作原理，只需要知道它把海龟（即画笔）抬起并落下到坐标 (x, y) 即可。这简化了开发函数 `emoticon()` 的过程。封装的另一个好处是，如果函数 `jump()` 的实现发生了变化（例如更有效的改进版），函数 `emoticon()` 无须修改。

在二十一点扑克牌游戏应用程序中，洗牌函数和计算手牌的点数函数封装了执行实际工作的代码。其优越性在于二十一点扑克牌游戏的主程序包含有意义的函数调用，例如：

```
deck = shuffledDeck()       #获得洗好的牌
```

和

```
dealCard(deck, player)      #给选手发牌
```

而不是难以读懂的代码。

7.1.4 局部变量

当开发人员调用一个函数但不知道其实现细节时，存在一个潜在的危险。如果在某种程度上，函数的执行不经意地影响了调用程序（即发出函数调用的程序），结果会如何呢？例

如，开发人员可能在调用程序中意外地使用一个变量名称，而这个变量名称恰好是在执行的函数中定义和使用。为了实现封装，这两个变量应该是分开的。函数中定义（即赋值）的变量名应该对调用程序是“不可见的”：它们应该是在函数执行的上下文中只存在于本地的变量，它们不应该影响调用程序中同名的变量。由于函数中定义的变量是*局部变量*，所以实现了这种不可见性。

我们使用如下函数说明了这一点：

模块：ch7.py

```
def double(y):
    x = 2
    print('x = {}, y = {}'.format(x,y))
    return x*y
```

运行模块 `ch7` 之后，我们检查在解释器命令行中没有定义名称 `x` 和 `y`：

```
>>> x
Traceback (most recent call last):
  File "<pyshell#37>", line 1, in <module>
    x
NameError: name 'x' is not defined
>>> y
Traceback (most recent call last):
  File "<pyshell#38>", line 1, in <module>
    y
NameError: name 'y' is not defined
```

接下来我们调用执行函数 double()：

```
>>> res = double(3)
x = 2, y = 3
```

在函数执行过程中，变量 `x` 和 `y` 存在：`y` 被赋值为 3，然后 `x` 被赋值为 2。然而，调用执行该函数之后，在解释器命令行中不存在名称 `x` 和 `y`：

```
>>> x
Traceback (most recent call last):
  File "<pyshell#40>", line 1, in <module>
    x
NameError: name 'x' is not defined
>>> y
Traceback (most recent call last):
  File "<pyshell#41>", line 1, in <module>
    y
NameError: name 'y' is not defined
```

很显然，`x` 和 `y` 仅仅在函数执行过程中存在。

7.1.5 与函数调用相关的名称空间

实际上，更彻底的事实是：在 `double()` 执行过程中定义了的变量名 `x` 和 `y` 对调用程序（在我们的例子中，是解释器命令行）不可见，即使在函数执行过程中也是如此。为了证明这一点，让我们在命令行中定义变量 `x` 和 `y`，然后再执行函数 `double()`：

```
>>> x,y = 20,30
>>> res = double(4)
x = 2, y = 4
```

让我们检查变量 x 和 y（在解释器命令行中定义）是否被更改：

```
>>> x,y
(20, 30)
```

变量 x 和 y 没有被更改。该示例表明存在两组不同的变量名 x 和 y：在解释器命令行中定义的一组变量和在函数执行过程中定义的另一组变量。图 7-1 显示了解释器命令行和执行中的函数各自具有独立的名称空间。每个空间被称为名称空间。解释器命令行有自己的名称空间。每次函数调用将会创建一个新的名称空间。不同的函数调用具有各自不同的相对应的名称空间。其效果是每个函数调用都有自己的“执行区域”，所以它不会干扰调用程序或其他函数的执行。

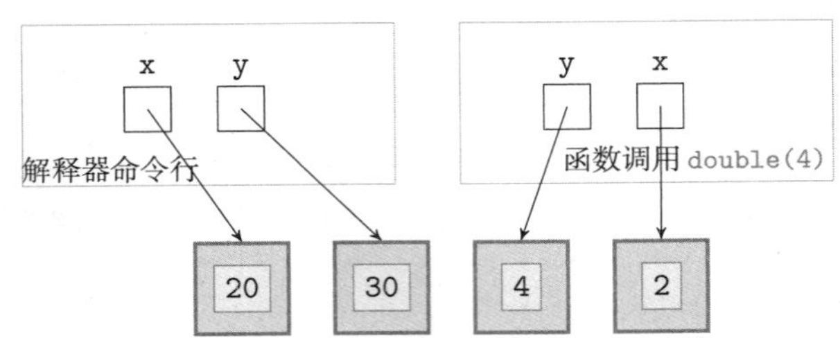

图 7-1　名称空间。变量名 x 和 y 在解释器命令行中定义。在 double(4) 执行过程中，在函数调用名称空间中定义了另一组局部变量 x 和 y

在执行函数调用时分配的名称被称为本地名称，它们是函数调用中的局部名称。函数的局部名称只存在于与函数调用相关的名称空间中。它们具有如下特点：

- 仅对函数中的代码可见。
- 不会影响函数以外定义的名称，即使它们名称相同。
- 仅在函数执行期间存在。在函数开始执行之前不存在，并且在函数完成执行后也不再存在。

练习题 7.1　定义函数 f() 和 g() 如下：

```
>>> def f(y):
        x = 2
        print('In f(): x = {}, y = {}'.format(x,y))
        g(3)
        print('In f(): x = {}, y = {}'.format(x,y))

>>> def g(y):
        x = 4
        print('In g(): x = {}, y = {}'.format(x,y))
```

使用图 7-1 作为范例，图形化地描述使用如下调用执行函数 g() 时，函数 f() 和 g() 的变量名、变量的值和名称空间。

```
>>> f(1)
```

7.1.6　名称空间与程序栈

我们知道每个函数调用将创建一个新的名称空间。如果我们调用一个函数，该函数又调用第二个函数，第二个函数又调用第三个函数，则将有三个名称空间，对应于每一个函数的调用。我们现在讨论操作系统（OS）如何管理这些名称空间。这一点很重要，因为没有操作系统对管理名称空间的支持，就无法实现函数调用。

我们使用如下模块作为运行示例：

模块：stack.py

```
def h(n):
    print('Start h')
    print(1/n)
    print(n)

def g(n):
    print('Start g')
    h(n-1)
    print(n)

def f(n):
    print('Start f')
    g(n-1)
    print(n)
```

运行该模块之后，我们在命令行执行函数调用 `f(4)`：

```
>>> f(4)
Start f
Start g
Start h
0.5
2
3
4
```

图 7-2 描述了 `f(4)` 的执行过程：

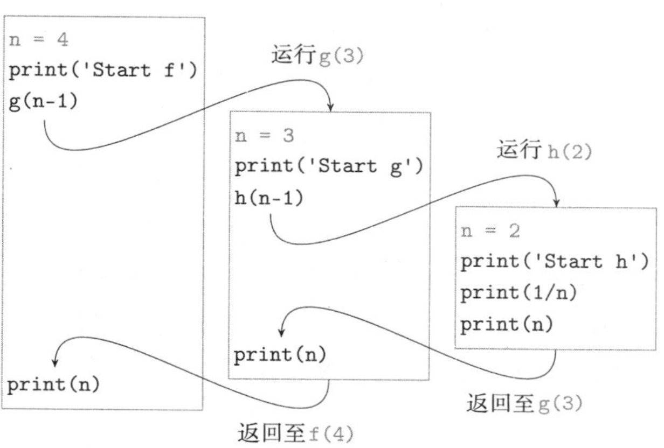

图 7-2 `f(4)` 的执行过程。执行过程从函数调用 `f(4)` 的名称空间开始，其中 n 等于 4。函数调用 `g(3)` 创建一个新的名称空间，其中 n 等于 3，函数 `g()` 使用 n 的这个值（3）执行。函数调用 `h(2)` 创建一个新的名称空间，其中 n 等于 2，函数 `h()` 使用 n 的这个值（2）执行。当 `h(2)` 执行终止后，恢复执行 `g(3)` 及其对应的名称空间，其中 n 等于 3。当 `g(3)` 终止后，恢复执行 `f(4)`

图 7-2 显示了三个不同的名称空间以及其中每个 n 的不同值。为了理解这些名称空间是如何管理的，我们仔细研究 f(4) 的执行过程。

当开始执行 f(4) 时，n 的值是 4。当调用函数 g(3) 时，函数调用 g(3) 对应的名称空间中 n 的值是 3。然而，n 的旧值 4 必须保留，因为 f(4) 的执行还没有完成。当 g(3) 结束后，必须继续执行第 14 行的代码。

在 g(3) 执行开始之前，底层的 OS 存储要完成 f(4) 的执行所需要的所有信息：

- 变量 n 的值（在示例中，值 n=4）
- 恢复继续执行 f(4) 的代码行号（在本实例中，为第 14 行）

OS 把这些信息保存在被称为程序栈的内存中。它被称为栈，因为操作系统会在执行 g(3) 之前将信息压入到程序栈的顶部。如图 7-3 所示。

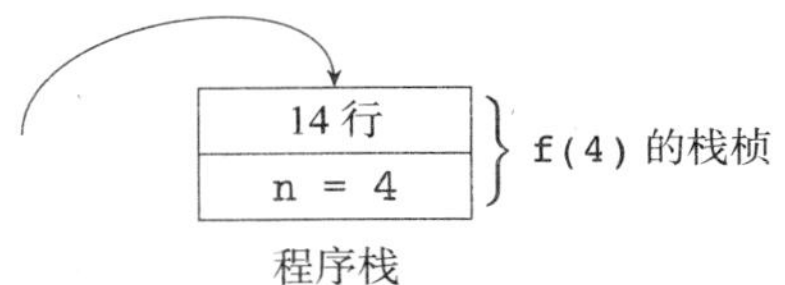

图 7-3　栈帧。一个函数调用把局部变量存储在其栈帧。如果调用另一个函数，则也保存下一次执行的行号

存储与特定未完成函数调用相关的信息的程序栈区域称为栈帧。

当开始执行函数调用 g(3)，n 的值是 3。在 g(3) 的执行过程中，使用输入参数 n-1 =2 调用函数 h()。调用函数 h() 之前，对应于 g(3) 的栈帧被压入到程序栈，如图 7-4 所示。

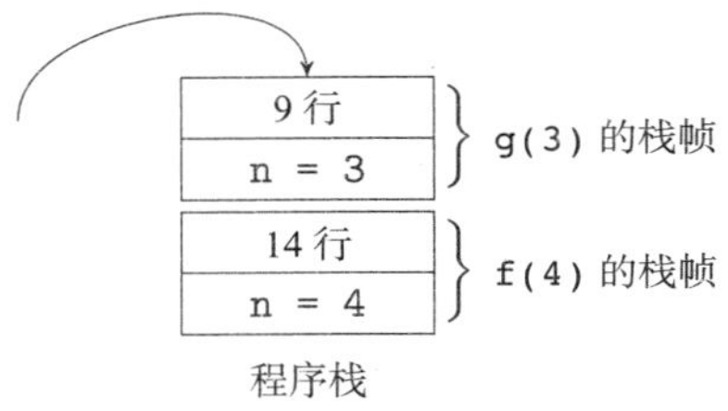

图 7-4　程序栈。如果一个函数在另一个函数中被调用，则被调用的函数的栈帧被压入到调用方的函数的栈帧之上

在图 7-5 中，我们再次描述函数 f(4) 的执行过程，这次同时显示 OS 如何使用程序栈来存储未完成函数调用的名称空间，以便当继续函数调用执行时恢复名称空间。在图 7-5 的上半部分，函数调用系列使用实线箭头描述。每次调用对应一次“压入”栈帧到程序栈的操作，在图中使用虚线箭头表示。

现在，让我们继续仔细分析 f(4) 的执行过程。当 h(2) 执行时，n 是 2，并输出 1/n = 0.5 和 n = 2。然后 h(2) 终止执行。此时，执行控制将返回到函数调用 g(3)。因此，需要恢复与 g(3) 相关联的名称空间，继续上一次停止执行的位置。OS 将通过从程序栈顶部弹出栈帧，并使用栈帧的值执行如下操作：

- 恢复 n 的值为 3（即恢复名称空间）。
- 从第 9 行开始继续执行 g(3)。

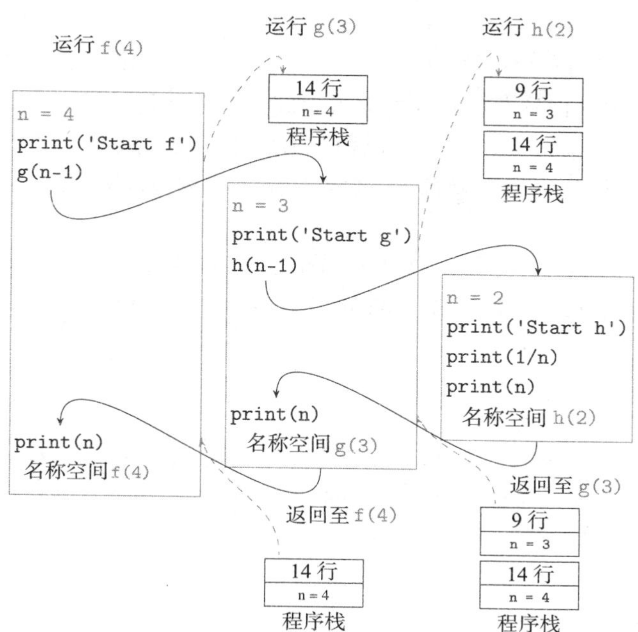

图 7-5 f(4) 的执行过程，第 2 部分。函数调用 f(4) 在自己的名称空间执行。当调用 g(3) 时，f(4) 的名称空间被压入到程序栈。函数调用 g(3) 在自己的名称空间执行。当调用 h(2) 时，g(3) 的名称空间也被压入到程序栈。当函数调用 h(2) 终止时，通过弹出程序栈的顶部栈帧恢复 g(3) 的名称空间，从存储在栈帧中的行（即第 9 行）开始继续执行。当 g(3) 终止时，再次通过弹出程序栈恢复 f(4) 的名称空间和执行

执行第 9 行，结果为输出 n = 3，并终止 g(3)。如图 7-5 所示，程序栈继续弹出并恢复函数调用 f(4) 的名称空间，并从第 14 行开始继续执行 f(4)。结果是输出 n = 4，并终止 f(4)。

知识拓展：程序栈和缓冲区溢出攻击

程序栈是操作系统主存的重要组成部分。程序栈为每个函数调用包含一个栈帧。栈帧用于存储与函数调用有关的本地变量（如 n）。另外，当调用另一个函数时，栈帧用于存储当其他函数终止后恢复执行的指令的行号（即内存地址）。

程序栈还给计算机系统带来一个漏洞，这种漏洞常常用于计算机系统攻击，被称为**缓冲区溢出攻击**。该漏洞在于，函数调用的输入参数，例如 f(4) 中的 4，可以写入程序栈中，如图 7-5 所示。换言之，操作系统在程序栈中分配一个小的空间来存储预期的输入参数（在我们的例子中是一个整数值）。

恶意用户可以用比分配空间大得多的参数调用函数。这种参数可能包含恶意代码，也会把程序栈中的既存行号覆盖为另一个行号。当然这一新的行号将指向恶意代码。

最终，执行程序将弹出包含重写行号的栈帧，并开始执行从该行开始的指令。

7.2 全局名称空间和局部名称空间

我们已经看到，每个函数调用都有一个与它相关联的名称空间。名称空间是在函数执行过程中定义的名称存在空间。也就是说，这些名称的作用范围（即它们所生存的空间）是函

数调用的名称空间。

在 Python 程序中，每一个名称（不管是变量名、函数名还是类型名，不仅仅是局部名称）都有一个作用范围，即该名称存在的名称空间。在其作用范围之外，该名称不存在，任何对它的引用将导致一个错误。在一个函数（函数体）内部赋值定义的名称被称为具有局部作用范围（相对于函数调用为局部），这意味着其名称空间就是与函数调用关联的名称空间。

在解释器命令行或在模块中函数之外赋值定义的名称则被称为具有全局作用范围。其作用范围是与命令行或整个模块关联的名称空间。全局作用范围的变量被称为全局变量。

7.2.1　全局变量

当在解释器命令行中执行一条 Python 语句时，该语句在与命令行关联的名称空间中运行。在此上下文中，名称空间是全局名称空间，其中定义的变量是全局变量。例如：

```
>>> a = 0
>>> a
0
```

a 是全局变量，其作用范围是全局的。

不管是在集成开发环境之内还是之外执行一个模块时，总有一个与执行模块关联的名称空间。在执行该模块的过程中，该名称空间是全局名称空间。任何在函数之外的模块中定义的变量都是全局变量。例如，如下只有一行代码的模块 `scope.py` 中：

模块：scope.py

```
# 一个非常小的模块
a = 0
```

a 是全局变量。

7.2.2　局部作用范围的变量

我们使用一系列示例来说明全局范围和局部范围之间的区别。我们的第一个例子是下面这个奇怪的模块。

模块：scope1.py

```
1 def f(b):          # f 具有全局作用范围，b 具有局部作用范围
2     a = 6          # 这个 a 是函数调用 f() 的局部变量
3     return a*b     # 这个 a 是局部变量 a
4
5 a = 0              # 这个 a 是全局变量
6 print('f(3) = {}'.format(f(3)))
7 print('a is {}'.format(a))          # 全局变量 a 依旧是 0
```

当我们运行该模块时，首先执行函数定义，然后依次执行模块的最后三行代码。名称 `f` 和 `a` 具有全局作用范围。当在第六行调用函数 `f(3)` 时，局部变量 `b` 和 `a` 先后在函数调用 `f(3)` 的名称空间中被定义。局部变量 `a` 与全局变量 `a` 无关，如图 7-6 所示。

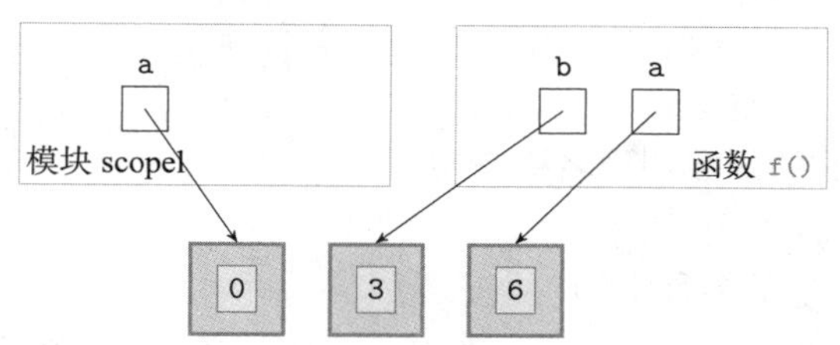

图 7-6　局部变量。在第五行，整数 0 被赋值给全局变量 a。在第六行执行函数调用 f(3) 时，定义了一个相对于函数调用的局部变量 a，并且被赋值为 3

当模块执行时输出如下结果：

```
>>>
f(3) = 18
a is 0
```

注意，执行 f(3) 过程中，当对乘积 a*b 计算结果时，使用的是局部变量名称 a。

7.2.3　全局作用范围的变量

在这个例子中，我们从模块 scope1 中删除第二行代码，得到模块 scope2：

模块：scope2.py

```
1 def f(b):
2     return a*b               # 这个 a 是全局变量 a
3
4 a = 0                        # 这个 a 具有全局作用范围
5 print('f(3) = {}'.format(f(3)))
6 print('a is {}'.format(a)) # 全局变量 a 依旧是 0
```

当我们运行模块 scope2 时，将调用函数 f(3)。图 7-7 显示了函数调用 f(3) 执行时所涉及的变量及其定义的名称空间。

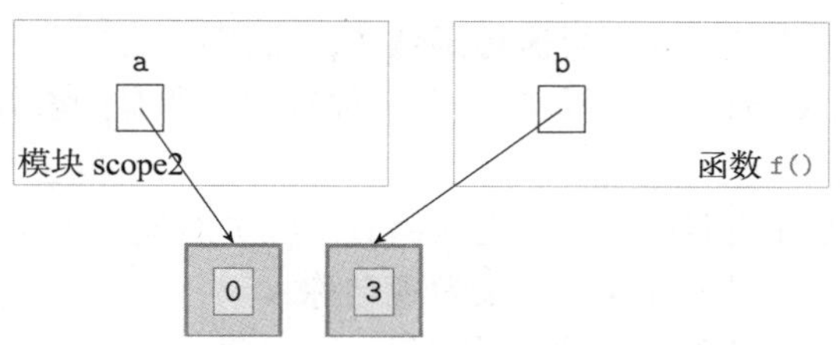

图 7-7　全局变量。在执行第 5 行的函数调用 f(3) 过程中，计算乘积 a*b 时，变量 a 被求值。因为在函数调用名称空间中不存在名称 a，所以使用在全局名称空间中定义的名称 a

在执行 f(3) 的过程中，当计算乘积 a*b 的运算结果时，在函数调用 f(3) 相关联的名称空间中不存在局部变量 a。变量 a 使用的是全局变量 a，其值为 0。运行该程序时，结果如下：

```
>>>
f(3) = 0
a is 0
```

Python 解释器如何确定一个名称是局部名称还是全局名称？

无论什么时候，当 Python 解释器需要确定一个名称（变量、函数，等等）的求值结果时，将按下列顺序搜索名称定义：

1. 首先在包括该名称的函数调用名称空间
2. 然后在全局（模块）名称空间
3. 最后在 builtins 模块的名称空间

在我们的第一个例子模块 `scope1` 中，乘积 `a*b` 中的名称 `a` 解析为局部名称；在第二个例子模块 `scope2` 中，因为在函数调用的局部名称空间中没有名称 `a`，所以 `a` 解析为全局名称 `a`。

内置名称（例如 `sum()`、`len()`、`print()`，等等）是 `builtins` 模块中预定义的名称，Python 启动时自动导入该模块（我们将在 7.4 节中详细讨论内置模块）。图 7-8 显示了模块 `scope2` 中函数调用 `f(3)` 执行时存在的不同名称空间。

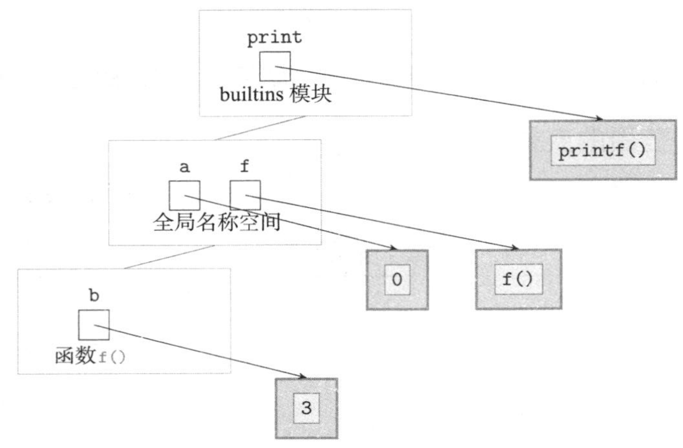

图 7-8　查找名称定义。运行模块 `scope2` 时，在执行 `f(3)` 的过程中，存在三个名称空间。每当 Python 解释器需要解析一个名称时，它开始在局部名称空间中查找。如果没有查到，则接着在全局名称空间中查找。如果还没有查到，在移动到 `builtins` 名称空间中查找

图 7-8 描述了在执行 `f(3)` 时，当执行函数 `f()` 的第二行的语句 `print(a*b)` 过程中如何解析名称。`print(a*b)` 的执行包含三个名称查找，所有的查找都是从函数调用 `f(3)` 的局部名称空间中开始：

1.Python 解释器首先查找名称 `a`。首先在函数 `f(3)` 的局部名称空间中查找。因为不存在，所以继续在全局名称空间中查找，结果发现名称 `a`。

2. 名称 `b` 的查找开始并结束于局部名称空间。

3.（函数）名称 `print` 的查找是从局部名称空间中开始，接着在全局名称空间中查找，最后在模块 `builtins` 名称空间中成功查找到。

7.2.4　在函数中改变全局变量

在最后一个例子中，我们考虑如下情况：假设在模块 `scope1` 中的函数 `f()` 中，语句 `a=0` 的目的是修改全局变量。正如前面所述，在模块 `scope1` 中，函数 `f()` 中的语句其实会创建一个新的同名局部变量。如果我们的目的是让函数修改一个全局变量，则必须使用保留关键字 `global` 来指明一个名称是全局名称。我们使用下面模块来解释关键字 `global`：

模块：scope3.py

```
1 def f(b):
2     global a     # 函数 f() 中所有对 a 的引用都是指向全局变量 a
3     a = 6        # 修改全局变量 a
4     return a*b   # 这个 a 是全局变量
5
6 a = 0            # 这个 a 具有全局作用范围
7 print('f(3) = {}'.format(f(3)))
8 print('a is {}'.format(a))          #  全局变量 a 被修改为 6
```

在第三行中，赋值语句 a=6 把全局变量 a 修改为 6，因为语句 global a 指定名称 a 是全局变量而不是局部变量。上述概念描述如图 7-9 所示。

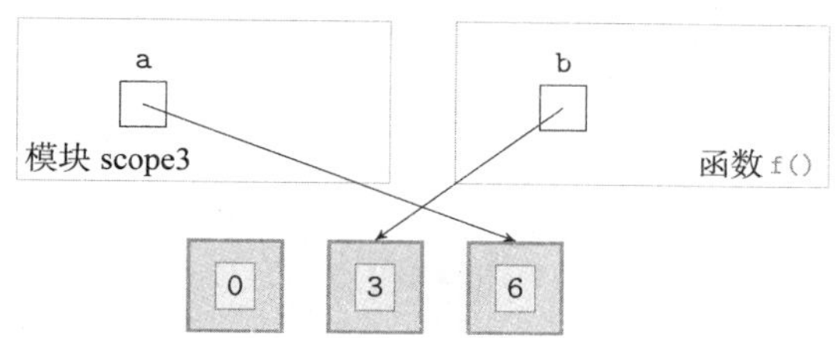

图 7-9 关键字 global。在 f(3) 的执行过程中，执行了赋值语句 a=6。因为名称 a 被定义为指向全局名称 a，因此全局变量 a 被赋值。在函数调用的局部名称空间中没有创建名称 a

当运行该模块时，修改后的全局变量 a 被用于计算 f(3)：

```
>>>
f(3) = 18
a is 6
```

练习题 7.2 请指出如下模块中的每个名称的作用范围，是全局名称还是 f(x) 或 g(x) 的局部名称。

模块：fandg.py

```
def f(y):
    x = 2
    return g(x)

def g(y):
    global x
    x = 4
    return x*y

x = 0
res = f(x)
print('x = {}, f(0) = {}'.format(x, res))
```

7.3 异常控制流

虽然本章讨论的重点是名称空间，但我们还涉及了另一个基本主题：操作系统和名称空间如何支持程序的“正常”执行控制流，特别是函数调用。在本节中，我们考虑当“正常”

执行控制流被异常中断时会发生什么情况，以及控制异常控制流的方法。本节还继续我们在 4.4 节中开始的有关异常的讨论。

7.3.1 异常和异常控制流

错误对象被称为异常，因为当创建错误对象时，程序的正常执行流（例如，程序流程图描述的流程）被中断，执行切换到所谓的*异常控制流*（流程图通常不会描述，因为它不是正常程序执行过程的一部分）。默认的异常控制流是终止程序，并输出包含在异常对象中的错误信息。

我们使用 7.1 节中定义的函数 `f()`、`g()` 和 `h()` 来说明。在图 7-2 中，我们描述了函数调用 `f(4)` 的正常执行流。在图 7-10 中，我们描述了从命令行中执行函数调用 `f(2)` 时发生的情况。

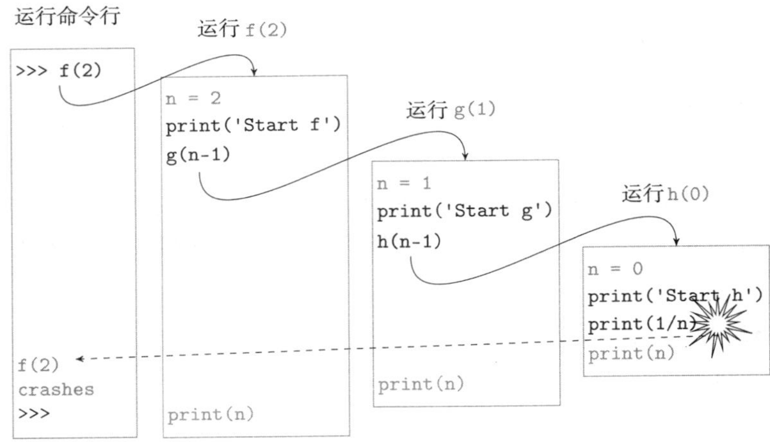

图 7-10 `f(2)` 的执行过程。在命令行中，函数调用 `f(2)` 的正常执行控制流显示为实线箭头：`f(2)` 调用 `g(1)`，然后 `g(1)` 调用 `h(0)`。当尝试对表达式 `1/n=1/0` 求值时，将抛出一个 `ZeroDivisionError` 异常。正常执行控制流被终止：函数调用 `h(0)` 不会继续运行完成，`g(1)` 和 `f(2)` 也不会继续运行完成。异常控制流显示为虚线箭头。不会执行的语句显示为灰色。由于调用 `f(2)` 被终止，因此在命令行输出错误信息

程序执行一直正常，直到函数调用 `h(0)`。在 `h(0)` 的执行过程中，`n` 的值为 0。因此，当对表达式 `1/n` 求值时，产生了错误状态。解释器抛出 `ZeroDivisionError` 异常，并创建一个包含该错误信息的 `ZeroDivisionError` 异常对象。

当抛出异常时，默认的行为是终止发生错误的函数调用。因为错误发生在执行 `h(0)` 时，因此 `h(0)` 的执行被中断。然而，错误同样发生在函数调用 `g(1)` 和 `f(2)` 的执行过程中，因此这两个函数也同样被中断。因此，图 7-10 中显示为灰色的语句永远不会被执行。

当执行返回到命令行时，在命令中输出异常对象中包含的信息：

```
Traceback (most recent call last):
  File "<pyshell#116>", line 1, in <module>
    f(2)
  File "/Users/me/ch7.py", line 13, in f
    g(n-1)
```

```
  File "/Users/me/ch7.py", line 8, in g
    h(n-1)
  File "/Users/me/ch7.py", line 3, in h
    print(1/n)
ZeroDivisionError: division by zero
```

除了错误类型和友好的错误消息之外，输出还包括一个*回溯*（traceback），它包括因错误而中断的所有函数调用。

7.3.2 捕获和处理异常

一些程序当抛出异常时不应该终止运行：服务器程序、命令行程序、以及几乎所有处理请求的程序。由于这些程序接收来自程序外的请求（与用户或文件交互），很难确保程序不会因为输入错误而进入错误状态。即使内部错误发生，这些程序也需要继续提供服务。这意味着，必须改变当发生错误时输出错误消息并终止程序的默认行为。

我们可以通过指定发生异常时的替代行为来更改默认的异常控制流。我们使用 `try/except` 语句对实现该功能。下面这个小应用程序演示了如何使用它们：

模块：age1.py

```
strAge = input('Enter your age: ')
intAge = int(strAge)
print('You are {} years old.'.format(intAge))
```

应用程序请求用户交互式输入其年龄。用户输入的值是一个字符串。输出前被转换为一个整数值。请读者尝试运行！

只要用户输入的值能够转换为一个整数，这个程序就能正常运行。但是，如果用户输入“`fifteen`”，结果会如何呢？

```
>>>
Enter your age: fifteen
Traceback (most recent call last):
  File "/Users/me/age1.py", line 2, in <module>
    intAge = int(strAge)
ValueError: invalid literal for int() with base 10: 'fifteen'
```

因为字符串 `'fifteen'` 无法转换为一个整数，所以引发了异常 `ValueError`。

执行语句 `age=int(strAge)` 时除了“崩溃”处理之外，更好的处理方式是提示用户输入十进制数字的年龄。我们可以通过下面的 `try` 和 `except` 语句对来实现此功能：

模块：age2.py

```
try:
    # try 语句块 --- 先执行，
    # 如果引发了异常，则 try 语句块的执行被中断
    strAge = input('Enter your age: ')
    intAge = int(strAge)
    print('You are {} years old.'.format(intAge))
except:
    # except 语句块 ---
    # 仅当执行 try 语句块引发了异常时才执行
    print('Enter your age using digits 0-9!')
```

try 语句和 except 语句联手工作。各自下面具有其缩进代码。try 语句下面的代码块（从第二行到第六行）首先被执行。如果没有发生错误，则 except 下面的代码块被忽略：

```
>>>
Enter your age: 22
You are 22 years old.
```

然而，如果在执行 try 语句块的过程中引发了异常（例如，strAge 无法转换到一个整数），则 Python 解释器将跳过 try 语句块中的后续语句，并执行 except 语句块中的语句（即从第八行到第十行）：

```
>>>
Enter your age: fifteen
Enter your age using digits 0-9!
```

注意：try 语句块的第一条语句被执行，但不是最后一条被执行的语句。

try/except 语句对的语法格式如下：

```
try:
    <缩进代码块 1>
except:
    <缩进代码块 2>
<非缩进语句>
```

首先尝试执行 <缩进代码块 1>。如果执行顺利没有引发异常，则忽略 <缩进代码块 2>，继续执行 <非缩进语句>。然而，如果在执行 <缩进代码块 1> 过程中引发了一个异常，则 <缩进代码块 1> 中剩余的语句不会被执行，而是执行 <缩进代码块 2>。如果 <缩进代码块 2> 运行完成并且没有引发新的异常，则继续执行 <非缩进语句>。

代码块 <缩进代码块 2> 被称为异常处理程序，因为它处理引发的异常。我们也称一个 except 语句捕获一个异常。

7.3.3 默认异常处理程序

如果一个抛出的异常没有被一个 except 语句捕获（因此没有被用户自定义异常处理程序处理），正在执行的程序将被终止，并输出回溯和错误信息。运行模块 age1.py 并输入一个字符串年龄时可以观测到该行为：

```
>>>
Enter your age: fifteen
Traceback (most recent call last):
  File "/Users/me/age1.py", line 2, in <module>
    intAge = int(strAge)
ValueError: invalid literal for int() with base 10: 'fifteen'
```

这种默认行为实际上是 Python 的默认异常处理程序的工作。换言之，每个抛出的异常都会被捕获和处理，如果不被一个用户自定义处理程序捕获处理，则会被默认异常处理程序捕获处理。

7.3.4 捕获给定类型的异常

在模块 age2.py 中，except 语句可以捕获任何类型的异常。except 语句还可以指定仅仅捕获某种类型的异常，例如，ValueError 异常：

模块：age3.py

```
try:
    # try 语句块
    strAge = input('Enter your age: ')
    intAge = int(strAge)
    print('You are {} years old.'.format(intAge))
except ValueError:
    # except 语句块 --- 仅当 ValueError 才执行
    # 异常在 try 语句块中抛出
    print('Enter your age using digits 0-9!')
```

如果在执行 try 语句块中引发了一个异常，则仅当异常对象与 except 语句中指定的异常类型匹配时（示例中为 ValueError），才会执行异常处理程序。如果一个抛出的异常与 except 语句中指定的异常类型不匹配，则 except 语句不会捕获该异常。作为替代，将被默认异常处理程序捕获并处理。

7.3.5 多重异常处理程序

try 语句后可以紧跟多个 except 语句，每个 except 语句有自己的异常处理程序。我们使用如下的函数 readAge() 为例来说明。readAge() 在一个 try 语句块中尝试打开一个文件，读取第一行内容，并将其转换为一个整数。

模块：ch7.py

```
def readAge(filename):
    ''' 把文件 filename 的第一行内容
        转换为一个整数并输出 '''
    try:
        infile = open(filename)
        strAge = infile.readline()
        age = int(strAge)
        print('age is', age)
    except IOError:
        #仅当抛出 IOError 异常时才执行
        print('Input/Output error.')
    except ValueError:
        #仅当抛出 ValueError 异常时才执行
        print('Value cannot be converted to integer.')
    except:
        #当抛出 IOError 和 ValueError 之外的
        #异常时，执行
        print('Other error.')
```

执行函数 readAge 的 try 代码块时，可能会引发若干不同类型的异常。文件可能不存在：

```
>>> readAge('agg.txt')
Input/Output error.
```

在这种情况下，执行 try 语句块的第一条语句时将抛出 IOError。语句块中剩余的语句将被跳过，执行 IOError 异常处理程序。

另一种错误是文件 age.txt 的第一行不包含可以转换为一个整数值的内容：

```
>>> readAge('age.txt')
Value cannot be converted to integer
```

文件 age.txt 的第一行的内容是 'fifteen\n'，因此尝试把它转换为一个整数时，会引发 ValueError 异常。关联的异常处理程序输出用户友好的提示信息，不中断程序。

最后一个 except 语句将捕获前两个 except 语句没有捕获的任何其他异常。

知识拓展：阿丽亚娜 5 火箭首飞

1996 年 6 月 4 日，由欧洲航天局研发多年的阿丽亚娜 5 型火箭进行了首飞测试。发射后几秒钟，火箭爆炸了。

事故发生的根源是把一个浮点数转换到整数时引发了溢出异常。事故的原因并不是转换失败（事实证明，这并不重要）。真正的原因是没有进行异常处理。正因为如此，火箭控制软件崩溃了，并关闭了火箭电脑。没有了导航系统，火箭开始无法控制地转动，机载控制器使火箭自毁。

这可能是历史上最昂贵的电脑错误之一。

练习题 7.3 为 open() 函数创建一个“包装器”函数 safe-open()。调用 open() 来打开一个在当前工作目录不存在的文件时，会抛出一个异常：

```
>>> open('ch7.px', 'r')

Traceback (most recent call last):
  File "<pyshell#19>", line 1, in <module>
    open('ch7.px', 'r')
IOError: [Errno 2] No such file or directory: 'ch7.px'
```

如果文件存在，则返回一个指向打开文件对象的引用：

```
>>> open('ch7.py', 'r')
<_io.TextIOWrapper name='ch7.py' encoding='US-ASCII'>
```

当使用 safe-open() 打开一个文件时，如果没有引发异常，则返回指向打开文件对象的引用，这和 open() 函数一致。如果尝试打开文件时引发了异常，则 safe-open() 返回 None。

```
>>> safe-open('ch7.py', 'r')
<_io.TextIOWrapper name='ch7.py' encoding='US-ASCII'>
>>> safe-open('ch7.px', 'r')
>>>
```

7.3.6 控制异常流

本节开始以一个例子演示了异常如何中断程序的正常流程。现在我们讨论如何使用适当放置的异常处理程序来控制异常流。我们再次使用在模块 stack.py 中定义的函数 f()、g() 和 h() 作为示例。

模块：stack.py

```
def h(n):
    print('Start h')
```

```
    print(1/n)
    print(n)

def g(n):
    print('Start g')
    h(n-1)
    print(n)

def f(n):
    print('Start f')
    g(n-1)
    print(n)
```

在图 7-10 中，我们说明了对 `f(2)` 求值如何引发一个异常。当执行 `f(0)` 时，尝试对 `1/0` 求值会引发 `ZeroDivisionError` 异常。因为在函数调用 `h(0)`、`g(1)` 和 `f(2)` 中都没有捕获该异常对象，这些函数都会被中断，默认异常处理程序会处理该异常，如图 7-10 所示。

假如我们希望捕获抛出的异常，处理并输出 `'Caught!'`，然后继续正常的程序流。如何编写 `try` 代码块和捕获异常，有几种不同的处理方法供选择。其中一种方法是把最外层的函数调用 `f(2)` 放置在一个 `try` 代码块中（如图 7-11 所示）：

```
>>> try:
        f(2)
except:
        print('Caught!')
```

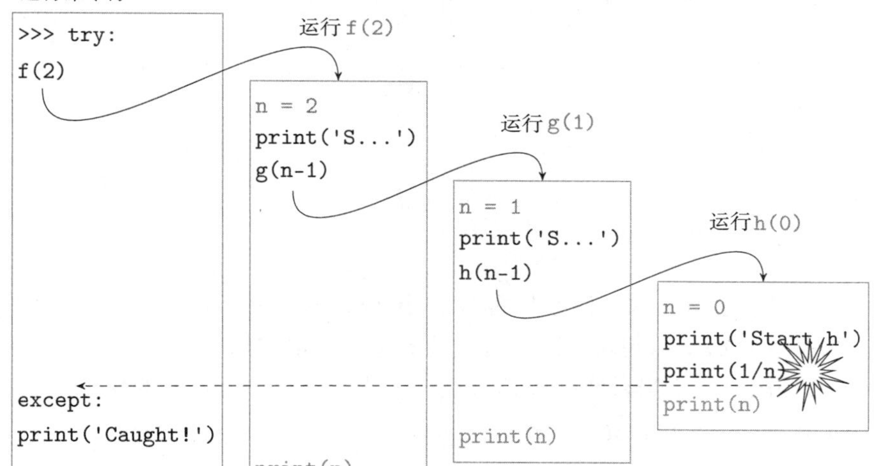

图 7-11　使用一个异常处理程序执行 `f(2)`。在一个 `try` 代码块中运行 `f(2)`。程序正常运行，直到执行 `h(0)` 时抛出了一个异常。正常执行流程被中断：函数 `h(0)` 执行没有完成，`g(1)` 和 `f(2)` 也没有完成。虚线显示了异常执行流程。没有被执行的语句显示为灰色。对应于 `try` 语句块的 `except` 语句捕获异常，匹配的处理程序处理该异常

图 7-11 的执行流程与图 7-10 中描述的平行一致，直到从命令行发出函数调用 `f(2)` 被一个引发的异常中断。因为函数调用位于一个 `try` 语句块，因此该异常被对应的

except 语句捕获并由其异常处理程序处理。输出结果包含异常处理程序输出的字符串 'Caught!'：

```
Start f
Start g
Start h
Caught!
```

与这段执行流程相比，图 7-10 使用默认异常处理程序处理异常。

在上一个例子中，我们选择在调用函数 f(2) 时实现异常处理程序。这体现了函数 f() 开发人员的设计决策，也就是函数用户才比较关注异常处理。

在下一个示例中，函数 h() 开发人员的设计决策是，函数 h() 才应该处理其执行过程中发生的异常。在这个例子中，函数 h() 内原本的代码修改为位于一个 try 语句块中：

模块：stack2.py

```
def h(n):
    try:
        print('Start h')
        print(1/n)
        print(n)
    except:
        print('Caught!')
```

（函数 f() 和 g() 与 stack.py 中的函数定义一模一样。）当运行 f(2) 时，结果如下：

```
>>> f(2)
Start f
Start g
Start h
Caught!
1
2
```

图 7-12 描述了其执行流程。执行流程与图 7-11 中平行一致，直到对 1/0 求值时引发了异常。由于求值处于一个 try 语句块，因此对应的 except 语句捕获了该异常。关联的异常处理程序输出 'Caught!'。当异常处理程序执行完毕，继续执行正常的执行控制流程，函数 h(0)、g(1) 和 f(2) 都执行完毕。

练习题 7.4　假设对 stack.py 做如下修改，则运行 f(2) 时，模块 stack.py 中的哪些语句不会被执行？

(a) 仅在 h() 中添加 try 语句封装语句 print(1/n)。

(b) 在 g() 中添加 try 语句封装三行语句。

(c) 仅在 g() 中添加 try 语句封装语句 h(n-1)。

上述各种情况下，与 try 语句块关联的异常处理程序仅仅输出 'Caught!'。

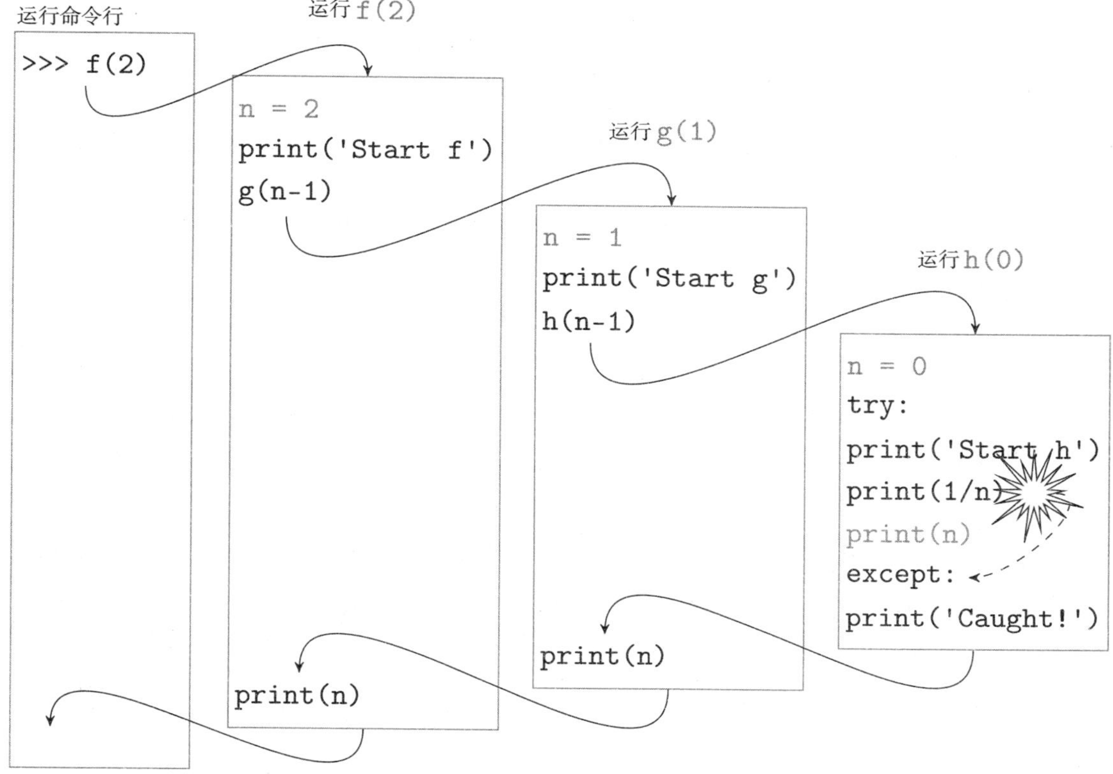

图 7-12 执行 `f(2)`，在 `h()` 中包含一个异常处理程序。正常执行流程显示为黑色箭头。当尝试对 `1/n = 1/0` 求值时，引发了 `ZeroDivisionError` 异常，正常执行流程中断。虚线显示了异常执行流程，没有被执行的语句显示为灰色。由于异常发生在 `try` 语句块中，因此对应的 `except` 语句捕获该异常，关联的异常处理程序处理该异常。然后恢复执行正常执行流程，函数 `h(0)`、`g(1)` 和 `f(2)` 都执行完毕

7.4 模块作为名称空间

到目前为止，我们使用术语模块来描述包含 Python 代码的文件。当执行（导入）模块时，模块也是名称空间。这个名称空间有一个名称，它是模块的名称。在这个名称空间中，包括在模块的全局范围中定义的名称：模块中定义的函数、值和类的名称。这些名称都称为模块的属性。

7.4.1 模块属性

正如前文所述，为了访问标准库模块 `math` 中的所有函数，我们导入模块：

```
>>> import math
```

一旦一个模块被导入，则可以使用 Python 内置函数 `dir()` 查看模块的所有属性：

```
>>> dir(math)
['__doc__', '__file__', '__name__', '__package__', 'acos',
 'acosh', 'asin', 'asinh', 'atan', 'atan2', 'atanh', 'ceil',
```

```
'copysign', 'cos', 'cosh', 'degrees', 'e', 'exp', 'fabs',
'factorial', 'floor', 'fmod', 'frexp', 'fsum', 'hypot', 'isinf',
'isnan', 'ldexp', 'log', 'log10', 'log1p', 'modf', 'pi', 'pow',
'radians', 'sin', 'sinh', 'sqrt', 'tan', 'tanh', 'trunc']
```

（根据正在使用的 Python 版本不同，列表内容也许会稍有差异。）读者可以发现许多已经使用过的数学函数和常量。

使用熟悉的符号访问模块中的名称，可以查看这些名称引用的对象：

```
>>> math.sqrt
<built-in function sqrt>
>>> math.pi
3.141592653589793
```

现在可以理解这个符号的真正含义：`math` 是一个名称空间，而表达式 `math.pi`，则解析为名称空间 `math` 中的名称 `pi`。

知识拓展："其他"导入的属性

`dir()` 函数的输出结果显示了在 `math` 名称空间中存在一些很显然非数学函数或常量的属性：`__doc__`、`__file__`、`__name__` 和 `__package__`。每个导入模块都包含这些名称。这些名称在导入时由 Python 解释器定义，并由 Python 解释器保存，用于记账目的。

模块的名称、包含模块文件的绝对路径名、模块的文档字符串分别存储在变量 `__name__`、`__file__` 和 `__doc__` 中。

7.4.2 导入模块时发生了什么

当 Python 解释器执行 `import` 语句时，它执行如下操作：

1. 查找与模块相对应的文件。
2. 运行模块中的代码，创建在模块中定义的对象。
3. 创建包含这些对象名称的名称空间。

我们将在下一节详细讨论第一步。第二步包括执行模块中的代码，这意味着从上到下执行导入模块中的所有 Python 语句。所有的赋值语句、函数定义、类定义和导入语句都将创建对象（无论是整数或者字符串对象，还是函数、模块或者类），并生成结果对象的属性（即名称）。这些名称将存储在一个新的命名空间中，命名空间的名称通常是模块的名称。

7.4.3 模块搜索路径

现在我们来看看解释器是如何找到要导入的模块所对应的文件的。`import` 语句只列出名称（模块的名称），没有任何目录信息或 .py 后缀。Python 使用 Python 搜索路径来定位模块。搜索路径只是一个目录（文件夹）列表，Python 将在其中寻找模块。标准库模块 `sys` 中定义的变量名称 `path` 指向此列表。因此，通过在 shell 中执行下面命令，可以查看（当前）搜索路径是什么：

```
>>> import sys
>>> sys.path
['/Users/me/Documents', ...]
```

（我们忽略包含标准库模块的长目录列表。）模块搜索路径总是包含顶层模块的目录，我们将在下一节讨论，也包含标准库模块的目录。在每个导入语句中，Python 将从左到右在该列表中的每个目录中搜索请求的模块。如果 Python 找不到模块，则引发一个 ImportError 异常。

例如，假设我们希望导入保存在主目录 /Users/me（或其他任何保存 example.py 的目录）中的模块 example.py：

模块：example.py

```
' 一个示例模块 '
def f():
    ' 函数 f '
    print('Executing f()')

def g():
    ' 函数 g '
    print('Executing g()')

x = 0  #全局变量
```

导入该模块之前，我们运行函数 dir()，检查在命令行名称空间中定义了哪些名称：

```
>>> dir()
['__builtins__', '__doc__', '__name__', '__package__']
```

当不带参数调用函数 dir() 时，结果返回当前名称空间中的名称，在本例中为命令行名称空间。结果似乎只显示了定义的“记账”名称。（请读者阅读下一个有关名称 __builtins__ 的拓展知识。）

现在，让我们尝试导入模块 example.py：

```
>>> import example
Traceback (most recent call last):
  File "<pyshell#24>", line 1, in <module>
    import example
ImportError: No module named example
```

结果并不成功，因为 sys.path 列表中不存在目录 /Users/me。因此让我们把它添加到列表中：

```
>>> import sys
>>> sys.path.append('/Users/me')
```

然后重试：

```
>>> import example
>>> example.f
<function f at 0x15e7d68>
>>> example.x
0
```

运行成功。让我们再次运行 dir() 检查模块 example 是否成功导入：

```
>>> dir()
['__builtins__', '__doc__', '__name__', '__package__', 'example',
 'sys']
```

知识拓展：builtins

名称 __builtins__ 指向 builtins 模块的名称空间，我们在图 7-8 中引用过。

builtins 模块包含了所有的内置类型和函数，通常在启动 Python 时自动导入。使用 dir() 函数列出模块 builtins 的属性可以证明这一点：

```
>>> dir(__builtins__)
['ArithmeticError', 'AssertionError', ..., 'vars', 'zip']
```

注意：使用 dir(__builtins__)，而不是 dir('__builtins__')。

练习题 7.5 在 sys.path 中列举的路径之一中查找 random 模块，打开该模块，查找函数 randrange()、random() 和 sample() 的实现。然后导入该模块到解释器命令行，并使用 dir() 函数查看其属性。

7.4.4 顶层模块

计算机程序通常被拆分为多个文件（即模块）。在每一个 Python 程序中，其中一个模块是特殊的：它包含“主程序”，我们指的是启动应用程序的代码。这个模块称为顶层模块。其余模块本质上是“库”模块，由顶级模块导入，包含应用程序使用的函数和类。

我们已经看到，当一个模块被导入时，Python 解释器在模块名称空间中创建一些“记账”变量。其中一个变量是 __name__。Python 将以下列方式设置它的值：

- 如果模块是作为一个正在运行的顶层模块，则其属性 __name__ 被设置为字符串 __main__。
- 如果该文件被另一个模块（不管顶层模块或其他模块）导入，则其属性 __name__ 被设置为模块的名字。

我们使用下一个模块来说明 __name__ 如何被赋值：

模块：name.py

```
print('My name is {}'.format(__name__))
```

当从命令行中运行该模块（例如，在 IDLE 中按【F5】），它作为主程序运行（即顶层模块）：

```
>>>
My name is __main__
```

因此，导入的模块的 __name__ 属性被设置为 __main__。

知识拓展：顶层模块和模块搜索路径

在上一小节中，我们提到，包含顶层模块的目录包括在搜索路径列表中。让我们检查一下情况是否确实如此。首先运行前述模块 name.py（假设被保存在目录 /Users/me）。然后检查 sys.path 的值：

```
>>> import sys
>>> sys.path
['/Users/me', '/Users/me/Documents', ...]
```

注意，/Users/me/ 包括在搜索路径中。

当从命令行中运行时，模块 name 同样是顶层模块：

```
> python name.py
My name is __main__
```

然而，如果其他模块导入模块 name，则 name 不再是顶层模块。在如下 import 语句中，命令行是导入模块 name.py 的顶层程序：

```
>>> import name
My name is name
```

下面是另一个示例。这个模块仅仅包含，一条导入模块 name.py 的语句：

模块：import.py

```
import name
```

当从命令行运行模块 import.py，它作为主程序运行，并导入模块 name.py：

```
>>>
My name is name
```

两种情况下，导入模块的 __name__ 属性均被设置为模块的名称。

在模块中编写仅当作为顶层模块运行时才执行的代码时，模块的 __name__ 属性才发挥作用。例如，如果模块是一个包含函数定义的“库”模块，而我们希望在模块中添加仅当模块作为顶层模块才运行的调试代码的情况。只需要把所有的调试代码作为下列 if 语句的语句块即可：

```
if __name__ == '__main__':
    # 代码块
```

如果模块作为顶层模块运行，则代码块将被执行；否则，不会被执行。

练习题 7.6 在模块 example.py 中添加代码，调用模块中定义的函数并输出模块中定义的变量的值。仅当模块作为顶层代码运行时才执行添加的代码，例如从命令行中运行：

```
>>>
Testing module example:
Executing f()
Executing g()
0
```

7.4.5 导入模块属性的不同方法

现在我们讨论三种不同的导入模块及其`属性的方法，并讨论每种方法的优点。再次使用 example 模块作为运行示例：

模块：example.py

```
' 一个示例模块 '
def f():
    print('Executing f()')

def g():
    print('Executing g()')
```

```
x = 0  #全局变量
```

访问函数 f()、g() 或全局变量 x 的一种方法是：

```
>>> import example
```

这条导入语句将查找文件 example.py，并运行其中的代码。结果将实例化两个函数对象和一个整型对象，并创建一个名为 example 的名称空间，这个名称空间保存创建的对象的名称。为了访问和使用模块属性，必须指定模块名称空间：

```
>>> example.f()
Executing f()
```

如前所述，直接调用 f() 将导致一个错误。因此，import 语句并不会把名称 f 置于模块 __main__ 的名称空间（导入 example 的模块）。它仅仅导入模块的名称 example，如图 7-13 所示。

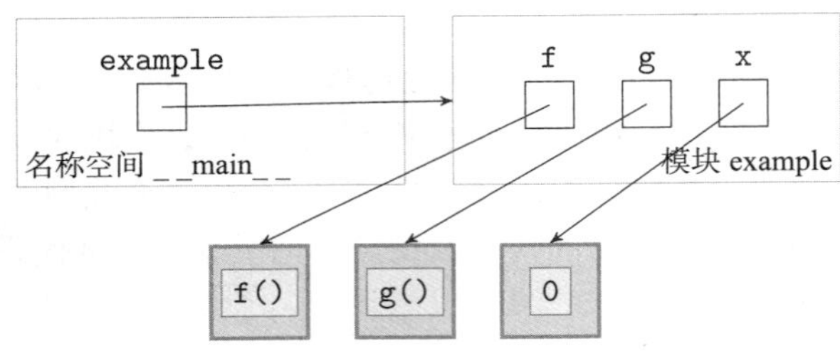

图 7-13　导入一个模块。语句 import example 在调用模块名称空间中创建一个名称 example，example 指向与导入模块 example 关联的名称空间

除了导入模块名称，还可以使用 from 命令导入需要的属性名称本身：

```
>>> from example import f
```

如图 7-14 所示，from 把属性 f 的名称拷贝到主程序（执行导入的模块），因此，可以直接引用 f，而不用指定模块名称。

```
>>> f()
Executing f()
```

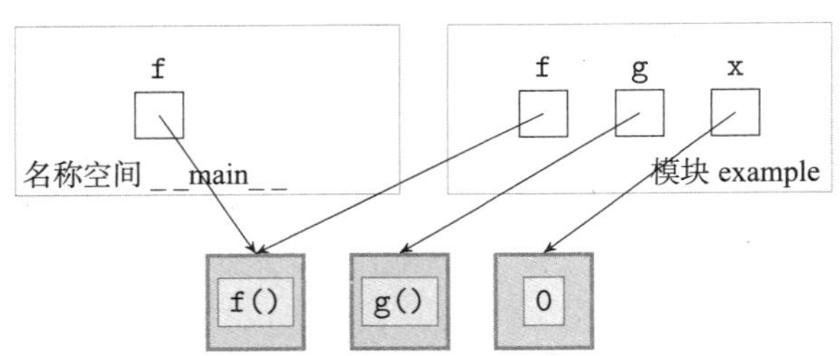

图 7-14　导入一个模块属性。模块属性可以导入到调用方模块名称空间。语句 from example import f 在调用方名称空间创建名称 f，指向对应的函数对象

注意，上述代码仅仅拷贝属性 f，没有拷贝属性 g（如图 7-14 所示）。直接引用 g 将导

致一个错误：

```
>>> g()
Traceback (most recent call last):
  File "<pyshell#7>", line 1, in <module>
    g()
NameError: name 'g' is not defined
```

最后，还可以使用 from 通过通配符 * 导入一个模块中的所有属性：

```
>>> from example import *
>>> f()
Executing f()
>>> x
0
```

图 7-15 显示 example 的所有属性都被拷贝到名称空间 __main__ 中。

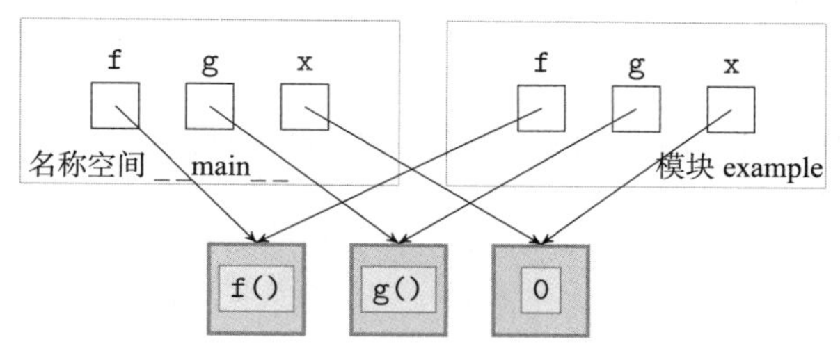

图 7-15　导入模块的所有属性。语句 from example import * 导入模块 example 的所有属性到调用者模块名称空间中

哪种方法最好呢？这是一个很难回答的问题。这三种方法都有其各自的优点。仅仅导入模块名有利于将模块中的名称与主模块分开。这保证了主模块中的名称与导入模块中的相同名称之间不会发生冲突。

从模块中导入单个属性的好处是，在引用属性时不需要使用名称空间作为前缀。这有助于精简代码，因此可读性更强。通过 import * 导入模块所有的属性也具有相同的优点，且导入过程更加简洁。然而，使用 import * 通常不是一个好方法，因为我们可能无意中导入了与主程序中的全局名称冲突的名称。

7.5　类作为名称空间

在 Python 中，每个类都关联一个名称空间。在这一节中我们解释其含义。我们将特别讨论 Python 如何巧妙地使用名称空间来实现类和类方法。

但首先，为什么要关心 Python 是如何实现类的呢？我们一直在使用 Python 的内置类，而无须关注其内部原理。然而，有时我们会希望实现一个 Python 中不存在的类。第 8 章将讨论如何开发一个新的类。因此，了解 Python 如何使用名称空间实现类是非常有用的。

7.5.1　一个类是一个名称空间

在内部，一个 Python 类本质是一个普通的名称空间。名称空间的名称是类的名称，存储在名称空间中的名称是类属性（例如，类方法）。例如，类 list 是名为 list 的名称空间，其中包含 list 类的方法和运算符的名称，如图 7-16 所示。

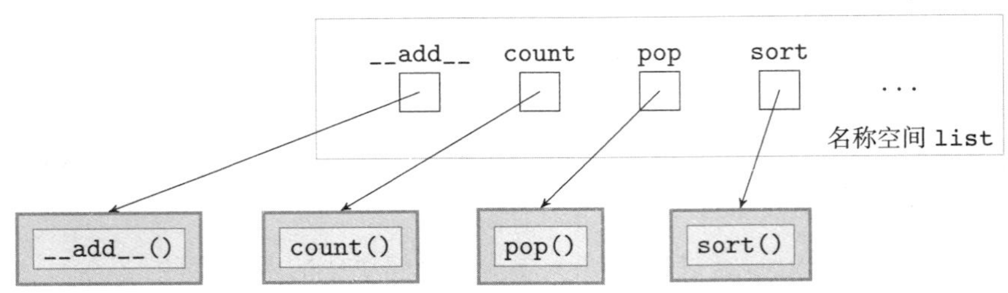

图 7-16 list 名称空间及其属性。类 list 定义了一个名称空间，包括所有列表运算符和方法。每个名称指向相应的函数对象

回顾前文，要访问一个导入模块的属性，我们需要指定定义属性的名称空间（即模块名称）：

```
>>> import math
>>> math.pi
3.141592653589793
```

同样地，类 list 的属性可以使用 list 作为名称空间来访问：

```
>>> list.pop
<method 'pop' of 'list' objects>
>>> list.sort
<method 'sort' of 'list' objects>
```

和其他名称空间一样，可以使用内置函数 dir() 查看定义在 list 名称空间中的所有名称：

```
>>> dir(list)
['__add__', '__class__', '__contains__', '__delattr__',
 ...,
 'index', 'insert', 'pop', 'remove', 'reverse', 'sort']
```

这些是 list 类的运算符和方法的名称。

7.5.2 类方法是在类名称空间中定义的函数

现在我们看看在 Python 中如何实现类方法。继续使用类 list 作为运行示例。假如我们希望对如下列表排序：

```
>>> lst = [5,2,8,1,3,6,4,7]
```

在第 2 章，我们学会了实现该功能的方法：

```
>>> lst.sort()
```

现在我们知道，函数 sort() 实际上是定义在名称空间 list 中的一个函数。事实上，当 Python 解释器执行语句：

```
>>> lst.sort()
```

首先将该语句翻译成：

```
>>> list.sort(lst)
```

尝试执行两条语句，你会发现结果完全相同！

当在列表对象 `lst` 上调用方法 `sort()` 时，实际上发生的事情是在列表对象 `lst` 上调用在 `list` 名称空间中定义的函数 `sort()`。更一般地说，Python 把通过类的实例的方法调用，例如：

```
instance.method(arg1, arg2, ...)
```

自动映射到使用实例作为第一个参数的类名称空间中定义的函数的调用：

```
class.method(instance, arg1, arg2, ...)
```

其中 `class` 是 `instance` 的类型。这条语句是实际上调用的语句。

让我们使用若干其他的例子进一步说明。在列表 `lst` 上的方法调用 `lst.append(9)` 被 Python 解释器翻译成函数调用 `list.append(lst, 9)`。字典 `d` 的方法调用 `d.keys()` 被翻译成 `dict.keys(d)`。

从上述例子可以看出，每个类方法的实现必须包括一个额外的输入参数，对应于调用方法的对象实例。

7.6 电子教程案例研究：使用调试器进行调试

在案例研究 CS.7 中，我们展示了如何使用调试器查找程序中的错误，或者更一般地，分析程序的执行情况。为此，调试器提供了一种方法：在程序语句的任意位置停止程序的执行，并检查程序变量在该点上的值。特别包括查看存储在程序栈帧中的变量。

7.7 本章小结

本章介绍了管理程序复杂性的关键编程语言概念和结构。本章建立在 3.3 到 3.5 节有关函数和参数传递的基础知识之上，并建立了一个框架，该框架将帮助读者在第 8 章中学习开发新的 Python 类以及在第 10 章中学习递归函数的执行原理。

函数的主要优点之一是封装。封装遵循函数的黑盒属性：函数除了通过调用参数（如果有的话）和返回值（如果有的话）和调用程序交互外，不会影响调用程序。函数的这个属性成立的原因在于，每个函数调用都关联一个独立的名称空间，因此在函数调用执行过程中定义的变量名在该函数调用之外是不可见的。

程序的正常执行控制流（函数调用其他函数）需要通过 OS 使用程序栈管理函数调用名称空间。程序栈用于跟踪活动函数调用的名称空间。当异常发生时，程序的正常控制流被中断，并切换到异常控制流程。默认的异常控制流程是中断每一个活动函数调用并输出一条错误消息。在这一章中，我们介绍了使用 `try/except` 语句对进行异常处理，作为管理异常控制流的一种方法。当有必要时，将其用作程序的一部分。

名称空间与导入的模块以及类相关联，如第 8 章所述，对象也是如此。其原因与函数相同：程序组件的行为如果像黑箱一样且不与其他方式相互干扰，则更容易管理。把 Python 的类作为名称空间来理解有助于下一章的学习。下一章我们将学习如何开发新的类。

7.8 练习题答案

7.1 在执行 `g(3)` 的过程中，函数调用 `f(1)` 还没有终止，`f(1)` 有一个相关联的名称空间，在该名称空间，定义了局部变量 `y` 和 `x`，值分别为 1 和 2。函数调用 `g(3)` 同样也有一个相关联的名称空间，包含不同的名称 y 和 x，分别指向值 3 和 4。

它们的名称空间如下图所示。

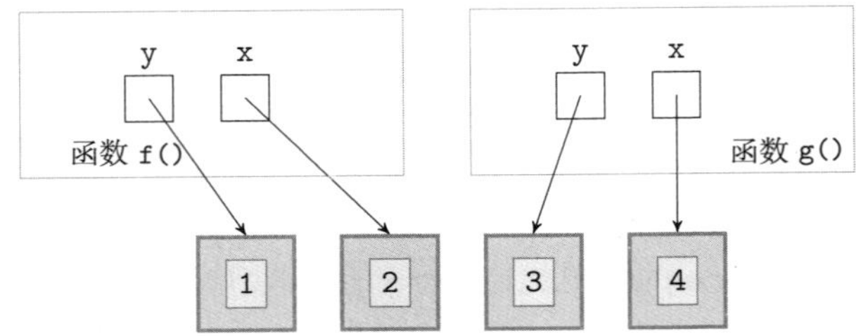

7.2　本题答案采用嵌入注释的方式给出：

```
def f(y):          #f 是全局名称，y 是 f() 的局部变量
    x = 2          #x 是 f() 的局部变量
    return g(x)    #g 是全局名称，x 是 f() 的局部变量

def g(y):          #g 是全局名称，y 是 g() 的局部变量
    global x       #x 是全局变量
    x = 4          #x 是全局变量
    return x*y     #x 是全局变量，y 是 g() 的局部变量

x = 0              #x 是全局变量
res = f(x)         #res、f 和 x 是全局变量
print('x = {}, f(0) = {}'.format(x, res)) #同上
```

7.3　函数的参数与 open() 函数的参数相同。打开文件和返回打开文件引用的语句应该位于 try 代码块中。异常处理程序仅仅返回 None。

```
def safe-open(filename, mode):
    ' 返回文件 filename 的句柄，如果发生错误，则返回 None '
    try:
        # try 语句块
        infile = open(filename, mode)
        return infile
    except:
        # except 语句块
        return None
```

7.4　没有被执行的语句如下：

(a) 所有的语句都被执行。

(b) h() 和 g() 的最后一条语句。

(c) h() 的最后一条语句。

7.5　在 Windows 系统，包含模块 random 的文件夹是 C:\\Python3x\lib，根据使用的 Python 3 的版本不同，其中 x 可能为 1、2、或其他数字；在 Mac 系统，对应的文件夹是 /Library/Frameworks/Python.Framework/Versions/3.x/lib/python31。

7.6　在 example.py 后面添加如下代码：

```
if __name__ == '__main__':
    print('Testing module example:')
    f()
    g()
    print(x)
```

7.9 习题

7.7 使用图 7-5 作为范例，描述函数调用 `f(1)` 的执行过程，以及程序栈的状态。函数 `f()` 在模块 `stack.py` 中定义。

7.8 如下程序有什么问题？

模块：probA.py

```
print(f(3))
def f(x):
    return 2*x+1
```

下一个程序是否存在同样问题？

模块：probB.py

```
def g(x):
    print(f(x))

def f(x):
    return 2*x+1

g(3)
```

7.9 在案例研究 CS.6 中开发的二十一点扑克牌游戏应用程序由五个函数组成。因此，程序中定义的所有变量都是局部变量。然而，其中一些局部变量作为参数传递给其他函数，因此它们引用的对象是（故意）共享的。对于每个这样的对象，指出该对象在哪个函数中创建，以及哪些函数访问该对象。

7.10 本习题与模块 `one`、`two` 和 `three` 相关：

模块：one.py

```
import two

def f1():
    two.f2()

def f4():
    print('Hello!')
```

模块：two.py

```
import three

def f2():
    three.f3()
```

模块：three.py

```
import one

def f3():
    one.f4()
```

当模块 `one` 被导入到解释器命令行后，可以执行 `f1()`：

```
>>> import one
```

```
>>> one.f1()
Hello!
```

（为了保证程序正确运行，列表 sys.path 应该包括存有这 3 个模块的文件夹。）使用图 7-3 作为范例，绘制对应于三个导入模块的名称空间和命令行名称空间。描述三个导入名称空间中定义的名称及其指向的对象。

7.11 导入上一道习题的模块 one 之后，可以查看 one 的属性：

```
>>> dir(one)
['__builtins__', '__doc__', '__file__', '__name__', '__package__',
'f1', 'f4', 'two']
```

然而，我们不能使用同样的方法查看 two 的属性：

```
>>> dir(two)
Traceback (most recent call last):
  File "<pyshell#202>", line 1, in <module>
    dir(two)
NameError: name 'two' is not defined
```

为什么呢？注意导入模块 one 强制导入模块 two 和 three。如何使用函数 dir() 查看它们的属性？

7.12 使用图 7-2 作为范例，描述函数调用 one.f1() 的执行流程。函数 f1() 定义在模块 one.py 中。

7.13 修改案例研究 CS.6 中的模块 blackjack.py，使得当模块作为顶层模块运行时，调用函数 blackjack()（换言之，开始二十一点扑克牌游戏）。通过在系统的命令行中运行程序以测试你的解决方案：

```
> python blackjack.py
House:    7 ♣     8 ◇
  You:   10 ♣     J ♠
Hit or stand? (default: hit):
```

7.14 假设列表 lst 为：

```
>>> lst = [2,3,4,5]
```

把下列列表方法调用翻译成相应的命名空间 list 中的函数调用：

(a)lst.sort()

(b)lst.append(3)

(c)lst.count(3)

(d)lst.insert(2, 1)

7.15 把下列字符串方法调用翻译成相应的命名空间 str 中的函数调用：

(a)'error'.upper()

(b)'2,3,4,5'.split(',')

(c)'mississippi'.count('i')

(d)'bell'.replace('e','a')

(e)' '.format(1,2,3)

7.10 思考题

7.16 思考题 6.27 中的函数 index() 的第一个输入参数应该为一个文本文件名。如果解释器找不到该文件或者无法读取该文件，将引发一个异常。重新实现函数 index()，使得结果输出如下信息：

```
>>> index('rven.txt', ['raven', 'mortal', 'dying', 'ghost'])
File 'rven.txt' not found.
```

7.17 在思考题 6.35 中，要求读者开发一个应用程序，请求用户求解加法运算问题。要求用户使用数字 0 到 9 输入答案。

重新实现函数 game() 以处理用户输入非数字的情况，并输出友好的提示信息，例如："请使用数字 0 到 9 输入答案。请重试一次!"，为用户提供重新输入答案的机会。

```
>>> game(3)
8  +  2  =
请输入答案 : ten
请使用数字 0 到 9 输入答案。请重试一次!
请输入答案 : 10
正确。
```

7.18 在案例研究 CS.6 中开发的二十一点扑克牌游戏应用程序包含 dealCard() 函数，用于从一副牌的顶部弹出一张扑克牌并发给游戏参与者。一副牌采用扑克牌列表的形式实现，从一副扑克牌弹出顶部的扑克牌对应于列表的 pop 操作。如果函数在一副空的扑克牌上调用，即尝试弹出一个空的列表，将会引发 IndexError 错误。

修改二十一点扑克牌游戏应用程序，处理当试图从一副空的扑克牌发牌时引发的异常。要求异常处理程序创建一副新的洗好的牌，并从新牌的顶部发一张牌。

7.19 实现函数 inValues()，请求用户输入若干非零浮点数。当用户输入的值不是数值时，重新给用户提供一次输入机会。如果连续发生两次错误，则退出程序。当用户输入 0 时，要求函数返回用户输入的所有正确值的和。使用异常处理程序检测非法输入。

```
>>> inValues()
Please enter a number: 4.75
Please enter a number: 2,25
Error. Please re-enter the value.
Please enter a number: 2.25
Please enter a number: 0
7.0
>>> inValues()
Please enter a number: 3.4
Please enter a number: 3,4
Error. Please re-enter the value.
Please enter a number: 3,4
Two errors in a row. Quitting ...
```

7.20 在思考题 7.19 中，仅当用户连续输入两次错误时程序才退出。实现该程序的另一个版本，当用户两次输入错误时（即使前一次输入正确），也退出程序。

7.21 当在命令行执行 input() 函数时，如果按【Ctrl + C】键，将引发一个 KeyboardInterrupt 异常。例如：

```
>>> x = input()          #按【Ctrl + C】键
Traceback (most recent call last):
  File "<stdin>", line 1, in <module>
KeyboardInterrupt
```

创建一个封装函数 safe_input()，其功能与函数 input() 类似，不同之处是当引发异常时什么也不返回。

```
>>> x = safe_input()     #按【Ctrl + C】键
>>> x                    #x 为 None
>>> x = safe_input()     #键入 34
34
>>> x                    #x 为 34
'34'
```

面向对象的程序设计

本章描述如何实现新的 Python 类，并介绍面向对象程序设计（OOP）。

程序设计语言（例如 Python）允许开发人员定义新的类有若干原因。为特定应用程序定制的类将使应用程序更直观且更容易开发、调试、阅读和维护。

创建新类的能力也提供了一种构建应用程序的新方法。函数公开用户的行为，但封装（即隐藏）其实现。类似地，类向用户公开可以应用于类对象的方法，但封装了包含在对象中的数据的存储方式，以及类方法的实现细节。由于每个类和对象都与细粒度定制的名称空间相关联，因此实现了类的这种属性。OOP 是一种软件开发理念，通过把应用程序组织为组件（类和对象）来实现模块化和代码可移植性。

8.1 定义新的 Python 类

现在我们将解释如何用 Python 定义一个新类。我们开发的第一个类是类 `Point`，一个表示平面上（你也可以认为是地图上）的点的类。更确切地说，类 `Point` 的对象对应于二维平面中的一个点。回想一下，平面上的每个点都可以用它的 x 轴坐标和 y 轴坐标来指定，如图 8-1 所示。

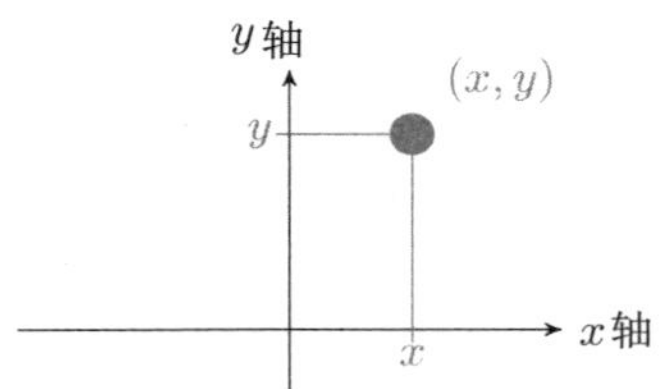

图 8-1 平面上的一个点。`Point` 类型的对象表示平面上的一个点。一个点由其 x 坐标和 y 坐标来定义

实现类 `Point` 之前，我们需要先确定其行为，即其支持哪些方法。

8.1.1 类 `Point` 的方法

让我们描述一下如何使用类 `Point`。要创建一个 `Point` 对象，可以使用 `Point` 类的默认构造函数。这与使用 `list()` 或 `int()` 的默认构造函数来创建一个列表或整数对象完全一致。

```
>>> point = Point()
```

（温馨提示：我们还没有实现类 `Point`，这里的代码只是为了说明我们希望类 `Point` 如何表现。）

创建了一个 `Point` 对象之后，我们将使用方法 `setx()` 和 `sety()` 设置其坐标：

```
>>> point.setx(3)
>>> point.sety(4)
```

此时，Point 对象 point 有了自己的坐标。我们可以使用方法 get() 来检查：

```
>>> point.get()
(3, 4)
```

方法 get() 将返回 point 的坐标，结果为一个元组对象。现在，要把 point 下移三个单位，我们可以使用方法 move()：

```
>>> point.move(0,-3)
>>> point.get()
(3, 1)
```

我们还可以改变 point 的坐标：

```
>>> point.sety(-2)
>>> point.get()
(3, -2)
```

总结我们希望类 Point 支持的方法如表 8-1 所示。

表 8-1　类 Point 的方法。其中说明了类 Point 的四种方法的使用方式。point 指向 Point 类型的对象

方　法	说　明
point.setx(xcoord)	把 point 的 x 坐标设置为 xcoord
point.sety(ycoord)	把 point 的 y 坐标设置为 ycoord
point.get()	返回 point 的 x 坐标和 y 坐标，结果为一个元组 (x, y)
point.move(dx, dy)	把 point 的坐标从当前值 (x, y) 修改为 (x+dx, y+dy)

8.1.2　类和名称空间

正如我们在第 7 章中所了解到的，每个 Python 类有一个名称空间与之相关联，名称空间的名称是类的名称。名称空间的目的是存储类属性的名称。类 Point 有一个相关联的名为 Point 的名称空间。这个名称空间包括类 Point 的名称，如图 8-2 所示。

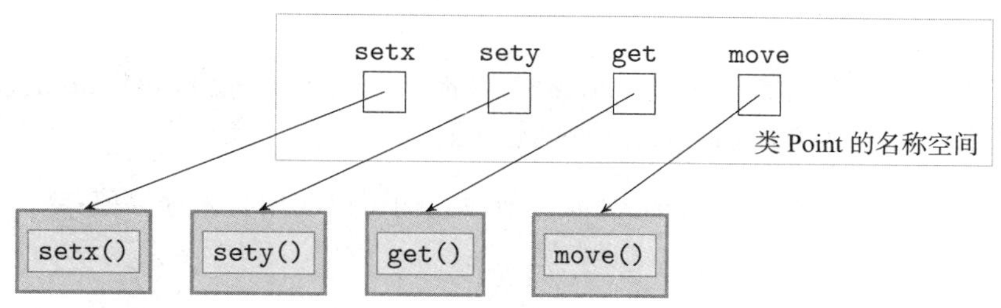

图 8-2　类 Point 及其属性。定义类 Point 时，同时定义了与类相关联的名称空间，这个名称空间包括类的属性

图 8-2 显示了名称空间 Point 中的每个名称如何指向一个函数的实现。让我们考虑函数 setx() 的实现。

在第 7 章，我们了解到 Python 把一个如下的方法调用

```
>>> point.setx(3)
```

翻译成：

```
>>> Point.setx(point, 3)
```

所以，`setx()` 是一个定义在名称空间 `Point` 中的函数。它包含两个而不是一个参数：调用该方法的 `Point` 对象，*x* 坐标。因此，`setx()` 的实现应该类似于下面所示：

```
def setx(point, xcoord):
    # setx 的具体实现
```

函数 `setx()` 应该存储 *x* 坐标值 `xcoord`，以便后续能够访问（例如，通过方法 `get()` 访问）。遗憾的是，下面的代码并不能实现存储功能：

```
def setx(point, xcoord):
    x = xcoord
```

因为 `x` 是一个局部变量，一旦函数调用 `setx()` 终止，`x` 就会消失。那么，`xcoord` 的值应该保存在何处以便后续代码访问呢？

8.1.3　每个对象都有一个关联的名称空间

我们知道每个类都有一个相关联的名称空间。事实上，不仅仅是类，每个 Python 对象也有自己独立的名称空间。当我们初始化一个 Point 类型的新对象并赋值给一个名称 `point` 时，例如：

```
>>> point = Point()
```

将创建一个名为 `point` 的名称空间，如图 8-3a 所示。

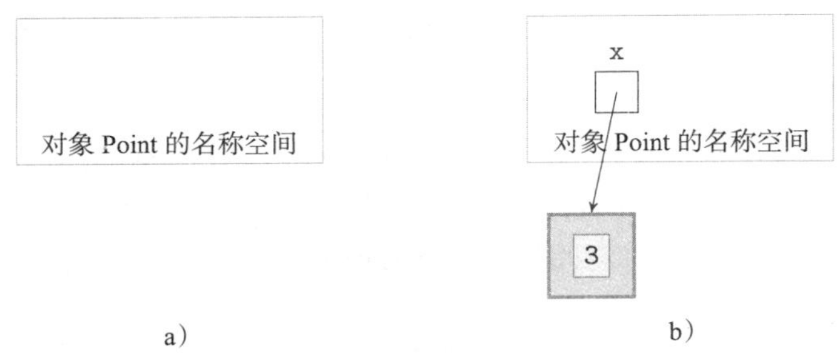

图 8-3　一个对象的名称空间。a) 每个 `Point` 对象都有一个名称空间。b) 语句 `point.x=3` 把 3 赋值给定义在名称空间 `point` 中的变量 `x`

因为一个名称空间与对象 `point` 关联，所以我们可以使用它来存储值：

```
>>> point.x = 3
```

这条语句在名称空间 `point` 中创建名称 `x`，并赋值为一个整数对象，如图 8-3b 所示。

让我们回到方法 `setx()` 的实现。我们现在有了一个保存 `Point` 对象的 *x* 坐标的地方。我们把它保存在相关联的名称空间中。方法 `setx()` 可以实现如下：

```
def setx(point, xcoord):
    point.x = xcoord
```

8.1.4　类 `Point` 的实现

现在我们准备好编写类 `Point` 的实现了：

模块：ch8.py

```
class Point:
    ' 表示平面上点的类 '
    def setx(self, xcoord):
        ' 把点的 x 坐标设置为 xcoord '
        self.x = xcoord
    def sety(self, ycoord):
        ' 把点的 y 坐标设置为 ycoord '
        self.y = ycoord
    def get(self):
        ' 返回点的 x 坐标和 y 坐标，结果为元组 '
        return (self.x, self.y)
    def move(self, dx, dy):
        ' 把 x 坐标和 y 坐标改变为 dx 和 dy '
        self.x += dx
        self.y += dy
```

保留关键字 `class` 用于定义一个新的 Python 类。`class` 语句与 `def` 语句十分类似。一个 `def` 语句定义一个新的函数并赋予该函数一个名称；一个 `class` 语句定义一个新的类型并赋予该类型一个名称。（两者与赋值语句类似，为一个对象赋予一个名称。）

紧跟在 `class` 关键字后的是类的名称，正如 `def` 语句后跟函数名称。与函数定义的另一个相似之处是 `class` 语句下面的文档字符串，将由 Python 解释器处理，作为类的文档的一部分。

类由其属性定义。类属性（例如，类 `Point` 的四个方法）定义在语句“`class Point:`”下面的缩进语句块中。

每个类方法的第一个输入参数指向调用该方法的对象。我们已经实现了方法 `setx()`：

```
def setx(self, xcoord):
    ' 把点的 x 坐标设置为 xcoord '
    self.x = xcoord
```

我们修改了一处实现代码。指向调用方法 `setx()` 的 `Point` 对象的第一个参数被命名为 `self`，而不是 `point`。实际上，第一个参数的名称可以任意，关键在于它指向调用该方法的对象。然而，Python 开发人员遵循的惯例是使用名称 `self` 表示调用该方法的对象，我们遵循该惯例。

方法 `sety()` 和方法 `setx()` 类似：它把 y 坐标存储在变量 `y` 中，变量 `y` 同样定义在调用对象的名称空间中。方法 `get()` 返回定义在调用对象名称空间中的变量 `x` 和 `y` 的值。最后，方法 `move()` 改变与调用对象关联的变量 `x` 和 `y` 的值。

现在我们测试新建的类 `Point`。首先通过运行模块 `ch8.py` 执行类定义，然后尝试如下操作：

```
>>> a = Point()
>>> a.setx(3)
>>> a.sety(4)
>>> a.get()
(3, 4)
```

练习题 8.1 向类 `Point` 中添加方法 `getx()`。该方法不带输入参数，返回调用该方法的 `Point` 对象相关联的 x 坐标。

```
>>> a.getx()
3
```

8.1.5 实例变量

定义在一个对象的名称空间中的变量（例如在 Point 对象 a 中的变量 x 和 y）称为实例变量。每个类的实例（对象）都有自己的名称空间，因此具有各自独立的实例变量副本。

例如，假如我们创建第二个 Point 对象如下：

```
>>> b = Point()
>>> b.setx(5)
>>> b.sety(-2)
```

实例变量 a 和 b 将各自具有自己的实例变量 x 和 y 的副本，如图 8-4 所示。

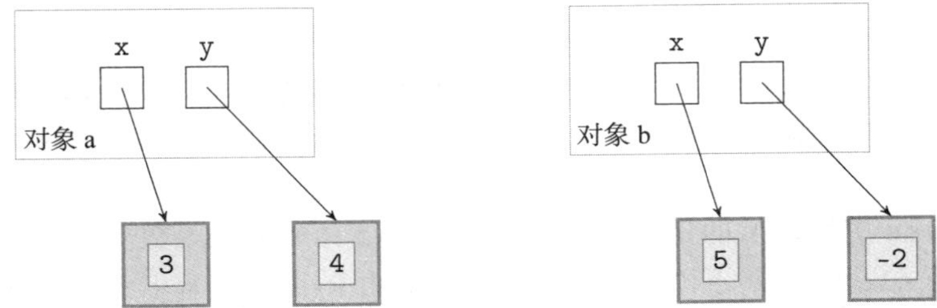

图 8-4 实例变量。类型 Point 的每个对象具有其独自的实例变量，存储在与对象相关联的名称空间

事实上，实例变量 x 和 y 可以通过指定相应的实例来访问：

```
>>> a.x
3
>>> b.x
5
```

当然，也可以直接改变其值：

```
>>> a.x = 7
>>> a.x
7
```

8.1.6 实例继承类属性

名称 a 和 b 指向类型 Point 的对象，因此 a 和 b 的名称空间应该与 Point 名称空间有某种关联，Point 名称空间包含可以在对象 a 和 b 上调用的类方法。我们可以使用 Python 函数 dir() 进行验证。第 7 章介绍了 dir() 函数，该函数带一个名称空间作为参数并返回定义在该名称空间中的名称列表：

```
>>> dir(a)
['__class__', '__delattr__', '__dict__', '__doc__', '__eq__',
 ...
 '__weakref__', 'get', 'move', 'setx', 'sety', 'x', 'y']
```

（省略了若干行输出内容。）

和预期一样，列表中包含实例变量 x 和 y。但同时也包含 Point 类的方法：setx、sety、get 和 move。我们称对象 a 继承了类 Point 的所有属性，就像孩子继承父母的属性一样。因此，类 Point 的所有属性均可以通过名称空间 a 来访问。让我们验证如下：

```
>>> a.setx
<bound method Point.setx of <__main__.Point object at 0x14b7ef0>>
```

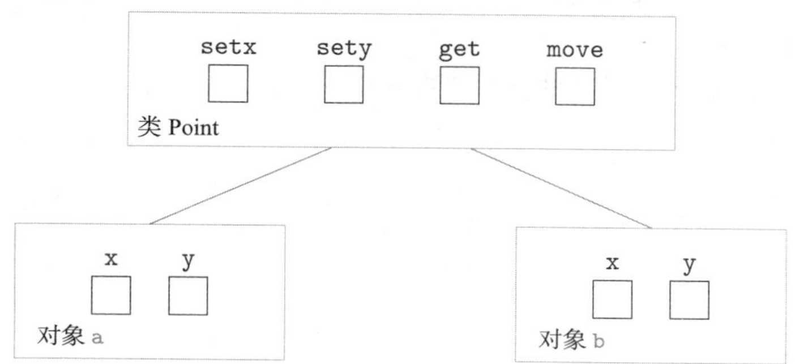

图 8-5　示例和类属性。类型 Point 的每个对象都有其独自的实例变量 x 和 y。它们均继承类 Point 的所有属性

对象 a、b 和类 Point 的名称空间的关系如图 8-5 所示。理解如下概念十分重要：方法名称 setx、sety、get 和 move 定义在名称空间 Point，而不是定义在名称空间 a 或者 b 中。因此，当对表达式 a.setx 求值时，Python 解释器使用如下步骤：

1. 首先尝试在对象 a（名称空间）中查找名称 setx。

2. 如果在名称空间 a 中不存在 setx，则尝试在名称空间 Point 中查找 setx（并且查找到）。

8.1.7　类定义的一般格式

类定义语句的语法格式如下：

```
class <类名称>:
    <类变量1> = <value>
    <类变量2> = <value>
    ...
    def <类方法1>(self, arg11, arg12, ...):
        <类方法1的实现>
    def <类方法2>(self, arg21, arg22, ...):
        <类方法2的实现>
    ...
```

（后续章节将讨论其更一般的格式。）

一个类定义的第一行为 class 关键字后跟 <类名称>，即类的名称。在上例中，类名称是 Point。

第一行之后是类属性的定义。每一个定义相对于第一行缩进。类属性可以是类方法或者类变量。在类 Point 中定义了四个类方法，但没有定义类变量。类变量是定义在类的名称空间中的变量。

练习题 8.2　在解释器命令行中，先定义类 Test，然后创建 Test 的两个实例：

```
>>> class Test:
        version = 1.02
```

```
>>> a = Test()
>>> b = Test()
```

类 Test 只有一个属性，即类变量 version，指向一个浮点值 1.02。

(a) 绘制与类和两个对象相关联的名称空间、其中包含的名称（如果有的话），以及名称指向的值（如果有的话）。

(b) 执行下列语句，并补充问号位置的内容：

```
>>> a.version
???
>>> b.version
???
>>> Test.version
???
>>> Test.version=1.03
>>> a.version
???
>>> Point.version
???
>>> a.version = 'Latest!!'
>>> Point.version
???
>>> b.version
???
>>> a.version
???
```

(c) 绘制执行上述语句之后的名称空间的状态。请解释最后三个表达式为什么出现了这样的求值结果。

8.1.8 编写类的文档

为了能够通过 help() 工具获取有用的文档信息，为一个新的类正确编写文档十分重要。我们定义的类 Point 包含一个文档字符串，每个方法也有一个文档字符串：

```
>>> help(Point)
Help on class Point in module __main__:

class Point(builtins.object)
 |表示平面上点的类
 |
 |  Methods defined here:
 |
 |  get(self)
 |返回点的 x 和 y 坐标，结果为元组
 |
 ...
```

（省略了剩余的输出内容。）

8.1.9 类 Animal

在继续下一节之前，让我们把迄今为止所学的一切付诸实践，开发一个叫作 Animal 的新类，它是动物的抽象，并支持如下三种方法：

- setSpecies(species)：把动物对象的种类设置为 species。

- setLanguage(language)：把动物对象的语言设置为 language。
- speak()：输出如下所示的有关动物的信息。

通过如下示例展示类的表现行为：

```
>>> snoopy = Animal()
>>> snoopy.setSpecies('dog')
>>> snoopy.setLanguage('bark')
>>> snoopy.speak()
I am a dog and I bark.
```

首先编写类定义的第一行：

```
class Animal:
```

然后在缩进代码块中定义三个类方法。首先编写 setSpecies()。虽然方法 setSpecies() 使用一个参数（动物的种类 species），但是必须定义为带两个输入参数的函数：指向调用方法的对象的 self 参数和 species 参数。

```
def setSpecies(self, species):
    self.species = species
```

注意，我们把实例变量命名为 species，这和局部变量 species 同名。因为实例变量定义在 self 的名称空间，而局部变量定义在函数调用的名称空间，故二者不会产生冲突。

方法 setLanguage() 的实现和 setSpecies() 类似。方法 speak() 不带输入参数，因此其定义只有一个输入参数 self。类的最终实现代码如下：

模块：ch8.py

```
class Animal:
    ' 表示一个动物 '

    def setSpecies(self, species):
        ' 设置动物的种类 '
        self.spec = species

    def setLanguage(self, language):
        ' 设置动物的语言 '
        self.lang = language

    def speak(self):
        ' 输出动物发出的声音 '
        print('I am a {} and I {}.'.format(self.spec, self.lang))
```

练习题 8.3 实现表示矩形的类 Rectangle。类支持的方法如下：

- setSize (width, length)：带两个输入参数，设置矩形的宽度和长度。
- perimeter()：返回矩形的周长。
- area()：返回矩形的面积。

```
>>> rectangle = Rectangle(3,4)
>>> rectangle.perimeter()
14
```

```
>>> rectangle.area()
12
```

8.2 用户自定义类示例

为了更加熟悉如何设计和实现一个新类，在本节中我们将阐述实现几个类的过程。但首先，我们将解释如何使得创建和初始化新对象更容易。

8.2.1 构造函数重载

让我们重新审视上一节开发的类 Point。要创建一个位于 (x, y) 坐标为 (3, 4) 的点的 Point 对象，我们需要分别执行如下三条语句：

```
>>> a = Point()
>>> a.setx(3)
>>> a.sety(4)
```

第一条语句创建 Point 的一个实例，剩余的两行代码初始化其 x 和 y 坐标。在某个位置创建一个 Point 对象需要好几个步骤。如果可以把实例化和初始化合并成一个步骤，则代码会更简洁优美：

```
>>> a = Point(3,4)
```

我们已经见过允许创建对象的同时初始化其值的类型。整型可以在创建的同时初始化：

```
>>> x = int(93)
>>> x
93
```

同样，内置 fractions 模块中的 Fraction 类型的对象也是如此：

```
>>> import fractions
>>> x = fractions.Fraction(3,4)
>>> x
Fraction(3, 4)
```

带输入参数的构造函数非常有用，因为它们可以在对象实例化时初始化对象的状态。

为了能够使用一个带输入参数的 Point() 构造函数，必须在类 Point 的实现中显式添加名为 __init__() 的方法。当添加该特殊方法到类中后，每当创建对象时，Python 解释器就会自动调用它。换句话说，当 Python 执行：

```
Point(3,4)
```

解释器将首先创建一个“空”的 Point 对象，然后执行：

```
self.__init__(3, 4)
```

其中，self 指向新创建的 Point 对象。注意，既然 __init__() 是带两个输入参数的类 Point 的方法，因此定义函数 __init__() 时，也必须带两个输入参数，外加必需的参数 self：

模块：ch8.py

```python
class Point:
    '表示平面上点的类'
    def __init__(self, xcoord, ycoord):
        '初始化点坐标为(xcoord, ycoord)'
        self.x = xcoord
        self.y = ycoord

    # 方法setx()、sety()、get()和move()的实现
```

注意事项：每次创建一个对象时都会调用函数 `__init__()`

因为每次实例化一个对象时都会调用 `__init__()` 方法，所以调用 `Point()` 构造函数时必须带两个参数。这意味着不带参数调用构造函数将导致错误：

```
>>> a = Point()
Traceback (most recent call last):
  File "<pyshell#23>", line 1, in <module>
    a = Point()
TypeError: __init__() takes exactly 3 positional arguments
(1 given)
```

也可以重写 `__init__()` 函数，使得其可以处理两个参数、一个参数，或不带参数。请读者继续阅读下文。

8.2.2 默认构造函数

我们了解到调用内置类的构造函数可以带参数也可以不带参数：

```
>>> int(3)
3
>>> int()
0
```

我们也可以在用户自定义类上实现。只需要在函数未提供输入参数时，指定 `xcoord` 和 `ycoord` 的默认值即可。在如下重新实现的 `__init__()` 方法中，我们指定了默认值 0：

模块：ch8.py

```python
class Point:
    '表示平面上点的类'

    def __init__(self, xcoord=0, ycoord=0):
        '初始化点坐标为(xcoord, ycoord)'
        self.x = xcoord
        self.y = ycoord

    # 方法setx()、sety()、get()和move()的实现
```

该 `Point` 构造函数现在可以带两个输入参数：

```
>>> a = Point(3,4)
>>> a.get()
(3, 4)
```

或者不带输入参数：

```
>>> b = Point()
>>> b.get()
(0, 0)
```

或者只带一个输入参数：

```
>>> c = Point(2)
>>> c.get()
(2, 0)
```

Python 解释器从左到右把构造函数参数赋值给局部变量 `xcoord` 和 `ycoord`。

8.2.3 扑克牌类

在第 6 章，我们开发了一个二十一点扑克牌游戏应用程序。我们使用字符串（如“3♠”）表示扑克牌。现在我们掌握了如何开发新类型，所以理所当然可以开发一个 `Card` 类来表示扑克牌。

该类应该支持一个带两个参数的构造函数用于创建 `Card` 对象：

```
>>> card = Card('3', '\u2660')
```

字符串 `'\u2660'` 是表示 Unicode 字符 ♠ 的转义字符序列。该类还应该支持用于获取 `Card` 对象的牌面大小（点数）和花色：

```
>>> card.getRank()
'3'
>>> card.getSuit()
'♠'
```

上述方法已经足够。我们希望类 `Card` 支持如下方法：

- `Card(rank, suit)`：构造函数，初始化扑克牌的点数和花色
- `getRank()`：返回扑克牌的点数
- `getSuit()`：返回扑克牌的花色

注意，构造函数指定为带两个输入参数。我们没有为 `rank` 和 `suit` 提供默认值，因为不清楚默认扑克牌究竟是什么。类的实现如下：

模块：Card.py

```
class Card:
    ' 表示一张扑克牌 '

    def __init__(self, rank, suit):
        ' 初始化扑克牌的点数和花色 '
        self.rank = rank
        self.suit = suit

    def getRank(self):
        ' 返回点数 '
        return self.rank

    def getSuit(self):
        ' 返回花色 '
        return self.suit
```

注意，方法 `__init__()` 实现为带两个参数，分别为要创建的扑克牌的点数和花色。

练习题 8.4 修改在上一节开发的类 Animal，使得其支持两个、一个，或不带输入参数的构造函数：

```
>>> snoopy = Animal('dog', 'bark')
>>> snoopy.speak()
I am a dog and I bark.
>>> tweety = Animal('canary')
>>> tweety.speak()
I am a canary and I make sounds.
>>> animal = Animal()
>>> animal.speak()
I am an animal and I make sounds.
```

8.3 设计新的容器类

尽管 Python 提供了一组不同的容器类，但还是需要开发适合特定应用程序的容器类。我们使用表示一副扑克牌的类以及典型的队列容器类，来阐述如何设计新的容器类。

8.3.1 设计一个表示一副扑克牌的类

我们再次使用第 6 章中的二十一点扑克牌游戏应用程序来带动下一堂课。在二十一点扑克牌游戏应用程序中，一副扑克牌使用一个列表来实现。要实现洗牌操作，我们使用 `random` 模块中的 `shuffle()` 方法。发牌使用 `list` 方法 `pop()`。简而言之，二十一点扑克牌游戏应用程序使用非应用程序术语和操作来编写实现。

如果隐藏 `list` 容器和操作，使用 `Deck` 类和 `Deck` 方法来编写，则二十一点扑克牌游戏应用程序将更容易阅读理解。因此让我们来开发这样一个类。但是首先，我们希望 `Deck` 类如何操作呢？

首先，我们应该可以使用默认构造函数获得一副标准的 52 张扑克牌：

```
>>> deck = Deck()
```

该类应该支持一个洗牌的方法：

```
>>> deck.shuffle()
```

该类还应该支持一个从一副牌的上面发牌的方法。

```
>>> card = deck.dealCard()
>>> (card.getRank(), card.getSuit())
('9', '♠')
>>> card = deck.dealCard()
>>> (card.getRank(), card.getSuit())
('J', '♢')
>>> card = deck.dealCard()
>>> (card.getRank(), card.getSuit())
('10', '♢')
```

`Deck` 类应该支持的方法包括：

- `Deck()`：构造函数，初始化一副牌为标准的 52 张扑克牌
- `shuffle()`：洗牌

- dealCard()：从一副牌的顶部弹出并返回一张扑克牌

8.3.2 实现 Deck 类

我们实现 Deck 类，从 Deck 构造函数开始。与上一节的两个例子（类 Point 和 Card）不同，Deck 构造函数不带任何参数。但还是需要实现，因为其任务是创建一副 52 张扑克牌并将其存储在某个位置。

要创建 52 张标准扑克牌的列表，我们可以使用一个嵌套循环，类似于二十一点扑克牌游戏应用程序中的函数 shuffledDeck ()。我们创建一个 suits 集和一个 ranks 集：

```
suits = {'\u2660', '\u2661', '\u2662', '\u2663'}
ranks = {'2','3','4','5','6','7','8','9','10','J','Q','K','A'}
```

然后使用一个嵌套 for 循环来创建每个 rank 和 suit 的组合：

```
for suit in suits:
    for rank in ranks:
        # 创建给定 rank 和 suit 的扑克牌并添加到 deck
```

我们需要一个用于保存所生成的扑克牌的容器。因为一副扑克牌中的扑克牌的顺序有意义，而且应该允许修改，因此我们同样选择第 6 章二十一点扑克牌游戏应用程序使用的列表。

现在我们需要做出一些设计决策。首先，包含扑克牌的列表是实例变量还是类变量？由于每个 Deck 对象应该有自己的扑克牌列表，很显然列表必须是实例变量。

我们还有一个设计决策需要解决：suits 集和 ranks 集应该定义在何处？它们既可以是 __init__() 函数的局部变量，也可以是类 Deck 的类变量，或者是实例变量。由于集合不会被修改，且被所有的 Deck 实例共享，因此我们决定使用类变量。

请读者重新阅读模块 cards.py 中的方法 __init__() 的实现。由于集 suits 和集 ranks 是类 Deck 的类变量，故它们定义在 Deck 名称空间。因此，为了在第 12 行和第 13 行访问它们，必须指定名称空间：

```
for suit in Deck.suits:
    for rank in Deck.ranks:
        # 创建给定 rank 和 suit 的扑克牌并添加到 deck
```

现在我们把注意力转向类 Deck 的剩余两个方法的实现。方法 shuffle() 只需要针对实例变量 self.deck 调用 random 模块函数 shuffle()。

对于方法 dealCard()，我们需要确定一副牌的顶部位于何处。是 self.deck 列表的头部还是尾部？我们决定使用尾部。类 Deck 的完整实现代码如下：

模块：cards.py

```
1  from random import shuffle
2  class Deck:
3      ' 表示 52 张扑克牌的一副牌 '
4
5      # ranks 和 suits 是 Deck 类变量
6      ranks = {'2','3','4','5','6','7','8','9','10','J','Q','K','A'}
7
8      # suits是包含四个Unicode符号的集，表示四种花色
9      suits = {'\u2660', '\u2661', '\u2662', '\u2663'}
```

```
    def __init__(self):
        ' 初始化 52 张扑克牌的一副牌 '
        self.deck = [] # deck 最初为空

        for suit in Deck.suits: # suits 和 ranks 是 Deck 类变量
            for rank in Deck.ranks:
                # 把指定 rank 和 suit 的 Card 添加到 deck
                self.deck.append(Card(rank, suit))

    def dealCard(self):
        ' 从一副牌的顶部发牌（弹出和返回）'
        return self.deck.pop()

    def shuffle(self):
        ' 洗牌 '
        shuffle(self.deck)
```

练习题 8.5 修改类 Deck 的构造函数，使得该类可以用于非标准 52 张扑克牌的扑克牌游戏。对于此类游戏，我们需要在构造函数中显式指定扑克牌列表。下面是一些模拟实例。

```
>>> deck = Deck(['1', '2', '3', '4'])
>>> deck.shuffle()
>>> deck.dealCard()
'3'
>>> deck.dealCard()
'1'
```

8.3.3 容器类 Queue

队列是一种容器类型。计算机中的队列是现实世界队列（例如在超市等待结账的队列）的抽象。

在结账队列中，购物者以先入先出（FIFO）的方式享用服务。一个购物者会自行排在队伍的最后，而队列中排在第一个的人是下一个享用结账服务的人。一般来说，所有的插入必须在队列的后面进行，所有的移除必须从前面完成。

我们现在开发一个基本的 Queue 类来抽象一个队列。它将支持对队列中的项的有限访问：方法 enqueue() 把一个项添加到队列的尾部，方法 dequeue() 从队列的头部移除一个项。如表 8-2 所示，Queue 类还支持方法 isEmpty()，根据队列是否为空从而返回 True 或 False。Queue 类被称为 FIFO 容器类，因为移除的项是最早进入队列的项。

表 8-2 Queue 方法。队列是一种包含一系列项的容器。可以通过方法 enqueue(item) 和 dequeue() 对队列中的一系列数据进行存取

方法	说明
enqueue(item)	把 item 添加到队列的尾部
dequeue()	从队列的头部移除一个项并返回该项
isEmpty()	如果队列为空，则返回 True，否则返回 False

在实现 Queue 类之前，我们先说明其用法。首先实例化一个 Queue 对象：

```
>>> fruit = Queue()
```

然后插入一个水果（作为一个字符串）到队列：

```
>>> fruit.enqueue('apple')
```

继续插入若干水果：

```
>>> fruit.enqueue('banana')
>>> fruit.enqueue('coconut')
```

然后从队列中去项：

```
>>> fruit.dequeue()
'apple'
```

方法 `dequeue()` 应该从队列的头部移除一个项并返回该项。
继续执行 `dequeue()` 两次后队列为空：

```
>>> fruit.dequeue()
'banana'
>>> fruit.dequeue()
'coconut'
>>> fruit.isEmpty()
True
```

图 8-6 显示了队列 `fruit` 执行上述命令后的一系列状态。

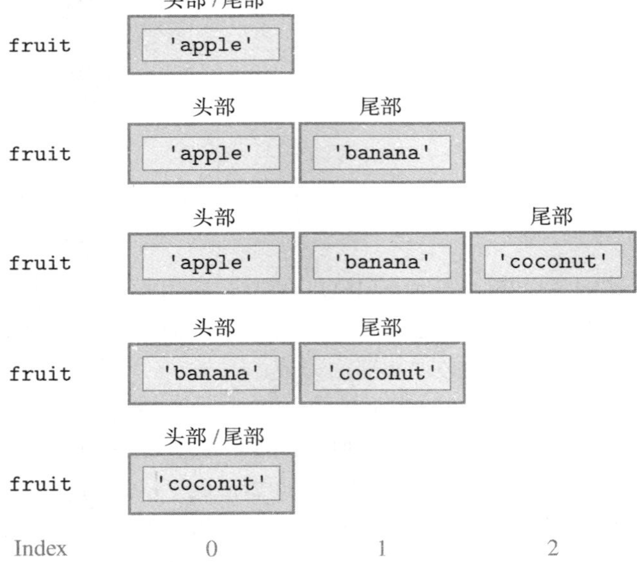

图 8-6　队列操作。其中显示了一个 `fruit` 队列执行下列语句后的状态：`fruit.enqueue('apple')`、`fruit.enqueue('banana')`、`fruit.enqueue('coconut')`、`fruit.dequeue()`、`fruit.dequeue()`

8.3.4　实现 Queue 类

接着我们讨论 Queue 类的实现。我们需要回答的最重要的问题是如何将项存储在队列中。队列可以是空的，也可以包含无限数量的项。它还必须维护项的顺序，因为这对于一个

（公平的）队列是必不可少的。那么，什么样的内置类型可以用来存储任意数量的项，而且允许一端插入，并从另一端移除呢？

列表类型肯定满足这些约束，所以我们选择列表。下一个问题是：应该在 `Queue` 类的实现中何时何地创建此列表？在我们的示例中，很明显我们期望默认 `Queue` 构造函数为我们创建一个空队列。这意味着一旦 `Queue` 对象被创建后就创建列表，即在 `__init__()` 方法中创建：

```
    def __init__(self):
        ' 实例化一个空列表，用于保存队列的项 '
        self.q = []
... # 类定义的其他部分
```

接下来我们讨论三个 `Queue` 方法的实现。方法 `isEmpty()` 实现十分简单，只要检查列表 `self.q` 的长度即可：

```
def isEmpty(self):
    ' 如果队列为空，则返回 True，否则返回 False '
    return (len(self.q) == 0)
```

方法 `enqueue()` 应该把项添加到队列 `self.q` 的尾部，而方法 `dequeue()` 则应该从队列 `self.q` 的头部移除项。我们需要确定什么是队列 `self.q` 的头部。我们可以选择最左侧列表元素（即索引 0）或最右侧元素（索引 −1）作为列表的头部。两者都可以，其优缺点取决于内置类 list 的底层实现（这超出了本章讨论的范围）。

在图 8-6 中，队列的第一个元素显示在左侧，我们关联为索引 0，因此我们的实现采用了同样的方法。一旦做出了决策，`Queue` 类可以实现如下：

模块：ch8.py

```
class Queue:
    ' 一个典型的队列类 '

    def __init__(self):
        ' 实例化一个空列表 '
        self.q = []

    def isEmpty(self):
        ' 如果队列为空，则返回 True，否则返回 False '
        return (len(self.q) == 0)

    def enqueue (self, item):
        ' 插入一个项到队列尾部 '
        return self.q.append(item)

    def dequeue(self):
        ' 从队列头部移除一个项并返回该项 '
        return self.q.pop(0)
```

8.4 运算符重载

迄今为止，我们开发的用户自定义类存在一些不便之处。例如，假设创建了一个点对象：

```
>>> point = Point(3,5)
```

然后尝试对其求值：

```
>>> point
<__main__.Point object at 0x15e5410>
```

不是很方便，对吧？顺便说一下，结果显示 point 指向的是一个 Point 类型的对象，其中 Point 定义在顶层模块的命名空间中，其对象 ID（实际上是内存地址）为 0x15e5410（十六进制）。在大多数情况下，这可能不是我们对 point 求值时希望得到的信息。

还存在另一个问题。要获得一个字符串的字符个数，或一个列表、字典、元组，或集合中的项的个数，我们可以使用 len() 函数。很自然我们希望使用相同的函数获取 Queue 容器对象中的项的个数。不幸的是，结果没有得到：

```
>>> fruit = Queue()
>>> fruit.enqueue('apple')
>>> fruit.enqueue('banana')
>>> fruit.enqueue('coconut')
>>> len(fruit)
Traceback (most recent call last):
  File "<pyshell#356>", line 1, in <module>
    len(fruit)
TypeError: object of type 'Queue' has no len()
```

我们想说明的是：我们迄今开发的类没有内置类的行为。为了使得用户自定义的类有用且易于使用，让它们更为用户熟悉（即更像内置类）是十分重要的。幸运的是，Python 支持*运算符重载*，从而使其成为可能。

8.4.1　运算符是类方法

考虑运算符 +。它可以用于两个数值相加：

```
>>> 2 + 4
6
```

也可以用于拼接列表或字符串：

```
>>> [4, 5, 6] + [7]
[4, 5, 6, 7]
>>> 'strin' + 'g'
'string'
```

+ 运算符被称为*重载运算符*。重载运算符是一个为多个类定义的运算符。对于每一个类，运算符的定义和意义都是不同的。例如，对于 int、list 和 str 类，都定义了 + 操作符。对于 int 类，它实现整数相加运算；对于 list 类，它实现列表拼接运算；对于 str 类，它实现字符串拼接运算。现在的问题是：如何为特定类定义运算符 + ?

Python 是一种面向对象的语言，正如我们所说，任何“求值”，包括对算术表达式（如 2+4）的求值，实际上是一种方法调用。要确定究竟调用了什么方法，需要使用 help() 文档工具。无论输入 help(int)、help(str) 或 help(list)，都会看到 + 运算符的如下文档：

```
...
 |  __add__(...)
 |      x.__add__(y) <==> x+y
...
```

这意味着当 Python 表达式 `x+y` 求值时，它首先把表达式替换为 `x.__add__(y)`，即对象 `x` 的方法调用（`y` 作为输入参数），然后对新的表达式（方法调用）求值。不管 `x` 和 `y` 是什么，求值过程都是这样的。因此，对表达式 `2+3`、`[4,5,6]+[7]` 和 `'strin'+'g'` 的求值，实际上可以使用如下方法调用 `__add__()` 来代替：

```
>>> int(2).__add__(4)
6
>>> [4, 5, 6].__add__([7])
[4, 5, 6, 7]
>>> 'strin'.__add__('g')
'string'
```

知识拓展：归根结底，加法只是一个函数

Python 解释器把代数表达式：

```
>>> x+y
```

翻译成方法调用：

```
>>> x.__add__(y)
```

在第 7 章，我们学习到解释器把该方法调用翻译成：

```
>>> type(x).__add__(x,y)
```

（请回忆，`type(x)` 的求值结果为对象 `x` 的类。）最后一个表达式是实际求值的表达式。

当然，所有的运算符都是如此：任何表达式或方法调用实际上是调用第一个操作数所在的类的名称空间中定义的一个函数。

+ 运算符仅仅是 Python 重载运算符之一，表 8-3 显示了其他一些重载运算符。对于每个运算符，显示了其对应的函数，及其针对数值类型、`list` 类型和 `str` 类型的运算行为的解释说明。所有列举的运算符同样在其他内置类型（`dict`、`set` 等）中定义，也可以在用户自定义类型中定义（如下文所示）。

注意，表 8-3 列举的最后一个运算符是*重载构造函数运算符*，对应于函数 `__init__()`。我们已经讨论了在一个用户自定义类中如何实现一个重载构造函数。我们将看到实现其他重载运算符的方法都十分类似。

表 8-3　重载运算符。其中列出了一些常用的重载运算符，以及对应的方法和针对数值、列表和字符的运算行为

运算符	方法	数值	列表和字符串
`x+y`	`x.__add__(y)`	加法	拼接
`x-y`	`x.__sub__(y)`	减法	—
`x*y`	`x.__mul__(y)`	乘法	自拼接
`x/y`	`x.__truediv__(y)`	除法	—
`x//y`	`x.__floordiv__(y)`	整除	—
`x%y`	`x.__mod__(y)`	余数	—
`x==y`	`x.__eq__(y)`	等于	
`x!=y`	`x.__ne__(y)`	不等于	

（续）

运算符	方法	数值	列表和字符串
x>y	x.__gt__(y)	大于	
x>=y	x.__ge__(y)	大于或等于	
x<y	x.__lt__(y)	小于	
x<=y	x.__le__(y)	小于或等于	
repr(x)	x.__repr__()	规范的字符串表示形式	
str(x)	x.__str__()	非正式的字符串表示形式	
len(x)	x.__len__()	—	集合大小
<type>(x)	<type>.__init__(x)	构造函数	

8.4.2　使 Point 类对用户友好

先回顾一下之前我们所使用的如下示例：

```
>>> point = Point(3,5)
>>> point
<__main__.Point object at 0x15e5410>
```

假设我们更期望 point 的求值结果如下所示：

```
>>> point
Point(3, 5)
```

为了理解我们如何做到这一点，首先需要理解，当在命令行中对 point 求值时，Python 将显示对象的*字符串表示形式*。对象的默认字符串表示形式是它的类型和地址，如下所示：

```
<__main__.Point object at 0x15e5410>
```

要修改一个类的字符串表示形式，我们需要为该类实现重载运算符 repr()。当对象需要表示为一个字符串时，解释器自动调用运算符 repr()。在解释器命令行中需要显示一个对象时，就是这种情况。因此包含数值 3、4 和 5 的列表 lst 的友好表示为 [3, 4, 5]：

```
>>> lst
[3, 4, 5]
```

实际上显示的是调用 repr(lst) 的字符串输出：

```
>>> repr(lst)
'[3, 4, 5]'
```

基于上述目的，所有的内置类都实现了重载运算符 repr()。要修改用户自定义类的对象的默认字符串表示形式，我们需要同样操作。我们通过实现表 8-3 中对应于运算符 repr() 的方法：方法 __repr__()。

要使得一个 Point 对象的显示格式为 Point(<x>, <y>)，我们需要做的是添加如下方法到类 Point 中：

模块：ch8.py

```
class Point:

    # 其他 Point 方法

```

```
    def __repr__(self):
        ' 返回规范字符串表形式 Point(x , y) '
        return 'Point({}, {})'.format(self.x, self.y)
```

现在，让我们在命令行中对一个 `Point` 对象求值，结果的确符合预期：

```
>>> point = Point(3,5)
>>> point
Point(3, 5)
```

注意事项：对象的字符串表示形式

实际上有两种方式来获取对象的字符串表示形式：重载运算符 `repr()` 和字符串的构造函数 `str()`。

运算符 `repr()` 用于返回对象的规范字符串表示形式。理想情况下（不是必然），这就是用来构造对象的字符串表示形式，例如 `'[2, 3, 4]'` 或者 `'Point(3, 5)'`。

换言之，表达式 `eval(repr(o))` 的求值结果应该返回对象原来的 `o`。在解释器命令行中当一个表达式的求值结果为一个对象并且需要在命令行窗口中显示该对象时，会自动调用方法 `repr()`。

字符串构造函数 `str()` 返回对象的非正式且非常易于阅读的字符串表示形式。该字符串表示形式通过调用方法 `o.__str__()` 获得（如果实现了 `__str__()` 的话）。当使用函数 `print()` 来“美化输出”对象时，Python 解释器调用字符串构造函数来代替重载运算符 `repr()`。我们以下述类为例说明：

```
class Representation:
    def __repr__(self):
        return '规范字符串表示形式。'
    def __str__(self):
        return '美化的字符串表示形式。'
```

测试结果如下：

```
>>> rep = Representation()
>>> rep
规范字符串表示形式。
>>> print(rep)
美化的字符串表示形式。
```

8.4.3 构造函数和 `repr()` 运算符之间的约定

上述注意事项表明，重载运算符 `repr()` 的输出应该是对象的规范字符串表示形式。`Point` 对象 `Point(3, 5)` 的规范字符串表示形式是 `'Point(3, 5)'`。同样 `Point` 对象的 `repr()` 运算符的输出结果为：

```
>>> repr(Point(3, 5))
'Point(3, 5)'
```

结果好像满足构造函数和表示运算符 `repr()` 之间的约定：它们相同。验证如下：

```
>>> Point(3, 5) == eval(repr(Point(3, 5)))
False
```

什么地方出错了？

问题与构造函数或运算符 repr() 无关，而是与运算符 == 有关：它并不认为两个具有相同坐标值的点一定相等。验证如下：

```
>>> Point(3, 5) == Point(3, 5)
False
```

这种奇怪行为的原因是，对于用户自定义的类，操作符 == 的默认行为是只有当我们比较的两个对象是同一个对象时才返回 True。让我们证明这个事实：

```
>>> point = Point(3,5)
>>> point == point
True
```

正如表 8-3 所示，对应于重载运算符 == 的方法是 __eq__()。要改变重载运算符 == 的行为，我们需要在类 Point 中实现方法 __eq__()。我们在类 Point 的最终版本实现了该方法：

模块：ch8.py

```
class Point:
    ' 表示平面上点的类 '

    def __init__(self, xcoord=0, ycoord=0):
        ' 初始化点坐标为 (xcoord , ycoord) '
        self.x = xcoord
        self.y = ycoord
    def setx(self, xcoord):
        ' 把点的 x 坐标设置为 xcoord '
        self.x = xcoord
    def sety(self, ycoord):
        ' 把点的 y 坐标设置为 ycoord '
        self.y = ycoord
    def get(self):
        ' 返回点的 x 坐标和 y 坐标，结果为元组 '
        return (self.x, self.y)
    def move(self, dx, dy):
        ' 根据 dx 和 dy 的值分别修改 x 坐标和 y 坐标 '
        self.x += dx
        self.y += dy
    def __eq__(self, other):
        ' 如果坐标相同，self == other 返回 True '
        return self.x == other.x and self.y == other.y
    def __repr__(self):
        ' 返回规范化字符串表示形式 Point (x , y) '
        return 'Point({}, {})'.format(self.x, self.y)
```

类 Point 的新实现还支持 == 运算符，使得其运算符合预期的意义：

```
>>> Point(3, 5) == Point(3, 5)
True
```

同时，类 Point 的新实现也满足构造函数和运算符 repr() 之间的约定：

```
>>> Point(3, 5) == eval(repr(Point(3, 5)))
True
```

练习题 8.6 在 Card 类中实现重载运算符 repr() 和 ==。新的 Card 类的运行结果如下所示：

```
>>> Card('3', '♠') == Card('3', '♠')
True
>>> Card('3', '♠') == eval(repr(Card('3', '♠')))
True
```

8.4.4 使 Queue 类对用户友好

接下来我们通过重载运算符 repr()、== 和 len()，使得上一节的类 Queue 更加友好。在开发过程中我们发现扩展构造函数有帮助。

我们从如下 Queue 的实现开始：

模块：ch8.py

```
class Queue:
    ' 一个典型的队列类 '

    def __init__(self):
        ' 实例化一个空列表 '
        self.q = []

    def isEmpty(self):
        ' 如果队列为空，则返回 True，否则返回 False '
        return (len(self.q) == 0)

    def enqueue (self, item):
        ' 插入一个项到队列尾部 '
        return self.q.append(item)

    def dequeue(self):
        ' 从队列头部移除一个项并返回该项 '
        return self.q.pop(0)
```

让我们首先处理“简单的”运算符。两个队列相等意味着什么？意味着两个队列包含相同的元素且顺序相同。换言之，两个队列包含的列表相同。因此，类 Queue 的运算符 __eq__() 的实现应该包括我们比较的两个 Queue 对象对应的两个列表之间的比较：

```
def __eq__(self, other):
    ''' 如果队列 self 和 other 包含相同项
        且顺序相同，则返回 True '''
    return self.q == other.q
```

重载运算符 len() 返回容器中的项目的个数。要在 Queue 对象上使用 len() 函数，必须在 Queue 类中实现对应的方法 __len__()（参见表 8-3）。很显然，队列的长度是底层列表 self.q 的长度：

```
def __len__(self):
    ' 返回队列中项的个数 '
    return len(self.q)
```

接着让我们解决 repr() 运算符的实现。假设按如下方式构建队列：

```
>>> fruit = Queue()
>>> fruit.enqueue('apple')
>>> fruit.enqueue('banana')
>>> fruit.enqueue('coconut')
```

那么我们希望规范字符串表示形式是什么样子呢？请问如下形式如何：

```
>>> fruit
Queue(['apple', 'banana', 'coconut'])
```

如前所述，要实现重载运算符 `repr()`，理想情况是满足其与构造函数之间的约定。要满足约定，则必须能够按照如下形式构建队列：

```
>>> Queue(['apple', 'banana', 'coconut'])
Traceback (most recent call last):
  File "<pyshell#404>", line 1, in <module>
    Queue(['apple', 'banana', 'coconut'])
TypeError: __init__() takes exactly 1 positional argument (2 given)
```

结果出错啦！因为 `Queue` 构造函数实现为不带任何输入参数，所以，我们决定修改构造函数。这样做的优点有二：（1）满足构造函数和 `repr()` 之间的约定；（2）新建的 `Queue` 对象在实例化的时候可以初始化。

模块：ch8.py

```python
class Queue:
    ' 一个典型的队列类 '

    def __init__(self, q=None):
        ' 根据列表 q 初始化队列，默认为空队列。'
        if q == None:
            self.q = []
        else:
            self.q = q

    # 此处定义方法 enqueue、dequeue 和 isEmpty

    def __eq__(self, other):
        ''' 如果队列 self 和 other 包含相同项
            且顺序相同，则返回 True '''
        return self.q == other.q

    def __len__(self):
        ' 返回队列中项的个数 '
        return len(self.q)

    def __repr__(self):
        ' 返回队列的规范字符串表示形式 '
        return 'Queue({})'.format(self.q)
```

练习题 8.7　在 `Deck` 类中实现重载运算符 `len()`、`repr()` 和 `==`。新的 `Deck` 类的运行结果如下所示：

```
>>> len(Deck()))
52
>>> Deck() == Deck()
True
>>> Deck() == eval(repr(Deck()))
True
```

8.5 继承

代码重用是软件工程的一个基本目标。将代码封装为函数的主要原因之一是代码更容易重用。类似地，将代码组织到用户自定义类中的一个主要好处是，类可以在其他程序中重用，就像在开发另一个程序时使用函数一样。一个类可以被重复使用，正如我们从第 2 章以来一直在做的一样。一个类也可以通过类继承被扩展到一个新类中。在这一节中，我们将介绍第二种方法。

8.5.1 继承类的属性

假设在开发应用程序的过程中，我们发现如果有一个类的使用完全类似于内置的类 `list`，且支持一种称为 `choice()` 的方法，可以随机从列表中选择并返回一个项将大大方便我们的使用。

更准确地说，这个类（我们称之为 `MyList`）将以同样的方式支持类 `list` 同样的方法。例如，我们可以创建一个 `MyList` 容器对象：

```
>>> mylst = MyList()
```

我们还可以使用 `list` 的 `append()` 方法添加项，使用重载运算符 `len()` 计算项目个数，使用列表方法 `count()` 统计一个项出现的次数：

```
>>> mylst.append(2)
>>> mylst.append(3)
>>> mylst.append(5)
>>> mylst.append(3)
>>> len(mylst)
4
>>> mylst.count(3)
2
```

除了支持类 `list` 支持的相同方法之外，类 `MyList` 还支持方法 `choice()`，从列表中返回一个项，列表中的每个项被选中的概率相同：

```
>>> mylst.choice()
5
>>> mylst.choice()
2
>>> mylst.choice()
5
```

实现类 `MyList` 的一种方法是我们开发类 `Deck` 和 `Queue` 的方法。使用一个实例变量 `self.lst` 来存储 `MyList` 的项：

```
import random
class MyList:
    def __init__(self, initial = []):
        self.lst = initial
    def __len__(self):
        return len(self.lst)
    def append(self, item):
        self.lst.append(self, item)
    # 其他“list”方法的实现

   def choice(self):
      return random.choice(self.lst)
```

使用这种方法开发类 MyList 要求我们编写 30 个以上的方法。这需要花费时间，而且很乏味。有没有更好的方法呢？本质上，类 MyList 是类 list 的一种“扩展”，增加了一个额外的方法 choice()。结果表明我们可以采用如下方式来实现：

模块：ch8.py

```
import random
class MyList(list):
    ' list 的一个子类，实现了方法 choice '

    def choice(self):
        ' 返回从 list 中随机选择的项 '
        return random.choice(self)
```

上例类的定义指明类 MyList 是类 list 的子类，因此支持类 list 支持的所有方法。这在第一行中说明

```
class MyList(list):
```

类 list 和 MyList 之间的层次结构如图 8-7 所示。

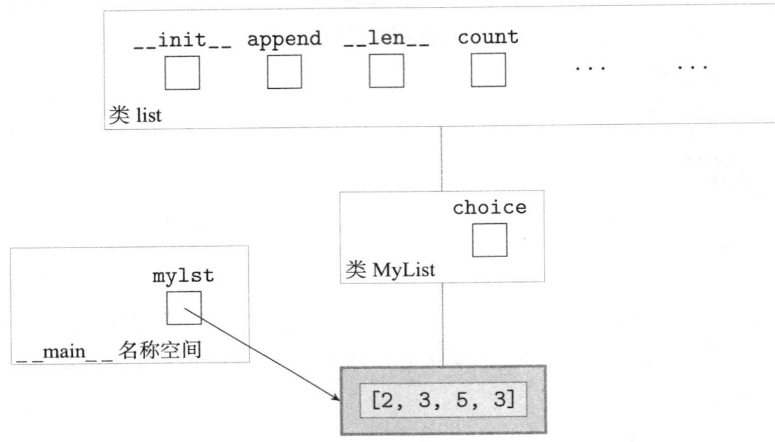

图 8-7　类 list 和 MyList 的层次结构。其中列举了类 list 的一些属性，分别指向相应的函数。类 MyList 是类 list 的子类，继承类 list 的所有属性。类 MyList 还定义了一个额外的属性：方法 choice()。mylst 指向的对象继承了其类 MyList 的所有属性，其中包括类 list 的属性

图 8-7 显示了在解释器命令行（即在 __main__ 名称空间）中创建的一个称为 mylst 的 MyList 容器对象：

```
>>> mylst = MyList([2, 3, 5, 3])
```

对象 mylst 显示为类 MyList 的一个“孩子”。图中层次结构说明对象 mylst 继承类 MyList 的所有属性。在 8.1 节，我们了解到对象继承其类的属性。

图 8-7 同时显示 MyList 是类 list 的一个“孩子”。图中层次结构表明 MyList 继承类 list 的所有属性。读者可以使用内置函数 dir() 来验证：

```
>>> dir(MyList)
['__add__', '__class__', '__contains__', '__delattr__',
```

```
 ...
 'append', 'choice', 'count', 'extend', 'index', 'insert',
 'pop', 'remove', 'reverse', 'sort']
```

这意味着对象 `mylst` 将从类 `MyList` 中继承方法 `choice()`，同时还会继承 `list` 的所有属性。同样可以验证如下：

```
>>> dir(mylst)
['__add__', '__class__', '__contains__', '__delattr__',
 ...
 'append', 'choice', 'count', 'extend', 'index', 'insert',
 'pop', 'remove', 'reverse', 'sort']
```

类 `MyList` 被称为类 `list` 的一个子类。类 `list` 是类 `MyList` 的父类。

8.5.2 类定义的一般格式

当我们实现类 `Point`、`Animal`、`Card`、`Deck` 和 `Queue` 时，我们使用下列格式作为类定义语句的第一行：

```
class <类名>:
```

要定义继承一个既存类 <父类> 的属性的类，类定义语句的第一行应该为：

```
class <类名>(<父类名>):
```

还可以定义继承多个既存类的属性的类。在这种情况下，类定义语句的第一行为：

```
class <类名>(<父类名 1>, <父类名 2>, …):
```

8.5.3 重写父类方法

我们使用另一个简单示例描述继承。假如我们需要一个与 8.1 节中类 `Animal` 类似的类 `Bird`。类 `Bird` 和类 `Animal` 一样，支持方法 `setSpecies()` 和 `setLanguage()`：

```
>>> tweety = Bird()
>>> tweety.setSpecies('canary')
>>> tweety.setLanguage('tweet')
```

类 `Bird` 同样支持名为 `speak()` 的方法。然而，其行为与 `Animal` 方法 `speak()` 不同：

```
>>> tweety.speak()
tweet! tweet! tweet!
```

下面是我们期望的类 `Bird` 的行为的另一个示例：

```
>>> daffy = Bird()
>>> daffy.setSpecies('duck')
>>> daffy.setLanguage('quack')
>>> daffy.speak()
quack! quack! quack!
```

接下来我们讨论如何实现类 `Bird`。因为 `Bird` 共享既存类 `Animal` 的属性（毕竟鸟类也是动物），我们把它开发成 `Animal` 的一个子类。让我们首先回顾 8.1 节中类 `Animal` 的定义：

模块：ch8.py

```
class Animal:
    '表示一个动物'

```

```
    def setSpecies(self, species):
        ' 设置动物的种类 '
        self.spec = species

    def setLanguage(self, language):
        ' 设置动物的语言 '
        self.lang = language

    def speak(self):
        ' 输出动物的信息 '
        print('I am a {} and I {}.'.format(self.spec, self.lang))
```

如果把类 **Bird** 定义为类 **Animal** 的一个子类，则其方法 **speak()** 的行为将不相符。所以问题是：有没有一种方法来定义 **Bird** 为 **Animal** 的一个子类，同时在类 **Bird** 中改变方法 **speak()** 的行为？

当然，只需要在类 **Bird** 中简单地实现一个新的方法 **speak()** 即可：

模块：ch8.py

```
class Bird(Animal):
    ' 表示一只鸟 '

    def speak(self):
        ' 输出鸟的声音 '
        print('{}! '.format(self.language) * 3)
```

类 **Bird** 被定义为 **Animal** 的一个子类。因此，它继承类 **Animal** 的所有属性，包括 **Animal** 方法 **speak()**。但是，在类 **Bird** 中存在一个方法 **speak()**，这个方法替代继承的 **Animal** 方法 **speak()**。我们称之为 **Bird** 方法重写了父类方法 **speak()**。

现在，当在一个 **Bird** 对象上（例如 **daffy**）调用方法 **speak()** 时，Python 解释器如何确定调用哪个 **speak()** 方法呢？我们使用图 8-8 来说明 Python 解释器如何查找属性定义。

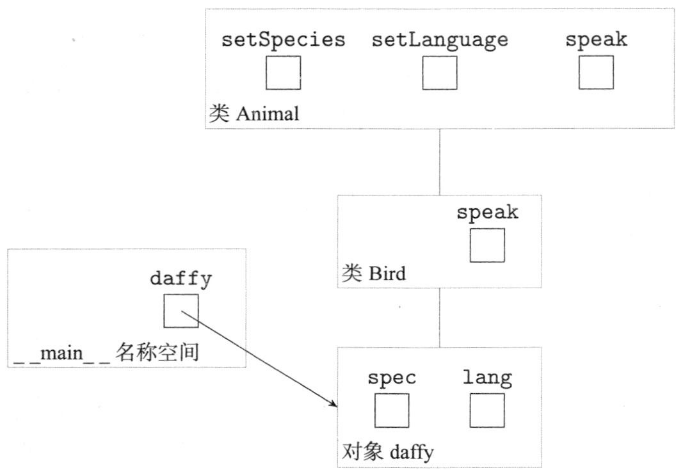

图 8-8 与类 **Animal** 和 **Bird**、对象 **daffy**、命令行关联的名称空间。省略了实例变量的值和类方法的实现

当解释器执行如下语句：

```
>>> daffy = Bird()
```

解释器创建一个名为 **daffy** 的 **Bird** 对象和一个相关联的名称空间（初始为空）。接下来让我们考虑 Python 解释器如何查找下列语句中的 **setSpecies()** 的定义：

```
>>> daffy.setSpecies('duck')
```

解释器从与对象 **daffy** 关联的名称空间开始沿着类层次结构查找属性 **setSpecies()** 的定义。解释器在与对象 **daffy** 关联的名称空间和与类 **Bird** 关联的名称空间中都没有查找到其定义。最终，在类 **Animal** 关联的名称空间中查找到了 **setSpecies()** 的定义。

解释器对下列表达式求值时查找方法定义，最终也是在类 **Animal** 的名称空间中找到：

```
>>> daffy.setLanguage('quack')
```

然而，当 Python 解释器执行如下语句：

```
>>> daffy.speak()
quack! quack! quack!
```

解释器在类 **Bird** 中查找到方法 **speak()** 的定义。换言之，查找属性 **speak** 永远不会到达类 **Animal**。最后执行的是 **Bird** 的 **speak()** 方法。

注意事项：关于属性名称问题

现在我们理解了 Python 解释器如何对对象属性求值，接下来我们讨论由于粗心大意选择属性名称可能导致的问题。例如，对于下列类定义：

```
class Problem:
    def value(self, v):
        self.value = v
```

然后尝试：

```
>>> p = Problem()
>>> p.value(9)
>>> p.value
9
```

一切看起还不错。当执行 **p.value(9)** 时，对象 **p** 并没有实例变量 **value**，属性搜索结果为类 **Problem** 中的函数 **value()**。随后在对象自身中创建一个实例变量 **value**，通过对后面的语句（**p.value**）求值证明了这一点。

接着让我们尝试：

```
>>> p.value(3)
Traceback (most recent call last):
  File "<pyshell#324>", line 1, in <module>
    p.value(9)
TypeError: 'int' object is not callable
```

哪儿出错了？查找属性 **value** 从对象 **p** 开始到对象 **p** 结束：对象有一个名为 **value** 的属性。该属性指向一个整型对象（也就是 9），该整型对象是不能作为函数被调用的。

8.5.4 扩展父类方法

我们已经讨论了一个子类可以从父类继承一个方法并重写该方法。还可以扩展一个父类方法。我们使用一个对三种继承模式进行比较的例子来说明这一点。

当将类设计为另一个类的子类时，继承的属性以几种方式处理：继承、替换、扩展。下一个模块显示 Super 类的三个子类。每一个子类对继承属性的三种处理方式之一进行说明。

模块：ch8.py

```
class Super:
    ' 一个通用类，包含一个方法 '
    def method(self): # Super 方法
        print('in Super.method')

class Inheritor(Super):
    ' 继承方法的子类 '
    pass

class Replacer(Super):
    ' 重写方法的子类 '
    def method(self):
        print('in Replacer.method')

class Extender(Super):
    ' 扩展方法的子类 '
    def method(self):
        print('starting Extender.method')
        Super.method(self)# 调用父类方法
        print('ending Extender.method')
```

在类 `Inheritor` 中，原封不动地继承了属性 `method()`。在类 `Replacer` 中，完全重写了方法。在类 `Extender` 中，属性 `method()` 被重写，但在类 `Extender` 的 `method()` 的实现中调用了类 `Super` 的原始 `method()` 方法。结果类 `Extender` 向父类属性添加了额外的行为。

在大多数情况下，子类将以不同方式继承不同的属性，但每个继承属性将遵循上述三种模式的一种。

练习题 8.8　实现一个类 `Vector`，支持我们在 8.4 节中开发的类 `Point` 的同样方法。类 `Vector` 还应该支持向量加法和乘法操作。对于如下的两个向量：

```
>>> v1 = Vector(1, 3)
>>> v2 = Vector(-2, 4)
```

其加法结果是一个新向量，其坐标是 `v1` 和 `v2` 对应坐标之和：

```
>>> v1 + v2
Vector(-1, 7)
```

向量 `v1` 和 `v2` 的乘法是对应坐标乘法之和：

```
>>> v1 * v2
10
```

为了使得一个 `Vector` 对象显示为 `Vector(.,  .)` 而不是 `Point(.,  .)`，需要重写方法 `__repr__()`。

8.5.5 通过继承 list 实现一个 Queue 类

我们在第 8.3 和 8.4 节开发的类 Queue 仅仅是设计和实现一个队列类的方法之一。现在我们认识到每个 Queue 对象仅仅是一个队列对象的“轻封装”，另一种实现方法就显而易见了。为什么不设计 Queue 类使得每个 Queue 对象是一个 list 对象呢？换言之，为什么不设计 Queue 类作为 list 的一个子类呢？让我们马上来实现吧。

模块：ch8.py

```
class Queue2(list):
    ' 一个队列类，list 的子类 '

    def isEmpty(self):
        ' 如果队列为空则返回 True，否则返回 False '
        return (len(self) == 0)

    def dequeue(self):
        ' 从队列的头部移除并返回一个项 '
        return self.pop(0)

    def enqueue (self, item):
        ' 插入一个项到队列的尾部 '
        return self.append(item)
```

注意，因为变量 self 指向一个 Queue2 对象（list 的一个子类），随之 self 同样是一个 list 对象。因此在 self 上可以直接调用 list 方法（如 pop() 和 append()）。同样请注意，方法 __repr__() 和 __len__() 不需要实现，因为它们从 list 父类继承。

开发类 Queue2 的工作量比开发原始的 Queue 类少很多。感觉是不是更棒？

注意事项：过度继承

虽然在现实生活中，继承大量财富是无比美妙的事情，但在 OOP（面向对象的程序设计）中过度继承会成为麻烦。虽然 Queue2 的实现简单直接，类 Queue2 继承了 list 所有的属性（包括违背队列精神的方法），这是一个问题。为了说明这一点，让我们考虑下列 Queue2 对象：

```
>>> q2
[5, 7, 9]
```

Queue2 的实现允许我们从队列中间移除一个项：

```
>>> q2.pop(1)
7
>>> q2
[5, 9]
```

它同样允许我们在队列中间插入一个项：

```
>>> q2.insert(1,11)
>>> q2
[5, 11, 9]
```

因此 7 在 5 之前获得服务，而 11 在队列中插入到 9 之前，从而违背了队列精神。由于继承了所有的 list 方法，我们不能宣称类 Queue2 严格遵循一个队列的精神。

8.6 用户自定义异常

我们在 8.4 节开发的类 Queue 的实现存在一个问题。当试图从一个空的队列出队时会发生什么情况？让我们来验证。首先创建一个空的队列：

```
>>> queue = Queue()
```

接着，我们尝试出队：

```
>>> queue.dequeue()
Traceback (most recent call last):
  File "<pyshell#185>", line 1, in <module>
    queue.dequeue()
  File "/Users/me/ch8.py",
    line 156, in dequeue
    return self.q.pop(0)
IndexError: pop from empty list
```

引发了一个 IndexError 异常，因为我们尝试从一个空列表 self.q 的索引 0 移除一个项。这有什么问题吗？

这个问题也不例外：就像弹出一个空列表，当我们试图从一个空队列出队一个项时，没有其他合理操作。这种问题就是一种异常。一个 IndexError 异常和相关的消息 'pop from empty list' 对于使用 Queue 类的开发人员没有帮助，因为他 / 她有可能不知道 Queue 容器使用了一个 list 实例变量。

对开发人员更有用的可能是一个名为 EmptyQueueError 的异常，其输出信息为 'dequeue from empty queue'。总而言之，定义自己的异常类型而不是依赖于通用的内置的异常类（例如 IndexError）常常是一个不错的主意。例如，一个用户自定义类可以用于定制处理和报告错误。

为了获取更多有用的错误信息，应该了解如下两件事情：

1. 如何定义一个新的异常类
2. 在程序中如何抛出一个异常

接下来将首先讨论第二点。

8.6.1 抛出一个异常

根据我们目前为止的经验，当程序执行过程中出现异常时，它会被 Python 解释器抛出，因为出现了错误情况。我们已经看到了一种不是因为错误而造成的异常：它是 KeyboardInterrupt 异常，通常由用户引发。用户通过同时按键【 Ctrl+C 】终止一个无限循环时，会引发 KeyboardInterrupt 异常。例如：

```
>>> while True:
        pass

Traceback (most recent call last):
  File "<pyshell#210>", line 2, in <module>
    pass
KeyboardInterrupt
```

（无限循环被 KeyboardInterrupt 异常中断。）

事实上，用户可以引发任何类型的异常，而不仅仅是 KeyboardInterrupt 异常。

Python 语句 raise 强制引发一个给定类型的异常。下面是如何在解释器命令行中引发一个 ValueError 异常的例子：

```
>>> raise ValueError()
Traceback (most recent call last):
  File "<pyshell#24>", line 1, in <module>
    raise ValueError()
ValueError
```

请回顾 ValueError 只是一个碰巧为异常类的类。raise 语句包含一个关键字 raise，紧跟一个异常构造函数（例如 ValueError()）。执行该语句引发一个异常。如果异常没有被 try/except 语句处理，则程序中断运行，默认的异常处理程序在命令行输出错误信息。

异常构造函数可以带输入参数，用于提供有关错误原因的信息：

```
>>> raise ValueError('Just joking ...')
Traceback (most recent call last):
  File "<pyshell#198>", line 1, in <module>
    raise ValueError('Just joking ...')
ValueError: Just joking ...
```

可选的参数是与异常对象相关联的字符串信息：事实上，它是异常对象的非正式字符串表示形式，即 __str__() 方法返回的内容，调用 print() 函数输出的内容。

在我们的两个例子中，我们证明了一个异常可以被引发，不管它是否有意义。我们在下一个练习题中再次强调了这一点。

练习题 8.9 重新实现类 Queue 的方法 dequeue()，当尝试从一个空队列中出队时，引发一个 KeyboardInterrupt 异常（这种情况下该异常并不合适），错误信息为 'dequeue from empty queue'（实际上，这才是合适的错误信息）：

```
>>> queue = Queue()
>>> queue.dequeue()
Traceback (most recent call last):
  File "<pyshell#30>", line 1, in <module>
    queue.dequeue()
  File "/Users/me/ch8.py", line 183, in dequeue
    raise KeyboardInterrupt('dequeue from empty queue')
KeyboardInterrupt: dequeue from empty queue
```

8.6.2 用户自定义异常类

接下来描述如何定义我们自己的异常类。

每个内置的异常类都是类 Exception 的子类。事实上，定义一个新的异常类，只需要直接地或者间接地把类定义成为 Exception 的一个子类。就这么简单。

作为示例，下面我们定义了一个新的异常类 MyError，其功能与 Exception 类相同：

```
>>> class MyError(Exception):
        pass
```

（这个类只包含从 Exception 继承的属性，pass 语句是必需的，因为 class 语句要求一个缩进语句块。）让我们验证一下是否可以引发 MyError 异常：

```
>>> raise MyError('test message')
Traceback (most recent call last):
  File "<pyshell#247>", line 1, in <module>
    raise MyError('test message')
MyError: test message
```

注意，我们也可以把错误信息 `'test message'` 与异常对象关联在一起。

8.6.3 改进类 Queue 的封装

本节一开始时我们就指出，从一个空的队列中出队将引发异常，并输出与队列无关的错误信息。我们现在定义一个新的异常类 `EmptyQueueError`，并重新实现方法 `dequeue()`，当在一个空的队列上调用方法 `dequeue()`，将引发一个异常。

我们选择实现新的异常类，而没有添加任何方法：

模块：ch8.py

```
class EmptyQueueError(Exception):
    pass
```

类 `Queue` 的新的实现如下所示，包括方法 `dequeue` 的一个新的版本，其他 `Queue` 方法保持不变。

模块：ch8.py

```
class Queue:
    ' 一个典型的队列类 '
    # 此处为方法 __init__ ()、enqueue ()、isEmpty ()、
    # __repr__ ()、__len__()、__eq__() 的实现

    def dequeue(self):
        if len(self) == 0:
            raise EmptyQueueError('dequeue from empty queue')
        return self.q.pop(0)
```

有了这个新的 `Queue` 类，当试图从一个空的队列中出队时，可以获得更多有意义的错误信息：

```
>>> queue = Queue()
>>> queue.dequeue()
Traceback (most recent call last):
  File "<pyshell#34>", line 1, in <module>
    queue.dequeue()
  File "/Users/me/ch8.py", line 186, in dequeue
    raise EmptyQueueError('dequeue from empty queue')
EmptyQueueError: dequeue from empty queue
```

我们有效地隐藏了类 `Queue` 的实现细节。

8.7 电子教程案例研究：索引和迭代器

在案例研究 CS.8 中，我们将学习如何使容器类更像一个内置类。我们将讨论如何使容器中的项能够使用索引来访问，以及如何实现使用 `for` 循环对容器中的项进行迭代。

8.8 本章小结

在本章中，我们介绍了如何开发新的 Python 类。我们还解释了面向对象程序设计（OOP）理念的优点，并讨论了将在本章和后续章节中使用的核心 OOP 概念。

Python 中的一个新类使用 class 语句来定义。类语句的主体包含类的属性的定义。属性是类的方法和变量，指定类属性和类的实例能执行什么操作。一个类的对象可以被用户通过方法调动（而无须了解这些方法的实现细节）来操作的思想被称为*抽象*。抽象促进软件开发，因为程序员抽象地使用对象（即通过“抽象”方法名而不是“具体”代码）。

为了使抽象变得有益，“具体”代码和与对象相关的数据必须进行*封装*（即使得对使用对象的程序“不可见”）。之所以可以实现封装是因为：（1）每个类定义一个名称空间，类属性（变量和方法）在该名称空间中生存；（2）每个对象都有一个名称空间，并继承类属性，实例属性在其中生存。

为了实现一个新的用户自定义类的封装，可能需要为它定义类特定的异常。其原因是，如果调用类对象上的方法时引发异常，则异常类型和错误消息应该对类的用户具有意义。出于这个原因，我们在本章中还介绍了用户自定义的异常。

OOP 是一种程序设计方法，它通过使用对象和将代码构造成用户自定义的类来实现模块化代码。虽然我们从第 2 章就开始处理对象，但本章才最终展示了 OOP 方法的好处。

在 Python 中，可以为用户自定义类实现诸如 + 和 = 的运算符。根据操作数的类型，运算符可以具有不同的、新的意义的 OOP 特性被称为*运算符重载*（这是*多态性*的 OOP 概念的一个特例）。运算符重载促进了软件的开发，因为（良好定义的）运算符具有直观的意义，使代码看起来稀疏和简洁。

可以定义一个新的用户自定义类来*继承*已经存在的类的属性。这个 OOP 特性被称为类继承。当然，代码重用是类继承的终极优越性。我们将在第 9 章开发图形化用户界面和第 11 章中开发 HTML 解析器过程中大量使用类继承。

8.9 练习题答案

8.1 方法 getx() 除了 self 之外不带任何其他参数，返回定义在名称空间 self 中的 xcoord。

```
def getx(self):
    ' 返回 x 坐标 '
    return self.xcoord
```

8.2 part(a) 的示意图如图 8-9a 所示。对于 part(b)，可以通过执行命令，填充问号部分内容。part(c) 的示意图如图 8-9b 所示。最后一条语句 a.version 返回字符串 'test'。这是因为赋值语句 a.version 在名称空间 a 创建了名称 version。

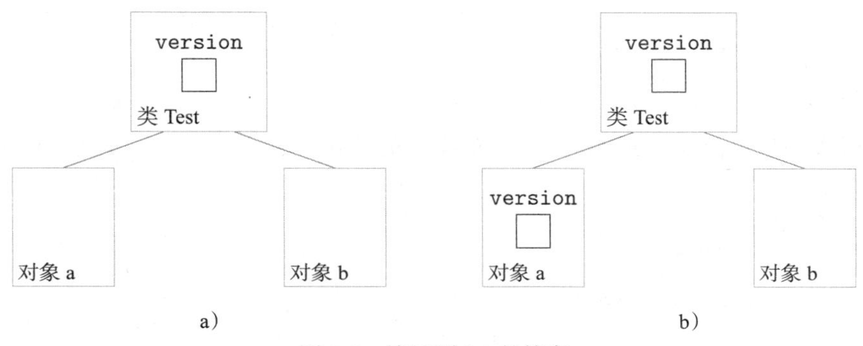

图 8-9 练习题 8.2 的答案

8.3 创建 Rectangle 时没有任何实例变量。方法 setSize() 应该创建并初始化实例变量来存储矩形的宽和长。这些实例变量被方法 perimeter() 和 area() 使用。类 Rectangle 的实现如下所示：

```
class Rectangle:
    ' 表示矩形的类 '
    def setSize(self, xcoord, ycoord):
        ' 构造函数 '
        self.x = xcoord
        self.y = ycoord

    def perimeter(self):
        ' 返回矩形的周长 '
        return 2 * (self.x + self.y)

    def area(self):
        '返回矩形的面积 '
        return self.x * self.y
```

8.4 添加一个 __init__() 方法到类中，它包括输入参数 species 和 language 的默认值：

```
def __init__(self, species='animal', language='make sounds'):
    ' 构造函数 '
    self.spec = species
    self.lang = language
```

8.5 因为我们允许构造函数不带参数或者带一个扑克牌列表参数，因此需要实现函数 __init__()，带一个有默认值的参数。这个默认值实际上应该是包含标准 52 张扑克牌的的列表，但还没有创建这个列表。我们选择把默认值设置为 None（类型 NoneType 的一个值，表示无值）。于是可以按如下方式实现 __init__()：

```
def __init__(self, cardList=None):
    ' 构造函数 '
    if cardList != None: # 提供了输入扑克牌列表
        self.deck = cardList
    else:                # 没有提供输入扑克牌列表
        # self.deck 是一个标准的 52 张扑克牌列表
```

8.6 运算符 repr() 返回的字符串必须看起来像构造一个 Card 对象的语句。如果两张被比较的牌的点数和花色相同，则运算符 == 返回 True。

```
class Card:
    # 其他 Card 方法
    def __repr__(self):
        ' 返回规范化表示 '
        return "Card('{}', '{}')".format(self.rank, self.suit)
    def __eq__(self, other):
        ' self = other，如果点数和花色相同 '
        return self.rank == other.rank and self.suit == other.suit
```

8.7 实现结果如下所示。如果两副牌包含相同的扑克牌且顺序相同，则运算符 == 认为两副牌相等。

```
class Deck:
    # 其他 Deck 方法
    def __len__(self):
        ' 返回扑克牌中牌的张数 '
        return len(self.deck)
```

```
    def __repr__(self):
        ' 返回规范字符串表示形式 '
        return 'Deck({})'.format(self.deck)

    def __eq__(self, other):
        ''' 如果两副牌包含相同扑克牌且顺序相同，则返回 True '''

        return self.deck == other.deck
```

8.8 Vector 类的完整实现结果如下：

```
class Vector(Point):
    ' 一个二维向量类 '
    def __mul__(self, v):
        ' 向量乘法 '
        return self.x * v.x + self.y * v.y

    def __add__(self, v):
        ' 向量加法 '
        return Vector(self.x+v.x, self.y+v.y)

    def __repr__(self):
        ' 返回规范字符串表示形式 '
        return 'Vector{}'.format(self.get())
```

8.9 如果 Queue 对象（即 self）的长度为 0，则引发一个 KeyboardInterrupt 异常：

```
def dequeue(self):
    ''' 从队列的头部移除并返回项
        如果队列为空，则引发 KeyboardInterrupt 异常 '''
    if len(self) == 0:
        raise KeyboardInterrupt('dequeue from empty queue')

    return self.q.pop(0)
```

8.10 习题

8.10 在类 Point 中添加一个方法 distance()，带一个输入参数：另一个 Point 对象。返回（从调用方法的点开始）到另一个点的距离。

```
>>> c = Point()
>>> c.setx(0)
>>> c.sety(1)
>>> d = Point()
>>> d.setx(1)
>>> d.sety(0)
>>> c.distance(d)
1.4142135623730951
```

8.11 在类 Animal 中添加方法 setAge() 和 getAge()，用于设置和获取 Animal 对象的年龄。

```
>>> flipper = Animal()
>>> flipper.setSpecies('dolphin')
>>> flipper.setAge(3)
>>> flipper.getAge()
3
```

8.12 在类 Point 中添加方法 up()、down()、left() 和 right()，分别将 Point 对象在对应方向上移动一个单位距离。每个方法的实现不应该直接修改实例变量 x 和 y，而应该间接调用既存方法 move()。

```
>>> a = Point(3, 4)
>>> a.left()
>>> a.get()
(2, 4)
```

8.13　在类 Rectangle 中添加一个构造函数，使得创建 Rectangle 对象时可以设置矩形的长和宽。如果没有指定长和宽，则使用默认值 1。

```
>>> rectangle = Rectangle(2, 4)
>>> rectange.perimeter()
12
>>> rectangle = Rectangle()
>>> rectangle.area()
1
```

8.14　把下列重载运算符表达式翻译成相应的方法调用：

(a) x > y

(b) x != y

(c) x % y

(d) x // y

(e) x or y

8.15　为类 Card 重载合适的运算符，使得可以根据点数比较扑克牌大小：

```
>>> Card('3', '♠') < Card('8', '♢')
True
>>> Card('3', '♠') > Card('8', '♢')
False
>>> Card('3', '♠') <= Card('8', '♢')
True
>>> Card('3', '♠') >= Card('8', '♢')
False
```

8.16　实现一个类 myInt，其行为几乎和类 int 一致，除了尝试累加一个类型 myInt 对象时，会发生特殊的行为：

```
>>> x = myInt(5)
>>> x * 4
20
>>> x * (4 + 6)
50
>>> x + 6
'Whatever ...'
```

8.17　实现自定义字符串类 myStr，其行为类似于类 str，除了：

- 加法（+）运算符返回两个字符串的长度之和（而不是字符串拼接）。
- 乘法（*）运算符返回两个字符串的长度之积。

这两个运算符的两个操作数都假设为字符串。如果第二个操作数不是字符串，则实现的行为可以为未定义。

```
>>> x = myStr('hello')
>>> x + 'universe'
13
>>> x * 'universe'
40
```

8.18　开发一个内置 list 类的子类 myList。myList 和 list 之间的唯一区别是重写了 sort 方法。

myList 容器的行为与普通列表一致，除了下列现象：

```
>>> x = myList([1, 2, 3])
>>> x
[1, 2, 3]
>>> x.reverse()
>>> x
[3, 2, 1]
>>> x[2]
1
>>> x.sort()
You wish...
```

8.19 假设使用 8.5 节的类 Queue2 执行下列语句：

```
>>> queue2 = Queue2(['a', 'b', 'c'])
>>> duplicate = eval(repr(queue2))
>>> duplicate
['a', 'b', 'c']
>>> duplicate.enqueue('d')
Traceback (most recent call last):
  File "<pyshell#22>", line 1, in <module>
    duplicate.enqueue('d')
AttributeError: 'list' object has no attribute 'enqueue'
```

请解释错误原因，并提出解决方案。

8.11 思考题

8.20 开发一个 BankAccount 类，支持下列方法：

- `__init__()`：将银行账户余额初始化为输入参数的值，如果没有给定输入参数，则为 0
- `withdraw()`：带一个 amount 输入参数，并从账户余额中提取 amount 指定的款额
- `deposit()`：带一个 amount 输入参数，并将 amount 指定的款额存储到银行账户
- `balance()`：返回账户余额

```
>>> x = BankAccount(700)
>>> x.balance()
700.00
>>> x.withdraw(70)
>>> x.balance()
630.00
>>> x.deposit(7)
>>> x.balance()
637.00
```

8.21 实现一个类 Polygon，对正多边形进行抽象，并支持下列方法：

- `__init__()`：构造函数，带两个参数：一个正 n 边形对象的边数和边长
- `perimeter()`：返回正 n 边形的周长
- `area()`：返回正 n 边形的面积

注意，边长为 s 的正 n 边形的面积为：

$$\frac{s^2 n}{4\tan\left(\frac{\pi}{n}\right)}$$

```
>>> p2 = Polygon(6, 1)
>>> p2.perimeter()
6
>>> p2.area()
2.5980762113533165
```

8.22 实现类 Worker，支持下列方法：

- __init__()：构造函数，带两个输入参数：工人的姓名（字符串）和小时工资（数值）
- changeRate()：带一个新的小时工资作为输入参数，修改工人的小时工资
- pay()：带一个工作时长输入参数，输出：'Not Implemented'

接下来开发 Worker 的子类：HourlyWorker 和 SalariedWorker。两个子类都重写继承的方法 pay() 来计算工人的周薪。计时工按实际工时支付每小时工资，超过 40 小时的加班费为双倍工资。计薪工人的工资是 40 小时的工资，不管工作时间是多少。因为与工作时长无关，故 SalariedWorker 的方法 pay() 可以不带参数调用。

```
>>> w1 = Worker('Joe', 15)
>>> w1.pay(35)
Not implemented
>>> w2 = SalariedWorker('Sue', 14.50)
>>> w2.pay()
580.0
>>> w2.pay(60)
580.0
>>> w3 = HourlyWorker('Dana', 20)
>>> w3.pay(25)
500
>>> w3.changeRate(35)
>>> w3.pay(25)
875
```

8.23 创建一个类 Segment，表示平面上的一个线段，支持下列方法：

- __init__()：构造函数，带两个输入参数：一对表示线段端点的 Point 对象
- length()：返回线段的长度
- slope()：返回线段的斜率，如果斜率无穷大，则返回 None

运行效果如下：

```
>>> p1 = Point(3,4)
>>> p2 = Point()
>>> s = Segment(p1, p2)
>>> s.length()
5.0
>>> s.slope()
0.75
```

8.24 实现一个类 Person，支持下列方法：

- __init__()：构造函数，带两个输入参数：姓名（字符串）和出生年份（整数）
- age()：返回年龄
- name()：返回姓名

使用标准库模块 time 中的 localtime() 函数计算年龄。

8.25 开发一个类 Textfile，提供分析文本文件的方法。类 Textfile 支持一个构造函数，带一个输入参数：一个文件名（字符串），初始化 Textfile 对象与对应的文本文件关联。要求 Textfile 类支持如下方法：nchars()、nwords() 和 nlines()，分别返回关联文本文件的字符数、单词数和行数。要求类还支持方法 read() 和 readlines()，分别返回文本文件

的内容（字符串）和内容行列表，类似于文件对象对应的功能。

最后，要求类支持方法 `grep()`，带一个输入参数：目标字符串，在文本文件中查找包含目标字符串的行。该方法返回文件中包含目标字符串的行。另外，要求输出行号，行号从 0 开始。

```
>>> t = Textfile('raven.txt')
>>> t.nchars()
6299
>>> t.nwords()
1125
>>> t.nlines()
126
>>> print(t.read())
Once upon a midnight dreary, while I pondered weak and weary,
...
Shall be lifted - nevermore!
>>> t.grep('nevermore')
75: Of `Never-nevermore.`
89: She shall press, ah, nevermore!
124: Shall be lifted - nevermore!
```

8.26 在思考题 8.25 的类 `Textfile` 中，添加方法 `words()`，不带输入参数，返回文件中的不重复单词的列表。

8.27 在思考题 8.25 的类 `Textfile` 中，添加方法 `occurrences()`，不带输入参数，返回一个字典，映射文件中的每个单词（键）到单词在文件中出现的次数（值）。

8.28 在思考题 8.25 的类 `Textfile` 中，添加方法 `average()`，不带输入参数，返回一个包含以下内容的元组（tuple）对象：（1）文件中每行平均的单词个数；（2）单词数最多的句子包含的单词个数；（3）单词数最少的句子包含的单词个数。可以假定句子中单词的分隔符为：'!?.'。

8.29 实现类 `Hand`，表示一手扑克牌。要求类包含一个构造函数：带一个玩家 ID（字符串）作为输入参数。要求类支持方法 `addCard()`，带一张扑克牌作为输入参数，把它加入到一手扑克牌中。要求支持方法 `showHand()`，按下列格式显示玩家手中的扑克牌。

```
>>> hand = Hand('House')
>>> deck = Deck()
>>> deck.shuffle()
>>> hand.addCard(deck.dealCard())
>>> hand.addCard(deck.dealCard())
>>> hand.addCard(deck.dealCard())
>>> hand.showHand()
House:  10 ♡   8 ♠   2 ♠
```

8.30 使用本章开发的 `Card` 类和 `Deck` 类以及思考题 8.29 的 `Hand` 类，重新实现案例研究 CS.6 中的二十一点扑克牌游戏应用程序。

8.31 实现类 `Date`，支持下列方法：

- `__init__()`：构造函数，不带输入参数，初始化 `Date` 对象为当前日期
- `display()`：带一个格式参数，按要求格式显示日期

使用标准库模块 `time` 中的函数 `localtime()` 来获取当前时间。格式参数是一个字符串：

- ' MDY '：MM/DD/YY (e.g., 02/18/09)
- ' MDYY '：MM/DD/YYYY (e.g., 02/18/2009)
- ' DMY '：DD/MM/YY (e.g., 18/02/09)
- ' DMYY '：DD/MM/YYYY (e.g., 18/02/2009)
- ' MODY '：Mon DD, YYYY (e.g., Feb 18, 2009)

要求使用标准库模块 `time` 中的函数 `localtime()` 和 `strftime()`。

```
>>> x = Date()
>>> x.display('MDY')
'02/18/09'
>>> x.display('MODY')
'Feb 18, 2009'
```

8.32 开发一个类 `Craps`，允许用户在计算机上玩骰子游戏。（骰子游戏规则在思考题 6.31 中描述。）要求类 `Craps` 支持下列方法：

- `__init__()`：首先滚动一对骰子。如果滚动的结果值（即两个骰子的和）为 7 或者 11，则输出赢的提示信息。如果滚动的结果值为 2、3 或者 12，则输出输的提示信息。对于所有其他滚动的结果值，输出一个通知用户重新掷骰子的信息。
- `forPoint()`：生成一对骰子的滚动的结果值，根据滚动的结果值，输出对应的三种信息之一（如下所示）：

```
>>> c = Craps()
Throw total: 11. You won!
>>> c = Craps()
Throw total: 2. You lost!
>>> c = Craps()
Throw total: 5. Throw for Point.
>>> c.forPoint()
Throw total: 6. Throw for Point.
>>> c.forPoint()
Throw total: 5. You won!
>>> c = Craps()
Throw total: 4. Throw for Point.
>>> c.forPoint()
Throw total: 7. You lost!
```

8.33 实现类 `Pseudorandom`，使用线性同余发生器（linear congruential generator）生成一系列的伪随机整数。线性同余法从一个给定的种子数 x 开始产生一个数字序列。序列中的每个数将通过在前一个序列数 x 上应用（数学）函数 $f(x)$ 而求得。精确函数 $f(x)$ 由三个数定义：a（乘子）、c（增量）和 m（模数）：

$$f(x)=(ax+c)\bmod m$$

例如，如果 m=31、a=17 和 c=7，则从种子 x=12 开始，线性同余方法将生成下列数值序列：

12，25，29，4，13，11，8，19，20，…

因为 $f(12)$=25、$f(25)$=29、$f(29)$=4，等等。要求类 `Pseudorandom` 支持下列方法：

- `__init__()`：构造函数，带四个输入参数：a、x、c 和 m，并初始化 `Pseudorandom` 对象
- `next()`：产生并返回伪随机序列中的下一个值

```
>> x = pseudorandom(17, 12, 7, 31)
>>> x.next()
25
>>> x.next()
29
>>> x.next()
4
```

8.34 实现一个容器类 `Stat`，存储一系列值并提供关于这些数值的统计信息。它支持重载构造函数，用于初始化容器，还支持下列方法：

```
>>> s = Stat()
>>> s.add(2) # 把 2 添加到 Stat 容器
>>> s.add(4)
>>> s.add(6)
>>> s.add(8)
>>> s.min() # 返回容器中的最小值
2
>>> s.max() # 返回容器中的最大值
8
>>> s.sum() # 返回容器中的值之和
20
>>> len(s) # 返回容器中项的个数
4
>>> s.mean() # 返回容器中项的平均值
5.0
>>> 4 in s # 如果在容器中存在，则返回 True
True
>>> s.clear() # 清空序列
```

8.35 像队列一样，堆栈是一种序列容器类型，支持非常受限的访问方法：所有插入和清除都来自堆栈的一端（通常称为堆栈的顶部）。实现一个容器类 `Stack`，用于实现一个堆栈。要求它是 `object` 的一个子类，支持 `len()` 重载运算符，并支持下列方法：

- `push()`：带一个项作为输入参数，把该项压入到堆栈的顶部
- `pop()`：从堆栈顶部返回并移除一个项
- `isEmpty()`：如果堆栈为空则返回 `True`，否则返回 `False`

还应该确保堆栈可以按如下显示输出。堆栈是通常被称为后进先出（LIFO）的容器，因为最后插入的项最先被移除。

```
>>> s = Stack()
>>> s.push('plate 1')
>>> s.push('plate 2')
>>> s.push('plate 3')
>>> s
['plate 1', 'plate 2', 'plate 3']
>>> len(s)
3
>>> s.pop()
'plate 3'
>>> s.pop()
'plate 2'
>>> s.pop()
'plate 1'
>>> s.isEmpty()
True
```

8.36 编写一个名为 `PriorityQueue` 的容器类。要求 `PriorityQueue` 类支持下列方法：

- `insert()`：带一个数值参数，把该数值添加到容器中
- `min()`：返回容器中的最小值
- `removeMin()`：移除容器中的最小值
- `isEmpty()`：如果容器为空则返回 `True`；否则返回 `False`

要求还支持重载运算符 `len()`。

```
>>> pq = PriorityQueue()
>>> pq.insert(3)
>>> pq.insert(1)
```

```
>>> pq.insert(5)
>>> pq.insert(2)
>>> pq.min()
1
>>> pq.removeMin()
>>> pq.min()
2
>>> len(pq)
3
>>> pq.isEmpty()
False
```

8.37 实现类 Square 和 Triangle，作为思考题 8.21 的类 Polygon 的子类。要求 Square 类和 Triangle 类都重载构造函数 __init__，只带一个参数 l（表示边长）。重写方法 area()，使用更简单的方法计算面积。要求方法 __init__ 使用父类的 __init__ 方法，使得子类中不用定义实例变量（l 和 n）。注意：边长为 s 的等边三角形的面积为 $s^2 \times \sqrt{3}/4$。

```
>>> s = Square(2)
>>> s.perimeter()
8
>>> s.area()
4
>>> t = Triangle(3)
>>> t.perimeter()
9
>>> t.area()
6.3639610306789285
```

8.38 实现思考题 8.24 中的类 Person 的两个子类。子类 Instructor 支持下列方法：

- __init__()：构造函数，参数除了姓名和出生年份外，还包括学历
- degree()：返回教师的学历

类 Student 也是 Person 的子类，支持下列方法：

- __init__()：构造函数，参数除了姓名和出生年份外，还包括主修专业
- major()：返回学生的主修专业

要求所实现的三个类的运行结果如下：

```
>>> x = Instructor('Smith', 1963, 'PhD')
>>> x.age()
45
>>> y = Student('Jones', 1987, 'Computer Science')
>>> y.age()
21
>>> y.major()
'Computer Science'
>>> x.degree()
'PhD'
```

8.39 考虑下列类树层次结构：

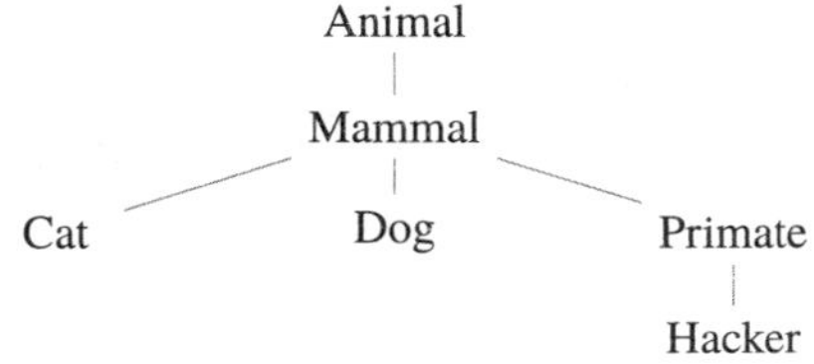

实现六个类，使用 Python 继承关系来建模这个分类法。在类 Animal 中，实现方法

speak()，该方法被 Animal 的子类继承。完成六个类的实现，使它们表现下列行为：

```
>>> garfield = Cat()
>>> garfield.speak()
Meeow
>>> dude = Hacker()
>>> dude.speak( )
Hello world!
```

8.40 在思考题 8.20 中，类 BankAccount 的实现存在一些问题，描述如下：

```
>>> x = BankAccount(-700)
>>> x.balance()
-700
>>> x.withdraw(70)
>>> x.balance()
-770
>>> x.deposit(-7)
>>> x.balance()
Balance:  -777
```

问题是：(1) 可以创建一个余额为负数的银行账户；(2) 取款额可以大于账户余额；(3) 存款额可以为负数。修改 BankAccount 的代码，如果出现了以上违规操作，则引发 ValueError 异常，并输出相应的信息 'Illegal balance'、'Overdraft' 或者 'Negative deposit'。

```
>>> x = BankAccount2(-700)
Traceback (most recent call last):
...
ValueError: Illegal balance
```

8.41 在思考题 8.40 中，当发生了三种违规操作时将引发一个通用的 ValueError 异常。如果引发更具体的用户自定义异常，则会更具可用性。定义可能会引发的新的异常类 NegativeBalanceError、OverdraftError 和 DepositError。此外，要求异常对象的非正式的字符串表示应该可以体现诸如此类的余额：创建负数余额银行账户、透支或者负存款。

例如，当试图创建具有负数余额的银行账户时，要求错误消息包括假如允许银行账户创建时所产生的余额：

```
>>> x = BankAccount3(-5)
Traceback (most recent call last):
...
NegativeBalanceError: Account created with negative balance -5
```

当透支导致负数账户余额时，也要求错误信息包括假如允许透支导致的账户余额：

```
>>> x = BankAccount3(5)
>>> x.withdraw(7)
Traceback (most recent call last):
...
OverdraftError: Operation would result in negative balance -2
```

如果尝试负数存款，负存款金额应包含在错误信息中：

```
>>> x.deposit(-3)
Traceback (most recent call last):
...
DepositError: Negative deposit -3
```

最后，使用这三个新建的异常类代替 ValueError，重新实现类 BankAccount。

图形用户界面

本章介绍图形用户界面（GUI）的开发知识。

当你使用计算机应用程序时，无论它是 Web 浏览器、电子邮件客户端、计算机游戏、还是 Python 集成开发环境（IDE），通常都是使用鼠标和键盘来和图形用户界面进行交互的。使用 GUI 有两个原因：其一，GUI 为程序功能提供更好的概览视图；其二，GUI 使得应用程序更加容易使用。

为了开发图形用户界面，开发人员需要一个 GUI 应用程序编程接口（API），提供必要的 GUI 工具包。Python 有若干个 GUI API。本教程使用 tkinter 模块，它是 Python 标准库的一部分。

除了介绍使用 tkinter 进行 GUI 开发的知识，本章还涉及常用于 GUI 开发的基本软件开发技术。我们引入事件驱动程序设计，一种以响应事件（例如按钮单击）执行任务的应用程序开发方法。我们还将了解到，理想情况下，图形用户界面可以开发为用户自定义类，我们借此机会再次展示了面向对象程序设计（OOP）的优越性。

9.1 tkinter 图形用户界面开发基本知识

图形用户界面（GUI）由基本的可视化构建块组成，例如按钮、标签、文本输入框、菜单、复选框和滚动条等，它们都集中排列在一个标准窗口中。构建块通常称为组件（widget）。为了开发 GUI，开发者需要使用一个包括这些组件的模块。我们将使用包含在标准库中的模块 `tkinter`。

在本节中，我们将介绍使用 `tkinter` 模块进行 GUI 开发的基础知识：如何创建一个窗口，如何在窗口中添加文本或者图像，如何控制组件的外观和位置，等等。

9.1.1 组件 Tk：GUI 窗口

在我们的第一个 GUI 示例中，我们将构建仅由一个窗口组成的、不包含任何其他内容的基本 GUI。为此，我们首先从模块 `tkinter` 导入类 `Tk`，并实例化类型 `Tk` 的一个对象：

```
>>> from tkinter import Tk
>>> root = Tk()
```

一个 `Tk` 对象是表示 GUI 窗口的 GUI 组件，创建时无须任何参数。

如果你执行上面的代码，你会发现，创建一个 `Tk()` 组件，结果并没有在屏幕上显示一个窗口。为了显示窗口，需要调用 `Tk` 的方法 `mainloop()`：

```
>>> root.mainloop()
```

现在应该可以看到图 9-1 中所示的窗口。

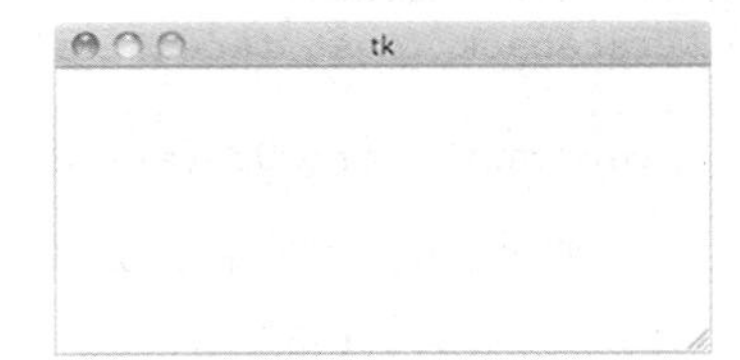

图 9-1　一个 tkinter GUI 窗口。可以最小化或关闭窗口，窗口与操作系统的其他窗口外观类似

这个 GUI 窗口仅仅包含一个窗口，没有其他任何内容。如果要在窗口中显示文字或者图片，我们需要使用 tkinter 的 Label 组件。

9.1.2 组件 Label：显示文本

组件 Label 可以用于在窗口中显示文本。让我们通过开发一个 GUI 版本的经典 "Hello World" 应用程序来说明其用法。首先，除了从 tkinter 导入类 Tk，我们还需要导入类 Label：

```
>>> from tkinter import Tk, Label
>>> root = Tk()
```

然后创建一个 Label 对象，显示文本 "Hello GUI world!"：

```
>>> hello = Label(master = root, text = 'Hello GUI world!')
```

Label 构造函数中的第一个参数为 master，指定 Label 组件位于组件 root 之内。GUI 通常包含许多以分层方式组织的组件。当定义组件 X 位于组件 Y 之内时，组件 Y 被称为组件 X 的父组件（即主控）。

第二个参数为 text，指向 Label 组件显示的文本。text 参数是二十几个可选的构造函数参数之一，它们用于指定 Label 组件（以及其他 tkinter 组件）的外观。我们在表 9-1 中列举了一些可选参数，并在这一节中展示它们的用法。

虽然 Label 构造函数指定标签组件位于组件 root 之内，但它没有指定标签应该放置在组件 root 之内的哪个位置。指定 GUI 的几何形状（即组件在其父组件中的位置）有好几种方法，我们将在本节后面更详细地讨论它们。指定一个组件在其父窗口位置的一个简单的方法是调用组件的方法 pack()。方法 pack() 可以带参数以指定在父组件中期望的位置。如果没有指定参数，则使用默认的位置（把组件置于其父组件的顶部中心位置）：

```
>>> hello.pack() # hello 置于其父组件的顶部中心位置
>>> root.mainloop()
```

和我们的第一个例子一样，mainloop() 方法显示 GUI 界面，如图 9-2 所示。

图 9-2　一个文本标签。创建 Label 组件时，如果指定了 text 参数，则会显示一个文本标签。注意，标签放置在其父组件（窗口本身）的顶部中心位置

表 9-1 列举了 tkinter 组件选项，其中，text 参数只是定义组件外观的若干可选组件构造函数参数之一。我们将在接下来的三个 GUI 实例中展示其他一些选项。

表 9-1　tkinter 组件选项，可以用于指定组件的外观。选项的值作为组件构造函数的输入参数传递。这些选项可以用于指定所有 tkinter 组件的外观，而不仅仅适用于组件 Label。表中选项的使用方法贯穿本节

选　项	说　明
text	要显示的文本
image	要显示的图像

（续）

选　　项	说　　明
width	组件的宽度，单位为像素（对于图像而言）或字符数（对于文本而言）。如果省略，则根据内容自动计算大小
height	组件的高度，单位为像素（对于图像而言）或字符数（对于文本而言）。如果省略，根据内容自动计算大小
relief	边框样式。选项包括：FLAT（默认）、GROOVE、RAISED、RIDGE 和 SUNKEN，它们都定义在 tkinter 中
borderwidth	边框宽度，默认为 0（无边框）
background	背景颜色名称（字符串）
foreground	前景颜色名称（字符串）
Font	字体描述符（作为元组，包括字体名称、字体大小、以及可选的字体样式）
padx, pady	在 x 轴或 y 轴上添加到组件上的填充

9.1.3 显示图像

Label 组件可以显示的内容不仅仅是文本。为了显示图像，在 Label 构造函数中，应该使用一个名为 image 的参数，而不是 text 参数。下一个示例程序将一个 GIF 图像放置在 GUI 窗口中。（本例使用文件 peace.gif，应该和模块 peace.py 放置在同一文件夹中。）

模块：peace.py

```
from tkinter import Tk, Label, PhotoImage
root = Tk()                  # 窗口
# 将 GIF 格式转换为 tkinter 可以显示的格式
photo = PhotoImage(file='peace.gif')

peace = Label(master=root,
              image=photo,
              width=300,     # 标签宽度（以像素为单位）
              height=180)    # 标签高度（以像素为单位）
peace.pack()
root.mainloop()
```

生成的 GUI 如图 9-3 所示。构造函数的参数 image 必须指向一个 tkinter 能够显示的图像格式的图像。定义在模块 tkinter 中的 PhotoImage 类，可以用于把一个 GIF 图像转换为此类格式的对象。参数 width 和 height 指定 Label 的宽度和高度，以像素为单位。

图 9-3　一个图像标签。使用 image 参数，一个 Label 组件可以显示一幅图像。选项 width 和 height 指定标签的宽度和高度，单位为像素。如果图像比标签小，则四周填充白色

知识拓展：GIF 和其他图像格式

GIF 只是定义的许多图像文件格式中的一种。你可能熟悉 JPEG（Joint Photographic Experts Group）格式，主要用于照片。其他常用的图像格式包括位图 BMP（Bitmap Image File）、PDF（Portable Document Format）和 TIFF（Tagged Image File Format）。

如果要显示 GIF 格式以外的图像，可以使用 Python 图像库（PIL，Python Imaging Library）。它包含各种类，可以载入 30 种以上格式的图像并将其转换为 `tkinter` 兼容的图像对象。PIL 还包含用于图像处理的工具。要了解更多信息，请访问网站：

www.pythonware.com/products/pil/

注意：编写本书时，PIL 还没有升级到支持 Python 3。

9.1.4 布局组件

`tkinter` 几何管理器负责管理组件在其父组件中的位置。如果必须放置多个组件，布局将由几何管理器使用复杂的布局算法（试图确保布局良好）和程序员给出的指令计算。包含一个或多个子组件的父组件的大小由子组件的大小和位置决定。此外，随着用户调整 GUI 窗口，其大小和布局也随之动态改变。

方法 `pack()` 是可以用来提供指令给几何管理器的三种方法之一。（本节稍后将涉及另一个方法 `grid()`。）指令指定子组件在其父组件中的相对位置。

为了演示如何使用指令以及说明如何使用组件的其他构造函数选项，我们开发了一个 GUI，包括两个图像标签和一个文本标签，如图 9-4 所示。

图 9-4　多组件 GUI，三个 `Label` 组件布局在 GUI 窗口。和平（peace）图像位于左侧，笑脸（smiley face）图像位于右侧，而文本位于下方

方法 `pack()` 的可选参数 `side` 用于指示 `tkinter` 几何管理器把组件放置到其父组件的特定边缘。`side` 的值包括：`TOP`、`BOTTOM`、`LEFT` 和 `RIGHT`，它们是定义在 `tkinter` 模块中的常量，默认值是 TOP。在实现上述 GUI 的过程中，我们使用 `side` 选项来布局三个组件：

模块：smileyPeace.py

```
from tkinter import Tk,Label,PhotoImage,BOTTOM,LEFT,RIGHT,RIDGE
# GUI 展示了组件构造函数选项和方法 pack()
root = Tk()

# 带有文本信息“和平，从一个微笑开始”的标签
text = Label(root,
             font = ('Helvetica', 16, 'bold italic'),
             foreground='white',    # 文字颜色
```

```
                background='black',    # 背景颜色
                padx=25,  # 标签左和右均扩展 25 像素
                pady=10,  # 标签上和下均扩展 25 像素
                text='Peace begins with a smile.')
text.pack(side=BOTTOM)                      # 文本标签放置于下方

# 带有一个和平符号图像的标签
peace = PhotoImage(file='peace.gif')
peaceLabel = Label(root,
                   borderwidth=3,  # 设置标签边框宽度
                   relief=RIDGE,   # 设置标签边框样式
                   image=peace)
peaceLabel.pack(side=LEFT)              # 和平图像放置于左侧
# 带有一个笑脸图像的标签
smiley = PhotoImage(file='smiley.gif')
smileyLabel = Label(root,
                    image=smiley)
smileyLabel.pack(side=RIGHT)            # 笑脸图像放置于右侧

root.mainloop()
```

表 9-2 列出 `pack()` 方法的另外两种选项。选项 `expand` 可以设置为 `True` 或 `False`，指定是否允许扩展组件以填充父组件中的任何额外空间。如果选项扩展设置为 `True`，可以使用选项 `fill` 来指定扩展是否应该沿 *x* 轴、*y* 轴或两者进行填充。

表 9-2　布局选项。除了选项 side，方法 pack() 还可以带选项 fill 和 expand

选　　项	说　　明
side	指定组件停靠的边（使用 tkinter 中定义的常量 TOP、BOTTOM、LEFT 和 RIGHT），默认值为 TOP
Fill	指定组件是否应该填充其父组件所定义的空间的宽度或高度。选项包括“both”、“x”、“y”和“none”(默认)。
expand	指定组件是否应该扩展以填充给定的空间，默认为 false（不扩展）

GUI 程序 `smileypeace.py` 还展示了一些其他未涉及的组件构造函数选项。使用选项 `borderwidth` 和 `relief`，指定和平符号（peace）的边框宽度为 3，边框样式为 `RIDGE`（隆起）。同时，文本标签（特丽莎修女的一句名言）的构造也使用了选项指定白色字体（选项 `foreground`）、黑色背景（选项 `background`）、上下 10 像素的填充（选项 `pady`）、左右 25 像素的填充（选项 `padx`）。`font` 选项指定的文本的字体为：加粗、斜体、大小为 16 点的 Helvetica 字体。

练习题 9.1　编写程序 `peaceandlove.py`，创建如下 GUI：

要求“Peace&Love”文本标签停靠左侧，黑色背景，大小为 5 行（足以放置 20 个字符）。如果用户扩展窗口，要求标签保持停靠窗口左侧边框。和平符号（peace）图像标签停靠右侧。然而，如果用户扩展窗口，右侧使用白色填充。示意图显示了用户手动扩展窗口后的结果图。

注意事项：忘记几何规范

忘记指定组件的位置是一个常见的错误。仅当在其父组件中布局之后，一个组件才会出现在 GUI 窗口中。其实现可以通过调用组件的方法 `pack()`、方法 `grid()`（稍后讨论），或方法 `place()`（本书没有讨论）。

9.1.5 将组件布局为表格

接下来讨论图中包括若干标签的 GUI。如何开发如图 9-5 所示的电话拨号盘 GUI？

图 9-5　电话拨号盘 GUI。这个 GUI 的标签保存在一个 4×3 网格中。相对于方法 `pack()`，方法 `grid()` 更适合于把组件放置在网格上。行从上到下索引，列从左到右索引，索引均从 0 开始

我们已经知道如何使用 `Label` 组件来创建每个单独的电话拨号“按钮”。但尚不清楚如何把 12 个“按钮”排列在一个网格中。

如果我们需要将几个组件布局为一个网状风格，方法 `grid()` 比方法 `pack()` 更合适。使用方法 `grid()` 时，父组件被分为行和列，所得到的网格的每个单元格可以存储一个组件。要把一个组件放置到第 `r` 行第 `c` 列，可以调用方法 `grid()`，使用行 `r` 和列 `c` 作为输入参数，如下列电话拨号盘 GUI 的实现所示：

模块：phone.py

```
from tkinter import Tk, Label, RAISED
root = Tk()
labels = [['1', '2', '3'],          # 电话拨号标签文本
          ['4', '5', '6'],          # 布局为网格
          ['7', '8', '9'],
          ['*', '0', '#']]

for r in range(4):                  # 对于每个行 r = 0, 1, 2, 3
    for c in range(3):              # 对于每个列 c = 0, 1, 2
        # 为 r 行 c 列创建标签
        label = Label(root,
                      relief=RAISED,      # 设置边框样式
                      padx=10,            # 加宽标签
```

```
14                  text=labels[r][c])  # 标签文本
15          # 将标签放置于 r 行 c 列
16          label.grid(row=r, column=c)
17
18  root.mainloop()
```

在第 5 行到第 8 行中，我们定义了一个二维列表，存储将放置在电话拨号盘的 r 行 c 列的标签的文本。这样做有助于在第 10 行到第 19 行中嵌套 for 循环以创建并放置标签。注意使用方法 grid() 时，将行和列作为输入参数。

表 9-3 显示了 grid() 方法的一些选项。

表 9-3　grid() 方法选项。columnspan 选项用于把组件跨多个列放置，rowspan 选项用于把组件跨多个行放置。

选　项	说　明
column	指定组件的列，默认值为 0
columnspan	指定组件占用多少列
row	指定组件的行，默认值为 0
rowspan	指定组件占用多少行

注意事项：混合使用 pack() 和 grid()

方法 pack() 和 grid() 使用不同的方法来计算组件的布局。这两种方法不能很好地结合在一起，每个方法都会尝试以自己的方式优化布局，并试图取消其他算法的选择。结果是程序可能永远无法完成执行。

因此结论就是：对于位于同一个父组件中的所有组件，我们必须只能选择使用其中一种布局方式，不能使用混合布局方法。

练习题 9.2　实现函数 cal()，带两个输入参数：年和月（1 到 2 之间的一个数）。启动一个 GUI，显示对应的日历。例如，图示日历通过执行命令获得：

```
>>> cal(2012, 2)
```

tk

Mon	Tue	Wed	Thu	Fri	Sat	Sun
		1	2	3	4	5
6	7	8	9	10	11	12
13	14	15	16	17	18	19
20	21	22	23	24	25	26
27	28	29				

要实现该功能，用户需要计算：（1）指定月份的第一天对应的星期（星期一、星期二、…）。（2）指定月份的天数（考虑闰年）。模块 calendar 中定义的函数 monthrange() 恰好返回这两个值：

```
>>> from calendar import monthrange
>>> monthrange(2012, 2)    # year 2012, month 2 (February)
(2, 29)
```

返回值是一个元组。元组的第一个值是 2，对应于星期三（Wednesday）（星期一是 0，星期二是 1，以此类推)。元组的第二个值是 29，这是 2012 年 2 月份的天数（闰年)。

知识拓展：你想了解更多吗？

本章只是使用 tkinter 进行 GUI 开发的入门介绍。关于 GUI 开发和 tkinter GUI 的全面介绍需要整本教材的篇幅。如果你想了解更多内容，请从 Python 文档开始，文档网址为：

http://docs.python.org/py3k/library/tkinter.html

两个特别有用的资源（尽管它们使用 Python 2）的网址为：

http://www.pythonware.com/library/tkinter/introduction/

http://infohost.nmt.edu/tcc/help/pubs/tkinter/

9.2 基于事件的 tkinter 组件

接下来我们探讨 tkinter 提供的不同类型的组件。特别地，我们研究响应用户鼠标或者键盘输入的那些组件。这些组件具有交互行为，必须采用基于事件驱动的程序开发风格。除了 GUI 开发，事件驱动程序还用于计算机游戏和分布式客户端 / 服务器等应用程序的开发中。

9.2.1 Button 组件及事件处理程序

我们首先从经典的按钮组件开始讨论。模块 tkinter 中的类 Button 表示 GUI 按钮。为了描述其用法，我们开发了一个简单的仅包含一个按钮的 GUI 应用程序，如图 9-6 所示。

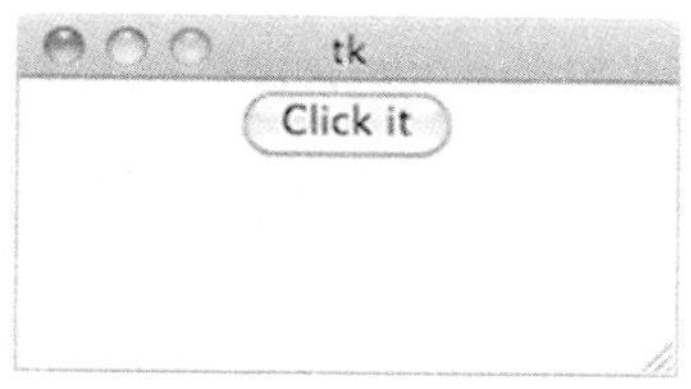

图 9-6 包含一个 Button 组件的 GUI。按钮上显示文本“Click it”。当单击该按钮时，输出日期和时间信息

该应用程序的工作方式为：当用户单击按钮“Click it”时，在解释器命令行中输出单击按钮时的日期和时间信息：

```
>>>
Day:  07 Jul 2011
Time: 23:42:47 PM
```

如果你愿意，你可以不断重复单击该按钮：

```
>>>
Day:  07 Jul 2011
Time: 23:42:47 PM

Day:  07 Jul 2011
Time: 23:42:50 PM
```

让我们来实现这个 GUI。要构建一个按钮组件，我们使用 Button 构造函数。和

Label 构造函数一样，Button 构造函数的第一个参数必须指向按钮的父组件。要指定按钮上显示的文本，可以使用 text 参数，这也和 Label 组件一样。事实上，表 9-1 中显示的所有定制组件的选项同样也可以用于 Button 组件。

按钮组件和标签组件的一个区别在于，按钮是交互式组件。每次单击一个按钮时，会执行某个操作。事实上，“操作”实现为一个函数，每次单击按钮时会被执行。我们可以通过 Button 构造函数中的 command 选项指定该函数的名称。下面是为上述 GUI 创建按钮组件的方法：

```
root = Tk()
button = Button(root, text='Click it', command=clicked)
```

当单击按钮时，将执行函数 clicked()。接下来需要实现该函数。当调用该函数时，要求函数输出当前日期和时间信息。我们使用 4.2 节中的模块 time 来获取和输出当前本地时间。因此完整的 GUI 程序代码如下：

模块：clickit.py

```
from tkinter import Tk, Button
from time import strftime, localtime

def clicked():
    ' 打印日期和时间信息 '
    time = strftime('Day:  %d %b %Y\nTime: %H:%M:%S %p\n',
                    localtime())
    print(time)

root = Tk()

# 创建标有 ' Click it ' 文字的按钮以及 clicked 事件处理函数
button = Button(root,
                text='Click it',    # 按钮上显示的文字信息
                command=clicked)    # 按钮单击事件处理程序
button.pack()
root.mainloop()
```

函数 clicked() 被称为事件处理程序，它处理单击按钮“Click it”时产生的事件。

在 clicked() 的第一个版本实现中，日期和时间信息输出到命令行。假设我们希望输出信息到一个小的 GUI 窗口中，如图 9-7 所示。

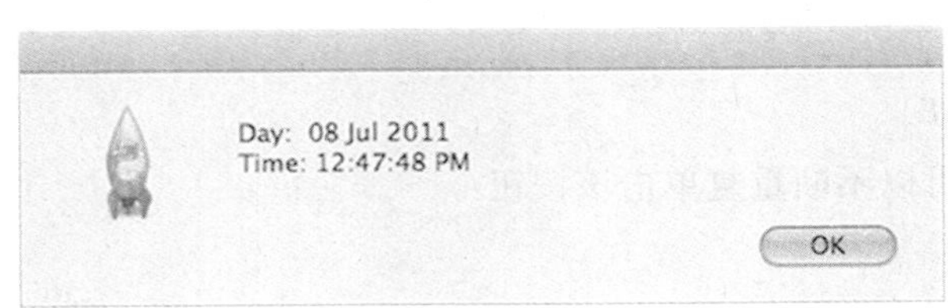

图 9-7　showinfo() 窗口。模块 tkinter.messagebox 中的 showinfo() 函数在一个独立的窗口中显示消息。单击“OK”按钮，可以关闭该窗口

在模块 tkinter.messagebox 中，包含一个函数 showinfo()，可以在一个独立的窗口中显示一个字符串。因此，我们只需要把原始的函数 clicked() 替换为：

模块：clickit.py

```
from tkinter.messagebox import showinfo

def clicked():
    '打印日期和时间信息'
    time = strftime('Day:  %d %b %Y\nTime: %H:%M:%S %p\n',
                    localtime())
    showinfo(message=time)
```

练习题 9.3 实现一个 GUI，要求包含两个标有文字“`Local time`”和“`Greenwich time`”的按钮。单击第一个按钮时，在命令行输出本地时间。单击第二个按钮时，要求输出格林尼治时间。

```
>>>
Local time
Day:  08 Jul 2011
Time: 13:19:43 PM

Greenwich time
Day:  08 Jul 2011
Time: 18:19:46 PM
```

使用模块 `time` 中的 `gmtime()` 函数可以获得当前格林尼治标准时间。

9.2.2 事件、事件处理程序和 mainloop()

了解了交互式 `Button` 按钮的工作方式之后，接下来解释 GUI 如何处理用户生成的事件（例如，单击按钮）。当调用 `mainloop()` 方法启动 GUI 时，Python 开始一个被称为事件循环的无限循环。事件循环可以很好地使用下面的伪代码表示：

```
while True:
    等待一个事件发生
    运行相关联的事件处理函数
```

换言之，在任何时间点，GUI 都在等待事件。当发生了一个事件（例如，单击按钮），GUI 执行指定的函数来处理该事件。当事件处理函数终止后，GUI 返回并继续等待下一个事件。

单击按钮仅仅是 GUI 中可能发生的事件的一种。鼠标移动或者在输入域按下键盘上的按键也会产生事件，可以被 GUI 处理。本节稍后我们将讨论这种示例。

知识拓展：GUI 简史

第一个带图形界面的计算机系统是 Xerox Alto 计算机，由 Xerox PARC 的研究人员（Palo Alto 研究中心）于 1973 年在帕洛阿尔托（加利福尼亚）开发。Xerox PARC 于 1970 年成立，作为施乐公司研发分部，除了负责开发图形用户界面，还负责开发许多现在常见的计算机技术，例如激光打印、以太网和现代个人电脑等。

施乐 Alto 图形用户界面的灵感来源于位于门洛帕克（加利福尼亚）的国际斯坦福研究院、以鼠标之父道格拉斯·恩格尔巴特（Douglas Engelbart）为首的研究者开发的可以使用鼠标点击基于文本的超链接的在线系统。施乐 Alto 图形用户界面包含很多图形元素，如窗口、菜单、单选按钮、复选框、图标，均可以使用鼠标和键盘进行操作。

1979，苹果电脑的创始人史蒂夫·乔布斯参观了施乐 PARC，在那里学到了施乐 Alto 的通过鼠标控制的图形用户界面。他很快把它集成到苹果计算机系统中，1983 年首先集成到 Apple Lisa 中，然后在 1984 年集成到 Macintosh 中。从那以后，所有主流的操作系统都支持图形用户界面。

9.2.3 Entry 组件

在下一个 GUI 示例中，我们引入了 `Entry` 组件类。它表示表单中常见的典型的单行文本框。我们要构建的 GUI 应用程序要求用户输入一个日期，然后计算与之对应的星期。要求 GUI 界面如图 9-8 所示。

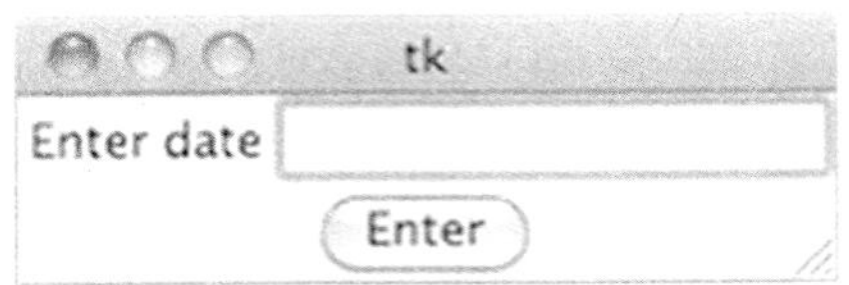

图 9-8　星期应用程序。应用程序要求用户输入一个日期，格式为 MMM DD,YYYY（例如，Jan 21, 1967）

当用户在输入框中键入：Jan 21, 1967，并单击【 Enter 】按钮后，弹出一个新窗口，如图 9-9 所示。

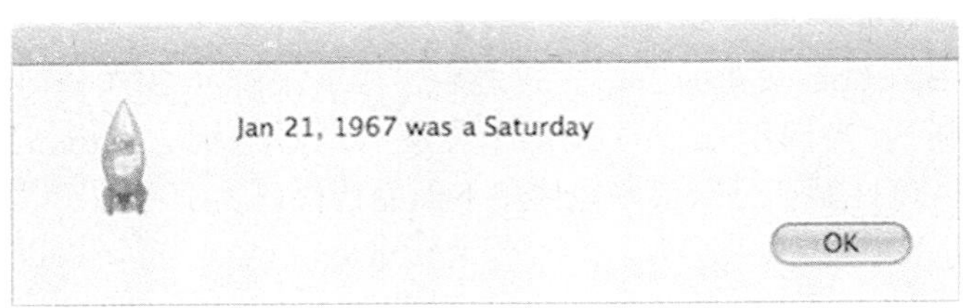

图 9-9　星期应用程序的弹出窗口。当用户输入日期并单击【 Enter 】按钮后，在弹出窗口中显示该日期对应的星期

很显然，GUI 包含一个 `Label` 和一个 `Button` 组件。文本输入框则需要使用定义在 `tkinter` 中的 `Entry` 组件。`Entry` 组件适合于输入（并显示）单行文本。用户可以在该组件中使用键盘键入文本。接下来我们开始实现该 GUI：

模块：day.py

```
# import 导入语句以及
# 计算和显示星期的事件处理函数 compute()

root = Tk()

# label 标签
label = Label(root, text='Enter date')
label.grid(row=0, column=0)
#
# entry 输入框
dateEnt = Entry(root)
```

```
12 dateEnt.grid(row=0, column=1)
13
14 # button 按钮
15 button = Button(root, text='Enter', command=compute)
16 button.grid(row=1, column=0, columnspan=2)
17
18 root.mainloop()
```

在第 13 行，我们创建了一个 `Entry` 组件。注意我们使用了方法 `grid()` 布局三个组件。剩余的工作是实现事件处理函数 `compute()`。让我们先描述该函数的功能：

1. 从输入框 `dateEnt` 中读取日期；
2. 计算对应该日期的星期；
3. 在弹出窗口中显示星期信息；
4. 清空输入框 `dateEnt` 中的内容。

最后一步是一个不错的选择：我们清空刚刚键入的内容，以方便继续输入新的日期。

为了读取一个 `Entry` 组件中的字符串内容，可以使用 `Entry` 方法 `get()`。它返回输入框中的文本。要清空一个 `Entry` 组件中的字符串，我们需要使用 `Entry` 方法 `delete()`。一般而言，`delete()` 方法用于删除 `Entry` 组件中的子字符串。因此 `delete()` 带两个参数：索引 `first` 和索引 `last`，删除从索引 `first` 开始到索引 `last` 之前的子字符串。索引 0 和 `END`（`tkinter` 中定义的常量）可以用于删除一个输入框中的所有字符串。表 9-4 显示了其他 `Entry` 方法的用法。

表 9-4　一些 `Entry` 方法。其中列举了类 `Entry` 的三个核心方法。常量 `END` 定义在 `tkinter` 中，指向输入框中最后一个文本之后的索引位置

选　项	说　明
`e.get()`	返回输入框 e 中的字符串
`e.insert(index, text)`	把 `text` 插入到输入框 e 的给定索引位置 `index`。如果 `index` 是 `END`，则添加字符串到后面
`e.delete(from, to)`	删除输入框 e 的从索引 `from`（包含）到索引 `to`（不包含）的子字符串。`delete(0, END)` 删除输入框中的所有文本

基于 `Entry` 组件类的方法，我们现在可以实现事件处理函数 `compute()`：

模块：day.py

```
from tkinter import Tk, Button, Entry, Label, END
from time import strptime, strftime
from tkinter.messagebox import showinfo

def compute():
    ''' 显示指定日期格式 dateEnt 所对应的星期，
    日期格式必须为：MMM DD , YYYY ( 例如 , Jan 21, 1967) '''

    global dateEnt    # dateEnt 是一个全局变量

    # 从输入框 dateEnt 中读取日期
    date = dateEnt.get()

    # 计算日期相对应的星期
    weekday = strftime('%A', strptime(date, '%b %d, %Y'))
```

```
16
17        # 在弹出式窗口中显示星期
18        showinfo(message = '{} was a {}'.format(date, weekday))
19
20        # 从输入框 dateEnt 中删除日期
21        dateEnt.delete(0, END)
22
23    # 程序的剩余部分
```

在第9行，我们指定 `dateEnt` 是一个全局变量。虽然不是严格必须（在函数 `compute()` 中，我们没有赋值给 `dateEnt`），但它是一个警告，维护代码的程序员会意识到 `dateEnt` 不是一个局部变量。

在第15行，我们使用模块 `time` 中的两个函数来计算对应一个日期的星期。函数 `strptime()` 带两个参数：一个包含日期（date）的字符串、一个格式化字符串（`'%b %d, %Y'`，使用表4-3中的指令）。函数 `strptime()` 返回一个类型为 `time.struct_time` 的日期对象。请回顾4.2节中的函数 `strftime()`，带该类型的日期对象参数和一个格式化字符串参数（`'%A'`），并返回基于格式化字符串的日期。由于格式化字符串仅仅包括指令 `%A`（指定星期），因此仅返回星期。

练习题9.4 实现GUI程序的一个修改版本：`day2.py`。替代在单独的弹出窗口显示星期信息，在输入框的前面插入星期信息，如图所示。另外，添加一个标有【Clear】文字的按钮，用于删除输入框中的内容。

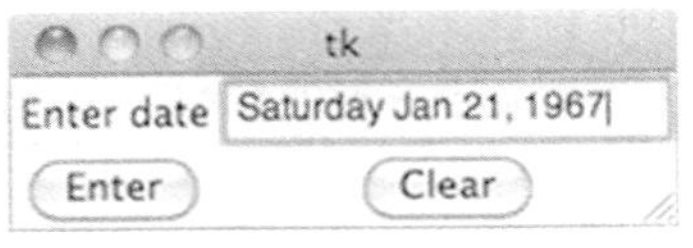

9.2.4 Text 组件和绑定事件

接下来我们介绍 `Text` 组件。`Text` 组件用于交互式输入多行文本，这和在一个文本编辑器中输入文本类似。`Text` 组件类同样支持类 `Entry` 支持的方法 `get()`、`insert()` 和 `delete()`，但格式不尽相同（参见表9-5）。

表9-5 一些 `Text` 方法。与 `Entry` 方法中使用的索引不同，`Text` 方法中的索引的格式为 `row.column`（例如，索引2.3表示第3行的第4个字符）。

选　项	说　明
`t.insert(index, text)`	把 `text` 插入到 `Text` 组件 `t` 中索引 `index` 位置之前
`t.get(from, to)`	返回 `Text` 组件 `t` 中从索引位置 `from`（包含）到 `to`（不包含）的子字符串
`t.delete(from, to)`	删除 `Text` 组件 `t` 中从索引位置 `from`（包含）到 `to`（不包含）的子字符串

我们使用一个 `Text` 组件来开发一个外观类似文本编辑器的应用程序，但“私底下”记录和输出用户在 `Text` 组件中键入的任何按键。例如，假如用户键入如图9-10所示的句子。

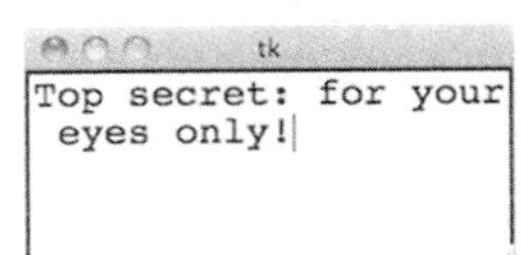

图9-10 按键记录器应用程序。记录按键的GUI包括一个 `Text` 组件。当用户在文本框中输入文本，所有的按键都会被记录并在命令行中输出

则命令行中会输出下列内容：

```
>>>
char = Shift_L
char = T
char = o
char = p
char = space
char = s
char = e
char = c
char = r
char = e
char = t
...
```

（我们省略了剩余的字符。）这种程序通常被称为按键记录器（keyLogger）。

接下来我们开发这个应用程序。为了创建大小足够容纳 5 行 20 个字符的 `Text` 组件，我们使用 `width` 和 `height` 组件构造函数选项：

```
from tkinter import Text
t = Text(root, width=20, height=5)
```

为了记录用户在 `Text` 组件键入的每一个按键，我们需要把按键关联到一个事件处理函数。我们可以使用 `bind()` 方法来实现，其目的是"绑定"（或关联）一个事件类型到一个事件处理函数。例如，

```
text.bind('<KeyPress>', record)
```

上述语句把按键（使用字符串 `'<KeyPress>'` 描述的事件类型）绑定到事件处理函数 `record()`。

为了实现按键记录器程序，我们需要了解有关事件模式和 `tkinter Event` 类的相关知识。

9.2.5 事件模式和 tkinter 类 Event

一般而言，`bind()` 方法的第一个参数是我们要绑定的事件的类型。事件的类型是由一个字符串表示的，该字符串是一个或多个事件模式的级联。事件模式具有下列格式：

```
<modifier-modifier-type-detail>
```

表 9-6 显示了 `modifier`、`type` 和 `detail` 的一些取值。对于我们的按键记录器，事件模式将仅包括一个类型：`KeyPress`。事件模式及其关联目标事件的示例如下所示：

- `<Control-Button-1>`：同时按 Ctrl 键和鼠标左键
- `<Button-1><Button-3>`：按鼠标左键，然后按鼠标右键
- `<KeyPress-D><Return>`：按键盘 D 键，然后按键盘上的【 Enter/Return 】键
- `<Buttons1-Motion>`：按下鼠标左键并移动鼠标

表 9-6　一些事件模块 modifiers、types 和 details。一个事件模式是一个字符串，由符号 < 和 > 分隔，依次可以包含至多两个 modifiers、一个 types 和一个 detail

Modifier	说　明
Control	【 Ctrl 】键
Button1	鼠标左键

（续）

Modifier	说　明
Button3	鼠标右键
Shift	【Shift】键
Type	
Button	鼠标按键
Return	【回车】键
KeyPress	按下键盘上的一个按键
KeyRelease	释放键盘上的一个按键
Motion	鼠标移动
Detail	
<button number>	1、2 或者 3，分别表示鼠标左键、中键或者右键
<key symbol>	键入字母符号

方法 bind() 的第二个参数为事件处理函数。该事件处理函数由开发人员定义，正好带一个参数：一个类型 Event 的对象。类 Event 定义在 tkinter 中。当发生了一个事件（例如按键），Python 解释器将创建一个与事件相关联的类型 Event 的对象，并调用事件处理函数，把 Event 对象作为唯一的参数传递。

一个 Event 对象包含许多属性，用于存储导致该对象实例化的事件的相关信息。例如，对于一个按键事件，Python 解释器将创建一个 Event 对象，并把按下的键的符号和（Unicode）编码赋值给属性 keysym 和 keysym_num。

因此，在我们的 keyLogger 应用程序中，事件处理函数 record() 应该带一个输入参数：Event 对象，读取存储在 Event 对象中的键符号和编码，并把它们显示在命令行中。结果将达到预期的行为：持续显示 GUI 用户键入的按键信息。

模块：keyLogger.py

```
from tkinter import Tk, Text, BOTH

def record(event):
    ''' 按键事件的处理函数，
        输入事件是 tkinter.Event 类型 '''
    print('char = {}'.format(event.keysym)) # 打印按键符号

root = Tk()

text = Text(root,
            width=20,  # 设置字符宽度为 20
            height=5)  # 设置字符高度为 5 行

# 将按键事件与事件处理函数 record() 绑定
text.bind('<KeyPress>', record)

# 组件随着父窗口扩展
text.pack(expand=True, fill=BOTH)

root.mainloop()
```

根据事件类型，解释器会设置其他 Event 对象属性。表 9-7 显示了其中一些属性。表中还显示了导致每个属性被定义的事件类型。例如，一个 ButtonPress 事件将定义 num 属性，但一个 KeyPress 或者 KeyRelease 事件则不会。

表 9-7 一些事件模块 modifiers、types 和 details。其中显示了类 Event 的少数一些属性。同时也显示了产生该属性的事件。例如，所有的事件都会设置 time 属性

属 性	事件类型	说 明
num	ButtonPress、ButtonRelease	按下的鼠标键（1、2、3，分别表示左、中、右）
time	全部	事件发生的时间
x	全部	鼠标的 x 坐标
y	全部	鼠标的 y 坐标
Keysym	KeyPress、KeyRelease	按键的字符串
Keysym_num	KeyPress、KeyRelease	按键的 Unicode 编码

练习题 9.5 在原始的 day.py 程序中，在输入框中键入日期后，用户必须单击按钮“Enter”。要求用户使用键盘键入内容后再使用鼠标不是太方便。请修改程序 day.py，允许用户仅通过按键盘上【回车】键来代替鼠标单击按钮“Enter”。

注意事项：事件处理函数

tkinter 中包含两种不同类型的事件处理函数。例如，函数 buttonHandler() 就是一个按钮 Button 组件单击事件的处理函数：

```
Button(root, text='example', command=buttonHandler)
```

定义函数 buttonhandler() 不能带任何输入参数。

函数 eventHandler() 可以按如下方式处理一个事件类型：

```
widget.bind('<event type>', eventHandler)
```

函数 eventHandler() 的定义中必须带唯一一个输入参数，其类型为 Event。

9.3 设计图形用户界面

在本节中，我们继续介绍新的交互组件类型。我们将讨论如何设计图形用户界面，跟踪一些被事件处理函数读取或修改的值。我们还将说明如何以层次结构方式设计包含多个组件的图形用户界面。

9.3.1 组件 Canvas

Canvas（画布）组件是一个有趣的组件，可以显示包含直线和几何对象的绘图。可以认为它是海龟绘图的原始版本。（事实上，海龟绘图本质是就是一个 tkinter GUI。）

我们通过构建一个非常简单的画笔绘图应用程序来演示 Canvas 组件。应用程序由一个最初为空的画布构成。用户可以使用鼠标在画布内绘制曲线。按下鼠标左键开始曲线的绘制。按下鼠标左键并同时移动鼠标时，移动画笔并绘制曲线。当释放鼠标左键时，完成曲线的绘制。使用该程序的一个涂鸦如图 9-11 所示。

我们首先创建一个大小为 100 × 100 像素的 Canvas 组件。由于绘制图形通过按下鼠标左键开始，因此需要绑定事件类型 <Button-1> 到一个事件处理函数。另外，由于按住鼠标左键的同时移动鼠标会绘制曲线，因此还需要绑定事件类型 <Button1-Motion> 到另一个事件处理函数。

图 9-11　画布绘图应用程序。该 GUI 实现了一个画笔绘图应用程序。按下鼠标左键开始绘制曲线。通过按下鼠标左键的同时移动鼠标可以绘制曲线。释放鼠标左键时停止绘制

这就是我们迄今为止所拥有的画布绘图程序：

模块：draw.py

```
from tkinter import Tk, Canvas

# 开始事件处理并开始绘图

root = Tk()

oldx, oldy = 0, 0   # 鼠标坐标位置（全局变量）

# canvas 画布
canvas = Canvas(root, height=100, width=150)

# 将鼠标左按钮单击事件与函数 begin() 绑定
canvas.bind("<Button-1>", begin)

# 绑定当按下鼠标左键时的鼠标行为
canvas.bind("<Button1-Motion>", draw)

canvas.pack()
root.mainloop()
```

接下来需要实现事件处理函数 begin() 和 draw() 以实际绘制曲线。我们首先讨论 draw() 的实现。每次按下鼠标左键的同时移动鼠标时，将调用事件处理函数 draw()，带一个输入参数：一个存储鼠标新位置的 Event 对象。要继续绘制曲线，只需要把鼠标的新位置和前一个位置用一条线段连接起来。显示的曲线将是一系列连接前后鼠标位置的非常短的直线段。

Canvas 的方法 create_line() 可以用于绘制两个点之间的线段。其通用格式带一个输入参数：一个 (x, y) 坐标序列 (x1, y1, x2, y2, … , xn, yn)。绘制一条从点 (x1, y1) 到点 (x2, y2) 的线段，然后绘制一条从点 (x2, y2) 到点 (x3, y3) 的线段，以此类推。因此，要连接鼠标坐标为 (oldx, oldy) 的旧位置到坐标为 (newx, newy) 的新位置，只需要执行语句：

```
canvas.create_line(oldx, oldy, newx, newy)
```

曲线通过反复连接新的鼠标位置到旧的（先前）鼠标位置来绘制。这意味着必须有一个“初始”旧鼠标位置（即曲线的开始位置）。这个位置由鼠标左键按下的事件处理程序 `begin()` 设置：

模块：draw.py

```
def begin(event):
    ' 将曲线的开始位置初始化为当前鼠标位置 '

    global oldx, oldy
    oldx, oldy = event.x, event.y
```

在事件处理函数 `begin()` 中，变量 `oldx` 和 `oldy` 接收当鼠标左键按下时鼠标的坐标。这些全局变量将不断被事件处理程序 `draw()` 更新，以记录鼠标最后的位置。我们现在可以实现事件处理程序 `draw()`：

模块：draw()

```
def draw(event):
    ' 使用线段连接鼠标旧位置和新位置 '
    global oldx, oldy, canvas       # x 和 y 将会被修改
    newx, newy = event.x, event.y   # 新的鼠标位置

    # 用线段连接鼠标前一位置与当前位置
    canvas.create_line(oldx, oldy, newx, newy)

    oldx, oldy = newx, newy         # 新位置变成前一位置
```

在继续下一节之前，我们在表 9-8 列出了 `Canvas` 组件支持的一些方法。

表 9-8　一些 `Canvas` 方法。其中列举了 `tkinter` 组件类 `Canvas` 的少数几个方法。在画布上绘制的每个对象都有一个唯一的 ID（恰好是一个整数）

Modifier	说　明
`create_line(x1, y1, x2, y2, …)`	创建连接点 `(x1, y1)`，`(x2, y2)`，…的线段，返回创建的项的 ID
`create_rectangle(x1, y1, x2, y2)`	创建顶点为 `(x1, y1)` 和 `(x2, y2)` 的矩形，返回创建的项的 ID
`create_oval(x1, y1, x2, y2)`	创建由顶点为 `(x1, y1)` 和 `(x2, y2)` 的矩形约束的椭圆，返回创建的项的 ID
`delete(ID)`	删除由 ID 标识的项
`move(item, dx, dy)`	把项 `item` 右移 `dx` 个单位，下移 `dy` 个单位

注意事项：把状态保存在全局变量中

在程序 `draw.py` 中，变量 `oldx` 和 `oldy` 存储鼠标前一个位置的坐标。这些坐标最初由函数 `begin()` 设置，然后由函数 `draw()` 更新。因此变量 `oldx` 和 `oldy` 不可能是这两个函数的局部变量，它们必须定义为全局变量。

使用全局变量会导致不安全问题，因为全局变量的范围是整个模块。模块越大，包含的名称越多，我们就越有可能在模块中无意中定义一个名称两次。当从另一个模块导入变量、函数和类时，这种情况更可能发生。如果一个名称多次被定义，那么除了一个定义之外，其他所有的都将被丢弃，这通常会导致非常奇怪的错误。

在下一节中，我们学习如何使用面向对象程序设计技术开发图形用户界面的新组件类。其优点之一是，我们能够在实例变量中存储GUI状态，而不是在全局变量中存储GUI状态。

练习题9.6 实现程序draw2.py（draw.py的一个修改版本），支持通过同时按【Ctrl】和鼠标左键来删除最后绘制的曲线。为了实现该功能，需要删除由create_line()创建的、构成最终绘制曲线的所有短线段。这又意味着必须把构成最后的曲线的所有线段保存到一个容器中。

9.3.2 作为组织容器的组件Frame

我们现在介绍Frame（框架）组件。Frame是一个重要的组件，其主要目的是充当其他组件的父组件，并方便规范GUI的几何布局。我们在另一个称之为plotter（绘图仪）的图形GUI中使用它，如图9-12所示。plotter GUI允许用户通过在画布右边提供的按钮水平或垂直地移动画笔来绘图。要求点击一次按钮可以在按钮指定的方向移动画笔10个像素。

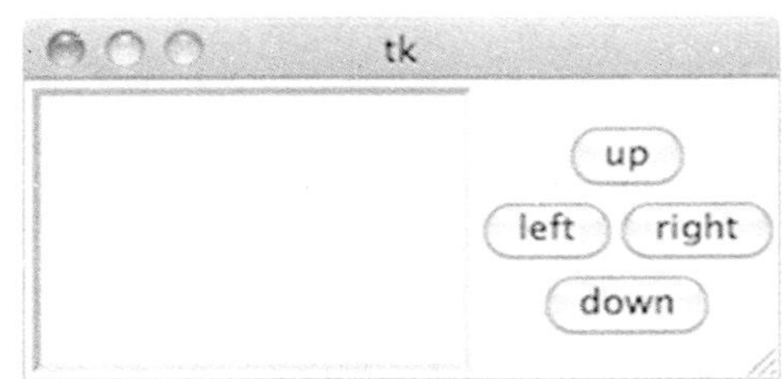

图9-12 绘图仪（plotter）应用程序。该GUI包含一个画布和四个控制画笔移动的按钮。每个按钮将在指定的方向移动画笔10个单位

很显然plotter GUI包含一个Canvas组件和四个Button组件。但无法清楚地确认如何在父组件（即窗口本身）指定组件的几何布局。pack()方法和grid()方法都不适合于直接在窗口中按图9-12所示的样式布局画布和按钮。

为了简化几何布局，我们可以使用一个Frame组件，其唯一目的是作为四个按钮的父组件。组件的层次化布局分两步实现：首先使用方法grid()把四个按钮布局到其父组件Frame中，然后简单地把Canvas和Frame组件并排布局在一起。

模块：plotter.py

```
from tkinter import Tk, Canvas, Frame, Button, SUNKEN, LEFT, RIGHT

#事件处理函数 up ()、down ()、left () 和 right ()

root = Tk()

#边框大小为 100 x 150 的画布
canvas = Canvas(root, height=100, width=150,
                relief=SUNKEN, borderwidth=3)
canvas.pack(side=LEFT)

```

```
#四个按钮置于框架中
box = Frame(root)
box.pack(side=RIGHT)

#四个按钮组件将框架组件作为父组件(master)
button = Button(box, text='up', command=up)
button.grid(row=0, column=0, columnspan=2)
button = Button(box, text='left',command=left)
button.grid(row=1, column=0)
button = Button(box, text='right', command=right)
button.grid(row=1, column=1)
button = Button(box, text='down', command=down)
button.grid(row=2, column=0, columnspan=2)

x, y = 50, 75 # 笔的位置，初始位于当中

root.mainloop()
```

四个按钮事件处理函数用于在对应方向移动画笔。这里我们只讨论 up 按钮的事件处理函数，其他三个事件处理函数作为课后练习。

模块：plotter.py

```
def up():
    '将画笔向上移动 10 个像素'
    global y, canvas                    # y被修改
    canvas.create_line(x, y, x, y-10)
    y -= 10
```

知识拓展：为什么当向上移动时 y 坐标反而减小？

函数 `up()` 用于把画笔从坐标位置 (x, y) 向上移动 10 个单位。在典型的坐标系统中，这意味着 y 应该增加 10 个单位。但是，程序中 y 的值减少了 10 个单位。

这样做的原因是画布中的坐标系与我们习惯的坐标系不太相同。原点（即坐标位置(0, 0)）位于画布的左上角。x 坐标向画布右边增加，y 坐标向画布底部增加。因此，向上移动意味着减少 y 坐标，这正是函数 `up()` 中的实现方法。

虽然特殊，但画布坐标系统遵循屏幕坐标系统。屏幕上的每个像素都有相对于屏幕左上角的坐标，左上角的坐标是(0, 0)。为什么屏幕坐标系统使用这样的坐标系统呢？

它与在电视机（计算机显示器的前身）中刷新像素的顺序有关。首先从左到右刷新像素的第一行，然后刷新第二行、第三行，以此类推。

练习题 9.7 完成实现程序 `plotter.py` 中的函数 `down()`、`left()` 和 `right()`。

9.4 面向对象的图形用户界面

到目前为止，本章介绍的重点是了解如何使用 `tkinter` 组件。我们开发了 GUI 应用程序来演示组件的用法。为了让事情简单化，我们不关心 GUI 应用程序是否可以很容易地被重用。

为了使 GUI 应用程序或者任何程序可以重用，它应该被开发为一个组件（一个函数或

类)，封装所有的实现细节和程序中定义的所有数据（和组件）的引用。在本节中，我们介绍设计 GUI 的面向对象的程序设计方法。这种方法将使我们的 GUI 应用程序更易于重用。

9.4.1　GUI 面向对象程序设计基本知识

为了说明 GUI 开发的面向对象程序设计方法，我们重新实现了应用程序 `clickit.py`。这个应用程序是包含一个按钮的 GUI。单击按钮时弹出一个窗口并显示当前时间。下面是我们的原始代码（导入语句和注释语句被删除，这样我们就可以专注于程序结构）：

模块：clickit.py

```
def clicked():
    ' 打印日期和时间信息 '
    time = strftime('Day:  %d %b %Y\nTime: %H:%M:%S %p\n',
                    localtime())
    showinfo(message=time)

root = Tk()
button = Button(root,
                text='Click it',
                command=clicked)    # 按钮单击事件处理函数
button.pack()
root.mainloop()
```

这个程序有一些不可取的特性。名称 `button` 和 `clicked` 具有全局范围。(我们忽略窗口组件 `root`，实际上它“位于应用程序之外”，稍后我们将说明这一点。) 而且，该程序也没有封装到一个单独的命名组件（函数或类）中，因而无法被简洁地引用或整合到一个更大的 GUI 中。

面向对象程序设计的 GUI 开发方法的核心思想是开发 GUI 应用程序作为一个新的用户自定义的组件类。组件是一个复杂的东西，从零开始实施一个组件类将是一个艰巨的任务。OOP 的继承为此提供了挽救方法。只要继承一个现有组件类的属性，就可以确保我们的新类是一个组件类。因为我们的新类包含其他组件（按钮），所以它应该继承一个可以包含其他组件的组件类（也即 `Frame` 类）。

因此，重新实现 GUI `clickit.py` 包含定义一个新类（例如，`ClickIt`），作为 `Frame` 的子类。`ClickIt` 类中仅应该包含一个按钮组件。由于按钮必须从 GUI 启动时就成为 GUI 的一部分，因此当 `ClickIt` 组件实例化时应该创建和布局按钮组件。这意味着必须在 `ClickIt` 构造函数中创建和布局按钮组件。

那么，按钮的父组件是什么？由于按钮包含在实例化的 `ClickIt` 组件中，因此按钮组件的父组件是 `ClickIt` 组件本身（`self`）。

最后，回顾一下，我们在创建一个组件时通常会指定其父组件。同样我们应该指定 `ClickIt` 组件的父组件，因此可以按下列方法创建 GUI：

```
>>> root = Tk()
>>> clickit = Clickit(root)   # 在 root 中创建 ClickIt 组件
>>> clickit.pack()
>>> root.mainloop()
```

因此，`ClickIt` 构造函数应该定义为带一个参数：其父组件。(顺便说一下，这个代码显示了为什么我们没有把窗口组件 root 封装到 ClickIt 中。)

基于上述知识，我们可以开始实现 ClickIt 组件，特别是它的构造函数：

模块：ch9.py

```
1  from tkinter import Button, Frame
2  from tkinter.messagebox import showinfo
3  from time import strftime, localtime
4
5  class ClickIt(Frame):
6      ' 显示当前时间的 GUI '
7
8      def __init__(self, master):
9          ' 构造函数 '
10         Frame.__init__(self, master)
11         self.pack()
12         button = Button(self,
13                         text='Click it',
14                         command=self.clicked)
15         button.pack()
16
17     # clicked () 事件处理函数
```

关于构造函数 __init__() 需要注意三点：首先，在第 10 行 ClickIt 构造函数 __init__() 扩展了 Frame 的构造函数 __init__()。这样做的原因有下列两点：

1. 我们希望 ClickIt 组件像 Frame 组件一样初始化，以保证它是一个完整的框架部件；

2. 我们希望 ClickIt 组件像任何其他框架组件一样被分配一个父组件，因此我们把 ClickIt 构造函数的 master 输入参数传递给 Frame 的构造函数。

其次要注意的是，button 不是一个全局变量，与在原始程序 clickit.py 中是一个全局变量相比，目前它只是一个局部变量，不会影响使用类 Click 的程序中定义的名称。最后要注意的是我们定义按钮事件处理函数为 self.clicked，这意味着 clicked() 是类 ClickIt 的一个方法。代码实现如下：

模块：ch9.py

```
    def clicked(self):
        ' 打印日期和时间信息 '
        time = strftime('Day:  %d %b %Y\nTime: %H:%M:%S %p\n',
                        localtime())
        showinfo(message=time)
```

因为它是一个类方法，因此名称 clicked 不是一个全局名称，这区别于原始程序 clickit.py。

因此，类 ClickIt 封装代码和名称（clicked 和 button）。这意味着，这些名称对使用 ClickIt 组件的程序都不可见，这使开发人员不需要担心是否程序中的名称会发生冲突。此外，开发者会发现在一个大的 GUI 中整合使用 ClickIt 组件非常容易。例如，下面的代码将在一个窗口中整合使用 ClickIt 组件，并启动 GUI：

```
>>> root = Tk()
>>> app = Clickit(root)
>>> app.pack()
>>> root.mainloop()
```

9.4.2 把共享组件赋值给实例变量

在下一个例子中，我们将 GUI 应用程序 **day.py** 重新实现为一个类。我们用它来说明何时给出组件实例变量名。原始程序 **day.py**（同样省略了导入语句和注释语句）如下：

模块：day.py

```
def compute():
    global dateEnt    # dateEnt 是全局变量

    date = dateEnt.get()
    weekday = strftime('%A', strptime(date, '%b %d, %Y'))
    showinfo(message = '{} was a {}'.format(date, weekday))
    dateEnt.delete(0, END)

root = Tk()

label = Label(root, text='Enter date')
label.grid(row=0, column=0)

dateEnt = Entry(root)
dateEnt.grid(row=0, column=1)

button = Button(root, text='Enter', command=compute)
button.grid(row=1, column=0, columnspan=2)

root.mainloop()
```

在上述实现中，名称 **compute**、**label**、**dateEnt** 和 **button** 具有全局作用范围。我们重新实现该程序，采用类（称之为 **Day**）的方式来封装这些名称和代码。

Day 构造函数应该负责创建标签、输入框和按钮组件，正如 **ClickIt** 构造函数负责创建按钮组件一样。虽然有一处不同：输入框 **dateEnt** 被事件处理函数 **compute()** 引用。基于这个原因，**dateEnt** 不能作为 **Day** 构造函数的局部变量。作为替代，我们把它作为一个实例变量，从而可以被事件处理函数引用：

模块：ch9.py

```
from tkinter import Tk, Button, Entry, Label, END
from time import strptime, strftime
from tkinter.messagebox import showinfo

class Day(Frame):
    '''计算指定日期所对应的星期的应用程序'''

    def __init__(self, master):
        Frame.__init__(self, master)
        self.pack()

```

```
        label = Label(self, text='Enter date')
        label.grid(row=0, column=0)

        self.dateEnt = Entry(self)              # 实例变量
        self.dateEnt.grid(row=0, column=1)

        button = Button(self, text='Enter',
                        command=self.compute)
        button.grid(row=1, column=0, columnspan=2)

    def compute(self):
        ''' 显示采用 dateEnt 格式的日期所对应的星期，
            日期格式必须为: MMM DD , YYYY (e.g., Jan 21, 1967) '''
        date = self.dateEnt.get()
        weekday = strftime('%A', strptime(date, '%b %d, %Y'))
        showinfo(message = '{} was a {}'.format(date, weekday))
        self.dateEnt.delete(0, END)
```

Label 和 Button 组件则不需要赋值给实例变量，因为它们永远不会被事件处理函数引用。它们仅仅给定相对于构造函数的局部变量名称。事件处理函数 compute() 是一个类方法，正如 ClickIt 中的 clicked() 方法。事实上，在用户自定义组件中事件处理函数永远是类方法。

因此，类 Day 封装了程序 day.py 中的四个全局范围的名称。正如 ClickIt 类一样，把一个 Day 组件整合到一个 GUI 变得非常容易。为了说明这一点，让我们允许组合这两个自定义组件的 GUI：

```
>>> root = Tk()
>>> day = Day(root)
>>> day.pack()
>>> clickit = ClickIt(root)
>>> clickit.pack()
>>> root.mainloop()
```

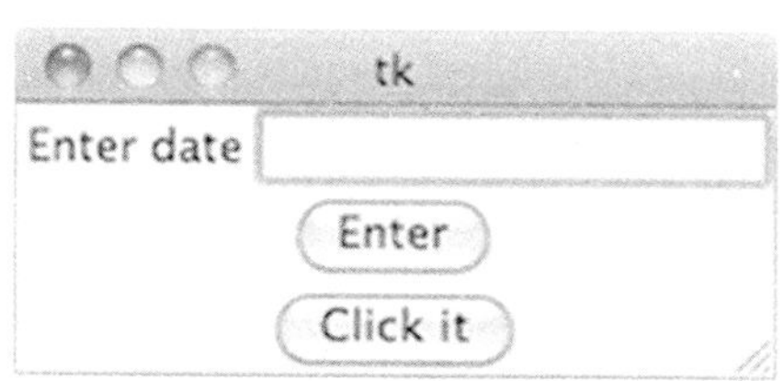

图 9-13 一个 GUI 中的两个用户自定义组件。一个用户自定义组件可以像一个内置组件类一样使用

图 9-13 显示了结果 GUI，包括一个 Day 组件，位于一个 ClickIt 组件之上。

练习题 9.8 重新实现 GUI 应用程序 keylogger.py 为一个新的用户自定义组件类。请确定是否需要把包含在该组件中的 Text 组件赋值给一个实例变量。

9.4.3 把共享数据赋值给实例变量

为了进一步演示将一个 GUI 作为一个用户自定义组件类实现的封装优点，我们重新实现 GUI 应用程序 draw.py。回顾发现此应用程序提供一个画布，用户可以使用鼠标在上面画图。原始的实现如下：

模块：draw.py

```
from tkinter import Tk, Canvas

def begin(event):
    ' 将曲线的起始位置初始化为鼠标位置 '
    global oldx, oldy
    oldx, oldy = event.x, event.y

def draw(event):
    ' 从鼠标旧位置到新位置之间画一根线段 '
    global oldx, oldy, canvas      # x 和 y 将被更新
    newx, newy = event.x, event.y  # 新的鼠标位置
    canvas.create_line(oldx, oldy, newx, newy)
    oldx, oldy = newx, newy     # 新的鼠标位置变成前一位置

root = Tk()

oldx, oldy = 0, 0    # 鼠标位置（全局变量）

canvas = Canvas(root, height=100, width=150)
canvas.bind("<Button-1>", begin)
canvas.bind("<Button1-Motion>", draw)
canvas.pack()

root.mainloop()
```

在最初的实现 **draw.py** 中，我们需要使用全局变量 **oldx** 和 **oldy** 来跟踪鼠标移动。这是因为事件处理函数 **begin()** 和 **draw()** 会引用它们。在作为一个新的组件类的重新实现中，作为替代，我们可以把鼠标坐标存储在实例变量中。

同样，因为 **canvas** 被事件处理函数 **draw()** 引用，我们同样需要把它作为实例变量：

模块：ch9.py

```
from tkinter import Canvas, Frame, BOTH
class Draw(Frame):
    '一个基本绘图应用程序'

    def __init__(self, parent):
        Frame.__init__(self, parent)
        self.pack()

        # 鼠标坐标是实例变量
        self.oldx, self.oldy = 0, 0

        # 创建画布，并绑定鼠标事件到处理函数
        self.canvas = Canvas(self, height=100, width=150)
        self.canvas.bind("<Button-1>", self.begin)
        self.canvas.bind("<Button1-Motion>", self.draw)
        self.canvas.pack(expand=True, fill=BOTH)

    def begin(self,event):
        ' 通过记录鼠标位置处理左键单击 '
        self.oldx, self.oldy = event.x, event.y

```

```
    def draw(self, event):
        ''' 处理按住左键时的鼠标移动，
            用线段连接鼠标前一位置和当前的新位置 '''
        newx, newy = event.x, event.y
        self.canvas.create_line(self.oldx, self.oldy, newx, newy)
        self.oldx, self.oldy = newx, newy
```

练习题 9.9 重新实现绘图仪程序，将其作为一个用户自定义组件类，以封装绘图仪的状态（即画笔位置）。请仔细斟酌哪些组件需要赋值给实例变量。

9.5 电子教程案例研究：开发一个计算器

在案例研究 CS.9 中，我们实现一个基本计算器 GUI。我们使用 OOP 技术，从无到有，将其实现为一个用户自定义组件类。在整个过程中，我们解释如何编写唯一一个事件处理函数来处理多个不同按钮事件。

9.6 本章小结

本章介绍了在 Python 中 GUI 的开发技术。

我们使用的特定的 Python GUI API 是标准库模块 `tkinter`。该模块定义了对应于典型 GUI 元素的组件，例如按钮、标签、输入框等。本章主要涉及组件类 `Tk`、`Label`、`Button`、`Text`、`Entry`、`Canvas` 和 `Frame`。要了解有关其他 `tkinter` 组件类的信息，我们给出了在线 `tkinter` 文档的链接。

指定组件在一个 GUI 的几何位置（即布局）有若干技术。我们介绍了组件类方法 `pack()` 和 `grid()`。我们还说明了如何把组件组织为层次结构以促进复杂 GUI 的几何布局。

GUI 是交互式程序，可以响应用户产生的事件，例如鼠标单击、鼠标移动、键盘按键。我们描述了如何定义事件处理函数，以响应这些事件。开发事件处理函数（即响应事件的函数）是一种被称为事件驱动程序设计的编程风格。我们将在第 11 章中讨论 HTML 文件解析时再度涉及该编程风格。

最后（或许是最重要的一点），我们使用 GUI 开发上下文演示了 OOP 的优越性。我们描述了如何将 GUI 应用程序开发为一个新的组件类，从而可以方便地整合到大型的 GUI 中。在这个过程中，我们应用了 OOP 概念，包括继承、模块化、抽象和封装。

9.7 练习题答案

9.1 可以使用 `width` 和 `height` 选项来指定文本标签的宽度和高度（注意，宽度 20 指标签内部可以容纳 20 个字符）。为了在 `peace` 符号组件周围填充空白，调用 `pack()` 时使用了选项 `expand = True` 和 `fill = BOTH`。

模块：peaceandlove.py

```
from tkinter import Tk, Label, PhotoImage, BOTH, RIGHT, LEFT
root = Tk()

label1 = Label(root, text="Peace & Love", background='black',
               width=20, height=5, foreground='white',
```

```
                  font=('Helvetica', 18, 'italic'))
label1.pack(side=LEFT)

photo = PhotoImage(file='peace.gif')

label2 = Label(root, image=photo)
label2.pack(side=RIGHT, expand=True, fill=BOTH)

root.mainloop()
```

9.2 使用迭代使得创建所有标签的过程可控。第一行的“一周的星期”可以通过如下最佳方法来实现：创建一个星期列表，迭代该列表，每次迭代创建一个标签组件并放置到行 0 的对应列。相关代码如下所示。

模块：ch9.py

```
    days = ['Mon', 'Tue', 'Wed', 'Thu', 'Fri', 'Sat', 'Sun']
    # 创建并放置星期标签
    for i in range(7):
        label = Label(root, text=days[i])
        label.grid(row=0, column=i)
```

迭代也用于创建和放置数值标签。变量 week 和 weekday 分别表示行和列。

模块：ch9.py

```
    # 获取月份的第一个星期信息，
    # 以及指定月份中的天数
    weekday, numDays = monthrange(year, month)
    # 从星期一（第一行）和第一天（第一列）开始创建日历
    week = 1
    for i in range(1, numDays+1): # 对于 i = 1, 2, ..., numDays
        # 创建标签 i，并将其置于 week 行 weekday 列
        label = Label(root, text=str(i))
        label.grid(row=week, column=weekday)

        # 更新 weekday（列）和 week（行）
        weekday += 1
        if weekday > 6:
            week += 1
            weekday = 0
```

9.3 应该创建两个按钮而不是一个按钮。下列代码片段显示了对应各个按钮的独立的事件处理函数。

模块：twotimes.py

```
def greenwich():
    '打印格林尼治的日期和时间信息 '
    time = strftime('Day:  %d %b %Y\nTime: %H:%M:%S %p\n',
                    gmtime())
    print('Greenwich time\n' + time)

def local():
    '打印当地的日期和时间信息'
    time = strftime('Day:  %d %b %Y\nTime: %H:%M:%S %p\n',
                    localtime())
```

```
    print('Local time\n' + time)

# 当地时间按钮
buttonl = Button(root, text='Local time', command=local)
buttonl.pack(side=LEFT)

# 格林尼治时间按钮
buttong = Button(root,text='Greenwich time', command=greenwich)
buttong.pack(side=RIGHT)
```

9.4 我们仅仅描述在程序 `day.py` 上的改变部分。按钮“Enter”的事件处理函数 `compute()` 应该修改为：

```
def compute():
    global dateEnt    # 注意：dateEnt 是全局变量
    # 从输入框 dateEnt 处读取数据
    date = dateEnt.get()
    # 计算指定日期相对应的星期
    weekday = strftime('%A', strptime(date, '%b %d, %Y'))
    # 采用弹出式窗口显示星期
    dateEnt.insert(0, weekday+' ')
```

按钮“Clear”的事件处理函数应该为：

```
def clear():
    ' 清除 dateEnt '
    global dateEnt
    dateEnt.delete(0, END)
```

最后，各按钮的定义方式如下所示：

```
# Enter 按钮
button = Button(root, text='Enter', command=compute)
button.grid(row=1, column=0)

# Clear 按钮
button = Button(root, text='Clear', command=clear)
button.grid(row=1, column=1)
```

9.5 我们应该绑定【回车】键到一个事件处理函数，函数带一个输入参数：一个 `Event` 对象。该函数的功能是调用处理函数 `compute()`。因此我们仅仅需要在 `day.py` 中添加如下代码：

```
def compute2(event):
    compute()

dateEnt.bind('<Return>', compute2)
```

9.6 问题的关键是把 `canvas.create_line(x,y,newX,newY)` 返回的项存储在某个容器中（例如，列表 `curve`）。每次开始绘图时，列表应该初始化为空：

模块：draw.py

```
def begin(event):
    ' 将曲线的起点初始化为当前鼠标位置 '
    global oldx, oldy, curve
    oldx, oldy = event.x, event.y
    curve = []
```

当我们移动鼠标时，需要把 Canvas 方法 creat_line() 创建的线段的 ID 附加到列表 curve。这体现在事件处理函数 draw() 的重新实现中，如下所示。

模块：draw2.py

```
def draw(event):
    ' 绘制一条从旧鼠标位置到新鼠标位置的线段 '
    global oldx, oldy, canvas, curve  # x 和 y 将会被更新
    newx, newy = event.x, event.y       # 新的鼠标位置
    # 连接前一鼠标位置和当前鼠标位置
    curve.append(canvas.create_line(oldx, oldy, newx, newy))
    oldx, oldy = newx, newy          # 新的鼠标位置变成前一鼠标位置
def delete(event):
    ' 删除上次绘制的曲线 '
    global curve
    for segment in curve:
        canvas.delete(segment)
# 将【Ctrl】+ 左鼠标键单击绑定到 delete ()
canvas.bind('<Control-Button-1>', delete)
```

<Control-Button-1> 事件类型的事件处理函数 delete() 应该迭代 curve 中的每个线段 ID，并调用 canvas.delete() 删除。

9.7 其实现类似于函数 up()：

```
def down():
    ' 将画笔下移 10 个像素 '
    global y, canvas                        # y 被更新
    canvas.create_line(x, y, x, y+10)
    y += 10
def left():
    ' 将画笔左移 10 个像素 '
    global x, canvas                        # x 被更新
    canvas.create_line(x, y, x-10, y)
    x -= 10
def right():
    ' 将画笔右移 10 个像素 '
    global x, canvas                        # x 被更新
    canvas.create_line(x, y, x+10, y)
    x += 10
```

9.8 因为事件处理函数没有使用 Text 组件，因此不需要把它赋值给一个实例变量。

模块：ch9.py

```
from tkinter import Text, Frame, BOTH
class KeyLogger(Frame):
    ' 一个记录按键日志的基本编辑器 '
    def __init__(self, master=None):
        Frame.__init__(self, master)
        self.pack()
        text = Text(width=20, height=5)
        text.bind('<KeyPress>', self.record)
        text.pack(expand=True, fill=BOTH)
    def record(self, event):
        ''' 通过打印与按键相关的字符
            处理按键事件 '''
        print('char={}'.format(event.keysym))
```

9.9 只有 `Canvas` 组件被处理按钮单击的函数 `move()` 所引用，因此它是唯一需要赋值给一个实例变量（`self.canvas`）的组件。画笔的坐标（即状态）也必须存储在实例变量 `self.x` 和 `self.y` 中。答案在模块 `ch9.py` 中。下面是构造函数代码片段，创建按钮“up”及其事件处理函数，其他按钮类似。

模块：ch9.py

```
        # 创建 up 按钮
        b = Button(buttons, text='up', command=self.up)
        b.grid(row=0, column=0, columnspan=2)

    def up(self):
        ' 将画笔上移 10 个像素 '
        self.canvas.create_line(self.x, self.y, self.x, self.y-10)
        self.y -= 10
```

9.8 习题

9.10 开发一个程序显示一个 GUI 窗口，使你的照片位于左侧，你的名、姓、出生地、出生日期位于右侧。照片必须为 GIF 格式。如果没有这种格式的照片，请在网上搜索一个免费的图像转换工具，然后把一张 JPEG 照片转换为 GIF 格式。

9.11 修改练习题 9.3 的答案，使得时间信息显示在单独的弹出窗口。

9.12 修改 9.1 节的电话号码拨号盘 GUI，使用按钮代替数字。当用户拨一个号码时，号码数字应该输出在交互式命令行中。

9.13 在程序 `plotter.py` 中，用户必须单击四个按钮之一以移动画笔。修改程序，允许用户使用键盘上的方向键来代替按钮移动画笔。

9.14 在组件类 `Plotter` 的实现中，包含四个非常类似的按钮事件处理函数：`up()`、`down()`、`left()` 和 `right()`。重新实现类，使用一个函数 `move()`，带两个输入参数 `dx` 和 `dy`，把画笔从位置 (x, y) 移动到 (x+dx, y+dy)。

9.15 添加两个按钮到 `Plotter` 组件。其中一个按钮标有“clear”文字，用于清空画布。另一个按钮标有“delete”文字，用于删除最后一次画笔移动。

9.9 思考题

9.16 实现一个 GUI 应用程序，允许用户计算人体体重指数（BMI）（在练习题 5.1 中定义）。要求 GUI 显示如下：

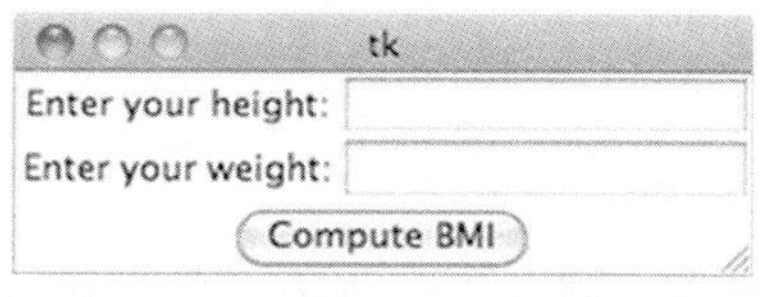

输入体重（weight）和身高（height）并单击按钮后，要求弹出一个新的窗口，显示计算后的 BMI。请确保 GUI 用户友好：删除输入的体重和身高，以便用户输入新的数据而无需手动删除旧的数据。

9.17 开发一个 GUI 应用程序，其目的是基于贷款总额（美元 $）、利率（%）、贷款期限（即偿还贷款的月数），计算抵押贷款每月的还款金额。要求 GUI 包含三个标签和三个输入框供用户输入信息。还包含一个标有“计算按揭”文字的按钮，单击该按钮时，计算每月还款金额并在第四个输入框中显示。

每月还款金额通过贷款总额 a、利率 r 和贷款期数 t，按下列公式来计算：

$$m=\frac{a\times c\times(1+c)^t}{(1+c)^t-1}$$

其中 $c = r/1200$。

9.18 开发一个 GUI，仅包含一个大小为 480 × 640 的 `Frame` 组件，具有下列行为：每次用户鼠标点击该框架中的某个位置时，在交互式命令行中输出该位置的坐标。

```
>>>
you clicked at (55, 227)
you clicked at (426, 600)
you clicked at (416, 208)
```

9.19 修改 9.1 节中的电话号码拨号盘 GUI，使用按钮代替数字，且在上部增加一个输入框。当用户拨号时，号码应该按传统的美国电话号码格式显示。例如，如果用户输入 1234567890，则输入框应该显示 123-456-7890。

9.20 开发一个新的组件 `Game`，实现猜数游戏。程序启动时，随机选择一个 0 到 9 之间的保密数字。然后要求用户输入数字猜测。GUI 应该包含一个 `Entry` 组件（用于用户输入数字猜测）和一个 `Button` 按钮（用于用户确认猜测）：

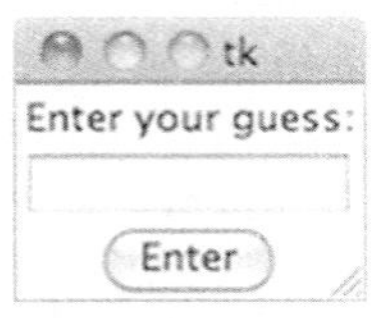

如果猜测结果正确，则弹出单独的窗口通知用户猜测正确。用户可以不断输入猜测直到猜中正确答案。

9.21 在思考题 9.20 中，输入一个数字猜测后按键盘上的【回车】键将被忽略。修改 `Game` GUI 程序，使得按【回车】键的行为等同于单击按钮。

9.22 修改思考题 9.21 中的组件 `Game`，当用户猜出正确数字之后，自动开始一个新的游戏。窗口信息通知用户猜测正确，例如“让我们再玩一次…”。注意，每次开始一个新的游戏时，必须重新随机选择一个数字。

9.23 实现 GUI 组件 `Craps`，模拟赌博游戏掷骰子。GUI 应该包含一个按钮，用以开始一个新的游戏，模拟一对骰子的初始投掷。然后把初始投掷的结果显示在一个 `Entry` 组件中，如下所示。

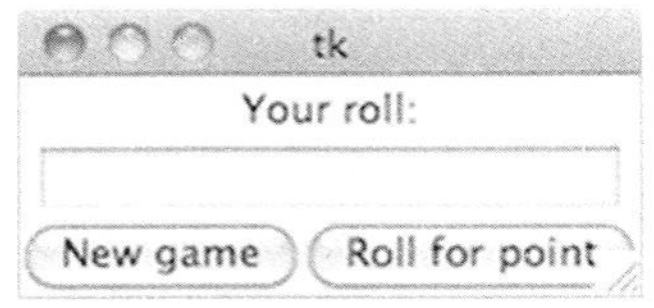

如果初始投掷既没有赢也没有输，则用户必须继续单击 "Roll for point"，直到获胜。

9.24 开发一个应用程序，包含一个文本框，测量你打字的速度。程序应该记录你键入第一个字符的时间。然后，每次按空格键时，完成下列功能：（1）输出你键入前一个单词所用的时间；（2）通过将目前为止所输入单词的平均耗费时间换算为每分钟的单词个数，估算并输出你输入单词的速度。因此，如果每个单词平均时间为 2 秒钟，则换算后的结果为每分钟 30 个单词。

9.25 开发一个新的 GUI 组件类 `Ed`，可以用于教一年级学生加减法计算。GUI 应该包含两个 `Entry` 组件和一个标有“Enter”文字的 `Button` 组件。

程序启动时，首先使用 `random` 模块中的 `randrange()` 函数生成：（1）两个一位数的伪随机数 a 和 b；（2）一个运算符 o，可以是加法或减法（概率相同）。然后在第一个 Entry 组件中显示表达式 a o b（如果 a 小于 b 且运算符 o 是减法，则显示 b o a，以确保结果永远不为负数）。例如，显示的表达式可能是 3+2、4+7、5-2 或者 3-3，但不能是 2-6。

用户在第二个 Entry 框中输入第一个 Entry 中表达式的结果，然后单击“Enter”按钮（或按键盘上的【回车】键）。如果输入了正确的答案，则弹出一个新窗口，显示信息：“答案正确！”。

9.26 扩展思考题 9.25 中开发的 GUI，当用户回答正确后，生成一个新的问题。另外，程序还应该记录每个问题的尝试次数，并在用户回答正确后显示的信息中显示。

9.27 增强思考题 9.26 中开发的组件 Ed 的功能，使得程序不重复最近出现过的问题。更准确地说，确保新的问题与前面的 10 道题不重复。

9.28 开发组件 Calendar，实现一个基于 GUI 的日历应用程序。Calendar 构造函数带三个输入参数：父组件、年、月（使用数值 1 到 12）。例如，Calendar(root, 2012, 2) 在父组件 root 中创建一个 Calendar 组件。该 Calendar 组件显示给定年和月的日历页，每天显示为一个按钮：

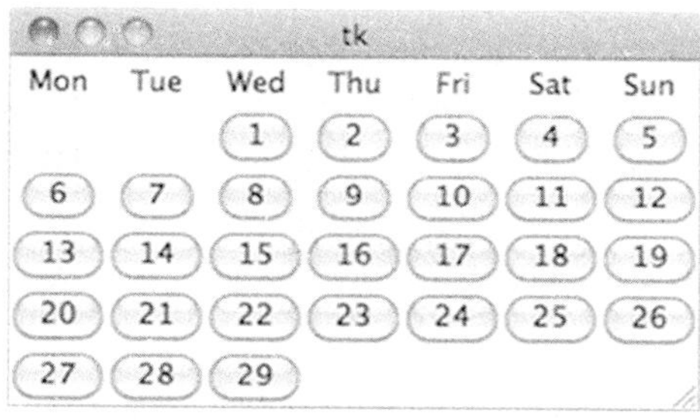

然后，当用户单击某一天的按钮，则弹出一个对话框：

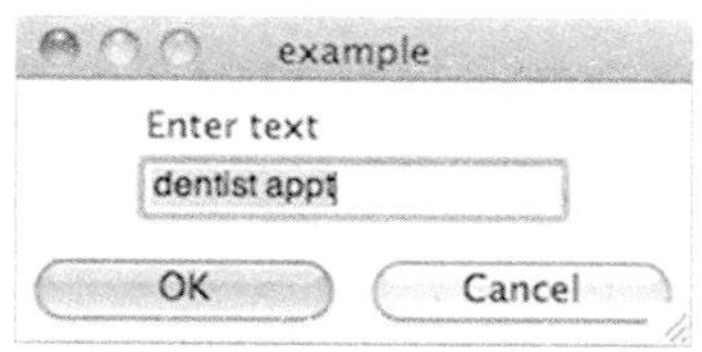

对话框包含一个输入框字段，用于输入一个预约。当用户单击按钮“OK”后，关闭对话框。然而，当用户在主日历窗口中重新单击同一天的按钮时，将重新打开对话框，同时显示该预约信息。

可以使用模块 tkinter.simpledialog 中的 askstring 函数来显示对话框。它带两个输入参数：窗口标题和标签，返回用户键入的任何内容。例如，上一个对话框使用下列函数调用来创建：

```
askstring('example', 'Enter text')
```

当用户单击“OK”，函数调用返回用户在输入框中键入的内容。

该函数还可以带一个可选参数 initialvalue，把一个字符串作为初始值放置到输入字段：

```
askstring('example', ' Enter text', initialvalue='appt with John')
```

9.29 修改思考题 9.28 中的类 Calendar，使得其适用于任何年和月。程序启动时，显示当前月份的日历页。程序应该包含两个额外的标有“previous”和“next”文字的按钮，单击按钮时，将切换到前一个月或下一个月的日历页。

第 10 章

Introduction to Computing Using Python: An Application Development Focus, Second Edition

递　　归

在本章中，我们学习递归——一种强大的问题求解技术，并分析其运行时间。

递归是一种问题求解技术，它把一个问题的求解表述为原始问题的子问题求解。递归可以用来求解其他方法很难解决的问题。通过递归地解决问题而开发的函数自然会调用函数本身，我们把这些函数称为递归函数。我们还将讨论名称空间和程序栈如何支持递归函数的执行。

我们演示了递归在数字模式、分形、病毒扫描器和搜索中的广泛应用。我们区分线性和非线性递归，并说明迭代和线性递归之间的密切关系。

当我们讨论什么时候该使用递归和什么时候不该使用递归时，需要面对的是程序运行时间问题。到目前为止，我们对程序的效率并不太担心。现在纠正这种情况，并利用这个机会分析几个基本的搜索任务。我们开发了一个工具，可以用来对函数相对于输入大小而言的运行时间进行实验分析。

10.1　递归简介

*递归函数*是一个调用自身的函数。在本节中，我们将解释这意味着什么，以及递归函数是如何执行的。我们还介绍了作为问题求解方法的*递归思想*。在下一节中，我们将应用递归思想以及展示如何开发递归函数。

10.1.1　调用自身的函数

下面是一个例子，它说明了函数调用自身的含义：

模块：ch10.py

```
def countdown(n):
        print(n)
        countdown(n-1)
```

在函数 countdown() 的实现代码中，调用了函数 countdown()。因此函数 countdown() 调用自身。当一个函数调用自身时，我们称之为*递归调用*。

我们通过跟踪函数调用 countdown(3) 来理解该函数的行为：

- 当我们执行 countdown(3) 时，打印输入参数 3，然后输入参数减 1（即 3−1=2）后调用 countdown()。屏幕上输出了 3，然后我们继续跟踪 countdown(2) 的执行。
- 当我们执行 countdown(2) 时，打印输入参数 2，然后输入参数减 1（即 2−1=1）后调用 countdown()。屏幕上输出了 2，然后我们继续跟踪 countdown(1) 的执行。
- 当我们执行 countdown(1) 时，打印输入参数 1，然后输入参数减 1（即 1−1=0）

后调用 countdown()。屏幕上输出了 1，然后我们继续跟踪 countdown(0) 的执行。

- 当我们执行 countdown(0) 时，打印输入参数 0，然后输入参数减 1（即 0−1=−1）后调用 countdown()。屏幕上输出了 0，然后我们继续跟踪 countdown(-1) 的执行。
- 当我们执行 countdown(-1) 时……

看起来执行永远不会终止。我们验证如下：

```
>>> countdown(3)
3
2
1
0
-1
-2
-3
...
```

函数的行为是从原始输入数开始倒计数。如果让函数 countdown(3) 执行一会儿，结果是：

```
...
-973
-974
Traceback (most recent call last):
  File "<pyshell#2>", line 1, in <module>
    countdown(3)
  File "/Users/me/ch10.py"...
    countdown(n-1)
...
```

接着显示许多行错误信息，最后的结果信息为：

```
RuntimeError: maximum recursion depth exceeded
```

好吧，程序执行的确将永远持续下去，但是 Python 解释器停止了它。我们将解释为什么 Python VM 会这么做。现在要理解的要点是递归函数将永远调用自己，除非我们修改函数，增加一个停止条件。

10.1.2 停止条件

为了证明这一点，假设我们想要实现的 countdown() 函数的行为如下所示：

```
>>> countdown(3)
3
2
1
Blastoff!!!
```

或者

```
>>> countdown(0)
Blastoff!!!
```

假设希望函数 countdown() 从给定输入参数 n 开始倒计数到 0。当到达 0 时，输出信息“**Blastoff!!!**”。

要实现这个版本的 **countdown()**，我们考虑基于输入参数 *n* 的值的两种情况。当输入参数 *n* 是 0 或负数时，我们需要输出“**Blastoff!!!**”。

```
def countdown(n):
    ' 倒计数到 0 '
    if n <= 0:                  # 基本情况
        print('Blastoff!!!')
    else:
... # 函数的剩余代码
```

我们把这种情况称为递归的*基本情况*，这是确保递归函数不会永远调用自己的条件。

第二种情况为输入 *n* 是正数。在这种情况下，执行的操作保持不变：

```
print(n)
countdown(n-1)
```

上述代码如何实现当 $n>0$ 时函数 **countdown()** 的功能？代码中使用的观点如下：从 *n*（正数）倒计数，可以先打印 *n*，然后从 $n-1$ 倒计数。此代码片段被称为*递归步骤*。

解决了这两种情况后，我们得到了递归函数：

模块：ch10.py

```
def countdown(n):
    ' 从 n 倒计数到 0 '
    if n <= 0:                  # 基本情况
        print('Blastoff!!!')
    else:                       # n > 0: 递归步骤
        print(n)                    # 首先打印 n
        countdown(n-1)              # 然后从 n-1 倒计数到 0
                                    # 递归地
```

10.1.3 递归函数的特性

一个会终止的递归函数包括如下特性：

1. 一个或多个基本情况，为递归提供停止条件。在函数 **countdown()** 中，基本情况是条件 $n \leqslant 0$，其中 *n* 是输入参数。

2. 一个或多个递归调用，相对于输入参数，其输入参数必须“更接近”基本情况。在函数 **countdown()** 中，唯一的递归调用基于 $n-1$，相对于输入参数 *n*“更接近”基本情况。

“更接近”的含义取决于递归函数解决的问题。其思想是，每一个递归调用都应该在与基本情况更接近的问题输入参数上进行，这将确保递归调用最终到达停止执行的基本情况。

在本小节的剩余部分和下一小节中，我们将给出更多的递归示例。我们的目标是学习如何开发递归函数。为此，需要学习如何递归地思考，也就是说，如何将问题的解决方案描述为其子问题的解决方案。为什么我们要这么麻烦？毕竟函数 **countdown()** 本来可以用迭代轻松实现（请读者尝试！）。事实是，递归函数提供给我们一个方法，可以替代第 5 章的迭代方法。对于一些问题，这种替代的方法实际上更容易，有时是非常容易的方法。例如，当你开始编写搜索网页的程序时，你会很感激掌握了递归方法。

10.1.4 递归思想

我们使用递归的思想开发递归函数 **vertical()**，带一个非负的整数作为输入参数，从高位到低位依次输出其各位数字，垂直排列。例如：

```
>>> vertical(3124)
3
1
2
4
```

为了将 **vertical()** 开发为递归函数，我们需要做的第一件事是决定递归的基本情况。这通常是通过回答一个问题来实现的：何时垂直输出数会比较容易？对于什么样的非负数？

如果输入的 *n* 只有一个个位数问题最容易解决。在这种情况下，我们只需要输出 *n* 本身：

```
>>> vertical(6)
6
```

因此我们确定了基本情况为 $n<10$。我们开始实现函数 **vertical()**：

```
def vertical(n):
    ' 垂直输出n的各位数字 '
    if n < 10:              # 基本情况：n只有一位
        print(n)                # 就直接输出n
    else:                   # 递归步骤：n有两个及以上的数位
        # 函数的剩余代码
```

当 *n* 小于 10（即 *n* 只有一位）时，函数 **vertical()** 输出 *n*。

确定了基本情况之后，我们考虑输入 *n* 为两位数或多位数的情况。在这种情况下，我们将把垂直输出数字 *n* 的问题分解为“更简单的”子问题，包括垂直输出比 *n*“更小”的数。在这个问题中，“更小”应该更接近于基本情况（一位数字）。这就意味着递归调用必须在比 *n* 位数更少的数上进行。

分析结果可以引出以下算法：由于 *n* 至少有两位数字，所以我们分解问题：

a. 移除 *n* 的最后一位数后垂直输出。这个数“更小”，因为其位数少一位。对于 $n = 3124$，这意味着在 312 上调用函数 **vertical()**。

b. 输出最后一位数。对于 $n = 3124$，这意味着输出 4。

最后要确定的是计算用的数学公式：（1）求 *n* 的最后一位数字；（2）求去掉最后一位数字的数。求最后一位数可以使用余数运算符（%）：

```
>>> n = 3124
>>> n%10
4
```

“移除” *n* 的最后一位数可以使用整数除法运算符（//）：

```
>>> n//10
312
```

基于上述思考的所有片断，我们可以编写如下完整的递归函数：

模块：ch10.py

```
def vertical(n):
```

```
def vertical(n):
    ' 垂直输出 n 的各位数字 '
    if n < 10:           # 基本情况：n 只有一位
        print(n)             # 就直接输出  n
    else:                # 递归步骤：n 有两个及以上的数位
        vertical(n//10)      # 递归打印除了最后一位数字的其他所有数字
        print(n%10)          # 打印 n 的最后一位数字
```

练习题 10.1 实现递归函数 reverse()，带一个非负整数作为输入参数，垂直输出其数字，从低位到高位依次输出其各位数字。

```
>>> reverse(3124)
4
2
1
3
```

我们总结递归解决该问题的过程：

1. 首先确定问题的基本情况（或者无须递归就可以直接解决的情况）。

2. 确定如何把问题分解为一个或多个更接近基本情况的子问题，子问题通过递归的方法解决。利用子问题的求解方案构造原始问题的求解方案。

练习题 10.2 使用递归思想实现递归函数 cheers()，带一个整数 n 作为输入参数，输出 n 个字符串 'Hip '，后跟 'Hurray!!!'。

```
>>> cheers(0)
Hurray!!!
>>> cheers(1)
Hip Hurray!!!
>>> cheers(4)
Hip Hip Hip Hip Hurray!!!
```

递归的基本情况应该是 $n = 0$，此时函数输出 'Hurray!!!'。当 $n > 1$ 时，函数应该输出 'Hip '，然后在输入参数 $n-1$ 上递归调用自身。

练习题 10.3 在第 5 章，我们使用迭代的方法实现了函数 factorial()。很显然，阶乘函数 $n!$ 的递归定义如下：

$$n! = \begin{cases} 1 & n = 0 \\ n \cdot (n-1)! & n > 0 \end{cases}$$

使用递归重新实现函数 factorial()。同时，对于某个输入值 $n > 0$，请估计调用了多少次函数 factorial()。

10.1.5 递归函数调用和程序栈

在使用递归练习解决问题之前，我们继续仔细研究递归函数执行时会发生什么。这样做可以帮助我们认识到递归确实起作用了。

我们讨论当输入 $n = 3124$ 时执行函数 vertical() 时发生了什么。在第 7 章中，我们讨论了名称空间和程序栈如何支持函数调用以及程序的正常控制流程。图 10-1 显示了执行 vertical(3124) 时，递归函数的执行顺序、关联的名称空间和程序栈的状态。

模块：ch10.py

```
1 def vertical(n):
2     ' 垂直输出 n 的各位数字 '
3     if n < 10:              # 基本情况：n 只有一位
4         print(n)                # 就直接输出 n
5     else:                   # 递归步骤：n 有两个及以上的数位
6         vertical(n//10)         # 递归打印除了最后一位数字的其他所有数字
7         print(n%10)             # 打印 n 的最后一位数字
```

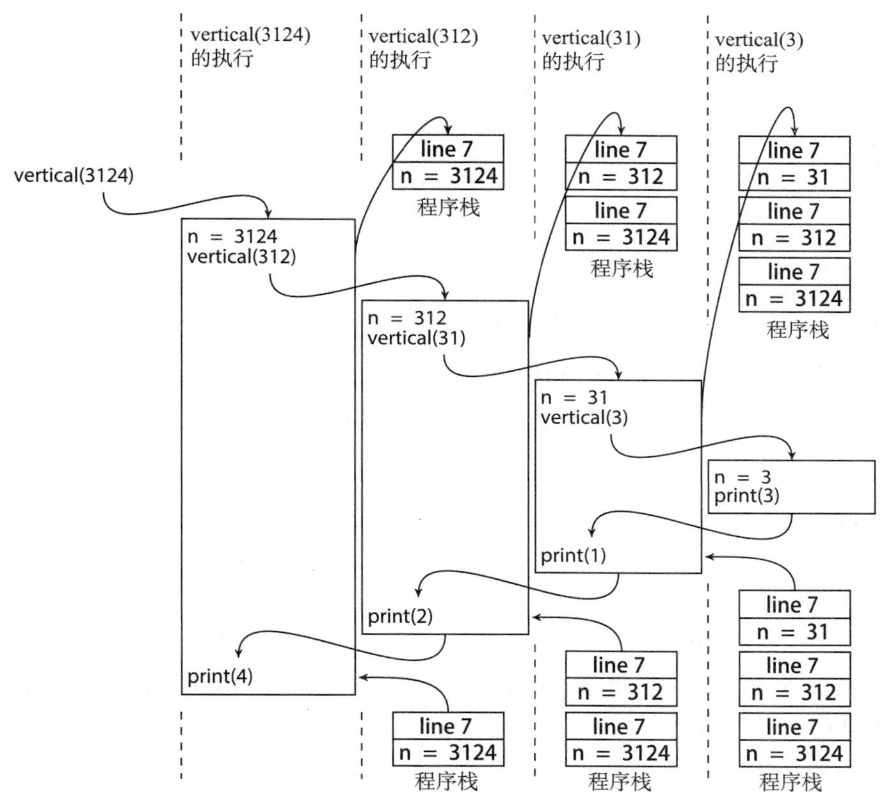

图 10-1　递归函数执行。`vertical(3124)` 在一个名称空间中执行，其中 *n* 为 3124。在调用 `vertical(312)` 之前，名称空间中的值 3124 和要执行的下一行代码（第 7 行）存储在程序栈。然后在一个新的名称空间中执行 `vertical(312)`，其中 *n* 为 312。在递归调用 `vertical(31)` 和 `vertical(3)` 之前，同样会增加栈帧。调用 `vertical(3)` 在一个新的名称空间中执行，其中 *n* 为 3，输出 3。当 `vertical(3)` 终止后，恢复 `vertical(31)` 的名称空间：*n* 为 31，第 7 行的语句 `print(n%10)` 输出 1。同样，恢复 `vertical(312)` 和 `vertical(3124)` 的名称空间

图 10-1 和第 7 章的图 7-5 的执行流程的区别在于：在图 10-1 中，调用同一个函数——函数 `vertical()` 调用 `vertical()`，再递归调用 `vertical()`，再递归调用 `vertical()`。在图 7-5 中，函数 `f()` 调用 `g()`，而 `g()` 调用 `h()`。因此，图 10-1 强调名称空间与每个函数调用相关联，而不是与函数本身相关联。

10.2 递归示例

在前一节中，我们介绍了递归以及如何使用递归思想解决问题。我们使用的问题并没有真正展示递归的强大：每个问题都可以很容易地用迭代来解决。在这一节中，我们讨论使用递归能够更容易解决的问题。

10.2.1 递归数列模式

我们首先实现函数 pattern()，带一个非负整数 n 作为输入参数，输出一个数值模式：

```
>>> pattern(0)
0
>>> pattern(1)
0 1 0
>>> pattern(2)
0 1 0 2 0 1 0
>>> pattern(3)
0 1 0 2 0 1 0 3 0 1 0 2 0 1 0
>>> pattern(4)
0 1 0 2 0 1 0 3 0 1 0 2 0 1 0 4 0 1 0 2 0 1 0 3 0 1 0 2 0 1 0
```

怎么知道这个问题应该递归地解决呢？验证前，我们无法确认。我们需要尝试它，看看它是否有效。首先来确定基本情况。基于所给出的例子，我们可以决定的基本情况为：输入参数 n 为 0，这种情况下函数 pattern() 应该打印 0。首先实现如下的函数：

```
def pattern(n):
    '打印第 n 个模式'
    if n == 0:
        print(0)
    else:
        # 函数的剩余代码
```

接下来需要描述对于正整数输入参数 n 函数 pattern() 的行为。我们观察 pattern(3) 的输出，例如：

```
>>> pattern(3)
0 1 0 2 0 1 0 3 0 1 0 2 0 1 0
```

把上述结果与 pattern(2) 的输出做比较：

```
>>> pattern(2)
0 1 0 2 0 1 0
```

如图 10-2 所示，pattern(2) 的输出在 pattern(3) 的输出中出现了 2 次而不是 1 次：

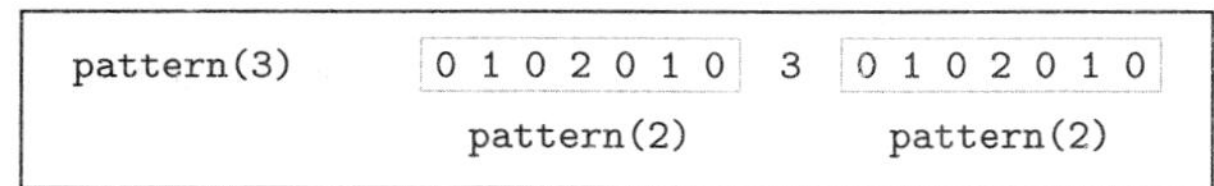

图 10-2　pattern(3) 的输出结果。pattern(2) 的输出结果出现了 2 次

看起来好像 pattern(3) 的正确输出可以通过调用函数 pattern(2)，输出 3，然后再调用 pattern(2) 获得。在图 10-3 中，我们描述了 pattern(2) 和 pattern(1) 输出的类似行为。

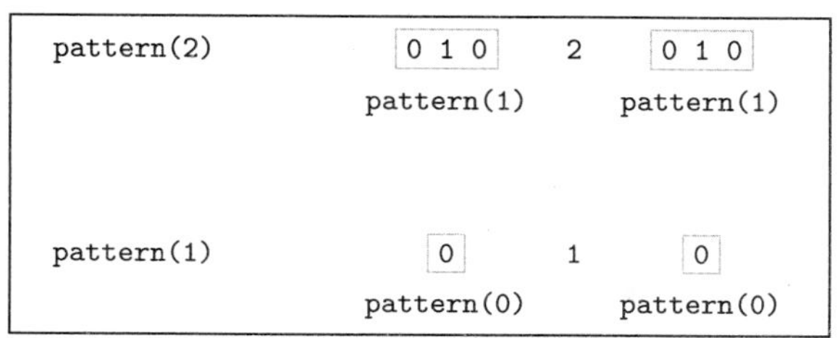

图 10-3 pattern(2) 和 pattern(1) 的输出结果。pattern(2) 的输出结果可以通过 pattern(1) 的输出结果获得。pattern(1) 的输出结果可以通过 pattern(0) 的输出结果获得

一般来说，pattern(n) 的输出是通过执行 pattern(n-1)，输出 n 的值，然后再执行 pattern(n-1) 获得：

```
    ... # 函数的基本情况
else
    pattern(n-1)
    print(n)
    pattern(n-1)
```

让我们尝试运行实现的函数：

```
>>> pattern(1)
0
1
0
```

基本上实现了程序的功能。为了在一行中输出结果，我们需要将每次输出结果保持在同一行中。所以最终的解决方案是：

模块：ch10.py

```
def pattern(n):
    ' 打印第 n 个模式 '
    if n == 0:              # 基本情况
        print(0, end=' ')
    else:                   # 递归步骤：n > 0
        pattern(n-1)            # 打印第 n -1 个模式
        print(n, end=' ')       # 打印 n
        pattern(n-1)            # 打印第 n -1 个模式
```

练习题 10.4 实现递归函数 pattern2()，带一个非负整数作为输入参数，输出如下所示的模式。对于输入 0 和 1，分别仅输出一个星号：

```
>>> pattern2(0)
>>> pattern2(1)
*
```

对于输入 2 和 3，输出模式如下所示：

```
>>> pattern2(2)
*
**
*
>>> pattern2(3)
*
```

```
**
*
***
*
**
*
```

10.2.2 分形图形

在下一个递归示例中，我们同样将输出一个模式，但这一次将是一个由 `Turtle` 图形对象绘制的图形模式。对于每一个非负整数 n，输出的模式将是一条被称为科赫曲线（Koch curve）的曲线 K_n。例如，图 10-4 显示了科赫曲线 K_5。

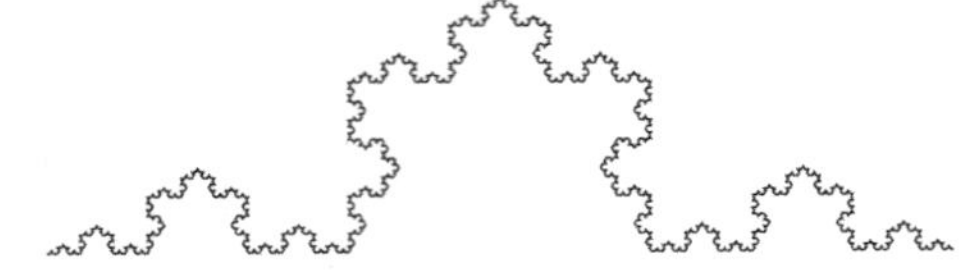

图 10-4　科赫曲线 K_5。科赫曲线是一种分形曲线，类似于雪花图案

我们将使用递归来绘制科赫曲线（例如，K_5）。为了开发用来绘制这一曲线和其他科赫曲线的函数，我们先观察几条科赫曲线。科赫曲线 K_0、K_1、K_2、K_3 显示在图 10-5 的左侧。

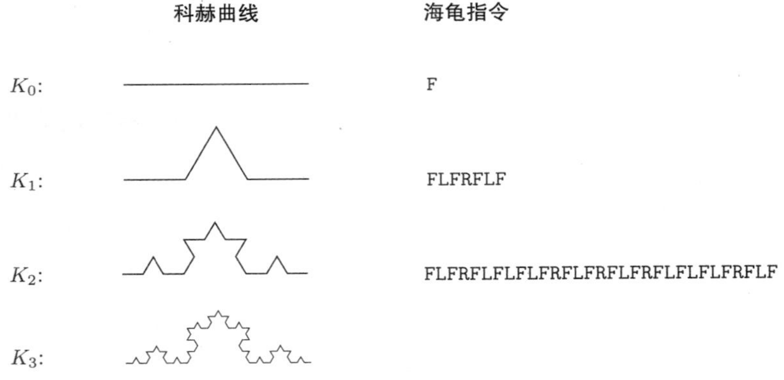

图 10-5　带绘图指令的科赫曲线。在左侧，从上到下是科赫曲线 K_0、K_1、K_2、K_3。图中还显示了科赫曲线 K_0、K_1 和 K_2 的绘图指令。指令是用字母 `F`、`L` 和 `R` 来编码的，分别对应于“向前移动”“向左旋转 60 度”和“向右旋转 120 度”

如果仔细查看这些模式，你可能会注意到每条科赫曲线 K_i（对于 $i > 0$）都包含了科赫曲线 K_{i-1} 的几个副本。例如，曲线 K_2 包含曲线 K_1 的四个（较小版本的）副本。

更确切地说，绘制科赫曲线 K_2，`Turtle` 图形对象应该遵循如下指令：

1. 绘制科赫曲线 K_1；
2. 向左旋转 60 度；
3. 绘制科赫曲线 K_1；
4. 向右旋转 120 度；
5. 绘制科赫曲线 K_1；
6. 向左旋转 60 度；
7. 绘制科赫曲线 K_1。

注意，这些指令是递归描述的。这表明我们需要做的是开发一个递归函数 **koch(n)**，带一个非负整数 n 作为输入参数，并返回一系列指令，**Turtle** 对象使用这些指令绘制科赫曲线。指令可以被编码为包含字母 **F**、**L** 和 **R** 的字符串，分别对应于“向前移动”“向左旋转 60 度”和“向右旋转 120 度”的指令。例如，绘制科赫曲线 K_0、曲线 K_1 和 K_2 的指令如图 10-5 所示。函数 **koch()** 的运行结果如下所示：

```
>>> koch(0)
'F'
>>> koch(1)
'FLFRFLF'
>>> koch(2)
'FLFRFLFLFLFRFLFRFLFRFLFLFLFRFLF'
```

基于上述观察结果，接下来将通过开发使用绘制曲线 K_1 来绘制曲线 K_2 领悟的思想，理解绘制曲线 K_2 的指令（调用函数 **koch(2)** 的计算结果）如何使用绘制曲线 K_1 的指令（调用函数 **koch(1)** 的计算结果）来获得。如图 10-6 所示，绘制曲线 K_1 的指令在绘制曲线 K_2 的指令中出现了四次：

koch(2)	FLFRFLF	L	FLFRFLF	R	FLFRFLF	L	FLFRFLF
	koch(1)		koch(1)		koch(1)		koch(1)

图 10-6　**koch(2)** 的输出结果。**koch(1)** 可以用来构造 **Koch(2)** 的输出

同样，绘制曲线 K_1 的指令（**koch(1)** 的输出）包含绘制曲线 K_0 的指令（**koch(0)** 的输出），如图 10-7 所示。

koch(1)	F	L	F	R	F	L	F
	koch(0)		koch(0)		koch(0)		koch(0)

图 10-7　**koch(1)** 的输出结果。**koch(0)** 可以用来构造 **koch(1)** 的输出

接下来我们可以使用递归方法实现函数 **koch()**。基本情况对应于输入 0，此时函数仅输出指令 **'F'**：

```
def koch(n):
    if n == 0:
        return 'F'
    # 函数的剩余代码
```

对于输入 $n > 0$，我们总结如图 10-6 和图 10-7 的观察结果，**koch(n)** 的输出应该为如下字符串拼接结果：

```
koch(n-1) + 'L' + koch(n-1) + 'R' + koch(n-1) + 'L' + koch(n-1)
```

于是函数 koch() 定义如下：

```
def koch(n):
    if n == 0:

        return 'F'
    return koch(n-1) + 'L' + koch(n-1) + 'R' + koch(n-1) + 'L' + \
          koch(n-1)
```

如果测试这个函数，你会发现结果正确。然而，这种实现存在效率问题。在最后一行，

我们针对同一个输入调用了四次函数 `koch()`。当然，每次返回的值（指令）是相同的。这种实现方法非常浪费资源。

注意事项：避免重复相同的递归调用

通常，一个递归的解决方案最自然的描述方法是使用几个相同的递归调用，正如我们刚刚在递归函数 `koch()` 中所示。作为在同一个输入上重复调用相同的函数的替代，我们可以调用一次，然后多次重复使用它的输出结果。

函数 `koch()` 的更好实现代码如下：

模块：ch10.py

```
def koch(n):
    ' 返回绘制科赫曲线 koch(n) 的海龟指令 '

    if n == 0:        # 基本情况
        return 'F'

    tmp = koch(n-1) # 递归步骤：获取科赫曲线 koch(n-1) 的指令
                    # 并用其构造科赫曲线 koch(n) 的指令

    return tmp + 'L' + tmp + 'R' + tmp + 'L' + tmp
```

我们最后要做的工作是开发一个函数，基于函数 `koch()` 返回的指令，使用海龟图形对象绘制相应的科赫曲线。代码如下：

模块：ch10.py

```
1  from turtle import Screen, Turtle
2  def drawKoch(n):
3      ' 使用 koch() 函数指令绘制第 n 阶科赫曲线 '
4
5      s = Screen()              # 创建屏幕
6      t = Turtle()              # 创建海龟
7      directions = koch(n)      # 获取绘制科赫曲线 Koch(n) 的指令
8
9      for move in directions: # 对于指定的移动
10         if move == 'F':
11             t.forward(300/3**n) # 向前移动，对长度规范化
12         if move == 'L':
13             t.lt(60)            # 向左旋转 60 度
14         if move == 'R':
15             t.rt(120)           # 向右旋转 120 度
16     s.bye()
```

我们进一步解释第 11 行代码。值 `300/3**n` 是海龟向前移动的长度。它取决于 n 的值，因此，不管 n 的值是什么，科赫曲线的宽度为 300 像素，并适应屏幕。请检查 n 等于 0 和 1 的情况。

知识拓展：科赫曲线和其他分形图形

科赫曲线 K_n 在 1904 年由瑞典数学家海里格·冯·科赫（Helge von Koch）发表的论文中首先提出。他对当 n 趋向于 ∞ 时得到的曲线 K_∞ 特别感兴趣。

科赫曲线是分形图形的一个例子。分形图形（fractal）一词由法国数学家本华·曼德布洛特（Benoît Mandelbrot）于1975年发明，指代具有下列特征的曲线：

- 形状“分段”而不是平滑；
- 自我相似（即在不同的放大倍数下它们看起来是一样的）；
- 可以自然地使用递归来描述。

物理的分形（通过递归的物理过程而形成）出现在自然界中，例如雪花、冷玻璃上的冰晶体、闪电、云、海岸线和河流系统、菜花和西兰花、树和蕨类植物、血液和肺血管。

练习题 10.5 实现函数 `snowflake()`，带一个非负整数 n 作为输入参数，按下列方式组合三条科赫曲线 K_n 以输出一个雪花模式：当海龟图形对象完成绘制第一条科赫曲线后，海龟旋转120度后绘制第二条科赫曲线，海龟向右旋转120度绘制第三条科赫曲线。下图显示了 `snowflake(4)` 的输出结果：

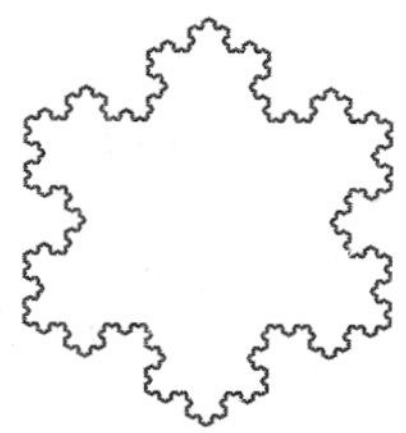

10.2.3 病毒扫描

我们现在使用递归开发一个病毒扫描程序，即一个系统地检查文件系统中的每一个文件并打印包含已知计算机病毒特征的文件名称的程序。*病毒特征*（virus signature）是一个特定的字符串，它是文件中病毒存在的证据。

知识拓展：病毒和病毒扫描程序

计算机病毒是一个小程序，通常在用户不知情的情况下，附加或合并到驻留在用户的计算机的文件中，当病毒执行时会对计算机造成伤害。例如，计算机病毒可能会破坏或删除计算机上的数据。

病毒是一种可执行程序，就像其他程序一样，作为字节序列被存储在一个文件中。如果计算机病毒由计算机安全专家识别并获知其字节序列，那么检查文件是否包含病毒所需做的全部工作是检查该字节序列是否出现在文件中。事实上，寻找完整的字节序列并不是必需的，搜索这个序列中精心挑选的片段足以高概率地识别病毒。这个片段被称为病毒特征：它是病毒代码中出现的字节序列，但不太可能出现在未感染的文件中。

*病毒扫描程序*周期性地、系统地扫描计算机文件系统中的每个文件，并检查它们是否感染了病毒。病毒扫描程序包含一个病毒特征列表，并且会定期自动更新。程序检查每个文件是否存在列表中的某些病毒特征，如果文件包含病毒特征，则对其进行标记。

我们使用字典来存储各种病毒特征。它把病毒名称映射到病毒特征：

```
>>> signatures = {'Creeper':'ye8009g2h1azzx33',
                  'Code Red':'99dh1cz963bsscs3',
                  'Blaster':'fdp1102k1ks6hgbc'}
```

（虽然字典中的名称是真实的病毒名称，但病毒特征是虚假的。）

病毒扫描函数带两个输入参数：病毒特征字典和父文件夹或文件的路径（字符串）。程序访问父文件夹及其子文件夹（子文件夹中的子文件夹，以此类推）中的每个文件。图 10-8 显示了一个示例文件夹“test”以及它直接或间接包含的所有文件和子文件夹。病毒扫描程序将访问图 10-8 中的每个文件，并输出如下所示的结果：

```
>>> scan('test', signatures)
test/fileA.txt, found virus Creeper
test/folder1/fileB.txt, found virus Creeper
test/folder1/fileC.txt, found virus Code Red
test/folder1/folder11/fileD.txt, found virus Code Red
test/folder2/fileD.txt, found virus Blaster
test/folder2/fileE.txt, found virus Blaster
```

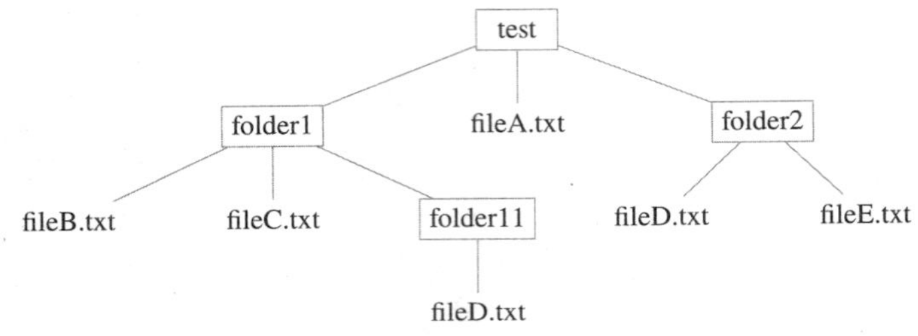

图 10-8　文件系统片段。其中显示了文件夹“test”及其下的所有子文件夹和文件

由于一个文件系统的递归结构（一个文件夹包含文件和其他文件夹），我们使用递归开发病毒扫描函数 scan()。当输入路径名是一个文件的路径名时，函数应该打开和读取文件内容，并查找文件中是否包含病毒特征码，这是基本情况。当输入路径名是一个文件夹的路径名时，scan() 应该在输入文件夹中的每个文件和子文件夹上递归调用自身，这是递归步骤。完整的实现代码如下：

模块：ch10.py

```
import os
def scan(pathname, signatures):
    ''' 扫描路径名，或者如果路径是一个文件夹，则扫描
        该文件夹下直接或间接包含的所有文件 '''
    if os.path.isfile(pathname): # 基本情况：扫描路径名
        infile = open(pathname)
        content = infile.read()
        infile.close()

        for virus in signatures:
            # 检查 content 中是否出现病毒特征
            if content.find(signatures[virus]) >= 0:
                print('{}, found virus {}'.format(pathname, virus))
        return

    # 路径名是文件夹，则递归对该文件夹下的每一项扫描
```

```
    for item in os.listdir(pathname):

        # 为当前工作路径相关的项
        # 创建路径名
        # fullpath = pathname + '/' + item          # Mac 操作系统
        # fullpath = pathname + '\' + item          # Windows 操作系统
        fullpath = os.path.join(pathname, item)     # 任意操作系统

        scan(fullpath, signatures)
```

程序使用了标准库模块 `os` 中的函数。模块 `os` 包含了对操作系统资源（例如文件系统）提供访问的函数。我们使用了如下三个 `os` 模块函数：

a.`listdir()`。函数带一个输入参数：一个文件夹的绝对路径或相对路径（字符串），返回输入文件夹中的所有文件和子文件夹。

b.`path.isfile()`。函数带一个输入参数：一个文件夹的绝对路径或相对路径（字符串），如果路径指向一个普通文件，则返回 `True`，否则返回 `False`。

c.`path.join()`。带两个路径作为输入参数，把它们合并成一个新的路径（根据需要插入 \ 或 /）并返回新路径。

我们进一步解释为什么需要第三个函数。函数 `listdir()` 返回的不是一个路径列表，而是一个文件和子文件夹名称列表。例如，当我们开始执行 `scan('test')`（省略了 `scan()` 的第二个参数）时，函数 `listdir()` 的调用如下：

```
>>> os.listdir('test')
['fileA.txt', 'folder1', 'folder2']
```

如果我们递归调用 `scan('folder1')`，则当该函数调用开始执行时，函数 `listdir()` 将在路径 `'folder1'` 上调用，结果出错：

```
>>> os.listdir('folder1')
Traceback (most recent call last):
  File "<pyshell#387>", line 1, in <module>
    os.listdir('folder1')
OSError: [Errno 2] No such file or directory: 'folder1'
```

问题是执行 `scan('test')` 过程中当前路径是包含文件夹 `test` 的文件夹，其中不存在文件夹 `'folder1'`，因而出错。

为了取代函数调用 `scan('folder1')`，我们需要在一个绝对路径或是相对于当前工作目录的相对路径上调用 `scan()` 函数。按照下列方式拼接 `'test'` 和 `'folder1'`，可以获得 `'folder1'` 的路径：

```
'test' + '\' + 'folder1'
```

（在 Windows 系统上），或者更一般地，按照下列方式拼接 `pathname` 和 `item`：

```
path = pathname + '\' + item
```

上述代码在 Windows 机器上可以正常工作，但在 UNIX、Linux 或 MAC OS X 机器上会出错，因为在这些操作系统上使用正斜杠（`/`）。一个更好的可移植的解决方案是使用模块 `os` 中的函数 `path.join()`。它适用于所有的操作系统，因而与操作系统无关。例如在一个 Mac 机器上：

```
>>> pathname = 'test'
>>> item = 'folder1'
>>> os.path.join(pathname, item)
'test/folder1'
```

相同的例子在 Windows 系统上的执行结果如下：

```
>>> pathname = 'C://Test/virus'
>>> item = 'folder1'
>>> os.path.join(pathname, item)
'C://Test/virus/folder1'
```

10.2.4 线性递归

我们在这一节中讨论的三个问题——打印数字序列模式、绘制科赫曲线，以及扫描文件系统查找病毒，都可以不使用递归方法来解决。这些问题的迭代解法确实存在，然而，迭代解决方案需要比递归复杂得多的算法，超出了计算机科学导论教科书的范围。

另一方面，我们在 10.1 节中讨论的问题存在简单的迭代解决方案。10.1 节中的递归函数 **vertical()**、**reverse()**、**cheers()** 和 **factorial()**，可以很容易地使用迭代方法来实现。事实上，递归方法和迭代方法是密切相关的。练习题 10.3 和练习题 5.4 中的函数 **factorial()** 的两种实现方法可以用来说明这一点。虽然一种实现是递归方法而另一种实现是迭代方法，但两个函数使用相似的过程来计算 $n!$：对于 $i = 1, \cdots, n$，它们都通过把前一个中间结果 $(i-1)!$ 乘以 i 来计算中间结果序列 $i!$。因此，递归函数可以看作是这一思想的递归实现。

当一个函数的递归步骤是使用一个递归调用（计算“前一个”的中间结果）和“基本情况”非递归（具体问题）操作来计算“下一个”中间结果时，这个函数被称为使用*线性递归*。例如，在函数 **vertical()** 中，递归步骤包含一个递归调用 **vertical(n//10)**（输出除最后一位数字的所有数字）和语句 **print(n%10)**（输出最后一位数字）。

线性递归是实现基于列表的函数的一种特别有用的技术。例如，一个累加数字列表中数值的函数可以使用线性递归来实现，代码如下所示：

模块：ch10.py

```
def recSum(lst):
    ' 返回列表 lst 中各项之和 '
    if len(lst) == 0:
        return 0
    return recSum(lst[:-1]) + lst[-1]
```

注意，递归步骤包含一个递归调用（累加列表中除最后一个数值的所有数）和一个“基本情况”操作（把最后一个数加到累加和中）。

练习题 10.6　使用线性递归实现函数 **recNeg()**，带一个数值列表作为输入参数，如果列表中某些数值为负数，则返回 **True**，否则返回 **False**。

```
>>> recNeg([3, 1, -1, 5])
True
>>> recNeg([3, 1, 0, 5])
False
```

在下一个示例中，我们实现函数 **recIncr()**，带一个数值列表作为输入参数，返回列表的一个副本，列表中的每个数都递增 1：

```
>>> lst = [1, 4, 9, 16, 25]
>>> recIncr(lst)
[2, 5, 10, 17, 26]
```

我们选择使用递归方法而不是迭代方法实现该函数：

模块：ch10.py

```
def recIncr(lst):
    ' 返回列表 [lst[0]+1, lst[1]+1, ..., lst[n -1]+1] '
    if len(lst) == 0:
        return []
    return recIncr(lst[:-1]) + [lst[-1]+1]
```

递归步骤由拼接递归调用的结果列表和包含列表最后一个值加 1 的列表组成。

函数 **recIncr()** 是带一个列表输入参数并返回一个每个列表项都执行了同样操作的列表副本的示例。把列表中的项逐个递增 1 可能仅仅是希望针对列表项执行的许多操作之一。因此，这有助于实现一种更加抽象的函数 **recMap()**，带两个参数（操作和列表），然后针对列表中的每个项应用该操作。当然，这里的“操作”意味着一个函数。例如，如果我们希望使用函数 **recMap()** 递增一个数值列表中的每个数值，首先必须定义希望应用到每个数值的函数：

```
>>> def f(i):
    return i + 1
```

然后使用 **recMap()** 把函数 **f** 应用到列表中的每个数值：

```
>>> recMap(lst, f)
[2, 5, 10, 17, 26]
```

如果我们希望获得列表 `lst` 中所有数值的平方根，可以使用 `math.sqrt` 函数来代替：

```
>>> from math import sqrt
>>> recMap(lst, sqrt)
[1.0, 2.0, 3.0, 4.0, 5.0]
```

注意，**recMap()** 的输入参数是 **f** 而不是 **f()**，或者是 **sqrt** 而不是 **sqrt()**。这是因为我们仅仅是传递一个指向函数对象的引用，而不是进行函数调用。

可以使用线性递归实现 **recMap()**：

模块：ch10.py

```
def recMap(lst, f):
    ' 返回列表 [f(lst[0]), f(lst[1]), ..., f(lst[n -1])] '
    if len(lst) == 0:
        return []
    return recMap(lst[:-1], f) + [f(lst[-1])]
```

知识拓展：高阶函数

在函数 **recmap()** 中，第二个输入参数是一个函数。以另一个函数作为输入或者返回函数的函数称为高阶函数。把一个函数作为一个值对待是一种程序设计风格，在函数式程序设计范式中被广泛使用，我们将在 12.3 节中介绍。

Python 支持高阶函数，因为函数的名称与其他对象的名称没有什么区别，因此可以将其视为一个值。并非所有语言都支持高阶函数。其他一些支持高阶函数的语言包括 LISP、Perl、Ruby 和 JavaScript。

练习题 10.7 使用函数 `recMap()` 编写一个简单的语句，对一个二维数值列表 `table` 中的行之和进行求值，结果保存在一个列表中。

10.3 运行时间分析

程序的正确性当然是我们主要关心的问题。然而，程序的可用性甚至效率也很重要。本节我们继续使用递归来解决问题，但这一次着眼于效率。在我们的第一个例子中，我们将递归应用于一个似乎并不需要它的问题，但结果在效率上获得了惊人的提高。在第二个示例中，我们考虑了一个似乎适合递归的问题，但结果得到了一个非常低效的递归程序。

10.3.1 指数函数

接下来我们讨论指数函数 a^n 的实现。我们已经知道，Python 提供了求幂运算符 `**`：

```
>>> 2**4
16
```

但是，如何实现幂运算符 `**` 呢？如果不存在该运算符，我们该如何实现它？直接的方法是把 a 相乘 n 次。累加器模式可以用来实现这种思想：

模块：ch10.py

```
def power(a, n):
    ' 返回 a 的 n 次幂 '
    res = 1
    for i in range(n):
        res *= a
    return res
```

我们应该可以很自信地认为函数 `power()` 功能正确。但这是实现函数 `power()` 的最好方式吗？有没有运行速度更快的实现？很明显，函数 `power()` 将执行 n 次乘法来计算 a^n。如果 n 是 10 000，则需要执行 10 000 次乘法。我们可不可以实现 `power()`，使得要执行的乘法次数显著减少，例如 20 次而不是 10 000 次？

让我们看看递归方法会给我们带来什么。我们要开发一个递归函数 `rpower()`，带两个输入参数：a 和非负整数 n，返回 a^n。

很显然，递归的基本情况是 $n = 0$，此时 $a^n = 1$，应该返回 1：

```
def rpower(a, n):
    ' 返回 a 的 n 次幂 '
    if n == 0:                  # 基本情况：n == 0
        return 1
    # 函数的剩余代码
```

让我们处理递归步骤。为此，我们需要把 a^n($n > 0$) 递归地表示为 a 的较小的幂（即“更接近”基本情况)。实际上这并不困难，有很多实现方法：

$$a^n = a^{n-1} \times a$$
$$a^n = a^{n-2} \times a^2$$
$$a^n = a^{n-3} \times a^3$$
$$\cdots$$
$$a^n = a^{n/2} \times a^{n/2}$$

最后一个表达式的吸引人之处是 $a^{n/2}$ 和 $a^{n/2}$ 这两个项相同，因此通过一次计算 $a^{n/2}$ 的递归调用可以计算 a^n。唯一的问题是当 n 为奇数时，$n/2$ 不是一个整数。让我们考虑两种情况。

如上分析结果，当 n 的值为偶数，我们可以使用 `rpower(a, n//2)` 的结果来计算 `rpower(a, n)`，如图 10-9 所示。

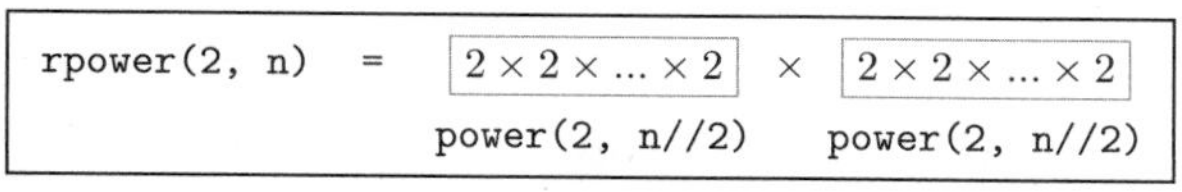

```
rpower(2, n)  =  [2 × 2 × ... × 2]  ×  [2 × 2 × ... × 2]
                   power(2, n//2)        power(2, n//2)
```

图 10-9 递归计算 a^n。当 n 为偶数时，$a^n = a^{n/2} \times a^{n/2}$

当 n 的值为奇数，我们同样可以使用递归调用 `rpower(a, n//2)` 的结果来计算 `rpower(a, n)`，但是需要增加一个因子 a，如图 10-10 所示。

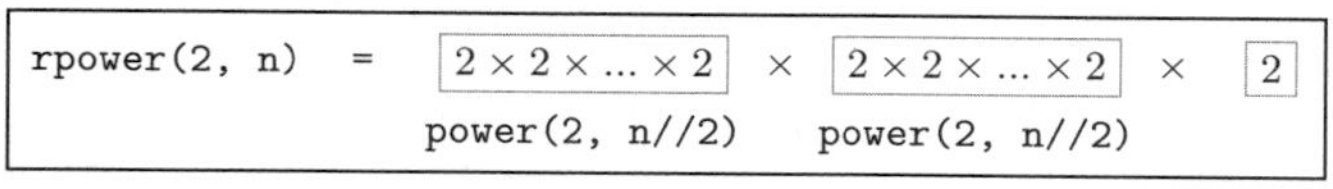

```
rpower(2, n)  =  [2 × 2 × ... × 2]  ×  [2 × 2 × ... × 2]  ×  [2]
                   power(2, n//2)        power(2, n//2)
```

图 10-10 递归计算 a^n。当 n 为奇数时，$a^n = a^{n//2} \times a^{n//2} \times a$

基于上述观察分析结果，`rpower()` 的递归实现代码如下所示。注意，只有一次递归调用 `rpower(a, n//2)`。

模块：ch10.py

```
def rpower(a, n):
    ' 返回 a 的 n 次幂 '
    if n == 0:              # 基本情况：n == 0
        return 1

    tmp = rpower(a, n//2)   # 递归步骤：n > 0

    if n % 2 == 0:
        return tmp*tmp          # a**n = a**(n//2) * a**a(n//2)
    else: # n % 2 == 1
        return a*tmp*tmp        # a**n = a**(n//2) * a**a(n//2) * a
```

现在我们有两个不同版本的幂函数的实现：`power()` 和 `rpower()`。如何判断哪一个更有效率呢？

10.3.2 运算次数

比较两个函数的效率的一种方法是计算每个函数在同一输入下执行的运算次数。在 `power()` 和 `rpower()` 的情况下，我们缩减为仅计算乘法的次数。

很显然，power(2, 10000) 需要 10000 次乘法。那么 rpower(2, 10000) 需要多少次？要回答这个问题，我们修改 rpower()，使得它统计执行乘法的次数。为此，我们通过每一次乘法时递增一个全局变量 counter（在函数外部定义）的方法来实现：

模块：ch10.py

```
def rpower(a, n):
    ' 返回 a 的 n 次幂 '
    global counter       # 统计乘法的次数

    if n==0:
        return 1
    # if n > 0:
    tmp = rpower(a, n//2)

    if n % 2 == 0:
        counter += 1
        return tmp*tmp       # 一次乘法

    else: # n % 2 == 1
        counter += 2
        return a*tmp*tmp     # 两次乘法
```

接下来我们进行统计：

```
>>> counter = 0
>>> rpower(2, 10000)
199506311688...792596709376
>>> counter
19
```

因此，递归方法实现的乘幂运算函数，可以把乘法的次数从 10000 减少到 23。

10.3.3 斐波那契数列

我们在第 5 章介绍了斐波那契数列：

$1, 1, 2, 3, 5, 8, 13, 21, 34, 55, 89, \cdots$

我们还描述了一种构建斐波那契数列的方法：数列中的一个数是数列中前两个数之和（除了最前面的两个 1）。这个规则在本质上是递归的。所以，如果我们要实现一个函数 **rfib()**，带一个非负整数 n 作为输入参数，返回第 n 个斐波那契数，看起来很自然可以使用一个递归来实现。接下来我们讨论其递归实现。

既然递归规则适用于第 0 个和第 1 个之后的斐波那契数，递归基本情况为 $n \leqslant 1$（即 n=0 或 n=1）是有道理的。在基本情况下，**rfib()** 应该返回 1：

```
def rfib(n):
    ' 返回第 n 个斐波那契数 '
    if n < 2:                    # 基本情况
        return 1
    # 函数的剩余代码
```

递归步骤适用于输入 $n > 1$。在这种情况下，第 n 个斐波那契数为第 n−1 个和第 n−2 个斐波那契数之和：

模块：ch10.py

```
def rfib(n):
    ' 返回第 n 个斐波那契数 '
    if n < 2:                     # 基本情况
        return 1

    return rfib(n-1) + rfib(n-2)  # 递归步骤
```

让我们验证函数 **rfib()** 的运行结果：

```
>>> rfib(0)
1
>>> rfib(1)
1
>>> rfib(4)
5
>>> rfib(8)
34
```

结果看起来正确。让我们尝试计算一个较大的斐波那契数：

```
>>> rfib(35)
14930352
```

结果正确。但计算花费了一定时间（请读者尝试）。如果我们尝试：

```
>>> rfib(100)
...
```

结果要等待很长的时间。（记住，你可以通过同时按【 Ctrl+C 】键终止程序的执行。）

计算第 36 个斐波那契数真的那么耗时吗？回想一下，我们已经在第 5 章中实现了一个返回第 *n* 个斐波那契数的函数：

模块：ch10.py

```
def fib(n):
    ' 返回第 n 个斐波那契数 '
    previous = 1     # 第 0 个斐波那契数
    current = 1      # 第 1 个斐波那契数
    i = 1            # 当前斐波那契数的索引

    while i < n:     # 当当前斐波那契数不是第 n 个斐波那契数
        previous, current = current, previous+current
        i += 1

    return current
```

让我们验证运行结果：

```
>>> fib(35)
14930352
>>> fib(100)
573147844013817084101
>>> fib(10000)
54438373113565...
```

所有的结果瞬时完成。让我们来探讨 **rfib()** 出错的原因。

10.3.4　运行时间的实验分析

一种比较函数 fib() 和 rfib()（或其他函数）的精确方法是基于相同的输入运行这些函数并比较它们的运行时间。作为好的（懒惰的）程序员，我们喜欢自动化这个过程，所以我们开发了一个可以用来分析函数运行时间的应用程序。我们将该应用程序普遍化，以适用于除了 fib() 和 rfib() 的其他函数。

我们的应用程序由几个函数组成。一个关键的函数是 timing()，用以测量函数基于输入的运行时间。它是一个高阶函数，带两个输入参数：（1）一个函数 func，（2）一个“输入规模”（整数），在一个给定规模的输入上运行函数 func，返回其运行时间。

模块：ch10.py

```
import time
def timing(func, n):
    ' 将函数 buildInput 返回的 input 作为输入参数运行函数 func '
    funcInput = buildInput(n)  # 为函数 func 获取输入参数 input
    start = time.time()        # 获取开始时间
    func(funcInput)            # 以 funcInput 为输入参数运行函数 func
    end = time.time()          # 获取结束时间
    return end - start         # 返回执行时间
```

函数 timing() 使用 time 模块中的 time() 函数获取执行函数 func 前后的系统时间，二者之差就是函数运行时间。（注意：测量的时间可能受到计算机可能正在运行的其他任务的影响，但我们避免处理这个问题。）

函数 buildinput() 带一个输入规模作为输入参数，返回一个适合于函数 func() 输入的对象，并且具有合适的输入规模。这个函数是依赖于我们正在分析的函数 func()。在斐波那契函数 fib() 和 rfib() 的情况下，对应于输入规模 n 的输入恰恰就是 n：

模块：ch10.py

```
def buildInput(n):
    ' 返回斐波那契函数的输入参数 '
    return n
```

比较两个函数在同一个输入上的运行时间并不能说明哪个函数更好（即更快）。比较两个函数在若干不同输入上的运行时间更有用。这样，我们可以尝试理解当输入规模（即问题规模）增大时两个函数的行为。为此，我们开发了函数 timingAnalysis，它在一系列递增规模的输入上运行任意函数并报告运行时间。

模块：ch10.py

```
def timingAnalysis(func, start, stop, inc, runs):
    ''' 打印函数 func 的平均运行时间，输入规模
        分别为 start, start + inc, start +2* inc, …, 直到 stop '''
    for n in range(start, stop, inc):  # 对于每个输入规模 n
        acc = 0.0                      # 累积器初始化

        for i in range(runs):     # 重复运行次数
            acc += timing(func, n)    # 根据输入规模 n 运行函数 func
                                      # 并且累积运行次数
        # 打印运行规模为 n 的平均运行时间
```

```
        formatStr = 'Run time of {}({}) is {:.7f} seconds.'
        print(formatStr.format(func.__name__, n, acc/runs))
```

函数 timingAnalysis 带五个输入参数：函数 func 和数值 start、stop、inc、runs。它首先在输入规模 start 上运行 func 若干次，然后输出平均运行时间。然后在输入规模 start+inc、start+2*inc、…，直到输入规模 stop 上重复执行。

在函数 fib() 和输入规模分别为 24、26、28、30、32、34 上运行函数 timinAnalysis()，结果如下：

```
>>> timingAnalysis(fib, 24, 35, 2, 10)
Run time of fib(24) is 0.0000173 seconds.
Run time of fib(26) is 0.0000119 seconds.
Run time of fib(28) is 0.0000127 seconds.
Run time of fib(30) is 0.0000136 seconds.
Run time of fib(32) is 0.0000144 seconds.
Run time of fib(34) is 0.0000151 seconds.
```

在函数 rfib() 上执行同样的操作，结果如下：

```
>>> timingAnalysis(rfib, 24, 35, 2, 10)
Run time of fibonacci(24) is 0.0797332 seconds.
Run time of fibonacci(26) is 0.2037848 seconds.
Run time of fibonacci(28) is 0.5337492 seconds.
Run time of fibonacci(30) is 1.4083670 seconds.
Run time of fibonacci(32) is 3.6589111 seconds.
Run time of fibonacci(34) is 9.5540136 seconds.
```

两次实验的结果如图 10-11 所示。

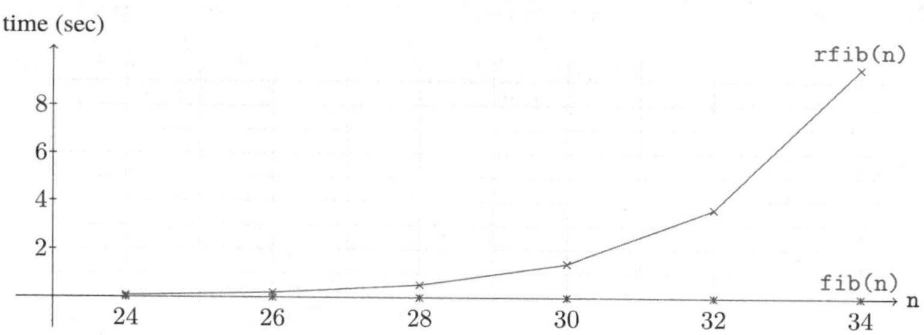

图 10-11　运行时间图。其中显示了对于输入 n=24, 26, 28, 32 和 34，fib() 和 rfib() 的平均运行时间（单位：秒）

fib() 的运行时间可以忽略不计。然而，rfib() 的运行时间则随着输入规模增加而快速增加。事实上，运行时间在连续两个输入规模间增大了 1 倍多。这意味着相对于输入规模，运行时间成指数规模增加。为了理解递归函数 rfib() 糟糕性能的背后原因，我们在图 10-12 中描述了其执行流程。

图 10-12 显示了计算 rfib(n) 时执行的一些递归调用。要计算 rfib(n)，必须递归调用 rfib(n-1) 和 rfib(n-2)；要计算 rfib(n-1) 和 rfib(n-2)，必须分别单独递归调用 rfib(n-2) 和 rfib(n-3)，以及 rfib(n-3) 和 rfib(n-4)，以此类推。

rfib(n) 的计算包含两个独立的 rfib(n-2) 的计算，因此花费的时间是 rfib(n-2) 的两倍。这解释了指数规模运行时间的原因。它同时指出了递归解决方案 rfib() 的问题所在：它一次又一次地重复执行一个函数调用。例如，函数调用 rfib(n-4) 被执行了五次，虽然其结果一样。

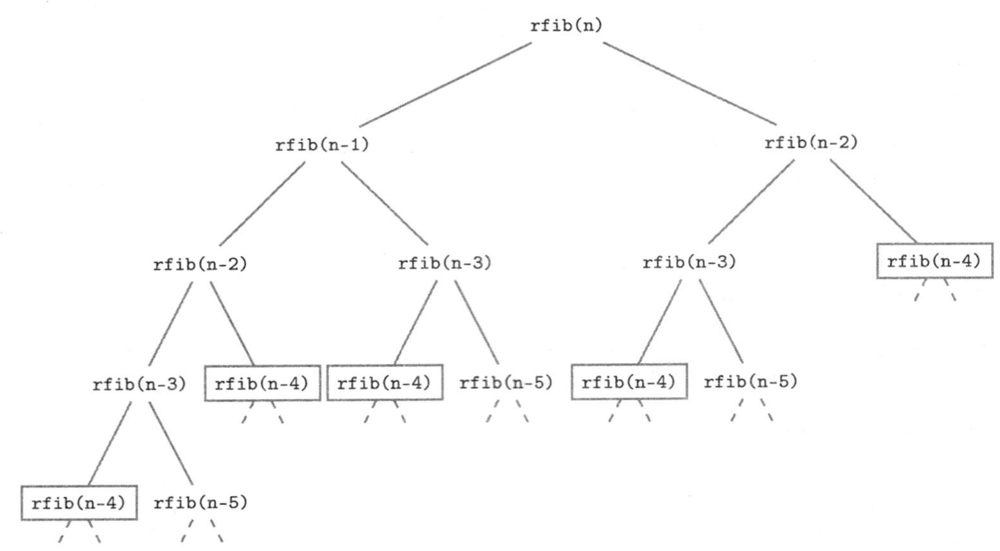

图 10-12　递归调用树。计算 `rfib(n)` 需要两次递归调用 `rfib(n-1)` 和 `rfib(b-2)`。计算 `rfib(n-1)` 需要递归调用 `rfib(n-2)` 和 `rfib(n-3)`；计算 `rfib(n-2)` 需要递归调用 `rfib(n-3)` 和 `rfib(n-4)`。同一个递归调用被执行多次，例如 `rfib(n-4)` 被重复计算了五次

练习题 10.8　使用本节开发的运行时间分析应用程序，分析函数 `power()`、`rpower()`，以及内置运算符 `**` 的运行时间。为此，可以通过在如下所示的函数 `power2()`、`rpower2()` 和 `pow2()` 上，使用输入规模 20 000 到 80 000（步长为 20 000），运行 `timingAnalysis()`。

```
def power2(n):
    return power(2,n)
def rpower2(n):
    return rpower(2,n)
def pow2(n):
    return 2**n
```

完成后，讨论实现内置的幂操作符 `**` 可能使用的方法。

10.4　查找

在上一节中，我们了解到，设计和实现一个程序的方法可以对程序在大数据集上的运行时间有显著的影响，最终会影响其实用性。在本节中，我们将考虑如何重组输入数据集并添加结构以显著地提高程序的运行效率和实用性。我们将着重研究若干基本搜索任务，通常使用排序算法介绍数据集的结构。我们从检查一个值是否包含在列表中的基本问题开始。

10.4.1　线性查找

运算符 `in` 和列表类的 `index()` 方法在一个列表中查找一个给定的项。因为我们已经（并且将）大量使用这些方法，理解它们的执行速度是很重要的。

请回顾一下运算符 in 用于检查某个项是否在列表中存在：

```
>>> lst = random.sample(range(1,100), 17)
>>> lst
[28, 72, 2, 73, 89, 90, 99, 13, 24, 5, 57, 41, 16, 43, 45, 42, 11]
>>> 45 in lst
True
>>> 75 in lst
False
```

`index()` 方法功能类似：结果不是返回 `True` 或者 `False`，而是返回项第一次出现的位置索引（或者，如果列表中不存在该项时将引发一个异常）。

如果列表中的数据没有采用任何结构，则实际上只有一种方法来实现 `in` 或 `index()`：对列表中的项进行系统查找，无论是从索引 0 向上查找，或者是从索引 -1 向下查找，还是其他等价查找方法。这种类型的查找方法被称为线性查找。假设从索引 0 开始向上查找，线性查找将查看列表中的 15 个元素后查找到 45，查找所有的元素后才发现 75 不在列表中。

线性查找可能需要查看列表中的每一项。在最坏的情况下，它的运行时间与列表的大小成比例。如果数据集没有结构化，并且数据项不能比较，那么线性查找是在列表中查找的唯一方法。

10.4.2　二分查找

如果列表中的数据是可比较的，我们可以首先对列表进行排序，从而提高查找运行时间。为了说明这一点，我们使用线性查找中使用的同一列表 `lst`，但已经排好了序：

```
>>> lst.sort()
>>> lst
[2, 5, 11, 13, 16, 24, 28, 41, 42, 43, 45, 57, 72, 73, 89, 90, 99]
```

假设我们在列表 `lst` 中查找值 `target`。线性查找把 `target` 与 `lst` 中的索引 0 的项比较，然后与索引 1、2、3 的项比较，以此类推。假设我们首先将 `target` 与索引 *i* 的项比较（`lst` 的任意索引 *i*）。有三种可能的结果：

- lst[i] == target 为 true，很幸运，查找到目标
- target < lst[i] 为 true
- target > lst[i] 为 true

让我们做一个实验。假设 `target` 的值为 45，我们将它与索引 5 中的项（即 24）进行比较。显然，在这种情况下出现第 3 个结果“`target > lst[i]`”。因为列表 `lst` 是排好序的，这告诉我们 `target` 不可能位于 24 的左侧（即子列表 `lst[0:5]`）。因此，我们应该继续在 24 的右侧（即子列表 `lst[6:17]`）中查找 `target`，如图 10-13 所示。

0	1	2	3	4	5	6	7	8	9	10	11	12	13	14	15	16
2	5	11	13	16	24	28	41	42	43	45	57	72	73	89	90	99
						28	41	42	43	45	57	72	73	89	90	99

图 10-13　二分查找。通过把 `target` 的值 45 与 `lst` 的索引 5 的项进行比较，我们把搜索空间缩减到子列表 `lst[6:]`

我们得出主要见解如下：只需把 `target` 和 `list[5]` 进行一次比较，我们就把搜索空

间从 17 个列表项缩减到 11 个。（在线性查找中，一次比较缩减搜索空间一个列表项。）现在我们应该问问自己不同的比较是否会进一步缩减搜索空间。

在某种意义上，`target > lst[5]` 的结果并不理想：因为 `target` 位于 `lst[0:5]`（包含 5 个项）和 `lst[6:17]`（包含 11 个项）中的较大的一侧。为了减少运气的作用，我们可以确保子列表大小基本相同。我们可以通过把 `target` 和 42（即列表中间的项目（也称为中位数））比较来实现这一目标。

我们刚刚得到的见解是一种叫作*二分查找*的搜索技术的基础。给定一个列表和一个目标，二分查找返回列表中目标的索引，如果目标不在列表中，则返回 −1。

二分查找很容易采用递归实现。基本情况是当列表 `lst` 为空时，`target` 不可能在其中，因此返回 −1。否则，我们将目标与列表中位数进行比较。根据比较的结果，我们要么完成查找，要么继续在 `lst` 的子列表上递归查找。

我们把二分查找实现为一个递归函数 `search()`。因为递归函数在原始列表 `lst` 的子列表 `lst[i:j]` 上调用，因此函数 `search()` 带四个输入参数，除了 `lst` 和 `target`，还包含索引 `i` 和 `j`：

模块：ch10.py

```
def search(lst, target, i, j):
    ''' 试图在已排序子列表 lst [i:j ] 中查找目标 target
        如果找到目标，则返回目标所在的索引，否则返回 -1 '''
    if i == j:                          # 基本情况：空列表
        return -1                       # 目标不可能位于列表中

    mid = (i+j)//2                      # 列表 l[i:j] 中位数的索引

    if lst[mid] == target:              # 目标是中位数
        return mid
    if target < lst[mid]:               # 搜索中位数的左半部分
        return search(lst, target, i, mid)
    else:                               # 搜索中位数的右半部分
        return search(lst, target, mid+1, j)
```

一开始在 `lst` 中查找 `target` 时，应该使用索引 0 和 `len(lst)`：

```
>>> target = 45
>>> search(lst, target, 0, len(lst))
10
```

图 10-14 描述了二分查找的执行流程。

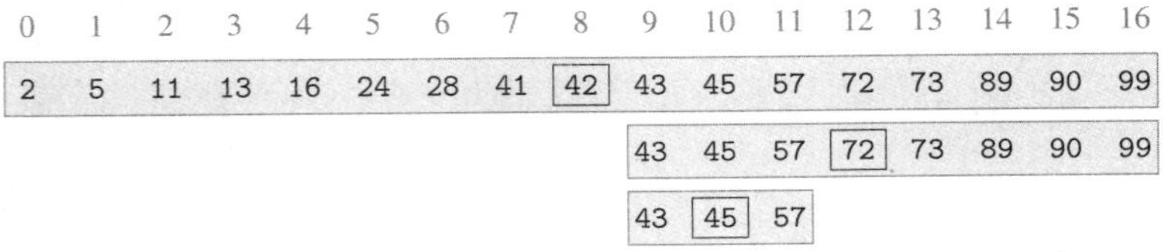

0	1	2	3	4	5	6	7	8	9	10	11	12	13	14	15	16
2	5	11	13	16	24	28	41	[42]	43	45	57	72	73	89	90	99
									43	45	57	[72]	73	89	90	99
									43	[45]	57					

图 10-14　二分查找。查找 45 从列表 `lst[0:17]` 开始。把 45 与中位数（42）比较后，继续在子列表 `lst[9:17]` 中查找。把 45 与子列表的中位数（72）比较后，继续在子列表 `lst[9:12]` 中查找。由于 45 是 `lst[9:12]` 的中位数，查找结束

10.4.3 线性查找和二分查找比较

为了证明二分查找平均比线性查找要快得多，我们进行试验。使用上一节开发的 timingAnalysis() 应用程序，我们比较函数 search() 和内置列表方法 index()。为此，我们开发了函数 binary() 和 linear()，随机选择一个输入列表中的项，分别调用 search() 或者调用方法 index()，查找该项：

模块：ch10.py

```
def binary(lst):
    ' 随机在列表 lst 中选择一项，在该项上运行函数 search() '
    target=random.choice(lst)
    return search(lst, target, 0, len(lst))

def linear(lst):
    ' 随机在列表 lst 中选择一项，在该项上运行函数 index () '
    target=random.choice(lst)
    return lst.index(target)
```

我们将使用大小为 n 的列表 lst，作为范围从 0 到 $2n-1$ 的 n 个数值的随机采样。

模块：ch10.py

```
def buildInput(n):
    ' 返回范围在 [0, 2n) 的 n 个数值的随机样本 '
    lst = random.sample(range(2*n), n)
    lst.sort()
    return lst
```

结果如下：

```
>>> timingAnalysis(linear, 200000, 1000000, 200000, 20)
Run time of linear(200000) is 0.0046095
Run time of linear(400000) is 0.0091411
Run time of linear(600000) is 0.0145864
Run time of linear(800000) is 0.0184283
>>> timingAnalysis(binary, 200000, 1000000, 200000, 20)
Run time of binary(200000) is 0.0000681
Run time of binary(400000) is 0.0000762
Run time of binary(600000) is 0.0000943
Run time of binary(800000) is 0.0000933
```

很显然，二分查找更快，线性查找运行时间与列表的大小成正比。关于二分查找运行时间的有趣之处是它似乎并没有增加多少。那是为什么？

虽然线性搜索最终可能会检查列表中的每一项，但二分查找将检查更少的列表项。要证明这一点，请回顾我们前面得出的见解，即在每一次二分查找比较中，搜索空间缩减了一半以上。当然，当搜索空间变为 1 或更小时，搜索就结束了。在一个大小为 n 的列表上实施二分查找的搜索次数的上限为：把 n 二分直到最终为 1 时所需要的次数。如果表示为公式，它是如下公式中 x 的值：

$$\frac{n}{2^x}=1$$

上述公式的解为 $x=\log_2 n$，以 2 为底的 n 的对数。这个函数确实随着 n 的增加而非常缓慢地增长。

本节的剩余部分我们将讨论若干其他基本的类似查找问题，并分析解决这些问题的不同方法。

10.4.4 唯一性测试

我们考虑这个问题：给定一个列表，其中的每一项都是唯一的吗？解决这个问题的一种自然方法是遍历列表，并对每个列表项检查该项是否在列表中出现不止一次。函数 dup1() 实现了这个想法：

模块：ch10.py

```
def dup1(lst):
    ' 如果列表 lst 中有重复项，则返回 True，否则返回 False '
    for item in lst:
        if lst.count(item) > 1:
            return True
    return False
```

和运算符 in 以及 index() 方法一样，要统计一个目标项出现的次数，列表方法 count() 必须对列表执行线性查找。所以，在 duplicates1() 中，针对每个列表项都执行一次线性查找。是否存在更好的方法呢？

如果我们先对列表进行排序呢？这样做的优点是，重复的项将在排序列表中彼此相邻。因此，要判断是否有重复项，我们需要做的是把每一个项与其前一个项进行比较：

模块：ch10.py

```
def dup2(lst):
    ' 如果列表 lst 中有重复项，则返回 True，否则返回 False '
    lst.sort()
    for index in range(1, len(lst)):
        if lst[index] == lst[index-1]:
            return True
    return False
```

这种方法的优点是它只需要遍历一次列表。当然，这种方法是有代价的：我们必须首先对列表进行排序。

在第 6 章中，我们看到字典和集合可以用来检查一个列表是否包含重复的内容。函数 dup3() 和 dup4() 分别使用字典或集合来检查输入列表是否包含重复项：

模块：ch10.py

```
def dup3(lst):
    ' 如果列表 lst 中有重复项，则返回 True，否则返回 False '
    s = set()
    for item in lst:
        if item in s:
            return False
        else:
            s.add(item)
    return True
```

```

def dup4(lst):
    ' 如果列表 lst 中有重复项，则返回 True，否则返回 False '
    return len(lst) != len(set(lst))
```

我们把这四个函数的分析作为练习题。

练习题 10.9 通过实验，分析函数 dup1()、dup2()、dup3() 和 dup4() 的运行时间。要求在 10 个大小为 2000、4000、6000 和 8000 的列表上测试各函数，获取列表的方法如下：

```
import random
def buildInput(n):
    ' 返回一个范围在 [0, n **2) 上的 n 个随机整数列表 '
    res = []
    for i in range(n):
        res.append(random.choice(range(n**2)))
    return res
```

注意该函数通过重复从 0 到 n^2-1 中选取 n 个数的方法返回列表，列表可能包含重复项。执行完成后，请分析并解释执行结果。

10.4.5 选择第 k 个最大（或最小）项

在一个无序的列表中查找最大（或者最小）项的最佳方法是线性查找。查找第 2 个、第 3 个或第 k 个最大（或者最小）项也可以使用线性查找完成，虽然没那么简单。如果 k 较大，查找第 k 个最大（或者最小）项可以通过先排序列表简单实现（存在更有效的方法，但它们超出本教程的范围）。返回列表中的第 k 个最小值的函数如下所示：

模块：ch10.py

```
def kthsmallest(lst, k):
    ' 返回列表 lst 中的第 k 个最小项 '
    lst.sort()
    return lst[k-1]
```

10.4.6 计算出现频率最多的项

接下来要考虑的问题是查找列表中出现频率最高的项。我们实际上知道如何实现：在第 6 章中，我们看到了如何使用字典来计算一个序列中所有项的频率。然而，如果仅仅想找到频率最高的项，使用字典有点大材小用并且浪费存储空间。

我们已经看到，通过排序一个列表，所有重复的项将是彼此相邻的。如果我们遍历已排序的列表，我们可以统计每个重复序列的长度，并跟踪最长的序列。下面是实现这个想法的代码：

模块：ch10.py

```
def frequent(lst):
    ''' 返回一个非空列表 lst 中
        出现频率最多的项 '''
    lst.sort()                    # 首先排序列表
```

```
    currentLen = 1              # 当前序列的长度
    longestLen = 1              # 最长序列的长度
    mostFreq   = lst[0]         # 具有最长序列的项

    for i in range(1, len(lst)):
        # 将当前项与前一项比较
        if lst[i] == lst[i-1]: # 如果相等
            # 当前序列继续
            currentLen+=1

        else:                   # 如果不相等
            # 如果必要的话，更新最长序列
            if currentLen > longestLen: # 如果当前序列比
                                        # 最长序列还长
                longestLen = currentLen # 存储当前序列的长度
                mostFreq   = lst[i-1]   # 以及该序列的项
            # 开始新的序列
            currentLen = 1

    return mostFreq
```

练习题 10.10　实现函数 `frequent2()`，使用字典来计算输入列表中每个项的出现频率，并返回出现频率最高的项。然后进行实验，请使用练习题 10.9 中定义的 `buildInput()` 函数返回的列表，比较 `frequent()` 和 `frequent2()` 的运行时间。

10.5　电子教程案例研究：汉诺塔

在案例研究 CS.10 中，我们讨论汉诺塔问题，一个用递归很容易解决的经典例题。我们还利用这个机会通过开发新的类和使用面向对象的程序设计技术来开发一个可视化应用程序。

10.6　本章小结

本章的重点是递归以及开发递归函数来解决问题的过程。本章还介绍了程序运行时间的形式化分析，并将其应用于各种查找问题。

递归是一种基本的解决问题技术，可以应用于构建问题的“更简单”版本的解决方案。对于同一个问题，递归解决方案和非递归解决方案相比，递归函数的描述（即实现）常常更简单，因为递归利用操作系统的资源，特别是程序栈。

在本章中，我们利用递归函数解决各种各样的问题，例如分形图形的可视化显示、在文件系统的文件中查找病毒等等。然而，这些实例的主要目标是明确阐述如何进行递归思维，掌握一种使用递归解决问题的方法。

在某些情况下，递归思维提供了洞察力，从而产生比明显的或原始的解决方案更有效的解决方案。但在其他情况下，递归将导致一个更糟糕的解决方案。我们介绍了程序运行时间分析，以此来量化和比较各种程序的执行时间。当然，运行时间分析不限于递归函数，我们也使用它来分析各种查询问题。

10.7　练习题答案

10.1　通过修改函数 `vertical()` 得到函数 `reverse()`（当然，得重命名）。注意，函数 `vertical()`

在输出除最后一个数字的所有数字后，输出最后一个数字。函数 reverse() 则正好相反：

```
def reverse(n):
    ' 按照从低位到高位的顺序，垂直输出 n 的每一位数字 '
    if n < 10:              # 基本情况：只有一个数字的数值
        print(n)
    else:                   # n 至少有两位数字
        print(n%10)         # 打印 n 的最后一位数字
        reverse(n//10)      # 递归（反序）打印除了最后
                            # 一位数字的其他所有数字
```

10.2 在基本情况下，当 $n = 0$，仅输出 'Hurray!!!'。当 $n > 0$，我们知道至少应该输出一个 'Hip'，程序中输出该字符串。这意味着还剩下 $n-1$ 个 'Hip' 和 'Hurray!!!' 需要输出。而这正是递归调用 cheers(n-1) 的结果。

```
def cheers(n):
    'prints cheer'
    if n == 0:
        print('Hurray!!!')
    else: # n > 0
        print('Hip', end=' ')
        cheers(n-1)
```

10.3 基于阶乘函数 $n!$ 的定义，递归的基本情况是 $n = 0$ 和 $n = 1$。在这两种情况下，函数 factorial() 应该返回 1。对于 $n > 1$，$n!$ 的递归定义表示 factorial() 应该返回 n * factorial(n-1)：

```
def factorial(n):
    ' 返回 n! '
    if n == 0:                  # 基本情况
        return 1
    return factorial(n-1) * n   # 递归步骤：当 n > 0 时
```

10.4 在基本情况下，当 $n = 0$，什么也不输出。如果 $n > 0$，注意 pattern2(n) 的输出包含 pattern2(n-1) 的输出，然后输出一行 n 个星号，再接着是 pattern2(n-1) 的输出：

```
def pattern2(n):
    ' 打印第 n 个模式 '
    if n > 0:
        pattern2(n-1)  # 打印 pattern2(n -1)
        print(n * '*')   # 打印 n 个星号
        pattern2(n-1)  # 打印 pattern2(n -1)
```

10.5 如图 10-15 中的 snowflake(4) 所示，一个雪花模式包含三个 koch(3) 模式，分别沿等边三角形的边绘制。

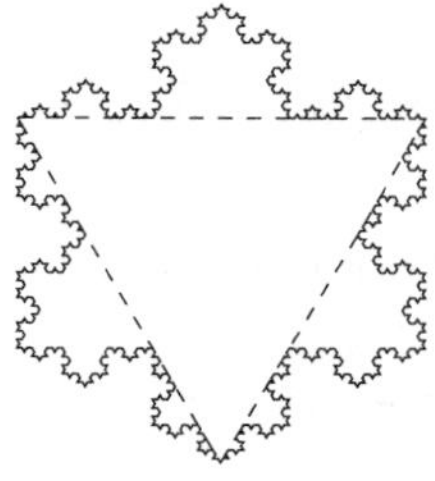

图 10-15　模式 snowflake(4)。要绘制模式 snowflake(n)，我们需要先绘制模式 koch(n)，向右旋转 120 度，再绘制 koch(n)，再向右旋转 120 度，最后一次绘制 koch(n)

```
def drawSnowflake(n):
    ' 使用 koch() 函数三次，绘制第 n 个雪花模式 '
    s = Screen()
    t = Turtle()
    directions = koch(n)

    for i in range(3):
        for move in directions: # 绘制 koch (n)
            if move == 'F':
                t.fd(300/3**n)
            if move == 'L':
                t.lt(60)
            if move == 'R':
                t.rt(120)
        t.rt(120)              # 向右转 120 度
    s.bye()
```

10.6　如果列表是空，则返回值应该为 `Fasle`；否则，当且仅当 `lst[:-1]` 包含一个负数或 `lst[-1]` 为负数时，返回 `True`：

```
def recNeg(lst):
    ''' 如果列表 lst 中存在负数，则返回 True;
    否则返回 False '''
    if len(lst) == 0:
        return False
    return recNeg(lst[:-1]) or lst[-1] < 0
```

10.7　内置函数 `sum()` 应该应用到 `table` 的每一个项（行）：

```
>>> table = [[1,2,3], [4,5,6]]
>>> recMap(table, sum)
[6, 15]
```

10.8　运行测试之后，可以注意到 `power2()` 的运行时间最糟糕，而 `pow2()` 和 `rpow()` 的运行时间则十分接近。看起来内置运算符 `**` 使用了一种等价于我们递归解决方案的方法。

10.9　虽然 `dup2()` 包含额外的排序步骤，你会注意到 `dup1()` 更加慢。这意味着 `dup1()` 的多重线性查找方法效率非常低下。`dup3()` 和 `dup4()` 中的字典和集合方法效果最好，且集合方法最终胜出。最后两种方法存在的一个问题是它们都使用一个额外的容器，因此占用了更多的内存空间。

10.10　可以使用第 6 章的函数 `frequency()` 来实现 `freqent2()`。

10.8　习题

10.11　使用图 10-1 作为模型，绘制执行 `countdown(3)` 产生的所有步骤，包括每次递归调用开始和结束时的程序栈状态。

10.12　交换函数 `countdown()` 的第 6 行和第 7 行中的语句，创建函数 `countdown2()`。请解释其与 `countdown()` 的差别。

10.13　使用图 10-1 作为模型，绘制执行 `countdown2(3)` 产生的所有步骤，其中 `countdown2()` 是习题 10.2 中的函数。

10.14　修改函数 `countdown()`，使得其运行结果如下：

```
>>> countdown3(5)
5
4
3
    BOOOM!!!
```

```
    Scared you...
2
1
Blastoff!!!
```

10.15 使用图 10-1 作为模型，绘制执行 `pattern(2)` 产生的所有步骤，包括每次递归调用开始和结束时的程序栈状态。

10.16 计算从一个 n 个项的集合中选择 k 个项的方法个数的递推公式表示为 $c(n, k)$，公式如下：

$$C(n,k)=\begin{cases}1 & k=0\\0 & n<k\\C(n-1,k-1)+C(n-1,k) & \text{其他情形}\end{cases}$$

第一种情况表示不选择任何项的方法有一种；第二种情况表示从集合中选择多于项的个数的项的方法根本不存在。最后一种情况分别统计包含最后一个集合项的 k 个项的集合的个数，以及不包含最后一个集合项的 k 个项的集合的个数。编写一个递归函数 `combinations()`，使用该递推公式计算 $C(n, k)$。

```
>>> combinations(2, 1)
0
>>> combinations(1, 2)
2
>>> combinations(2, 5)
10
```

10.17 参照针对函数 `rpower()` 的操作，修改函数 `rfib()`，统计递归调用的次数。然后使用该函数统计对于 n=10、20、30 情况下递归调用的次数。

10.9 思考题

10.18 编写一个递归函数 `silly()`，带一个非负整数作为输入参数，输出 n 个问号，后跟 n 个感叹号。要求程序不能使用循环。

```
>>> silly(0)
>>> silly(1)
* !
>>> silly(10)
* * * * * * * * * * ! ! ! ! ! ! ! ! ! !
```

10.19 编写一个递归函数 `numOnes()`，带一个非负整数 n 作为输入参数，返回 n 的二进制表示中 1 的个数。使用下列事实：1 的个数等于 n//2（整数除法）表示中 1 的个数，如果 n 是奇数，则加 1。

```
>>> numOnes(0)
0
>>> numOnes(1)
1
>>> numOnes(14)
3
```

10.20 在第 5 章中，我们使用迭代方法开发了欧几里得最大公约数（GCD）算法。欧几里得算法可以很自然地使用递归方法描述：

$$gcd(a,b)=\begin{cases}a & b=0\\gcd(b,a\%b) & \text{其他情形}\end{cases}$$

使用上述递归定义，实现递归函数 `rgcd()`，带两个输入参数：两个非负整数 a 和 $b(a>b)$。

返回 a 和 b 的最大公约数 GCD：

```
>>> rgcd(3,0)
3
>>> rgcd(18,12)
6
```

10.21 编写函数 **rem()**，带一个输入参数：一个列表（可能包含重复值），返回一个删除了重复值的列表副本。

```
>>> rem([4])
[]
>>> rem([4, 4])
[4]
>>> rem([4, 1, 3, 2])
[]
>>> rem([2, 4, 2, 4, 4])
[2, 4, 4]
```

10.22 你打算返回故乡并打算住在朋友家里。碰巧你所有的朋友都住在同一条街上。为了提高效率，你打算住在中央位置的朋友家中，即满足下列条件：两边的朋友数量相同。如果两个朋友的房子符合这个标准，则选择街道地址较小的朋友的房子。

编写函数 **address()**，带一个输入参数：一个街道号码列表，返回你打算居住的号码。

```
>>> address([2, 1, 8, 5, 9])
5
>>> address([2, 1, 8, 5])
2
>>> address([1, 1, 1, 2, 3, 3, 4, 4, 4, 5])
3
```

10.23 开发一个递归函数 **tough()**，带两个非负整数作为输入参数，输出如下所示的模式。提示：第一个参数表示模式的缩进，而第二个参数（永远是 2 的乘幂）表示星号（“ * ”）最多的行中星号的数量。

```
>>> f(0, 0)
>>> f(0, 1)
 *
>>> f(0, 2)
 *
 **
  *
>>> f(0, 4)
 *
 **
  *
 ****
   *
   **
    *
```

10.24 编写一个递归函数 **base()**，带两个参数：一个非负整数 n 和一个正整数 b（$1 < b < 10$），输出整数 n 的 b 进制表示。

```
>>> base(0, 2)
0
>>> base(1, 2)
1
```

```
>>> base(10, 2)
1010
>>> base(10, 3)
1 0 1
```

10.25 实现函数 `permutations()`，带一个参数：一个列表 `lst`。返回 `lst` 的所有排列（因此返回值是一个列表的列表）。使用递归方法实现。如果输入列表 `lst` 的大小为 1 或 0，直接返回一个包含列表 `lst` 的列表。否则，在子列表 `lst[1:]` 上递归调用函数以获得除了 `lst[0]` 以外的 `lst` 所有项的所有排列。然后，对于每个这样的排列（即列表）`perm`，通过把 `lst[0]` 插入到 `perm` 所有可能的位置生成 `lst` 的排列。

```
>>> permutations([1, 2])
[[1, 2], [2, 1]]
>>> permutations([1, 2, 3])
[[1, 2, 3], [2, 1, 3], [2, 3, 1], [1, 3, 2], [3, 1, 2], [3, 2, 1]]
>>> permutations([1, 2, 3, 4])
[[1, 2, 3, 4], [2, 1, 3, 4], [2, 3, 1, 4], [2, 3, 4, 1],
[1, 3, 2, 4], [3, 1, 2, 4], [3, 2, 1, 4], [3, 2, 4, 1],
[1, 3, 4, 2], [3, 1, 4, 2], [3, 4, 1, 2], [3, 4, 2, 1],
[1, 2, 4, 3], [2, 1, 4, 3], [2, 4, 1, 3], [2, 4, 3, 1],
[1, 4, 2, 3], [4, 1, 2, 3], [4, 2, 1, 3], [4, 2, 3, 1],
[1, 4, 3, 2], [4, 1, 3, 2], [4, 3, 1, 2], [4, 3, 2, 1]]
```

10.26 实现函数 `anagrams()`，计算给定单词的字谜（anagram，即颠倒字母而形成的字）。一个单词 A 的字谜是通过重新排列单词 A 形成的单词 B。例如，单词 pot 是单词 top 的一个字谜。要求函数带两个输入参数：一个包含单词的文件和一个单词。输出文件中是输入单词的字谜的所有单词。在下一个示例中，使用文件 `words.txt` 作为你的单词文件。

```
>>> anagrams('words.txt', 'trace')
crate
cater
react
```

10.27 编写一个函数 `pairs1()`，带两个输入参数：一个整数列表和一个目标整数。如果列表中存在两个数之和等于目标整数，则返回 `True`；否则返回 `False`。要求程序的实现使用嵌套循环检查列表中的所有数值对。

```
>>> pairs1([4, 1, 9, 3, 5], 13)
True
>>> pairs1([4, 1, 9, 3, 5], 11)
False
```

程序完成后，重新实现函数，首先排序列表，然后有效地查找数值对。使用 `timingAnalysis()` 应用程序分析这两种实现的运行时间。（函数 `buildInput()` 应该生成一个元组，包含列表和整数。）

10.28 在本题中，我们将开发一个函数，抓取相互“链接”的文件。爬虫程序访问的每个文件包含零个或多个指向其他文件的链接（每行一个），没有别的内容。指向一个文件的链接仅仅是文件名。例如，文件 `file0.txt` 的内容如下：

```
file1.txt
file2.txt
```

第一行表示指向文件 `file1.txt` 的链接，第二行表示指向文件 `file2.txt` 的链接。

实现一个递归函数 `crawl()`，带一个输入参数：一个文件名（字符串）。输出信息表示正在访问该文件、打开文件、读取每个链接，然后继续递归抓取每个链接。下面示例使用了压缩文档 files.zip 中的一系列文件。

```
>>> crawl('file0.txt')
Visiting  file0.txt
Visiting  file1.txt
Visiting  file3.txt
Visiting  file4.txt
Visiting  file8.txt
Visiting  file9.txt
Visiting  file2.txt
Visiting  file5.txt
Visiting  file6.txt
Visiting  file7.txt
```

10.29 Pascal 三角形是一个无限的二维数字模式，其前五行如图 10-16 所示。第一行（行 0）只包含 1。所有其他的行以 1 开头和结尾。这些行中的其他数字使用如下规则得到：第 i 个位置上的数字是上一行中的位置 $i-1$ 和位置 i 的数字之和。

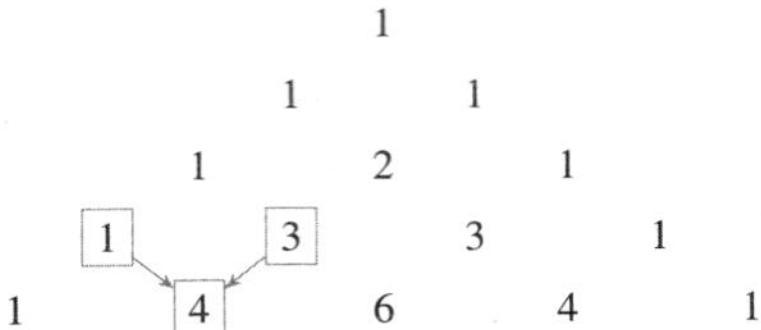

图 10-16　Pascal 三角形。其中仅仅显示了 Pascal 三角形的前 5 行

实现递归函数 pascalLine()，带一个非负整数 n 作为输入参数，返回一个列表，包含出现在 Pascal 三角形中第 n 行的数值序列。

```
>>> pascalLine(0)
[1]
>>> pascalLine(2)
[1, 2, 1]
>>> pascalLine(3)
[1, 3, 3, 1]
>>> pascalLine(4)
[1, 4, 6, 4, 1]
```

10.30 实现递归函数 traverse()，带两个输入参数：一个文件夹路径名称（字符串）和一个整数 d。在屏幕上输出包含在文件夹（直接包含，或间接包含）中所有文件和子文件夹的路径名称。要求文件和子文件夹路径名称的输出采用缩进格式，缩进与其相对于顶级文件夹的深度成正比。如下示例显示了 traverse() 在图 10-8 中所示的文件夹“test”上执行的结果。

```
>>> traverse('test', 0)
test/fileA.txt
test/folder1
  test/folder1/fileB.txt
  test/folder1/fileC.txt
  test/folder1/folder11
    test/folder1/folder11/fileD.txt
test/folder2
  test/folder2/fileD.txt
  test/folder2/fileE.txt
```

10.31 实现函数 search()，带两个输入参数：一个文件名和一个文件夹路径名。在文件夹及其子文件夹（直接或间接）中搜索该文件。如果搜索成功，则要求函数返回该文件的路径名；否则，返回 None。如下显示了在图 10-8 所示的父文件夹 “test” 下执行 search(' fileE . txt ', ' test ') 的结果：

```
>>> search('fileE.txt', 'test')
  test/folder2/fileE.txt
```

10.32 Lévy 曲线是一种可以递归定义的分形图形模式，类似于科赫曲线。对于任何非负整数 $n>0$，Lévy 曲线 L_n 可以使用 Lévy 曲线 L_{n-1} 定义；Lévy 曲线 L_0 是一条直线。图 10-17 显示了 Lévy 曲线 L_8。

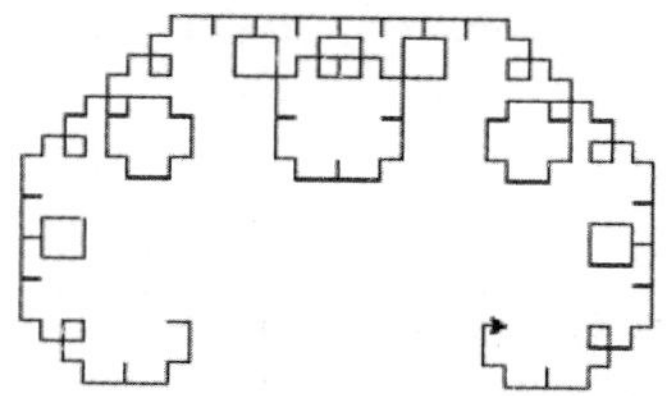

图 10-17　Lévy 曲线 L_8

(a) 从互联网上查找有关 Lévy 曲线更多信息，然后实现递归函数 levy()，带一个非负整数 n 作为输入参数；返回海龟绘图指令，指令采用字母 L、R 和 F 编码，其中 L 表示 “向左旋转 45 度”，R 表示 “向右旋转 90 度”，F 表示 “向前”。

```
>>> levy(0)
'F'
>>> levy(1)
'LFRFL'
>>> levy(2)
'LLFRFLRLFRFLL'
```

(b) 实现函数 drawLevy()，带一个非负整数 n 作为输入参数，使用函数 levy() 获得的指令绘制 Lévy 曲线 L_n。

10.33 在简单的掷硬币游戏中，你得到一个初始的硬币数，然后，在游戏的每一次迭代中，你都需要使用以下规则之一来去掉一定数量的硬币。如果 n 是你所拥有的硬币的数量：

- 如果 n 可以被 10 整除，则可以交还 9 个硬币；
- 如果 n 是偶数，则可以精确地交还 $n/2-1$ 个硬币；
- 如果 n 可以被 3 整除，则可以交还 7 个硬币；
- 如果 n 可以被 4 整除，则可以交还 6 个硬币。

如果没有规则可以应用，你就输了。这个游戏的目的是最终得到 8 个硬币。

注意，对于 n 的某些值，可以应用不止一条规则。例如，假如 n 等于 20，可以应用规则 1，结果为 11 个硬币。但是，因为没有规则可以适用于 11 个硬币，你就会输掉这场比赛。或者可以应用规则 4，结果为 14 枚硬币。然后应用规则 2，结果为 8 枚硬币，最终赢得比赛。

编写一个函数 coins()，带一个初始硬币数量作为输入参数，如果有一种游戏玩法使得结果为 8 枚硬币，则返回 True。只有没有任何方法赢得游戏时，才输出 False。

```
>>> coins(7)
False
>>> coins(8)
True
>>> coins(20)
True
```

```
>>> coins(66)
False
>>> coins(99)
True
```

10.34　利用线性递归，实现函数 `recDup()`，带一个列表作为输入参数，返回一个列表副本，其中每个项都重复了一次。

```
>>> recDup(['ant', 'bat', 'cat', 'dog'])
['ant', 'ant', 'bat', 'bat', 'cat', 'cat', 'dog', 'dog']
```

10.35　利用线性递归，实现函数 `recReverse()`，带一个列表作为输入参数，返回列表的反序副本。

```
>>> lst = [1, 3, 5, 7, 9]
>>> recReverse(lst)
[9, 7, 5, 3, 1]
```

10.36　利用线性递归，实现函数 `recSplit()`，带两个输入参数：一个列表 `lst` 和一个非负整数 `i`（不大于 `lst` 的大小）。要求函数将列表分成两部分，以便第二部分正好包含列表的最后 `i` 个项。函数应该返回一个包含两部分的列表。

```
>>> recSplit([1, 2, 3, 4, 5, 6, 7], 3)
[[1, 2, 3, 4], [5, 6, 7]]
```

10.37　实现一个函数，绘制如下所示的正方形模式：

(a) 首先实现函数 `square()`，带四个输入参数：一个 `Turtle` 对象和三个整数 x、y 和 s。使用 `Turtle` 对象在坐标位置 (x, y) 绘制一个边长为 s 的正方形。

```
>>> from turtle import Screen, Turtle
>>> s = Screen()
>>> t = Turtle()
>>> t.pensize(2)
>>> square(t, 0, 0, 200)    # 绘制正方形
```

(b) 现在实现递归函数 `squares()`，其参数除了包含函数 `square` 相同的参数外，再增加一个整数 n 参数，绘制一个正方形模式。当 $n = 0$，什么也不绘制。当 $n = 1$，使用 `square(t, 0, 0, 200)` 绘制一个正方形。当 $n = 2$，绘制模式如下：

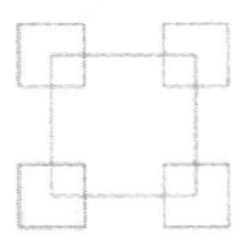

四个小正方形的中心位于大的正方形的顶点，且长度为原始正方形的 1/2.2。当 n=3 时，绘制模式如下：

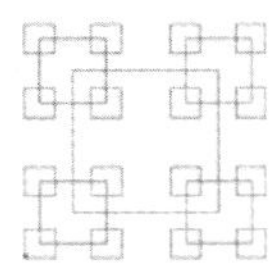

Web 和搜索

在本章中，我们将介绍万维网（World Wide Web，或者简称 Web）。万维网是计算机科学中最重要的发展之一。它已经成为信息共享和交流的首选平台。因此，Web 是前沿应用程序开发的丰富来源。

本章首先描述三种核心的 WWW 技术：统一资源定位器（URL）、超文本传输协议（HTTP）和超文本标记语言（HTML）。我们特别关注 HTML，它是网页的语言。然后我们讨论使开发人员能够编写访问、下载和处理 Web 文档的程序的标准库模块。我们特别专注于掌握诸如 HTML 解析器和正则表达式等工具，这些工具有助于我们处理网页和分析文本文档的内容。

本章和下一章所教授的技能对于挖掘数据文件（如 Web 页面）和开发诸如搜索引擎、推荐系统和其他大量的大数据应用程序非常有用。

11.1 万维网

万维网是通过超链接对文档进行相互链接的分布式系统，并托管在分布在 Internet 上的 Web 服务器上。在本节中，我们将解释 Web 是如何工作的，并描述它所依赖的技术。我们在本章中开发的基于 Web 的应用程序中使用了这些技术。

11.1.1 Web 服务器和 Web 客户端

如前所述，因特网是连接世界各地计算机的全球网络。它允许在两台计算机上运行的程序互相发送消息。典型地，通信是因为其中一个程序向另一个程序请求资源（例如，一个文件）。提供资源的程序称为*服务器*（承载服务器程序的计算机也经常被称为服务器）。请求资源的程序被称为*客户端*。

WWW 包含大量的 Web 页面、文档、多媒体和其他资源。这些资源存储在连接到 Internet 上的计算机上，这些计算机运行一个称为 *Web 服务器*的服务器程序。网页是 Web 上尤其关键的资源，因为它们包含了指向 Web 上资源的超链接。

从 Web 服务器请求资源的程序称为 Web *客户端*。Web 服务器接收请求并将请求的资源（如果存在）发送回客户端。

你最喜爱的浏览器（无论是 Chrome 浏览器、Firefox 浏览器、Internet Explorer 浏览器还是 Safari 浏览器）都是 Web 客户端。浏览器除了能够请求和接收 Web 资源外，还具有其他功能。它还可以处理并显示资源，无论资源是 Web 页面、文本文档、图像、视频或其他多媒体。最重要的是，Web 浏览器显示 Web 页面中包含的超链接，并允许用户通过单击超链接在 Web 页面之间进行导航。

知识拓展：Web 简史

万维网是由英国计算机科学家蒂姆·伯纳斯－李（Tim Berners-Lee）发明的，当时他在欧洲核子研究组织（CERN）工作。他的目标是创建一个平台，让全世界的粒子物理学家共享电子文档。有史以来第一个网站在 1991 年 8 月 6 日上线，其网址为：

`http://info.cern.ch/hypertext/WWW/TheProject.html`

网络迅速成为科学家之间的合作工具。然而，直到 Mosaic 网络浏览器（在伊利诺伊大学厄巴纳－香槟（Urbana-Champaign）分校的国家超级计算应用中心）和它的后继者网景（Netscape）的出现，其使用范围才在公众中爆炸性扩展。从那时起，网络已经取得长足的发展。到 2010 年底，谷歌（Google）在 239 个国家的服务器上记录了大约 180 亿个不重复的网页。

万维网联盟（W3C）是由伯纳斯－李建立和领导的，是负责开发和定义 WWW 标准的国际组织。其成员包括信息技术公司、非营利组织、大学、政府实体和来自世界各地的个人。

11.1.2　WWW 的"管道"

为了编写使用 Web 资源的应用程序，我们需要更多地了解 Web 依赖的技术。在我们讨论它们之前，让我们先了解实现 Web 的组件。

为了请求一个 Web 资源，必须有一种方法来识别它。换句话说，Web 上的每个资源都必须有唯一的名称。此外，必须找到一种方法来定位资源。更确切而言，必须存在一种定位资源的方法（即找出托管资源的 Internet 上的计算机主机）。因此，Web 必须有一个命名和定位器方案，允许 Web 客户端识别和定位资源。

一旦定位了资源，就需要有一种方法来请求资源。仅仅发送类似"嘿老兄，把那个 mp3 给我！"的消息是不会起作用的。客户端和服务器程序必须使用约定的协议进行通信，协议精确地指定 Web 客户端和 Web 服务器分别应该如何格式化请求消息和应答消息。

Web 页面是 Web 上的关键资源。它们包含格式化信息和数据和允许 Web 冲浪的超链接。为了指定网页的格式并包含超链接，需要有一种语言以支持格式指令和超链接定义。

这三个组件（命名方案、协议和 Web 发布语言）都是由伯纳斯－李开发的，它们是真正定义 WWW 的技术。

11.1.3　命名方案：统一资源定位器

为了识别和访问 Web 上的资源，每个资源必须具有唯一标识符。该标识符称为统一资源定位器（Uniform Resource Locator，URL）。URL 不仅唯一地标识资源，而且指定如何访问资源，就像一个人的地址可以用来查找此人一样。例如，W3C 的任务声明文档是在联盟的网站上托管的，它的 URL 是字符串：

`http://www.w3.org/Consortium/mission.html`

此字符串唯一标识 W3C 任务声明文档的 Web 资源。它还指定了访问它的方式，如图 11-1 所示。

```
http  ://  www.w3.org  /Consortium/mission.html
协议         主机              路径
```

图 11-1　一个 URL 的解剖结构。一个 URL 指定资源的协议（scheme）、主机（host）和路径（path）

协议指定如何访问资源。在图 11-1 中，协议是我们稍后将讨论的 HTTP 协议。*主机*（`www.w3c.org`）指定托管文档的服务器的名称，这是每个服务器特有的。*路径*是文档的相对路径名（参见 4.3 节中的定义），相对于服务器中的一个特殊的目录（称为 Web 服务器根目录）。在图 11-1 中，路径是 `/Consortium/mission.html`。

值得注意的是，HTTP 协议只是一个 URL 可指定的众多协议中的一种。其他协议包括 HTTPS 协议（它是 HTTP 的安全（即加密）版本）、FTP 协议（它是在因特网上传输文件的标准协议）：

`https://webmail.cdm.depaul.edu/`

`ftp://ftp.server.net/`

其他例子包括 `mailto` 协议和 `file` 协议，例如：

`mailto:lperkovic@cs.depaul.edu`

`file:///Users/lperkovic/`

`mailto` 协议打开电子邮件客户端（如微软 Outlook）写邮件（例如，本例是给我的邮箱发邮件）。`file` 协议用于访问本地文件系统中的文件夹或文件（例如，我的主目录：`/Users/lperkovic/`）。

11.1.4　协议：超文本传输协议

Web 服务器是一种计算机程序，它根据请求来提供 Web 资源服务。Web 客户端是发送这些请求的计算机程序（例如，你的浏览器）。客户端首先打开到服务器的网络连接（与打开文件和 / 或写入文件一样），然后通过网络连接向服务器发送*请求消息*（相当于写入文件）。如果请求的内容托管在服务器上，客户端最终将通过网络连接从服务器接收一个包含所请求的内容的响应消息（相当于从文件中读取）。

一旦建立网络连接，客户端和服务器之间的通信调度以及请求和响应消息的精确格式由*超文本传输协议*（HyperText Transfer Protocol，HTTP）指定。

例如，假设使用 Web 浏览器通过下列 URL 下载 W3C 任务声明文档：

`http://www.w3.org/Consortium/mission.html`

浏览器向主机 www.w3.org 发送的消息将从以下行开始：

```
GET /Consortium/mission.html HTTP/1.1
```

请求消息的第一行称为请求行。请求行必须以一个 HTTP *方法*开始。方法 GET 是一种 HTTP 方法，它是资源请求的通常方式。接下来是嵌入在资源 URL 中的路径，该路径指定请求的资源的标识和相对于 Web 服务器的根目录的位置。请求行最后是 HTTP 协议的版本信息。

请求消息在请求行之后可以包含额外的行，被称为*请求头字段*。例如，这些头字段在刚才显示的请求行之后：

```
Host: www.w3.org
User-Agent: Mozilla/5.0 (Windows; U; Windows NT 6.1; en-US; ...
Accept: text/html,application/xhtml+xml,application/xml;...
Accept-Language: en-us,en;q=0.5
...
```

请求头字段为客户提供了向服务器发送更多有关请求的信息的方法，包括浏览器接受的字符编码和语言（例如英语）、缓存信息，等等。

当Web服务器接收到该请求时，它使用请求行中出现的路径查找请求的文档。如果成功，则创建包含所请求资源的应答消息。

应答消息的前几行类似于：

```
HTTP/1.1 200 OK
Date: Mon, 28 Feb 2011 18:44:55 GMT
Server: Apache/2
Last-Modified: Fri, 25 Feb 2011 04:22:57 GMT
...
```

此消息的第一行称为*响应行*，表示请求成功。如果不成功，将出现错误消息。其余的行，称为*响应头字段*，向客户端提供额外的信息，例如服务器服务响应请求的准确时间、所请求的资源上次修改的时间、服务器程序的“品牌”、请求资源的字符编码等。

请求头字段之后是请求的资源，在我们的示例中是一个HTML文档（描述W3联盟的任务声明）。如果收到这个响应的客户端是一个Web浏览器，它将使用HTML代码来计算文档的布局，并在浏览器中显示格式化的交互式文档。

11.1.5　超文本标记语言

当浏览器指向如下URL时：

`http://www.w3.org/Consortium/mission.html`

将下载W3C任务声明文档`mission.html`。在浏览器中查看时，它看起来像一个典型的网页。它有标题、段落、列表、超链接、图片，所有这些都被整齐排列以增加“内容”的可读性。然而，如果查看`mission.html`文本文件的实际内容，你会看到如下内容：

```
<!DOCTYPE html PUBLIC "-//W3C//DTD XHTML 1.0 Strict//EN" ...
<html xmlns="http://www.w3.org/1999/xhtml" xml:lang="en" ...
...
<script type="text/javascript" src="/2008/site/js/main" ...
</div></body></html>
```

（仅仅显示了文件的开头和结尾部分。）

知识拓展：查看网页源文件

可以查看显示在浏览器中文件的实际内容。例如，在Firefox中可以通过在菜单【View】然后选择【Page Source】查看；在Internet Explorer浏览器中可以通过菜单【Page】然后选择【View Source】查看。

文件`mission.html`是所显示网页的源文件。网页源文件是使用一种叫作*超文本标记语言*（HyperText Markup Language，HTML）的出版语言编写的。HTML语言用于定义网页的标题、列表、图像和超链接，并将视频和其他多媒体包含在其中。

11.1.6　HTML元素

一个HTML源文件是由HTML*元素*组成。每个元素定义关联网页的一个组件（例如：标题、列表或者列表项、图像或者超链接）。为了查看HTML源文件中元素是如何定义的，我们讨论图11-2所示的页面。这是概述W3C任务的基本网页。

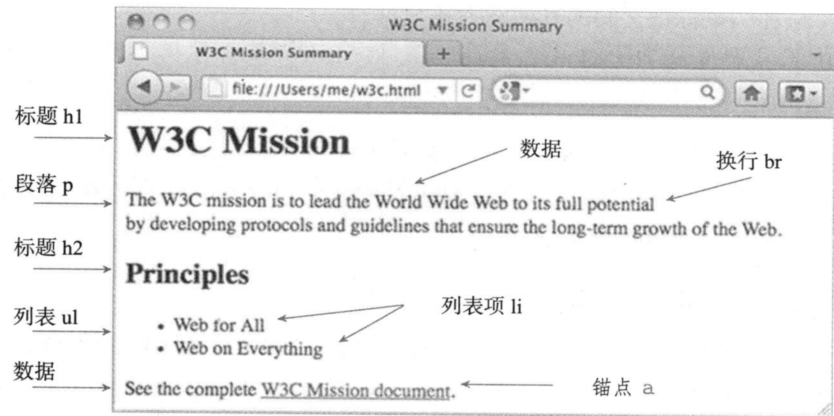

图 11-2 网页 w3c.html。一个网页由不同类型的 HTML 元素组成。元素 `h1` 和 `h2` 指定最大标题和第二大标题，`p` 是段落元素，`br` 是换行元素，`ul` 是列表元素，`li` 是列表项元素，`a` 是锚点元素（用于指定一个超链接）

图中是网页的组成部分（不同大小的标题、一个段落、一个列表等），对应文档的不同元素。我们实际上看到的元素是浏览器解释后的结果。实际的元素定义在网页源文件中：

文件：w3c.html

```
<html>
 <head><title>W3C Mission Summary</title></head>
 <body>
  <h1>W3C Mission</h1>
  <p>
   The W3C mission is to lead the World Wide Web to its full
   potential<br>by developing protocols and guidelines that
   ensure the long-term growth of the Web.
  </p>
  <h2>Principles</h2>
  <ul>
   <li>Web for All</li>
   <li>Web on Everything</li>
  </ul>
  See the complete
  <a href="http://www.w3.org/Consortium/mission.html">
   W3C Mission document
  </a>.
 </body>
</html>
```

考虑与标题“W3C Mission”对应的 HTML 元素：

```
<h1>W3C Mission</h1>
```

这是名为 `h1` 的最大标题。它是使用开始标记 `<h1>` 和结尾标记 `</h1>` 来描述的。中间所包含的文本将被浏览器显示为一个大标题。注意：开始标记和结束标记包含元素名称，总是使用 < 和 > 括号分隔开来；结束标记还包含一个反斜杠。

一般来说，HTML 元素由三个组件组成：

1. 开始标记和结束标记；
2. 开始标记中的可选属性；

3. 开始标记和结束标记之间的其他元素或数据。

在 HTML 源文件 w3c.html 中，有一个元素（title）包含在另一个元素（head）中的例子：

```
<head><title>W3C Mission Summary</title></head>
```

任何出现在开始标记和结束标记之间的元素被称为包含在其中。这种包含关系形成了 HTML 文档各元素之间的树状层次结构。

11.1.7 HTML 文档的树结构

HTML 文档中的元素形成与文件系统树层次结构（参见第 4 章）类似的树层次结构。每个 HTML 文档的根元素必须是 html 元素。元素 html 包含两个元素（都是可选元素，但通常呈现）。第一个是元素 head，它包含文档元数据信息，例如 title 元素（通常包含在浏览文档时显示在浏览器窗口顶部的文本数据）。第二个元素是 body，它包含将在浏览器窗口中显示的所有元素和数据。

图 11-3 显示了文件 w3c.html 中的所有元素。该图明确显示哪个元素包含在另一个元素之中，结果是一个树结构。此树结构和 HTML 元素一起决定网页的布局。

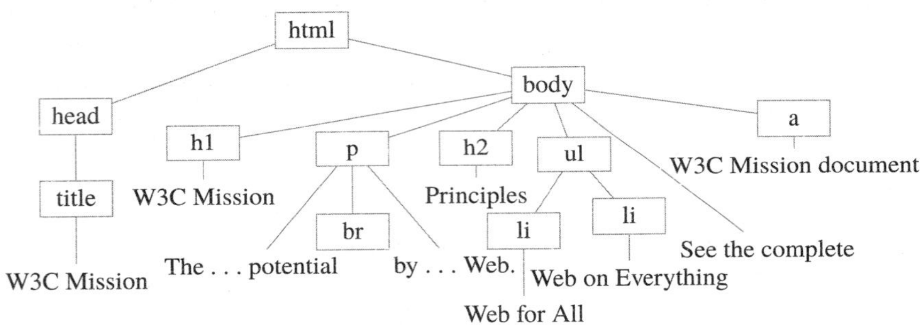

图 11-3 w3c.html 的结构。一个 HTML 文档的元素构成一个层次树结构，指定内容如何组织。浏览器使用元素和层次结构来产生网页布局。

11.1.8 锚点 HTML 元素和绝对链接

HTML 锚点元素（a）用于创建超链接的文本。在源文件 w3c.html 中，我们按下列方式创建超链接文本：

```
<a href="http://www.w3.org/Consortium/mission.html">
 W3C Mission document
</a>
```

这是一个 HTML 元素带有属性的示例。正如我们在本节开始时所述，元素的开始标记可能包含一个或多个属性。每个属性在开始标记中分配一个值。锚点元素 a 要求在开始标记中包含属性 href，href 属性的值应该是链接资源的 URL。在我们的例子中，链接资源为：

http://www.w3.org/Consortium/mission.html

这个 URL 标识包含 W3C 任务声明的网页，托管在服务器 www.w3.org 中。链接资源是任何可以用 URL 标识的内容：HTML 页面、图像、声音文件、电影等。

锚点元素中包含的文本（例如，文本“ W3C Mission document”）是浏览器中显示的文本，无论浏览器使用何种格式显示超链接。在图 11-2 中，超链接的文本用加下划线的方式显示。当点击超链接文本时，将下载链接的资源并显示在浏览器中。

在我们的例子中，在超链接中指定的 URL 是一个绝对的 URL，这意味着它显式地指定一个 URL 的所有组件：链接资源的协议、主机和完整路径。如果使用相同的协议访问链接资源，并且存储在与包含链接的 HTML 文档的同一主机上，则可以使用 URL 的缩略版本，我们将在随后讨论。

11.1.9 相对链接

假设要查看如下 URL 的网页的源文件：

`http://www.w3.org/Consortium/mission.html`

在其中发现了一个锚点元素：

<a href="/Consortium/facts.html ">Facts About W3C</a>

注意，属性 `href` 的值不是一个完整 URL，它省略了协议和主机说明，只包括路径 `/Consortium/facts.html`。那么，`facts.html` 文档的完整 URL 是什么？

`/Consortium/facts.html` 是相对 URL。因为它包含在如下 URL 的文档中：

`http://www.w3.org/Consortium/mission.html`

`/Consortium/facts.html` 相对于上述 URL，其省略的协议和主机就是 `http` 和 `www.w3.org`。换言之，网页 `/Consortium/facts.html` 的完整 URL 为：

`http://www.w3.org/Consortium/facts.html`

下面是另一个示例。假设如下 URL 的文档：

`http://www.w3.org/Consortium/mission.html`

包含一个锚点：

`<a href=" facts.html ">Facts About W3C</a>`

那么，`facts.html` 的完整 URL 是什么？同样，相对 URL `facts.html` 是相对于包含它的文档的 URL，即相对于：

`http://www.w3.org/Consortium/mission.html`

换言之，`facts.html` 包含在主机 `www.w3.org` 中的目录 `Consortium` 下。因此，其完整 URL 为：

`http://www.w3.org/Consortium/facts.html`

知识拓展：学习更多关于 HTML 的知识

Web 开发和 HTML 不是这本教科书的重点。如果你想学习更多关于 HTML 的知识，那么 Web 上就有优秀的免费资源，尤其是下列网址的 HTML 教程：

`http://www.w3schools.com/html/default.asp`

该教程还包括一个交互式 HTML 编辑器，它允许你编写 HTML 代码并查看结果。

11.2 Python WWW API

在前两节，我们讨论了 WWW 的基本概念，讨论涉及构成万维网的“管道”的三个关键技术。我们已经对网络是如何工作的以及 HTML 源文件的结构有了一个基本的了解。现在我们可以在 Python 应用程序中使用 Web 了。在本节中，我们将介绍一些允许 Python 开发人员访问和处理 Web 上的资源的标准库模块。

11.2.1 模块 urllib.request

我们通常使用浏览器访问 Web 上的 Web 页面。然而，浏览器仅仅是一种类型的 Web 客户端，任何程序都可以作为 Web 客户端访问和下载资源。在 Python 中，标准库模块 urllib.request 给开发者提供了这种能力。该模块包含函数和类，允许 Python 程序以类似于打开和读取文件的方式来打开和读取 Web 上的资源。

在模块 `urllib.request` 中的函数 `urlopen()` 类似于用来打开（本地）文件的内置函数 `open()`。然而，存在三个不同之处：

1. `urlopen()` 带一个 URL 而不是本地文件路径名作为输入参数；
2. 它会将 HTTP 请求发送到托管内容的 Web 服务器；
3. 它返回一个完整的 HTTP 响应。

在下面的例子中，我们使用函数 `urlopen()` 请求和接收托管在万维网上的服务器上的文件：

```
>>> from urllib.request import urlopen
>>> response = urlopen('http://www.w3c.org/Consortium/facts.html')
>>> type(response)
<class 'http.client.HTTPResponse'>
```

函数 `urlopen()` 返回对象的类型是 `HttpResponse`，这是一个定义在标准库模块 `http.client` 中的类型。这种类型的对象封装了服务器的 HTTP 响应。正如我们在前面看到的，HTTP 响应包括请求的资源，但也包括附加信息。例如，`HttpResponse` 方法 `geturl()` 返回请求的资源的 URL：

```
>>> response.geturl()
'http://www.w3.org/Consortium/facts.html'
```

要获得所有 HTTP 响应头字段，可以使用如下的方法 `getheaders()`：

```
>>> for field in response.getheaders():
        print(field)

('Date', 'Sat, 16 Jul 2011 03:40:17 GMT')
('Server', 'Apache/2')
('Last-Modified', 'Fri, 06 May 2011 01:59:40 GMT')
...
('Content-Type', 'text/html; charset=utf-8')
```

（省略了部分头字段。）

函数 `urlopen()` 返回的 `HttpResponse` 对象包含请求的资源。`HttpResponse` 类被称为一个类文件类，因为它支持方法 `read()`、`readline()` 和 `readlines()`，与打开文件的函数 `open()` 返回的对象类型支持同样的方法。所有这些方法都检索请求资源的内容。例如，让我们使用方法 `read()`：

```
>>> html = response.read()
>>> type(html)
<class 'bytes'>
```

方法 **read()** 将返回该资源的内容。例如，如果文件是一个 HTML 文档，那么其内容被返回。然而，请注意方法 **read()** 返回一个 **bytes** 类型的对象。这是因为 **urlopen()** 打开的资源可能是音频或视频文件（即二进制文件）。**urlopen()** 的默认行为是假设资源是一个二进制文件，当读取文件时，返回一个字节序列。

如果资源恰好是一个 HTML 文件（即一个文本文件），那么将字节序列解码为它们所表示的 Unicode 字符是有意义的。我们使用 **bytes** 类的 **decode()** 方法（在 6.3 节中讨论）来实现解码：

```
>>> html = html.decode()
>>> html
'<!DOCTYPE html PUBLIC "-//W3C//DTD XHTML 1.0 Strict//EN"
"http://www.w3.org/TR/xhtml1/DTD/xhtml1-strict.dtd">\n
...
     </div></body></html>\n'
```

（省略了很多行内容。）将 HTML 文档解码为 Unicode 字符串是有意义的，因为一个 HTML 文档是一个文本文件。一旦解码成字符串，我们就可以使用字符串运算符和方法来处理文档。例如，我们现在可以找到字符串“**Web**”出现在网页的源文件中的次数。

```
http://www.w3c.org/Consortium/facts.html
```

结果如下：

```
>>> html.count('Web')
26
```

基于前面所学到的知识，我们可以编写一个函数，带一个输入参数：一个网页的 URL，返回网页的源文件内容（作为一个字符串）：

模块：ch11.py

```
from urllib.request import urlopen
def getSource(url):
    '返回URL所指定的资源内容（作为一个字符串）'
    response = urlopen(url)
    html = response.read()
    return html.decode()
```

让我们在 Google 网页上测试：

```
>>> getSource('http://www.google.com')
'<!doctype html><html><head><meta http-equiv="content-type"
content="text/html; charset=ISO-8859-1"><meta name="description"
content="Search the world&#39;s information, including webpages,
...
```

练习题 11.1 编写函数 **news()**，带两个参数：一个新闻网站的 URL 以及一个主题词（即字符串）的列表。计算在新闻中每个主题词出现的次数：

```
>>> news('http://bbc.co.uk',['economy','climate','education'])
economy appears 3 times.
climate appears 3 times.
education appears 1 times.
```

11.2.2 模块 html.parser

模块 urllib.request 提供用来在万维网上请求和下载资源（如网页）的工具。如果下载的资源是一个 HTML 文件，我们可以把它读取到一个字符串，使用字符串运算符和方法进行处理。这可能足以回答一些关于 Web 页面内容的问题，但是，如果要在网页中拾取与锚点标记相关联的所有 URL 呢？

如果花点时间仔细思考，你将发现使用字符串运算符和方法来查找 HTML 文件中的所有锚点标记 URL 会相当混乱。虽然我们很清楚需要做什么：遍历文件并拾取每个锚点开始标记的 href 属性的值。然而，要做到这一点，我们需要一种方法来识别 HTML 文件的不同元素（文档标题、文字标题、链接、图像、文本数据，等等），尤其是锚点元素的开始标记。对文档进行分析以将其分解成组件并获取其结构的过程称为解析。

Python 标准库模块 html.parser 提供了一个类 HTMLParser，用于解析 HTML 文件。当传递一个 HTML 文件给它时，它将从头到尾处理源文件，找到源文件的所有开始标记、结束标记、文本数据和其他组件，并“处理”每一个元素。

为了说明 HTMLParser 对象的使用方法并描述“处理过程”的含义，我们使用 11.1 节中的 HTML 文件 w3c.html。

回顾文件 w3c.html 的开头部分为：

文件：w3c.html

```
<html>
 <head><title>W3C Mission Summary</title></head>
 <body>
  <h1>W3C Mission</h1>
...
```

HTMLParser 类支持方法 feed()，带一个输入参数：一个 HTML 源文件的内容（字符串形式）。因此，要解析 w3c.html 文件，我们首先要把该文件读取到一个字符串中，然后传递给解析器：

```
>>> infile = open('w3c.html')
>>> content = infile.read()
>>> infile.close()
>>> from html.parser import HTMLParser
>>> parser = HTMLParser()
>>> parser.feed(content)
```

当执行最后一行语句（即当字符串内容被传递到解析器）时，后台将执行下列处理：解析器将字符串 content 分解成标记符号，对应于 HTML 开始标记、结束标记、文本数据和其他 HTML 组件，然后按照它们出现在源文件中的顺序处理这些符号。这意味着，对于每个符号，调用适当的处理方法。这些处理方法是类 HTMLParser 的方法。类 HTMLParser 的一些方法列于表 11-1 中。

表 11-1　HTMLParser 处理方法。调用这些方法时不会执行任何操作，需要重载这些方法实现期望的行为

标　记	处理方法	说　明
<tag attrs>	handle_starttag(tag, attrs)	开始标记处理方法
</tag>	handle_endtag(tag)	结束标记处理方法
data	handle_data(data)	任意文本数据处理方法

当解析器遇到一个开始标记符号时，调用标记处理程序方法 handle_starttag()；如果解析器遇到文本数据符号，则调用处理程序方法 handle_data()。方法 handle_starttag() 带两个输入参数：开始标签元素名称和一个包含标签属性的列表（如果标签不包含属性则为 None）。每个属性都由一个元组来表示，存储属性的名称和值。方法 handle_data() 只包含一个输入参数：文本数据。图 11-4 说明了解析文件 w3c.html 的过程。

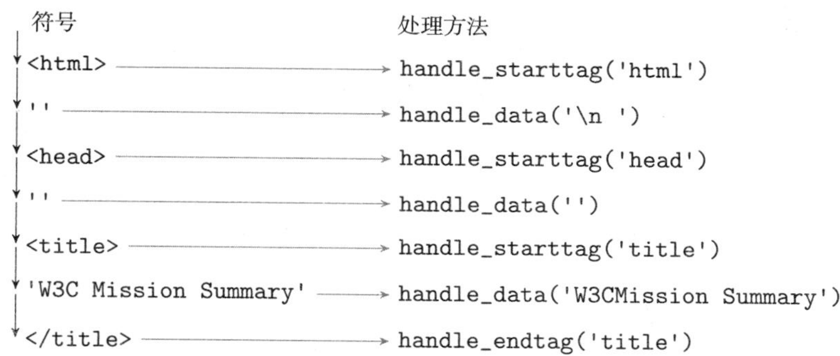

图 11-4　解析 HTML 文件 w3c.html。按出现顺序处理各标记符号。第一个符号（开始标记 <html>）调用 handle_starttag() 处理。下一个符号是标记 <html> 和 <head> 之间的字符串，包含一个换行符和一个空格，被看作文本数据，调用 handle_data() 处理

HTMLParser 类处理方法（如 handle_starttag()）究竟执行什么操作？好吧，什么也不做。该类处理方法的实现什么也不做。这就是我们执行时没有什么有趣的事情发生的原因：

```
>>> parser.feed(content)
```

HTMLParser 类处理方法实际上旨在被用户自定义处理程序重载，实现程序员期望的行为。换言之，类 HTMLParser 不应该直接使用，而是作为一个超类，开发人员从该类派生出一个解析器解析，实现程序员期望的行为。

11.2.3　重载 HTMLParser 处理程序

让我们开发一个解析器，输出传递给解释器的 HTML 文件中的每个锚点开始标记的 href 属性的 URL 值。要实现此行为，需要被重写的 HTMLParser 处理方法是 handle_starttag() 方法。请记住，该方法处理每个开始标记符号。现在我们希望该方法需要检查输入标记是否是一个锚点标记。如果是锚点标记，则从属性列表中查找 href 属性，并输出其值。我们的 LinkParser 类的实现代码如下所示：

模块：ch11.py

```
from html.parser import HTMLParser
class LinkParser(HTMLParser):
    '''HTML 文档解析器，输出
    锚点开始标记的 href 属性值'''

    def handle_starttag(self, tag, attrs):
        '如果有，则打印 href 属性值'
```

```
8
9          if tag == 'a':# 如果是锚点标签
10
11             # 搜索 href 属性并且打印其值
12             for attr in attrs:
13                 if attr[0] == 'href':
14                     print(attr[1])
```

注意，在第 12 行到第 14 行，我们从属性列表中查找属性 `href`。让我们基于下面 HTML 文件测试我们的解析器：

文件：links.html

```
<html>
<body>
<h4>Absolute HTTP link</h4>
<a href="http://www.google.com">Absolute link to Google</a>
<h4>Relative HTTP link</h4>
<a href="w3c.html">Relative link to w3c.html.</a>
<h4>mailto scheme</h4>
<a href="mailto:me@example.net">Click here to email me.</a>
</body>
</html>
```

HTML 文件 `links.html` 中包含三个锚点标记：第一个包含指向 Google 超链接的 URL，第二个包含指向本地文件 `w3c.html` 链接的 URL，第三个包含实际上启动邮件客户端的 URL。在下面代码中，我们把该文件传递给我们的解析器并获得这三个 URL：

```
>>> infile = open('links.html')
>>> content = infile.read()
>>> infile.close()
>>> linkparser = LinkParser()
>>> linkparser.feed(content)
http://www.google.com
test.html
mailto:me@example.net
```

练习题 11.2　开发类 `MyHTMLParser`，作为 `HTMLParser` 的子类，当传递一个 HTML 文件给它时，按照文档中出现的顺序打印开始标记和结束标记的名称，并且缩进与文档树结构中的元素深度成比例。忽略不需要结束标记的 HTML 元素，如 `p` 和 `br`。

```
>>> infile = open('w3c.html')
>>> content = infile.read()
>>> infile.close()
>>> myparser = MyHTMLParser()
>>> myparser.feed(content)
html start
    head start
        title start
        title end
    head end
    body start
        h1 start
        h1 end
        h2 start
```

```
        h2 end
        ul start
            li start
...
        a end
    body end
html end
```

11.2.4 模块 urllib.parse

我们刚刚开发的 LinkParser 输出每个锚点的 href 属性的 URL 值。例如，当我们使用“W3C 任务”网页运行下列代码时：

```
>>> rsrce = urlopen('http://www.w3.org/Consortium/mission.html')
>>> content = rsrce.read().decode()
>>> linkparser = LinkParser()
>>> linkparser.feed(content)
```

我们获得包含相对 HTTP URL 的输出结果，例如：

```
/Consortium/contact.html
```

绝对 HTTP URL 输出结果，例如：

```
http://twitter.com/W3C
```

还有非 HTTP URL 输出结果，例如：

```
mailto:site-comments@w3.org
```

（我们省略了大多数输出行。）

如果我们只对与 HTTP 超链接相对应的 URL（即协议是 HTTP 协议的 URL）感兴趣呢？请注意，我们不能说“收集以字符串 HTTP 开头的 URL”，因为我们会遗漏相对 URL（例如，/Consortium/contact.html）。我们要做的就是从一个相对 URL（例如，/Consortium/contact.html）和包含它的网页（http://www.w3.org/Consortium/mission.html）构造一个绝对 URL。

Python 标准库模块 urllib.parse 提供了若干处理 URL 的方法，其中包含正好符合上述要求的方法 urljoin()，其示例用法如下所示：

```
>>> from urllib.parse import urljoin
>>> url = 'http://www.w3.org/Consortium/mission.html'
>>> relative = '/Consortium/contact.html'
>>> urljoin(url, relative)
'http://www.w3.org/Consortium/contact.html'
```

11.2.5 收集 HTTP 超链接的解析器

接下来我们开发另一个版本的 LinkParser 类，称之为 Collector。它只收集 HTTP URL，并将它们放入列表中，而不是输出它们。列表中的 URL 将是绝对 URL，而不是相对 URL 格式。最后，要求该类支持方法 getLinks()，返回该列表。

我们期望 Collector 解析器的示例用法如下所示：

```
>>> url = 'http://www.w3.org/Consortium/mission.html'
>>> resource = urlopen(url)
>>> content = resource.read().decode()
>>> collector = Collector(url)
>>> collector.feed(content)
>>> for link in collector.getLinks():
        print(link)

http://www.w3.org/
http://www.w3.org/standards/
...
http://www.w3.org/Consortium/Legal/ipr-notice
```

（同样，省略了许多输出行，它们都是绝对 URL。）

要实现 `Collector`，同样我们需要重载 `handle_starttag()`。处理方法不是简单地输出开始标记中 `href` 属性的值（如果有的话），还必须处理属性值，以保证仅仅收集绝对的 HTTP URL。

因此，针对待处理的每一个 `href` 值，处理方法需要执行下列操作：

1. 把 `href` 值转换为绝对 URL；
2. 如果结果是一个 HTTP URL，则附加到一个列表中。

为了实现第一步，处理方法必须获得传递给它的 HTML 文件的 URL。因此，`Collector` 解析器对象必须有一个实例变量存储 URL。该 URL 必须以某种方式传递给 `Collector` 对象，我们选择将 URL 作为 `Collector` 构造函数输入参数的方法传递 URL。

为了实现第二步，我们必须有一个 `list` 实例变量以存储所有的 URL。在构造函数中必须初始化 `list`。`Collector` 类的完整实现代码如下：

模块：ch11.py

```
from urllib.parse import urljoin
from html.parser import HTMLParser
class Collector(HTMLParser):
    '将超链接 URL 收集并存储到一个列表中'

    def __init__(self, url):
        '初始化解析器、url 以及列表'
        HTMLParser.__init__(self)
        self.url = url
        self.links = []

    def handle_starttag(self, tag, attrs):
        '采用绝对路径格式收集超链接 URL'
        if tag == 'a':
            for attr in attrs:
                if attr[0] == 'href':
                    # 构造绝对路径 URL
                    absolute = urljoin(self.url, attr[1])
                    if absolute[:4] == 'http': # 收集 HTTP URL
                        self.links.append(absolute)

    def getLinks(self):
        '采用绝对路径格式返回超链接 URL'
        return self.links
```

练习题 11.3 扩展类 Collector 的功能，使得它可以收集所有的文本数据到一个字符串，可以使用方法 getData() 获得收集的文本数据。

```
>>> url = 'http://www.w3.org/Consortium/mission.html'
>>> resource = urlopen(url)
>>> content = resource.read().decode()
>>> collector = LinksCollector(url)
>>> collector.feed(content)
>>> collector.getData()
'\nW3C Mission\n  ...'
```

（仅仅显示了少数几个字符。）

11.3 字符串模式匹配

假设我们希望开发一个应用程序，用于分析网页或其他文本文件的内容，并查找页面中的所有电子邮件地址。字符串方法 find() 只能找到特定的电子邮件地址，它不适合查找“看起来像电子邮件地址”或者和一个邮件地址模式匹配的所有子字符串。

为了挖掘网页或其他文本文档的文本内容，我们需要一种工具，可以帮助我们定义文本模式并在文本中搜索与这些文本模式匹配的字符串。在本节中，我们将介绍用于描述字符串模式的*正则表达式*。我们还介绍了在文本中查找与给定字符串模式匹配的字符串的 Python 工具。

11.3.1 正则表达式

如何识别文本文件中的电子邮件地址？我们通常不觉得这很难。我们理解电子邮件地址遵循如下字符串模式：

电子邮件地址由用户 ID（即一个“允许”的字符序列），后跟 @ 符号，后跟一个主机名（即用英文句点分隔的“允许”的字符序列）。

虽然这个非正式的电子邮件地址的字符串模式描述可能对我们有用，但是它不够精确，不足以在程序中使用。

计算机科学家已经开发出一种更正式的方法来描述字符串模式：正则表达式。正则表达式是由字符和*正则表达式运算符*组成的字符串。我们现在将学习其中的一些运算符，以及它们如何使我们能够精确地定义所需的字符串模式。

最简单的正则表达式是不使用任何正则表达式运算符的表达式。例如，正则表达式 best 只匹配一个字符串，字符串 'best'：

正则表达式	匹配的字符串
best	best

运算符 .（英文句点）是一种通配字符：它匹配除换行符（'\n'）以外的任意 Unicode 字符。因此，'be.t' 匹配 best，同时还匹配 'belt'、'beet'、'be3t' 和 'be!t'，等等：

正则表达式	匹配的字符串
be.t	best, belt, beet, bezt, be3t, be!t, be t, …

注意，正则表达式 be.t 不匹配字符串 'bet'，因为运算符 '.' 必须匹配一个字符。

正则表达式运算符 *、+ 和 ? 匹配前一个字符（或正则表达式）的特定重复次数。例如，正则表达式 be*t 中的运算符 * 与前一个字符（e）的 0 次或多次重复匹配。因此，它匹配 bt，也匹配 bet、beet 等：

正则表达式	匹配的字符串
be*t	bt, bet, beet, beeet, beeeet, …
be+t	bet, beet, beeet, beeeet, …
bee?t	bet, beet

上一个例子还说明运算符 + 匹配前一个字符（或正则表达式）的一次或多次重复，而? 匹配 0 次或 1 次重复。

运算符 [ ] 匹配方括号中列出的任意一个字符。例如，正则表达式 [abc] 匹配字符串 a、b 和 c，但不匹配其他字符串。在运算符 [ ] 中使用运算符 - 时，指定字符的范围。此范围由 Unicode 字符排序指定。所以正则表达式 [l-o] 匹配字符串 l、m、n 和 o。

正则表达式	匹配的字符串
be[ls]t	belt, best
be[l-o]t	belt, bemt, bent, beot
be[a-cx-z]t	beat, bebt, bect, bext, beyt, bezt

为了匹配不在给定范围或者不在指定集合的一组字符，可以使用插入字符 ^。例如，[^ 0-9] 匹配任何不是数字的字符：

正则表达式	匹配的字符串
be[^0-9]t	belt, best, be#t, …（但不匹配 be4t）
be[^xyz]t	belt, be5t, …（但不匹配 bext、beyt 和 bezt）
be[^a-zA-Z]t	be!t, be5t, be t, …（但不匹配 beat）

运算符 | 是“或”运算符：如果 A 和 B 是两个正则表达式，则 A|B 匹配任何 A 或 B 匹配的字符串。例如，正则表达式 hello|Hello 匹配字符串 'hello' 和 'Hello'：

正则表达式	匹配的字符串
hello|Hello	hello, Hello
a+|b+	a, b, aa, bb, aaa, bbb, aaaa, bbbb, …
ab+|ba+	ab, abb, abbb, … ，以及 ba, baa, baaa, …

我们刚刚讨论的运算符总结在表 11-2。

知识拓展：其他正则表达式运算符

Python 支持更多的正则表达式运算符。在这一节中，我们只触及了表面。要了解更多关于正则表达式运算符的知识，请阅读大量的在线文档：

http://docs.python.org/py3k/howto/regex.html

以及

http://docs.python.org/py3k/library/re.html

练习题 11.4 下列列表中给出了一个正则表达式和若干字符串。请选择与正则表达式匹配的字符串。

正则表达式	字符串
(a)[Hh]ello	ello, Hello, hello
(b)re-?sign	re-sign, resign, re-?sign
(c)[a-z]*	aaa, Hello, F16, IBM, best
(d)[^a-z]*	aaa, Hello, F16, IBM, best
(e)<.*>	<h1>, 2 < 3, <<>>>>, ><

表 11-2 正则表达式运算符。运算符 .、*、? 作用于正则表达式中该运算符的前一个项。运算符 | 作用于正则表达式中该运算符的左右两个项

运 算 符	说 明
.	匹配除换行符之外的任意字符
*	匹配其正前面的正则表达式 0 次或多次。因此，在正则表达式 ab* 中，运算符 * 匹配 b（而不是 ab）的 0 次或多次
+	匹配其正前面的正则表达式的 1 次或多次
?	匹配其正前面的正则表达式的 0 次或 1 次
[]	匹配方括号中字符集的任意字符；可以使用第一个字符和最后一个字符中间加一个'-'来指定一个字符范围
^	如果 S 是一个字符集或字符范围，则 [^S] 匹配任何不在 S 中的字符
|	如果 A 和 B 是正则表达式，则 A|B 匹配任何匹配 A 或 B 的字符串

由于运算符 *、.、和 [在正则表达式中有特殊含义，因此它们不能用来匹配字符 '*'，'.'，或 '['。为了匹配有特殊含义的字符，必须使用转义序列 \。因此，例如正则表达式 *\[将匹配字符串 '*['。除了可以作为转义字符，反斜杠（\）还可以表示正则表达式特殊序列。正则表达式特殊序列表示常用的预定义字符集。表 11-3 列举了一些常用的正则表达式特殊序列。

表 11-3 特殊的正则表达式序列。注意，表中的转义序列仅用于正则表达式中，它们不能用于一个任意的字符串中

运 算 符	说 明
\d	匹配任意十进制数字，等价于 [0-9]
\D	匹配任意非数字字符，等价于 [^0-9]
\s	匹配任意空白字符，包括空格、制表符 \t、换行符 \n、回车符 \r
\S	匹配任意非空白字符串
\w	匹配任意字母数字字符，等价于 [a-zA-Z0-9_]
\W	匹配任意非字母数字字符，等价于 [^a-zA-Z0-9_]

练习题 11.5 为下列每个非正式模式描述或者一组字符串定义一个正则表达式，要求仅仅匹配模式描述或者匹配字符串集合中所有字符串。

(a) aac，abc，acc

(b) abc，xyz

(c) a，ab，abb，abbb，abbbb，…

(d) 包含字母表（a，b，c，…，z）中小写字母的非空字符串

(e) 包含子字符串 oe 的子字符串

(f) 表示 HTML 开始或结束标记的字符串

11.3.2 Python 标准库模块 re

标准库中的模块 re 是用于正则表达式处理的 Python 工具。模块中定义的一个函数是 **findall()**，带两个输入参数：一个正则表达式和一个字符串，返回输入字符串中匹配正则表达式的所有子字符串的列表。一些示例如下：

```
>>> from re import findall
>>> findall('best', 'beetbtbelt?bet, best')
['best']
>>> findall('be.t', 'beetbtbelt?bet, best')
['beet', 'belt', 'best']
>>> findall('be?t', 'beetbtbelt?bet, best')
['bt', 'bet']
>>> findall('be*t', 'beetbtbelt?bet, best')
['beet', 'bt', 'bet']
>>> findall('be+t', 'beetbtbelt?bet, best')
['beet', 'bet']
```

如果正则表达式匹配两个子字符串，其中一个包含在另一个中，则函数 **findall()** 仅匹配长的子字符串。例如：

```
>>> findall('e+', 'beeeetbet bt')
['eeee', 'e']
```

返回列表中没有包含子字符串 **'ee'** 和 **'eee'**。如果正则表达式匹配两个重叠的子字符串，则函数 **findall()** 返回左边的一个。事实上，函数 **findall()** 从左到右扫描输入字符串并按查找到的顺序收集匹配结果到一个列表。验证如下：

```
>>> findall('[^bt]+', 'beetbtbelt?bet, best')
['ee', 'el', '?', 'e', ', ', 'es']
```

下面是另一个例子：

```
>>> findall('[bt]+', 'beetbtbelt?bet, best')
['b', 'tbtb', 't', 'b', 't', 'b', 't']
```

注意事项：空字符串无处不在

把上一个例子和本例进行比较：

```
>>> findall('[bt]*', 'beetbtbelt?bet, best')
['b', '', '', 'tbtb', '', '', 't', '', 'b', '', 't', '', '',
 'b', '', '', 't', '']
```

因为正则表达式 **[bt]*** 匹配空字符串 ''，因此函数 **findall()** 在输入字符串 **'beetbtbelt?bet, best'**（不包含长的匹配子字符串）中查找空字符串。结果发现许多空字符串，每个非 **b** 或 **t** 的字符前面都发现一个空字符串。包括第一个 **b** 和第一个 **e** 之间的空字符串，第一个 **e** 和第二个 **e** 之间的空字符串等。

练习题 11.6　开发函数 **frequency()**，带一个字符串作为输入参数，计算每个单词在字符串中出现的频率，返回一个字典，把字符串中的单词映射到其频率。要求使用一个正则表达式来获得字符串中所有的单词列表。

```
>>> content = 'The pure and simple truth is rarely pure and never\
        simple.'
>>> frequency(content)
{'and': 2, 'pure': 2, 'simple': 2, 'is': 1, 'never': 1,
'truth': 1, 'The': 1, 'rarely': 1}
```

另一个定义在模块 re 中有用的函数是 search()。它同样带两个参数：一个正则表达式和一个字符串。它返回匹配正则表达式的第一个子字符串。可以认为它是字符串方法 find() 的更强大版本。示例如下：

```
>>> from re import search
>>> match = search('e+', 'beetbtbelt?bet')
>>> type(match)
<class '_sre.SRE_Match'>
```

函数 search() 返回一个指向类型为 SRE_Match 的对象的引用，非正式地称之为匹配对象。例如，该类型支持查找匹配子字符串在输入字符串中的开始索引和结束索引的方法：

```
>>> match.start()
1
>>> match.end()
3
```

'beetbtbelt?bet' 的匹配子字符串从索引 1 开始到索引 3 之前结束。匹配对象还有一个被称为 string 的属性变量，用于存储被查找的字符串：

```
>>> match.string
'beetbtbelt?bet, best'
```

要查找匹配的子字符串，我们需要获取 match.string 从索引 match.start() 到索引 match.end() 的切片：

```
>>> match.string[match.start():match.end()]
'ee'
```

11.4 电子教程案例研究：Web 爬虫

在案例研究 CS.11 中，我们应用递归以及我们在本章掌握的知识开发一个基本的 Web 爬虫，即一个可以跟踪超链接从而系统访问网页的程序。Web 爬虫通过跟踪超链接和下载相关网页，解析其内容，收集内容数据，然后为 Web 页面中的每一个超链接递归地重复这一工作。爬虫的递归算法是深度优先搜索（一个基本的搜索算法）的一个例子。

11.5 本章小结

在本章中，我们介绍了从本地和远程文档中搜索和收集数据的计算机应用程序的开发过程。我们特别重点讨论了访问、搜索和收集万维网上的数据。

万维网无疑是今天在互联网上运行的最重要的应用之一。在过去的二十年里，网络彻底改变了我们工作、购物、社交和娱乐的方式。它使得一个前所未有的规模的信息交流和分享成为可能，并且已经成为一个巨大的数据存储库。这些数据反过来又为开发收集和处理数据并产生有价值信息的新计算机应用提供了机会。本章介绍了 Web 技术、Python 标准库 Web

API 以及用于开发此类应用程序的算法。

我们介绍了关键 Web 技术：URL、HTTP、HTML 等。我们还介绍了用于访问 Web 资源（模块 `urllib.request`）和处理网页（模块 `html.parser`）的 Python 标准库 API。我们已经了解了如何使用这两个 API 下载一个网页 HTML 源文件并解析它以获取网页内容。

为了处理网页或任何其他文本文档的内容，需要某种工具来识别文本中的字符串模式。本章介绍了这样的工具：正则表达式和标准库模块 `re`。

11.6 练习题答案

11.1 一旦下载 HTML 文档并解码到一个字符串之后，就可以使用字符串方法处理：

```
def news(url, topics):
    '''counts in resource with URL url the frequency
       of each topic in list topics'''
    # 下载并解码资源以获取所有的小写内容
    response = urlopen(url)
    html = response.read()
    content = html.decode().lower()

    for topic in topics: # 查找内容中的各主题频率
        n = content.count(topic)
        print('{} appears {} times.'.format(topic, n))
```

11.2 方法 `handle_starttag()` 和 `handle_endtag()` 需要重载。这两个方法都应该输出对应的标记，并适当缩进。

缩进是一个整型值。对于每一个开始标记符号，缩进值递增；而对于每一个结束标记符号，缩进值递减（我们忽略元素 `p` 和 `br`）。缩进值应作为解析器对象的实例变量存储，并在构造函数中初始化。

模块：ch11.py

```
from html.parser import HTMLParser
class MyHTMLParser(HTMLParser):
    '基于深度缩进打印标记的 HTML 文档解析器'

    def __init__(self):
        '初始化解析器和缩进值'
        HTMLParser.__init__(self)
        self.indent = 0              # 初始化缩进值

    def handle_starttag(self, tag, attrs):
        '''采用缩进正比于文档中标记元素
           深度的方式打印开始标记 '''
        if tag not in {'br', 'p'}:
            print('{}{} start'.format(self.indent*' ', tag))
            self.indent += 4

    def handle_endtag(self, tag):
        '''采用缩进正比于文档中标记元素
           深度的方式打印结束标记'''
        if tag not in {'br', 'p'}:
            self.indent -= 4
            print('{}{} end'.format(self.indent*' ', tag))
```

11.3 在 `Collector` 的构造函数中应该初始化一个空字符串实例变量 `self.text`。处理函数 `handle_data()` 将处理文本数据符号，把文本数据拼接到 `self.text`。代码如下所示：

```
    def handle_data(self, data):
        '收集并且拼接文本数据'
        self.text += data

    def getData(self):
        '返回所有文本数据的拼接结果'
        return self.text
```

11.4 答案如下：

(a) Hello, hello

(b) 're-sign', 'resign'

(c) aaa, best

(d) F16, IBM

(e) <h1>, <<>>>>

11.5 答案如下：

(a) a[abc]c

(b) abc|xyz

(c) a[b]*

(d) [a-z]+

(e) [a-zA-Z]*oe[a-zA-Z]*

(f) <[^>]*>

11.6 我们已经在第 6 章讨论过这个问题。这里的解决方案是使用正则表达式来匹配单词，相对于原始解决方案更加简洁。

```
def frequency(content):
    '''返回一个字典，统计在字符串
       内容中的单词的出现频率'''
    pattern = '[a-zA-Z]+'
    words = findall(pattern, content)
    dictionary = {}
    for w in words:
        if w in dictionary:
            dictionary[w] +=1
        else:
            dictionary[w] = 1
    return dictionary
```

11.7 习题

11.7 对于以下示例，选择与给定正则表达式相匹配的字符串。

正则表达式	字　符　串
(a) [ab]	ab、a、b、空字符串
(b) a.b.	ab、acb、acbc、acbd
(c) a?b?	ab、a、b、空字符串
(d) a*b+a*	aa、b、aabaa、aaaab、ba
(e) [^\d]+	abc、123、?.?、3M

11.8 对于下列每一个非正式的模式描述或者一组字符串，定义一个正则表达式，以符合每个模式的描述或者仅仅匹配这一组字符串。

(a) 包含一个撇号（'）的字符串

(b) 字母表中任意三个小写字母组成的序列

(c) 一个正整数的字符串表示

(d) 一个非负整数的字符串表示

(e) 一个负整数的字符串表示

(f) 一个整数（无论正负）的字符串表示

(g) 使用小数点表示法的浮点值的字符串表示

11.9 对于下列非正式描述，编写一个正则表达式匹配文件 `frankenstein.txt` 中与如下描述相匹配的所有字符串。同时使用模块 `re` 中的 `findall()` 检查结果。

(a) 字符串 '`Frankenstein`'

(b) 文本中出现的数值

(c) 以子字符串 '`ible`' 结尾的单词

(d) 以大写字母开始并且以 '`y`' 结束的单词

(e) 格式为 'horror of < 小写字符串 > < 小写字符串 >' 的字符串列表

(f) 包含一个单词后跟单词 '`death`' 的表达式

(g) 包含单词 '`laboratory`' 的句子

11.10 编写一个正则表达式，匹配一个 HTML 源文件中的属性 `href` 及其值（在 HTML 开始标记中）。

11.11 编写一个正则表达式，匹配以美元表示的单价字符串。例如，正则表达式应该匹配类似于 '$13.29' 和 '$1 099.29' 的字符串。正则表达式无须匹配大于 $9 999.99 的单价。

11.12 编写一个正则表达式，匹配表示一个给定格式 DD/MM/YYYY 日期的字符串（其中，DD 是两位数字月份中的日；MM 是两位数字月份；YYYY 是四位年）。

11.13 编写一个正则表达式，匹配一个电子邮件地址。这并不容易，所以你的目标应该是创建一个与你的电子邮箱地址尽可能接近的正则表达式。

11.14 编写一个正则表达式，匹配使用 HTTP 协议的绝对 URL 地址。同样，这也是一个棘手的问题，你应该争取编写"最好"的正则表达式。

11.8 思考题

11.15 在这本书中，我们已经看到从字符串中删除标点符号的三种方式：使用第 4 章的字符串方法 `replace()` 和字符串的方法 `translate()`，以及使用本章的正则表达式。请使用 10.3 节的实验运行时间分析框架比较它们的运行时间。

11.16 HTML 支持编号列表和项目列表。编号列表是使用元素 `ol` 来定义的，列表中的每一项都是用元素 `li` 定义的。项目列表是使用元素 `ul` 定义的，列表中的每一项都是使用元素 `li` 定义的。例如，在文件 `w3c.html` 中，项目列表使用下列 HTML 代码描述：

```
<ul>
 <li>Web for All</li>
 <li>Web on Everything</li>
</ul>
```

开发类 `ListCollector`，作为 `HTMLParser` 的一个子类，当传递一个 HTML 文件时，为 HTML 文档中的每一个编号列表或者项目列表创建一个 Python 列表。Python 列表中的每一项都应该是出现在相应 HTML 列表中的一个项目中的文本数据。可以假设 HTML 文档中每个列表的每个项目只包含文本数据（即没有其他 HTML 元素）。类 **ListCollector** 应该支持方法 **getlists()**，不带任何输入参数，返回一个包含所有创建的 Python 列表的列表。

```
>>> infile = open('lists.html')
>>> content = infile.read()
>>> infile.close()
>>> myparser = ListCollector()
>>> myparser.feed(content)
>>> myparser.getLists()
[['An item', 'Another', 'And another one'],
 ['Item one', 'Item two', 'Item three', 'Item four']]
```

11.17 你希望创建一个独特的恐怖词典，但很难回想出应该收录到字典中的成千上万的单词。一个绝妙的想法是实现一个函数 **scary()**，读取一本恐怖小说（例如，玛丽·沃斯通克拉夫特·雪莱（Mary Wollstonecraft Shelley）的《科学怪人》）的电子版，使用正则表达式抓取其中所有的单词，按词典顺序把这些单词写入一个名为 **dictionary.txt** 的新文件中，同时输出这些单词。你的函数应该带一个输入参数：文件名（例如 **frankenstein.txt**）。**dictionary.txt** 的前几行内容应该如下所示：

```
a
abandon
abandoned
abbey
abhor
abhorred
abhorrence
abhorrent
...
```

11.18 编写函数 **getContent()**，带一个 URL（字符串）作为输入参数，仅输出与网页关联的文本数据内容（即不输出标记符号）。避免输出跟在一个空行后面的空行，并删除每个输出行中的多余空格。

```
>>> getContent('http://www.nytimes.com/')
The New York Times - Breaking News, World News &amp; Multimedia
Subscribe to The Times

Log In
Register Now

Home Page
...
```

11.19 编写函数 **emails()**，带一个文档（字符串）作为输入参数，返回其中出现的所有电子邮件地址。要求使用正则表达式在文档中查找电子邮件地址。

```
>>> from urllib.request import urlopen
>>> url = 'http://www.cdm.depaul.edu'
>>> content = urlopen(url).read().decode()
>>> emails(content)
{'advising@cdm.depaul.edu', 'wwwfeedback@cdm.depaul.edu',
'admission@cdm.depaul.edu', 'webmaster@cdm.depaul.edu'}
```

11.20 开发一个应用程序，实现我们在 1.4 节中开发的 Web 搜索算法。你的应用程序应该带两个输入参数：一个网页地址的列表以及一个相同大小的目标价格的列表，要求程序输出对应产品价格小于目标价格的网页地址。使用习题 11.11 的解决方案在 HTML 源文件中找到价格。

11.21 模块 `urllib.request` 中另一个有用的函数是 `urlretrieve()`。它带两个输入参数：一个 URL 地址以及一个文件名 `filename`（都作为字符串），要求将 URL 标识的资源的内容复制到名为 `filename` 的文件中。使用此功能开发一个程序，从一个 Web 站点复制所有的 Web 页面（从主页开始）到计算机上的本地文件夹中。

第 12 章

Introduction to Computing Using Python: An Application Development Focus, Second Edition

数据库和数据处理

本章将介绍几种用于操作当今计算应用程序中所创建、存储、访问和处理的大量数据的方法。

我们首先介绍关系数据库和用于访问关系数据库的语言（SQL）。与我们在本书中开发的许多程序不同，真实世界应用程序通常大量使用数据库来存储和访问数据。这是因为数据库以某种方式存储数据，从而方便、高效地访问数据。因此，及早认知数据库的好处，以及掌握有效地利用数据库的方法是十分重要的。

通过网络爬虫生成的数据、科学实验的数据或者股票市场的数据是如此巨大，没有一个单一的计算机能够有效地处理这些数据。替代地，多个计算节点（不管是计算机、处理器还是处理器内核）共同工作是必需的。我们介绍了一种开发并行程序的方法，它能有效地利用现代微处理器的多核技术。然后，我们使用该方法来开发 MapReduce 框架。MapReduce 框架是由谷歌公司开发的处理数据的方法，它可以从个人计算机上的几个内核扩展到服务器集群中成千上万的内核。

12.1 数据库和 SQL

程序处理的数据仅在程序执行时才存在。为了使数据在程序执行后继续保留，以便以后可以由其他程序处理它，数据必须存储在文件中。

到目前为止，我们一直在使用标准文本文件来存储数据。文本文件的优点是通用、易于处理。其缺点是没有结构，没有结构就无法有效地访问和处理数据。

在本节中，我们将介绍一种特殊类型的文件，称为*数据库文件*（或者简称为*数据库*），它以结构化的方式存储数据。该结构使数据库文件中的数据能够进行有效的处理，包括高效的插入、更新、删除，特别是能够高效地访问。在许多应用程序中，数据库是比一般文本文件更为合适的数据存储方法，了解如何使用数据库是非常重要的。

12.1.1 数据库表

在电子案例研究 CS.11 中，我们开发了一个 Web 爬虫程序——通过网页中的超链接访问网页的程序。爬虫程序扫描每个访问的网页的内容并输出有关它的信息，包括网页中包含的所有超链接 URL 和网页中每个单词的出现频率。如果我们在图 12-1 所示的链接 Web 页面上运行爬虫程序，每个网页包含一些世界城市的名称及其出现的次数，超链接 URL 将以下列格式输出：

```
URL             Link
one.html        two.html
one.html        three.html
two.html        four.html
...
```

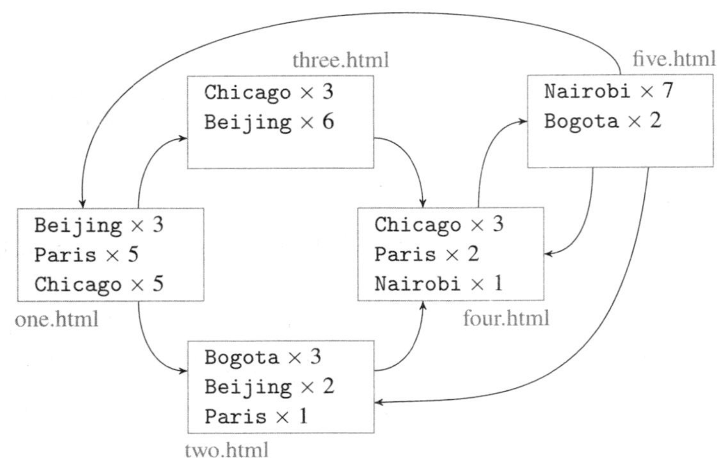

图 12-1　五个相互链接的 Web 页面。每个网页都有一些世界主要城市的出现次数。例如，网页 `one.html` 包含三次“`Beijing`”、五次“`Paris`”、五次“`Chicago`”。它还包含指向 Web 页面 `two.html` 和 `three.html` 的超链接

例如，前两行显示网页 `one.html` 包含指向网页 `two.html` 和 `three.html` 的超链接。爬虫程序将以下列格式输出每个 Web 页面中每个单词的出现频率：

```
URL              Word        Freq
one.html         Beijing        3
one.html         Paris          5
one.html         Chicago        5
two.html         Bogota         3
...
```

因此，网页 `one.html` 包含三次 `'Beijing'`、五次 `'Paris'` 和五次 `'Chicago'`。

假设我们希望分析爬虫程序收集的数据。例如，我们可能希望查询下列信息：

1. 单词 X 出现在哪个网页？
2. 根据网页中出现的单词 X 的数量排名，包含单词 X 的网页的排名是什么？
3. 包含单词 X 的网页有多少个？
4. 哪些网页包含指向网页 Y 的超链接？
5. 单词 `'Paris'` 在所有的网页上出现的次数是多少？
6. 每个访问过的网页有多少个导出超链接？
7. 每个访问过的网页有多少个导入超链接？
8. 哪些网页指向一个包含单词 X 的网页？
9. 包含单词 X 的网页中，哪个网页有最多的导入超链接？

在爬虫生成的数据集上回答这些问题是相当麻烦的。数据集的文本文件格式要求将文件读入到字符串中，然后必须使用特殊字符串操作来检索相关数据。例如，为了回答问题 1，我们必须找到包含单词 X 的文件中的所有行，将每一行拆分成单词（即用空格分隔的字符串），收集每行中的第一个单词，然后删除重复的 URL 地址。

另一种方法是将爬虫程序收集的信息保存到数据库文件中，而不是一般用途的文本文件中。数据库文件以结构化的方式存储数据，从而能有效地访问和处理数据。

结构化意味着数据库文件中的数据存储在一个或多个表中。每个表由一个名称（如客户

Customers 或产品 Products）标识，每个表由列和行组成。每个列都有一个名称，包含特定类型的数据：字符串、整数、实数（浮点数）等。表的每一行包含与一个数据库记录相对应的数据。

在我们的示例中，图 12-1 所示的爬虫程序从 Web 页面上抓取的信息可以存储在图 12-2 所示的两个数据库表中。第一个表称为 Hyperlinks，包含列 Url 和 Link。表中的每一行（记录）包含一个 Url 列中的字符串 X 和一个 Link 列中的字符串 Y，表示在 Web 页面 X 中有一个指向 Y 的超链接。第二个表称为 Keywords，包含列 Url、Word 和 Freq。每条记录分别包含列 Url 和 Word 的字符串 X 和 Y，以及列 Freq 的整数 Z，对应于单词 Y 出现在 URL 为 X 的 Web 页面中，其出现频率为 Z。

把数据存储在数据库表中后，我们可以使用一种特殊的数据库编程语言来查询数据。

Url	Link
one.html	two.html
one.html	three.html
two.html	four.html
three.html	four.html
four.html	five.html
five.html	one.html
five.html	two.html
five.html	four.html

a）**Table** Hyperlinks

Url	Word	Freq
one.html	Beijing	3
one.html	Paris	5
one.html	Chicago	5
two.html	Bogota	3
two.html	Beijing	2
two.html	Paris	1
three.html	Chicago	3
three.html	Beijing	6
four.html	Chicago	3
four.html	Paris	2
four.html	Nairobi	5
five.html	Nairobi	7
five.html	Bogota	2

b）**Table** Keywords

图 12-2 数据库表 Hyperlinks 和 Keywords。这两个表包含爬虫程序在图 12-1 所示的页面集上抓起处理后的数据。Hyperlinks 的行对应于网页 Url 中的一个到网页 Link 的超链接。Keywords 的行对应于一个单词出现在网页 Url 中，Word 在网页中出现的频率为 Freq

12.1.2 结构化查询语言

数据库文件不是由应用程序通过通常的文件输入 / 输出接口来读取或写入的。它们通常也不能直接访问。相反，应用程序通常将命令发送到一种特殊类型的服务器程序（被称为*数据库引擎*或*数据库管理系统*，用于管理数据库），该程序将以应用程序的名义访问数据库文件。

数据库引擎接受的命令是用查询语言编写的语句，其中最流行的查询语句称为*结构化查询语言*（通常被称为 SQL）。接下来，我们将介绍一个 SQL 的小子集。当数据库是数据存储的正确选择时，我们可以使用 SQL 来编写可以利用数据库的程序。

12.1.3 SELECT 语句

SQL 的 SELECT 语句用于查询数据库。在其最简单的形式中，该语句用于检索数据库表的列。例如，要从表 Hyperlinks 中检索列 Link，其 SQL 语句如下：

```
SELECT Link FROM Hyperlinks
```

上述语句的执行结果将存储在一个结果表（又称之为一个结果集），如图 12-3a 所示。

我们使用大写字符来突出显示 SQL 语句中的关键字。其实 SQL 语句是不区分大小写的，所以我们也可以使用小写字符。通常，SQL 的 SELECT 语句从表中检索列的子集，其语法格式如下：

```
SELECT Column(s) FROM TableName
```

例如，要选取表 Keywords 的列 Url 和 Word，可以使用下列 SQL 语句：

```
SELECT Url, Word FROM Keywords
```

获得的结果表如图 12-3b 所示。要抽取表 Keywords 的所有列，可以使用通配符 *：

```
SELECT * FROM Hyperlinks
```

结果表从图 12-2a 所示的原始表 Hyperlinks 中获取数据。

当执行下列查询时：

```
SELECT Link FROM Hyperlinks
```

我们所获得的结果集包含同一个链接的多个副本。如果需要抽取列 Link 中的不重复链接，则可以使用 SQL 的 DISTINCT 关键字：

```
SELECT DISTINCT Link FROM Hyperlinks
```

其结果表如图 12-3c 所示。

Link
two.html
three.html
four.html
four.html
five.html
one.html
two.html
four.html

SELECT Link
FROM Hyperlinks

a)

Url	Word
one.html	Beijing
one.html	Paris
one.html	Chicago
two.html	Bogota
two.html	Beijing
two.html	Paris
three.html	Chicago
three.html	Beijing
four.html	Chicago
four.html	Paris
four.html	Nairobi
five.html	Nairobi
five.html	Bogota

SELECT Url, Word
FROM Keywords

b)

Link
two.html
three.html
four.html
five.html
one.html

SELECT DISTINCT Link
FROM Hyperlinks

c)

图 12-3　三个查询的结果表。每个表都是其下面查询语句的结果。a 包含表 Hyperlinks 中的所有 Link 值。b 包含表 Keywords 中的所有 Url 和 Word 值。c 包含表 Hyperlinks 中的所有不重复的 Link 值

知识拓展：开始学习 SQL 语言

在下一节中，我们将介绍 Python 标准库模块 sqlite3。它提供了一个应用程序编程接口（API），使 Python 程序能够访问数据库文件并在其上执行 SQL 命令。

如果你迫不及待想尝试运行我们刚才描述的SQL查询，你可以使用SQLite命令行。它是一个独立的程序，允许交互式地对数据库文件执行SQL语句。不过，首先需要从下列网址下载预编译的二进制程序：

```
www.sqlite.org/download.html
```

将二进制可执行文件保存在包含要使用的数据库文件的那个目录中。接下来我们基于数据库文件 `links.db`（图12-2显示了其中包含的两张表），说明SQLite命令行的使用方法，所以我们把可执行文件保存在包含该文件的目录中。

为了运行SQLite命令行，首先需要打开系统中的命令行程序。然后切换到包含 `sqlite3` 可执行文件的目录，并运行下列代码以访问数据库文件 `links.db`：

```
> ./sqlite3 links.db
SQLite version 3.7.7.1
Enter ".help" for instructions
Enter SQL statements terminated with a ";"
sqlite>
```

（此代码适用于Unix/Linux/Mac OS X系统；在MS Windows系统中，应该使用命令 `sqlite3.exe links.db`。）

在SQLite > 提示符下，接下来可以针对数据库文件 `links.db` 执行SQL语句。唯一的附加要求是SQL语句必须紧跟一个分号（;）。例如：

```
sqlite> SELECT Url, Word FROM Keywords;
one.html|Beijing
one.html|Paris
one.html|Chicago
two.html|Bogota
two.html|Beijing
...
five.html|Nairobi
five.html|Bogota
sqlite>
```

（省略了几行输出。）你可以使用SQLite命令行执行本节描述的每一个SQL语句。

12.1.4 WHERE 子句

为了回答类似如“单词X出现在哪一页？”的问题，我们需要执行一个数据库查询，只选择表中的一些记录（即那些满足某个条件的记录）。SQL `WHERE` 子句可以添加到 `SELECT` 语句中，用于按条件选择记录。例如，要选择包含“ `Paris` ”的Web页面的URL，可以使用下列SQL语句：

```
SELECT Url FROM Keywords
WHERE Word = 'Paris'
```

返回的结果集如图12-4a所示。注意，SQL中的字符串值同样适用引号作为分隔符（和Python一样）。一般地，带 `WHERE` 子句的 `SELECT` 语句的语法格式如下：

```
SELECT column(s) FROM table
WHERE column operator value
```

条件 `column  operator  value` 限制 `SELECT` 语句仅仅应用于满足该条件的行。条件中允许的运算符如表 12-1 所示。条件可以包含在括号中，可以使用逻辑运算符 AND 和 OR 结合两个或者多个条件。注意：使用 BETWEEN 运算符时，WHERE 子句稍微有些不同，其语法格式如下：

```
WHERE column BETWEEN value1 AND value2
```

Url
one.html
two.html
four.html

```
SELECT Url FROM Keywords
WHERE Word = 'Paris'
```

a）

Url	Freq
one.html	5
four.html	2
two.html	1

```
SELECT Url, Freq FROM Keywords
WHERE Word = 'Paris'
ORDER BY Freq DESC
```

b）

图 12-4　两个查询的结果表。a 显示了在表 Keywords 中包含单词“Paris”的页面的超链接。b 根据单词的出现频率按降序显示包含单词“Paris”的网页排名

假设我们希望图 12-4a 中的结果集按单词“Paris”在 Web 网页中的出现频率排序。换言之，假设问题是：“根据网页中字符串 X 出现的次数，包含单词 X 的网页的排名是什么？”要在结果集中按特定列的值排序，可以使用关键字 ORDER BY：

```
SELECT Url,Freq FROM Keywords
WHERE Word='Paris'
ORDER BY Freq DESC
```

上述语句返回如图 12-4b 所示的结果集。关键字 ORDER BY 后跟一个列名；选择的记录将根据该列中的值排序。默认情况下是升序。在上述语句中，我们用关键字 DESC（表示“降序”）获得一个排序，将出现“Paris”最多次数的网页排在最前面。

表 12-1　SQL 条件运算符。条件可以包含在括号中，可以使用逻辑运算符 AND 和 OR 结合两个或者多个条件

运　算　符	说　　明	用　　法
=	等于	column = value
<>	不等于	column <> value
>	大于	column > value
<	小于	column < value
>=	大于或等于	column >= value
<=	小于或等于	column <= value
BETWEEN	在包容性范围内	column BETWEEN value1 and value2

练习题 10.1　编写返回下列结果的 SQL 查询语句：

（a）包含指向 Web 页面 four.html 的所有网页的 URL。

（b）包含从网页 four.html 导入链接的所有网页的 URL。

（c）单词在网页中出现正好三次的网页的 URL 和单词。

（d）单词在与 URL 相关联的网页中出现正好三次到五次的网页的 URL、单词和出现频率。

12.1.5　内置 SQL 函数

要回答类似“包含单词 Paris 的网页有多少?”的问题，我们需要一种方法来计算通过查询获得的记录数。SQL 为此提供了一个内置函数。当应用 SQL 函数 `count()` 到一个结果表时，返回结果表的行数：

```
SELECT COUNT(*) FROM Keywords
WHERE Word = 'Paris'
```

得到的结果表如图 12-5a 所示，结果表只包含一列和一条记录。注意，该列不再对应于我们查询的表的某个列。

要回答“单词 Paris 在所有网页上出现的总次数是多少?”的问题，我们需要累加表 `Keywords` 中在 `Word` 列包含“ `Paris`”的所有行的列 `Freq` 的值。SQL 函数 `sum()` 可以用于这种情况，如下所示：

```
SELECT SUM(Freq) FROM Keywords
WHERE Word = 'Paris'
```

结果表如图 12-5b 所示。

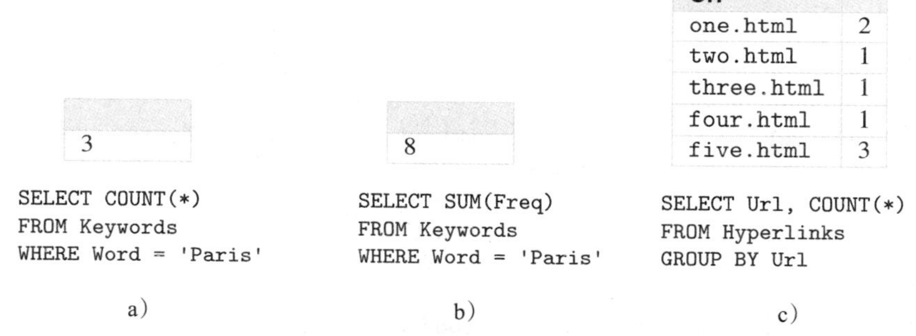

图 12-5　三个查询的结果表。a 包含出现单词“ Paris”的网页数量。b 包含数据库中所有网页中单词“Paris”出现的总次数。c 包含每个网页导出链接的超链接数量

12.1.6　GROUP BY 子句

假设接下来想知道“每个 Web 页面有多少导出链接?”的问题。要回答这个问题，需要累加每个不同 URL 值的链接数量。SQL 子句 `GROUP BY` 将一个表的记录按指定列中相同值进行分组。下一个查询将通过 URL 值将表 `Hyperlinks` 中的行分组，然后计算每组中的行数：

```
SELECT COUNT(*) FROM Hyperlinks
GROUP BY Url
```

稍微修改上述查询，同样包含网页 URL：

```
SELECT Url, COUNT(*) FROM Hyperlinks
GROUP BY Url
```

上述查询的结果如图 12-5c 所示。

练习题 12.2　对于下列问题，请编写一个 SQL 查询来回答：

(a) 网页 `two.html` 包含多少个单词（包含重复单词）?

(b) 网页 two.html 包含多少个不重复单词?

(c) 每个网页分别包含多少个单词(包含重复单词)?

(d) 每个网页分别包含多少个导入超链接?

要求问题(c)和(d)的结果表包含网页的 URL。

12.1.7 多表 SQL 查询

假设我们想知道"什么网页有一个指向包含单词 Bogota 的网页的超链接?"的问题。这个问题需要查找两个表:Keywords 和 Hyperlinks。我们需要在 Keywords 中查找包含单词"Bogota"的网页的 URL 的结果集 S,然后在 Keywords 中查找包含指向 S 中网页的超链接的网页的 URL。

SELECT 语句可以在多个表上使用。为了理解在多个表上使用 SELECT 时的行为,我们开发了几个示例。第一个示例如下:

```
SELECT * FROM Hyperlinks, Keywords
```

上述查询返回一个包含 104 条记录的表,每个记录包含 Hyperlinks 中的记录和 Keywords 中的记录的组合。结果表如图 12-6 所示,称之为交叉连接,它有五个命名列,对应于表 Hyperlinks 的两个列和表 Keywords 的三个列。

Hyperlinks		Keywords		
Url	Link	Url	Word	Freq
one.html	two.html	one.html	Beijing	3
one.html	two.html	one.html	Paris	5
one.html	two.html	one.html	Chicago	5
one.html	two.html	two.html	Bogota	3
...	...	...	...	...
five.html	four.html	four.html	Nairobi	5
five.html	four.html	five.html	Nairobi	7
five.html	four.html	five.html	Bogota	2

SELECT * FROM Hyperlinks, Keywords

图 12-6 连接数据库表。该表由表 Hyperlinks 的每一行和表 Keywords 的每一行组合而成。由于表 Hyperlinks 有 8 行,表 Keywords 中有 13 行,交叉连接将有 8 × 13 = 104 行。图中只显示前 3 行和后 3 行

当然,在交叉连接中有条件地选择一些记录是可能的。例如,下一个查询从 104 行交叉连接中,选择表 Keywords 中列 Word 包含"Bogota"的 16 行记录(图 12-6 中显示了其中的两行):

```
SELECT * FROM Hyperlinks, Keywords
WHERE Keywords.Word = 'Bogota'
```

注意最后一个 SQL 查询的语法。在多个表中的列的查询中,必须在列名之前添加表名和一个英文句点。如果不同表中的列具有相同的名称,这可以避免混淆。要指向表 Keywords 的列 Word,必须使用符号 Keywords.Word。

下面是另一个示例。下一个查询抽取交叉连接中 Hyperlinks.Url 和 Keywords.Url 值相等的记录:

```
SELECT * FROM Hyperlinks, Keywords
WHERE Hyperlinks.Url = Keywords.Url
```

上述查询的结果如图 12-7 所示。

Hyperlinks		Keywords		
Url	**Link**	**Url**	**Word**	**Freq**
one.html	two.html	two.html	Bogota	3
one.html	two.html	two.html	Beijing	2
one.html	two.html	two.html	Paris	1
one.html	three.html	three.html	Chicago	3
...	...	...	...	...
five.html	four.html	four.html	Paris	2
five.html	four.html	four.html	Nairobi	5

```
SELECT * FROM Hyperlinks, Keywords
WHERE Hyperlinks.Url = Keywords.Url
```

图 12-7 连接数据库表。其中包含了图 12-6 中满足条件 `Hyperlinks.Link = Keywords.Url` 的行

概念上，图 12-7 中的表包含这样的记录：超链接指向的网页中出现的单词（即 URL `Hyperlinks.Link` 的网页）与另一个超链接（从 `Hyperlinks.Url` 到 `Hyperlinks.Link`）之间的联系。

现在，回到我们最初的问题："什么网页有一个指向包含单词 Bogota 的网页的超链接?"要回答这个问题，我们需要在交叉连接中选择记录，满足如下条件：`Keywords.Word` 的值等于 'Bogota'，并且 `Keywords.Url` 的值等于 `Hyperlinks.Link` 的值。图 12-8 显示了这些记录。

Hyperlinks		Keywords		
Url	**Link**	**Url**	**Word**	**Freq**
one.html	two.html	two.html	Bogota	3
four.html	five.html	five.html	Bogota	2
five.html	two.html	two.html	Bogota	3

```
SELECT * FROM Hyperlinks, Keywords
WHERE Keywords.Word = 'Bogota' AND Hyperlinks.Link = Keywords.Url
```

图 12-8 连接数据库表。该表包含图 12-7 中满足条件 `Keywords.Word = 'Bogota'` 的记录

要查询一个指向包含 'Bogota' 的网页的所有网页的 URL，我们需要执行如图 12-9 所示的查询。

Hyperlinks
Url
one.html
four.html
five.html

```
SELECT Hyperlinks.Url FROM Hyperlinks, Keywords
WHERE Keywords.Word = 'Bogota' AND Hyperlinks.Link = Keywords.Url
```

图 12-9 连接数据库表。结果表仅包含图 12-8 中所示表的列 `Hyperlinks.Url`

12.1.8 CREATE TABLE 语句

在对数据库进行查询之前，我们需要创建表并将记录插入其中。当创建一个数据库文件

时，它将是空的，不包含任何表。SQL 语句 CREATE TABLE 用于创建表，其语法格式如下：

```
CREATE TABLE TableName
(
  Column1 dataType,
  Column2 dataType,
  ...
)
```

我们将语句扩展到多行，并缩进列定义以获得更好的视觉效果，这并没有别的语法意义。我们也可以把整个语句写成一行。

例如，要定义表 Keywords，可以执行如下语句：

```
CREATE TABLE Keywords
(
  Url text,
  Word text,
  Freq int
)
```

CREATE TABLE 创建表语句显式地指定表的每个列的名称和数据类型。列 Url 和 Word 是 text 文本类型，它对应于 Python str 数据类型。列 Freq 存储整数数据的频率。表 12-2 列出了一些 SQL 数据类型和相应的 Python 数据类型。

表 12-2　SQL 数据类型。与 Python 整数不同，SQL 整数大小有限制（-2^{31} 到 $2^{31}-1$）

SQL 类型	Python 类型	说　明
INTEGER	Int	存储整型值
REAL	float	存储浮点值
TEXT	str	存储字符串值，以引号分隔
BLOB	bytes	存储字节系列

12.1.9　INSERT 和 UPDATE 语句

SQL 语句 INSERT 用于插入一个新记录（行）到数据库表中。要插入一个完整的行，包含数据库表的每一列的值，请使用下列语法格式：

```
INSERT INTO TableName VALUES (value1, value2, ...)
```

例如，要插入表 Keywords 的第一行，可以执行如下语句：

```
INSERT INTO Keywords VALUES ('one.html', 'Beijing', 3)
```

SQL 语句 UPDATE 用于修改表中的数据。其一般语法格式如下：

```
UPDATE TableName SET column1 = value1
WHERE column2 = value2
```

如果希望更新网页 page two.html 中‘Bogota’的频率，可以使用下列方法更新表 Keywords：

```
UPDATE Keywords SET Freq = 4
WHERE Url = 'two.html' AND Word = 'Bogota'
```

知识拓展：更多关于 SQL 的知识

SQL 专门用来访问和处理存储在关系数据库（也就是说，存储在表中的数据项的集合，可以以各种方式访问和处理）中的数据，“关系”这个术语指的是关系的数学概念，它是一组项，或者更广泛地说是项的元组。因此，一个表可以看作是一个数学关系。

在本教程中，我们一直在以特殊的方式编写 SQL 语句。通过数学的视角来观察表的好处是，抽象和数学的力量可以使我们理解使用 SQL 计算什么和如何计算。关系代数是数学的一个分支，它是为这一目的而开发的。

如果想学习更多有关 SQL 的知识，有很多在线资源，包括：

www.w3schools.com/sql/default.asp

12.2 Python 中的数据库编程

掌握了基本的 SQL 知识，我们现在可以编写将数据存储在数据库中和执行数据库查询的应用程序。在本节中，我们将展示如何将网络爬虫抓取的数据存储到数据库中，然后在一个简单的搜索引擎应用的背景下挖掘该数据库。我们首先介绍访问数据库文件的数据库 API。

12.2.1 数据库引擎和 SQLite

Python 标准库包含一个数据库接口模块 `sqlite3`，为 Python 开发人员提供了一个简单的内置的访问数据库文件的 API。与典型的数据库 API 不同，`sqlite3` 模块不是一个独立的数据库引擎的程序接口。它是一个被称为 `SQLite` 的函数库的接口，用于直接访问数据库文件。

知识拓展：SQLite 数据库与其他数据库管理系统

应用程序通常不直接读取或写入数据库文件。相反，它们将 SQL 命令发送到数据库引擎（或者更正式的名称，关系数据库管理系统（RDBMS））。RDBMS 管理数据库，并以应用程序的名义访问数据库文件。

第一个 RDBMS 在 20 世纪 70 年代初由麻省理工学院开发完成。当今社会使用的主要 RDBMS 包括 IBM、Oracle、Sybase、微软公司开发的商业关系数据库，以及开源的 RDBMS，如 Ingres、Postgres 和 MySQL。所有这些引擎都是作为独立于 Python 之外的程序来运行的。为了访问它们，你必须使用一个 API（即 Python 模块），它提供了允许 Python 应用程序向引擎发送 SQL 语句的类和函数。

然而，SQLite 是一个函数库，它实现了一个 SQL 数据库引擎，可以在应用程序上下文执行，而不是独立运行。SQLite 是非常轻量级的，被许多应用程序（包括 Firefox 和 Opera 浏览器、Skype、苹果的 iOS 和谷歌的 Android 操作系统）广泛用于在本地存储数据。因此，SQLite 被称为应用最广泛的数据库引擎。

12.2.2 使用 `sqlite3` 创建一个数据库

接下来我们通过回顾扫描网页，并将其中的超链接 URL 及单词出现的频率保存到数据库所需要的必要步骤，来展示 `sqlite3` 数据库 API 的使用方法。首先，我们需要创建一个与数据库文件的连接，它相当于打开一个文本文件：

```
>>> import sqlite3
>>> con = sqlite3.connect('web.db')
```

函数 `connect()` 是模块 `sqlite3` 中的一个函数，带一个输入参数：一个数据库文件名（位于当前工作目录中），返回一个类型 `Connection`（定义在模块 `sqlite3` 中的类型）的对象。`Connection` 对象与数据库文件关联。在上述语句中，如果在当前工作目录中存在数据库文件 `web.db`，则 `Connection` 对象 `con` 表示该数据库文件；否则，会创建一个新的数据库文件 `web.db`。

当我们创建了一个与数据库相关联的连接（`Connection`）对象后，我们需要创建一个游标对象，用于执行 SQL 语句。`Connection` 的类方法 `cursor()` 返回一个 `Cursor` 类型的对象：

```
>>> cur = con.cursor()
```

`Cursor` 对象是数据库处理的主要对象。它提供了一个方法 `execute()`，带一条 SQL 语句（作为字符串）作为参数并执行该语句。例如，要创建数据库表 `Keywords`，只需要把 SQL 语句作为字符串参数传递给方法 `execute()`：

```
>>> cur.execute("""CREATE TABLE Keywords (Url text,
                                          Word text,
                                          Freq int)""")
```

创建了表 `Keywords` 之后，我们就可以插入记录了。只需要把 SQL 的 `INSERT INTO` 语句作为输入参数传递给 `execute()` 方法：

```
>>> cur.execute("""INSERT INTO Keywords
                   VALUES ('one.html', 'Beijing', 3)""")
```

在这个例子中，插入到数据库中的值（`'one.html'`、`'Beijing'` 和 3）在 SQL 语句的字符串表达式中是“硬编码”。一般情况并非如此，因为通常在程序中执行的 SQL 语句使用来自 Python 变量的值。为了构造使用 Python 变量值的 SQL 语句，我们使用类似于字符串格式化的技术，称之为*参数替换*。

例如，假如我们希望插入一条新的记录到数据库中，新记录包含值：

```
>>> url, word, freq = 'one.html', 'Paris', 5
```

我们像往常一样构造 SQL 语句字符串表达式，但是将一个“?”符号作为占位符，表示 Python 变量值所处的位置。这对应于 `execute()` 方法的第一个参数。第二个参数是一个包含三个变量的元组：

```
>>> cur.execute("""INSERT INTO Keywords
                   VALUES (?, ?, ?)""", (url, word, freq))
```

元组的每个值都映射到一个占位符，如图 12-10 所示。

```
''INSERT INTO Keywords VALUES ( ? , ? , ? )'', ( url , word , freq ))
```

图 12-10　参数替换。在 SQL 字符串表达式中占位符“?”被替换为对应的变量值

我们也可以事先把所有的值组合成一个元组：

```
>>> record = ('one.html','Chicago', 5)
>>> cur.execute("INSERT INTO Keywords VALUES (?, ?, ?)", record)
```

注意事项：安全问题——SQL 注入

可以使用格式化字符串和字符串 format() 方法构造 SQL 语句的字符串表达式。然而，这是不安全的，因为它易受被称为"SQL 注入攻击"的安全攻击。当然不应该使用格式化字符串来构造 SQL 表达式。

12.2.3 提交数据库更改和关闭数据库

对数据库文件的更改（包括创建表、删除表、插入行、更新行）实际上不会立即写入数据库文件。它们只在内存中暂时记录下来。为了保证写入变更内容，必须通过调用 Connection 对象的 commit() 方法来提交变更内容。

```
>>> con.commit()
```

当完成数据库文件工作时，需要关闭它，就像关闭文本文件一样。可以通过调用 Connection 对象的 close() 方法来关闭数据库文件：

```
>>> con.close()
```

练习题 12.3 实现函数 webData()，带下列输入参数：

1. 数据库文件名称；
2. 一个网页的 URL；
3. 一个网页中的所有超链接列表；
4. 一个映射网页中每个单词到其在网页中出现频率的字典。

要求数据库文件包含如图 12-2a 和 12-2b 所示的表 Keywords 和 Hyperlinks。要求函数为列表中的每个超链接在表 Hyperlinks 中插入一行记录，为字典中的每个 (word, frequency) 对在 Keywords 中插入一行记录。执行完这些操作后，应该提交和关闭数据库。

12.2.4 使用 sqlite3 查询数据库

接下来我们将展示如何从 Python 程序中执行 SQL 查询。我们在数据库文件 links.db 上执行查询操作，该数据库文件中包含如图 12-2 所示的表 Hyperlinks 和 Keywords。

```
>>> import sqlite3
>>> con = sqlite3.connect('links.db')
>>> cur = con.cursor()
```

为了执行一条 SQL 的 SELECT 语句，我们只需要把该语句作为一个字符串参数传递给游标的 execute() 方法：

```
>>> cur.execute('SELECT * FROM Keywords')
```

SELECT 应该返回一个结果表。那么，结果表在哪儿呢？

该表存储在 Cursor 对象本身中。如果想要访问它，可以使用下列几种方式获取它。要获取选定的记录为一个元组，可以使用（Cursor 类的）fetchall() 方法：

```
>>> cur.fetchall()
[('one.html', 'Beijing', 3), ('one.html', 'Paris', 5),
('one.html', 'Chicago', 5), ('two.html', 'Bogota', 3)
...
('five.html', 'Bogota', 2)]
```

另一种方法是将 Cursor 对象 cur 直接作为一个迭代器，并迭代访问：

```
>>> cur.execute('SELECT * FROM Keywords')
<sqlite3.Cursor object at 0x15f93b0>
>>> for record in cur:
        print(record)

('one.html', 'Beijing', 3)
('one.html', 'Paris', 5)
...
('five.html', 'Bogota', 2)
```

第二种方法具有内存高效的优点，因为不用在内存中存储大的列表。

如果查询使用存储在 Python 变量中的值该怎么办？假设我们想知道哪些网页包含 word 的值，其中 word 的定义如下：

```
>>> word = 'Paris'
```

再次，我们可以使用参数替换：

```
>>> cur.execute('SELECT Url FROM Keywords WHERE Word = ?', (word,))
<sqlite3.Cursor object at 0x15f9b30>
```

word 的值替换了 SQL 查询中的占位符位置。让我们确认该查询确实查出了包含单词“Paris”的所有网页：

```
>>> cur.fetchall()
[('one.html',), ('two.html',), ('four.html',)]
```

让我们尝试一个使用两个 Python 变量值的示例。假设我们想知道包含单词 word 出现频率多于 n 次的网页 URL，其中：

```
>>> word, n = 'Beijing', 2
```

我们再次使用图 12-11 所示的参数替换：

```
>>> cur.execute("""SELECT * FROM Keywords
                   WHERE Word = ? AND Freq > ?""", (word, n))
<sqlite3.Cursor object at 0x15f9b30>
```

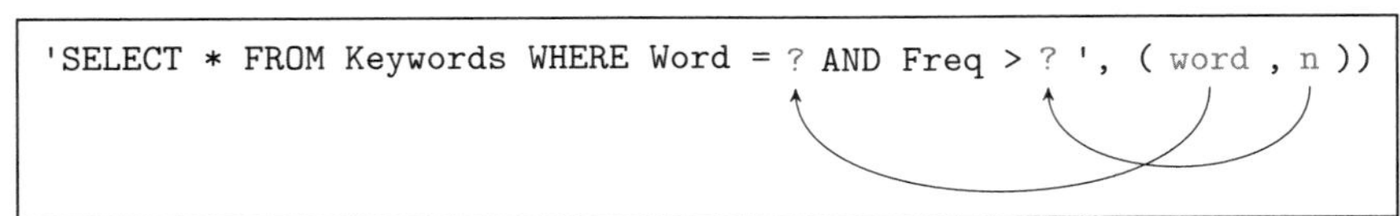

图 12-11　两个参数 SQL 替换。第一个参数匹配第一个占位符，第二个参数匹配第二个占位符

注意事项：两个游标的陷阱

如果执行了 cur.execute() 语句之后，运行下列命令：

```
>>> cur.fetchall()
[('one.html', 'Beijing', 3), ('three.html', 'Beijing', 6)]
```

将得到预期的结果表。然而，如果再次运行 `cur.fetchall()`:

```
>>> cur.fetchall()
[]
```

结果为空。问题关键在于：`fetchall()` 将清空 `Cursor` 对象缓冲区。如果通过迭代 `Cursor` 对象获取结果表中的记录，情况也是如此。

如果没有获取前一次查询的结果，执行 SQL 查询会产生另一个问题：

```
>>> cur.execute("""SELECT Url FROM Keywords
                   WHERE Word = 'Paris'""")
<sqlite3.Cursor object at 0x15f9b30>
>>> cur.execute("""SELECT Url FROM Keywords
                   WHERE Word = 'Beijing'""")
<sqlite3.Cursor object at 0x15f9b30>
>>> cur.fetchall()
[('one.html',), ('two.html',), ('three.html',)]
```

`fetchall()` 返回仅第二次查询的结果。第一次查询的结果被丢失。

练习题 12.4　搜索引擎是一个服务应用程序，从用户处获取一个关键字，返回包含该关键字的网页 URL，并根据某个特定的准则对网页排序。在本练习题中，要求开发一个简单的搜索引擎，基于频率对网页进行排序。

编写一个搜索引擎应用程序。该搜索引擎应用程序基于一个如图 12-2b 所示的数据库表 `Keywords`，该表存储网页爬虫结果所搜寻到的单词出现频率。搜索引擎应用程序将提示用户输入一个关键字，然后简单地返回包含该关键字的网页，按照关键字的出现频率降序排列。

```
>>> freqSearch('links.db')
Enter keyword: Paris
URL             FREQ
one.html           5
four.html          2
two.html           1
Enter keyword:
```

12.3　函数语言方法

在本节中，我们将展示 MapReduce（谷歌公司开发的数据处理框架）。其主要特点是它是可伸缩的，这意味着它能够处理非常大的数据集。它足够健壮，足以使用多个计算节点处理大数据集，计算节点可以是一个微处理器中的内核，也可以是一个云计算平台中的计算机。事实上，在下一节将展示如何扩展我们开发的框架以利用个人电脑的微处理器的所有内核。

为了使我们的 MapReduce 实现尽可能简单，我们引入了一个新的 Python 构造：列表解析。列表解析和 MapReduce 框架都源于函数式编程语言范式，我们将简单地进行描述。

12.3.1　列表解析

打开一个文本文件后，使用方法 readlines() 读取文件，将获得一个文本行的列表。列表中的每一行以新的换行符 \n 结尾。例如，假设获得的文本行列表如下：

```
>>> lines
['First Line\n','Second\n','\n', 'and Fourth.\n']
```

在典型应用中，字符 \n 会妨碍文本行的处理，我们需要删除它。删除 \n 的一种方法是使用 for 循环和熟悉的累加器模式：

```
>>> newlines = []
>>> for i in range(len(lines)):
        newlines.append(lines[i][:-1])
```

在 for 循环的每次迭代 i 中，删除第 i 行的最后一个字符（换行字符 \n）并把修改后的文本行添加到一个累加器列表 newlines 中：

```
>>> newlines
['First Line', 'Second', '', 'and Fourth.']
```

Python 中还有一种完成同样任务的方法：

```
>>> newlines = [line[:-1] for line in lines]
>>> newlines
['First Line', 'Second', '', 'and Fourth.']
```

Python 语句“[line[:-1] for line in lines]”基于列表 lines 构造一个新的列表，是 Python 的列表解析构造。其工作原理如下：从左到右，针对 lines 中的每一个项应用 line[:-1] 来生成新列表。新列表中项出现的顺序对应于原始列表 lines 中对应项的顺序（参见图 12-12）。

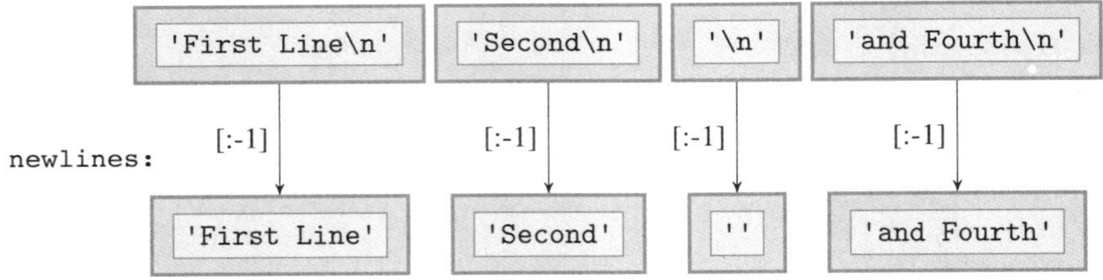

图 12-12　列表解析。从一个既存列表构造一个新的列表。把同一个函数应用到既存列表中的每一个项来构造新的列表

更一般地，列表解析语句的语法格式如下：

```
[<表达式> for <项> in <序列/迭代器>]
```

语句的计算结果为一个列表，通过把 <表达式>（通常与 <项> 相关联）应用到可迭代容器 <序列/迭代器> 的每个项生成新列表的项。一个更一般的版本格式还包括一个可选的条件表达式：

```
[<表达式> for <项> in <序列/迭代器> if <条件>]
```

在这种情况下，通过应用 <表达式> 到 <序列/迭代器> 的满足 <条件> 的项来生成新列表的项。

让我们尝试几个示例。对上一个示例进行如下更改，使得新的列表将不包含空字符串（对应于原始文件的空行）：

```
>>> [line[:-1] for line in lines if line != '\n']
['First Line', 'Second', 'and Fourth.']
```

在下一个示例，我们构造一个不超过 20 的偶数列表：

```
>>> [i for i in range(0, 20, 2)]
[0, 2, 4, 6, 8, 10, 12, 14, 16, 18]
```

在下一个示例，我们计算一个列表中字符串的长度：

```
>>> [len(word) for word in ['hawk', 'hen', 'hog', 'hyena']]
[4, 3, 3, 5]
```

练习题 12.5 假设字符串列表 words 定义如下：

```
>>> words = ['hawk', 'hen', 'hog', 'hyena']
```

编写列表解析语句，使用 words 作为原始列表，构造如下列表：

(a) ['Hawk', 'Hen', 'Hog', 'Hyena']
(b) [('hawk', 4), ('hen', 3), ('hog', 3), ('hyena', 5)]
(c) [[('h', 'hawk'), ('a', 'hawk'), ('w', 'hawk'), ('k', 'hawk')], [('h', 'hen'), ('e', 'hen'), ('n', 'hen')], [('h', 'hog'), ('o', 'hog'), ('g', 'hog')], [('h', 'hyena'), ('y', 'hyena'), ('e', 'hyena'), ('n', 'hyena'), ('a', 'hyena')]]

我们对（c）中的列表加以解释。对于原始列表中的每个字符串 s，创建一个新的元组列表，每个元组映射字符串的一个字母到字符串 s 本身。

知识拓展：函数式编程

列表解析是借用自函数式编程语言的编程结构。列表解析起源于编程语言 SETL 和 NPL，当它被包含在函数式编程语言 Haskell 和（特别是）Python 后，越来越为大众知晓。

函数式语言范式不同于命令式、陈述式和面向对象的范式，因为它没有“语句”，只有表达式。函数式语言程序是一个表达式，它包含一个函数调用，它通过数据和其他可能的函数作为参数。函数式编程语言的例子包括 Lisp、Scheme、Clojure、ML、Erlang、Scala、F #，和 Haskell。

Python 不是一种函数式语言，但它借用了一些有助于创建更简洁、更短小的 Python 程序的函数语言结构。

12.3.2 MapReduce 问题求解框架

我们最后一次考虑的是计算字符串中每个单词的出现频率的问题。我们使用这个例子来引入字典容器类，并开发一个非常简单的搜索引擎。我们现在基于这个问题来创建一种被称为 MapReduce 的新方法，MapReduce 由谷歌公司开发用于解决数据处理问题。

假设我们想计算列表中每个单词的出现频率：

```
>>> words = ['two', 'three', 'one', 'three', 'three',
             'five', 'one', 'five']
```

使用 MapReduce 方法解决该问题包括三个步骤：

首先，为列表 words 中的每个 word 创建一个元组：(word, 1)。(word, 1) 对被称为（key，value）对，每个键 word 的值 1 捕获一个单词特定实例的计数。注意，对原始列表 words 中出现的每个 word 都有一个 (word, 1) 对。

每个（key，value）对保存在自己的列表中，所有这些单个元素列表都包含在列表 intermediate1 中，如图 12-13 所示。

MapReduce 的中间步骤是把所有包含相同 word 的 [(word,1)] 列表组合在一起创建一个新的（key，value）对（word，[1，1，…，1]），其中 [1，1，…，1] 是所有值 1 组合在一起的列表。注意，对原始列表 words 中的每个单词 word 在 [1，1，…，1] 中都有一个 1。我们把中间步骤获得的（key，value）对的列表称为 intermediate2（参见图 12-13）。

在最后一步，intermediate2 中每个 (word, [1,1,…,1]) 的 1 累加起来，如图 12-13 所示。我们把最后的（key，value）对列表称为 frequency。

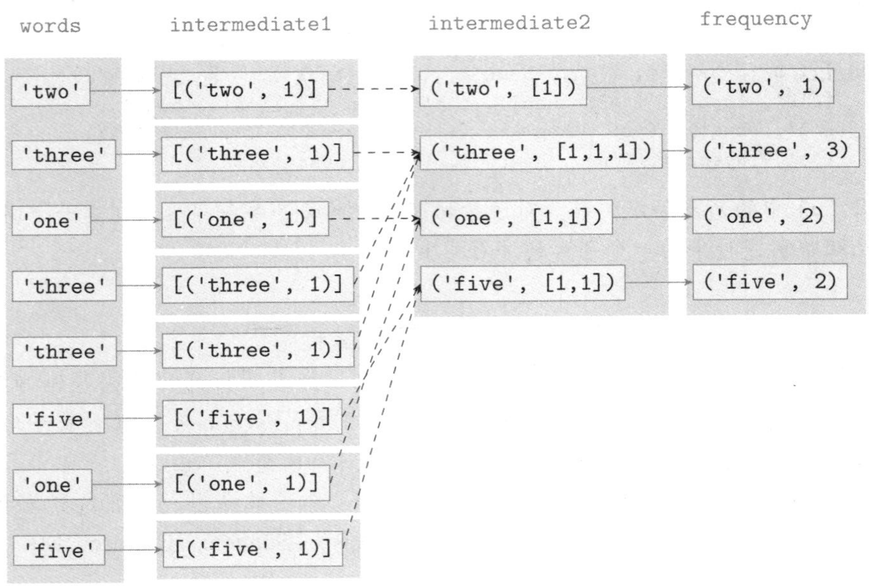

图 12-13　MapReduce 用于单词频率。使用列表解析把列表 words 中的每个单词映射到 [(word,1)]。这些新的列表被存储到列表 intermediate1 中。然后 intermediate1 中的所有包含相同 word 的 [(word,1)] 列表组合在一起创建元组 (word, [1, 1, …, 1])。在最后一步，这些元组中的 1 累加到变量 count，并把元组 (word, count) 添加到列表 frequency 中

让我们看看如何在 Python 中实现这些步骤。首先基于列表 words 通过应用函数 occurrence() 为列表 words 中的每个单词构建一个新的列表：

模块：ch12.py

```
def occurrence(word):
    'returns list containing tuple (word, 1)'
    return [(word, 1)]
```

使用列表解析，我们可以把 MapReduce 的第一步简洁表述如下：

```
>>> intermediate1 = [occurrence(word) for word in words]
>>> intermediate1
[[('two', 1)], [('three', 1)], [('one', 1)], [('three', 1)],
 [('three', 1)], [('five', 1)], [('one', 1)], [('five', 1)]]
```

这一步被称为 MapReduce 的 Map（映射）步骤，函数 `occurrence()` 被称为词频问题的 Map 函数。

注意事项：Map 步骤返回一个元组的列表

函数 `occurrence()` 返回一个只包含一个元组的列表。你可能会疑惑它为什么不返回元组本身？

其原因是我们的目标不仅仅是解决词频问题。我们的目标是开发一个通用的框架，可以用来解决一系列问题。对于词频问题以外的问题，Map 步骤可能不仅仅返回一个元组。我们将在本节后面看到一个例子。因此，我们坚持将 Map 函数返回一个元组列表。

MapReduce 的中间步骤称为 Partition（分区）步骤，将 `intermediate1` 的子列表中 `key` 相同的所有对组合起来：

```
(key, value1), (key, value2), ... (key, valuek)
```

对于每个唯一的 `key`，创建一个新的（key，values）对，其中 values 是列表 `[value1, value2, …,valuek]`。这个步骤封装在函数 `partition()` 中：

模块：ch12.py

```
def partition(intermediate1):
    '''intermediate1 is a list containing [(key, value)] lists;
       returns iterable container with a (key, values) tuple for
       every unique key in intermediate1; values is a list that
       contains all values in intermediate1 associated with key
    '''
    dct = {}              #( key , value ) 对的字典

    # 对于 intermediate1 中每个列表的每个 (key , value) 对
    for lst in intermediate1:
        for key, value in lst:

            if key in dct: # 如果 key 已经存在于字典 dct 中,
                dct[key].append(value) # 则将 value 添加到列表 dct[key] 中
            else:          # 如果 key 未存在于字典 dct 中,
                dct[key] = [value]     #则将 (key, [ value]) 添加字典 dct 中,

    return dct.items()  # 返回 (key, values) 元组容器
```

函数 `partition()` 带一个参数：`intermediate1`。构建列表 `intermediate2`：

```
>>> intermediate2 = partition(intermediate1)
>>> intermediate2
dict_items([('one', [1, 1]), ('five', [1, 1]), ('two', [1]),
            ('three', [1, 1, 1])])
```

最后一步是针对 intermediate2 中的每个 (key, values) 对，通过累加 values 中的值来构建一个新的 (key, count) 对：

模块：ch12.py

```
def occurrenceCount(keyVal):
    return (keyVal[0], sum(keyVal[1]))
```

同样，列表解析为执行此步骤提供了一个简洁的方法：

```
>>> [occurrenceCount(x) for x in intermediate2]
[('six', 1), ('one', 2), ('five', 2), ('two', 1), ('three', 3)]
```

这被称为 MapReduce 的 Reduce（减少）步骤。函数 occurrenceCount() 被称为词频问题的 Reduce 函数。

12.3.3 MapReduce 的抽象概念

在上一节中我们用来计算单词频率的 MapReduce 方法似乎是一种笨拙而奇怪的计算词频的方法。可以把它看作是我们在第 6 章所讨论的基于字典的方法的一个更复杂版本。然而，MapReduce 方法有其优点。第一个优点是该方法是一个通用方法，适用于一系列的问题。第二个优点是，它适合于使用多个计算节点而不是一个来实现，计算节点可以是中央处理器（CPU）上的多个核心，还可以是云计算系统中的数千个节点。

下一节我们将深入探讨第二个优点。现在要做的是对 MapReduce 的步骤进行抽象，以使得通过简单地定义特定的 Map 函数和 Reduce 函数，就可以让该框架用于一系列不同的问题。简而言之，我们的目标是开发一个 SeqMapReduce 类，可以按下列方式方便地计算词频：

```
>>> words = ['two', 'three', 'one', 'three', 'three',
             'five', 'one', 'five']
>>> smr = SeqMapReduce(occurrence, occurrenceCount)
>>> smr.process(words)
[('one', 2), ('five', 2), ('two', 1), ('three', 3)]
```

我们可以使用 SeqMapReduce 对象 smr 计算其他东西的频率。例如，计算数值的频率：

```
>>> numbers = [2,3,4,3,2,3,5,4,3,5,1]
>>> smr.process(numbers)
[(1, 1), (2, 2), (3, 4), (4, 2), (5, 2)]
```

此外，通过指定其他特定问题的 Map 函数和 Reduce 函数，我们可以解决其他问题。

这些规范建议类 SeqMapReduce 应该包含一个以 Map 和 Reduce 函数作为输入参数的构造函数。方法 process 应该带一个包含数据的可迭代对象作为参数，并执行 Map、Partition 和 Reduce 步骤：

模块：ch12.py

```
class SeqMapReduce(object):
    '一个序列化的 MapReduce 实现'
    def __init__(self, mapper, reducer):
        '函数 mapper 和 reducer 针对问题定制'
        self.mapper = mapper
        self.reducer = reducer
    def process(self, data):
        '使用 mapper 和 reducer 函数在数据上运行 MapReduce'
        intermediate1 = [self.mapper(x) for x in data]  # Map
        intermediate2 = partition(intermediate1)
        return [self.reducer(x) for x in intermediate2] # Reduce
```

注意事项：MapReduce 的输入应该为不可变对象

假设我们希望计算列表 lists 的子列表的频率：

```
>>> lists = [[2,3], [1,2], [2,3]]
```

看起来似乎可以采用与计算字符串和数值的相同的方法：

```
>>> smr = SeqMapReduce(occurrence, occurrenceCount)
>>> smr.process(lists)
Traceback (most recent call last):
...
TypeError: unhashable type: 'list'
```

结果呢？发生了什么？问题的根源在于列表不能作为函数 partition() 实现中的字典 dct 的键。我们的方法只适用于可哈希的、不可变对象数据类型。如果把列表更改为元组，我们可以完成任务：

```
>>> lists = [(2,3), (1,2), (2,3)]
>>> m.process(lists)
[((1, 2), 1), ((2, 3), 2)]
```

12.3.4　倒排索引

接下来，我们应用 MapReduce 框架来解决倒排索引问题（也被称为反向索引问题）。这个问题有很多版本。我们考虑的版本是：给定一组文本文件，找出哪个词出现在哪个文件中。这个问题的一种解决方案可以表示为映射每个单词到包含它的文件列表的映射。这种映射称为倒排索引。

例如，假设我们要为如图 12-14 所示的文本文件 a.txt、b.txt 和 c.txt 构建倒排索引。

a.txt	b.txt	c.txt
Paris, Miami	Tokyo	Cairo, Cairo
Tokyo, Miami	Tokyo, Quito	Paris

图 12-14　三个文本文件。倒排索引把每个单词映射到包含单词的文件

例如，倒排索引会把 'Paris' 映射到列表 ['a.txt', 'c.txt']，'Quito' 映射到 ['b.txt']。因此倒排索引应该为：

```
[('Paris', ['c.txt', 'a.txt']), ('Miami', ['a.txt']),
('Cairo', ['c.txt']), ('Quito', ['b.txt']),
('Tokyo', ['a.txt', 'b.txt'])]
```

要使用 MapReduce 来获取倒排索引，我们必须定义 Map 和 Reduce 函数，把文件名列表

```
['a.txt', 'b.txt', 'c.txt']
```

作为参数，产生倒排索引。图 12-15 显示了这些函数如何工作。

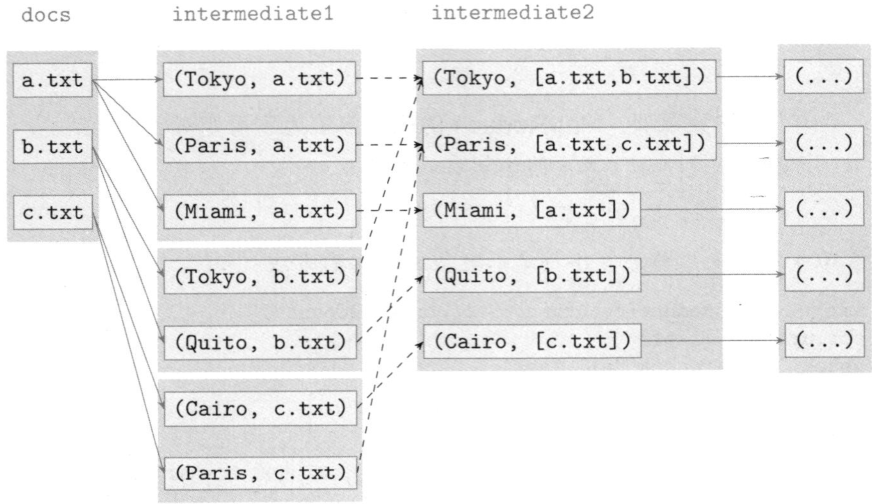

图 12-15　倒排索引问题的 MapReduce。Map 步骤为文件中的每一个 word 创建一个元组 (word, file)。Partition 步骤收集相同 word 的元组。Partition 步骤的输出结果是期望的倒排索引，把单词映射到包含单词的文件。Reduce 步骤没有对 Partition 步骤的输出结果做任何修改

在 Map 阶段，Map 函数为每个文件创建一个列表。这个列表包含文件中的每个单词的元组 (word, file)。函数 getWordsFromFile() 实现了 Map 函数：

模块：ch12.py

```
from string import punctuation
def getWordsFromFile(file):
    '''为文件中的每个单词,
       返回项[(word, file)]的列表'''
    infile = open(file)
    content = infile.read()
    infile.close()

    # 删除标点符号(4.1 节涉及)
    transTable = str.maketrans(punctuation, ' '*len(punctuation))
    content = content.translate(transTable)

    # 构造没有重复项的[(word, file)]集合)
    res = set()
```

```
    for word in content.split():
        res.add((word, file))
    return res
```

注意，这个 Map 函数返回一个集合，而不是一个列表。这不是问题，因为唯一的要求是返回一个可迭代的容器。我们使用集合的理由是可以保证没有重复项 `[(word, file)]`，因为重复项没有必要，只会降低 Partition 和 Reduce 步骤的速度。

Map 步骤完成后，Partition 函数将把所有相同 `word` 值的元组 `(word, file)` 结合在一起并合并成一个元组 `(word, files)`，其中 `files` 是包含 `word` 的所有文件的列表。换言之，Partition 函数构造了倒排索引。

这意味着不需要 Reduce 步骤执行任何操作。Reduce 函数仅仅把项拷贝到结果列表——倒排索引。

模块：ch12.py

```
def getWordIndex(keyVal):
    return keyVal
```

要计算倒排索引，只需要执行如下操作：

```
>>> files = ['a.txt', 'b.txt', 'c.txt']
>>> print(SeqMapReduce(getWordsFromFile, getWordIndex).
              process(files))
[('Paris', ['c.txt', 'a.txt']), ('Miami', ['a.txt']),
('Cairo', ['c.txt']), ('Quito', ['c.txt', 'b.txt']),
('Tokyo', ['a.txt', 'b.txt'])]
```

练习题 12.6 开发一个基于 MapReduce 的解决方案，构建一个单词列表的倒排“字符索引”。要求索引把至少出现在一个单词中的字符映射到包含该字符的单词列表。你的工作包含设计 Map 函数 `getChars()` 和 Reduce 函数 `getCharIndex()`。

```
>>> mp = SeqMapReduce(getChars, getCharIndex)
>>> mp.process(['ant', 'bee', 'cat', 'dog', 'eel'])
[('a', ['ant', 'cat']), ('c', ['cat']), ('b', ['bee']),
('e', ['eel', 'bee']), ('d', ['dog']), ('g', ['dog']),
('l', ['eel']), ('o', ['dog']), ('n', ['ant']),
('t', ['ant', 'cat'])]
```

12.4 并行计算

当今的计算常常需要处理大量的数据。一个搜索引擎不断地从数十亿的网页中提取信息。在瑞士的日内瓦附近的大型强子对撞机上运行的粒子物理实验，每年产生万兆字节的数据，用以处理并回答关于宇宙的基本问题。很多公司（如 Amazon、eBay 和 Facebook）每天记录数以百万的交易记录并在他们的数据挖掘程序中使用这些数据。

没有一台计算机强大到足以解决我们刚才所描述的那类问题。当今世界，许许多多的处理器被用来并行处理大型数据集。在本节中，我们将介绍并行编程和一个能够利用大多数当前计算机上可用的多个内核的 Python API。虽然分布式系统上的并行计算的实际细节超出了本教程的范围，但我们在本章中介绍的一般原则也适用于这类计算。

12.4.1 并行计算简介

直到21世纪初，大多数个人计算机的微处理器只有一个核心（即处理单元）。这意味着在该机器上同时只能执行一个程序。从21世纪初开始，主要的微处理器制造商（如英特尔和AMD）开始销售包含多个处理单元（通常称之为*内核*）的微处理器。现在销售的几乎所有的个人计算机和很多无线设备的微处理器都有两个或多个内核。到目前为止，我们开发的程序没有使用多个内核。为了利用这些优势，我们需要使用一种Python并行编程API。

知识拓展：摩尔定律

1965年，英特尔联合创始人戈登·摩尔预测，微处理器芯片上的晶体管数量每两年会翻一倍。令人惊讶的是，他的预测迄今为止一直没有改变。由于晶体管密度的指数增长，微处理器的处理能力（以每秒指令数来衡量）在过去几十年中取得了巨大的增长。

增加晶体管密度可以通过两种方式提高处理能力。一种方法是基于下列情况：如果晶体管结合更紧密，则指令执行速度更快。因此，我们可以减少指令执行的间隔（即增加处理器时钟频率）。到21世纪初，微处理器制造商正是这样做的。

随着时钟频率的增加，功耗也会增加，从而产生了过热等问题。因此，另一种提高处理能力的方法是将密集的晶体管重组成多个可以并行执行指令的内核。这种方法也最终增加了每秒可以执行的指令数。近日，处理器制造商已经开始使用第二种方法，生产双核、四核、八核甚至更多内核的处理器。微处理器结构的这一根本性变化是一个机遇，也是一个挑战。使用多个内核编写程序比单核编程复杂得多。

12.4.2 multiprocessing 模块中的 Pool 类

如果你的计算机具有多个内核的微处理器，则可以将一些Python程序的执行分成若干任务，这些任务可以由不同的内核并行运行。在Python中这样做的一个方法是使用标准库模块multiprocessing。

如果不知道你的计算机有多少个内核，可以使用模块multiprocessing中的函数cpu_count()来获取：

```
>>> from multiprocessing import cpu_count
>>> cpu_count()
8
```

你的计算机可能拥有更少或更多的内核。有了八个内核，从理论上讲程序执行速度可以快八倍。要达到这个速度，你必须把你要解决的问题分成八个相等的大小，然后让每个内核并行处理一块。不幸的是，并不是所有的问题都能被分解成同样大小的碎片。但也存在一些问题（特别是数据处理问题）是可以这样划分的，它们激发了本节的讨论。

我们使用multiprocessing模块中的Pool类将一个问题分割成碎片然后并行执行。一个Pool对象表示一个或者多个进程的进程池，每个进程都可以独立地在可用的处理器内核中执行。

知识拓展：什么是进程？

一个进程通常被定义为“执行中的程序”，但这意味着什么呢？当一个程序在计算机上执行时，它在一个“环境”中执行。这个“环境”跟踪所有的程序指令、变量、程序栈、CPU 的状态，等等。这个“环境”是由底层操作系统创建的，以支持程序的执行。这个“环境”就是我们所说的一个进程。

现代计算机是多处理技术，这意味着它们可以并发运行多个程序（或者更准确地说，多个进程）。并发这个词并不意味着“同时”，在单个内核的微处理器计算机体系结构中，只有一个进程可以在给定的时间点上执行。在这种情况下，并发意味着，在任何给定的时间点上，都有多个进程（执行中的程序），其中一个进程实际上使用 CPU 并正在执行，其他进程被中断，等待操作系统将 CPU 分配给它们。在多核计算机体系结构，情况是不同的：几个进程可以在同一时间在不同的内核上运行。

我们在一个简单的示例中演示类 Pool 的使用方法：

模块：parallel.py

```
from multiprocessing import Pool

pool = Pool(2)                  # 创建两个进程的进程池

animals = ['hawk', 'hen', 'hog', 'hyena']
res = pool.map(len, animals) # 在列表 animals 的每一个项上应用 len() 函数

print(res)                      # 打印字符串长度列表的内容
```

这个程序使用包括两个进程的进程池来计算列表 animals 中字符串的长度。当你在系统的命令行（不是 Python 交互式命令行）中执行此程序时，结果如下：

```
> python parallel.py
[4, 3, 3, 5]
```

因此，在程序 parallel.py 中，map() 方法把函数 len() 应用到列表 animals 的每一个项，然后返回获得值的新列表。表达式：

```
pool.map(len, animals)
```

和列表解析表达式：

```
[len(x) for x in animals]
```

二者执行相同的操作，求值计算结果值相同。唯一的不同之处在于如何操作。

与列表解析方法不同，在基于 Pool 的方法中使用两个进程把函数 len() 应用到列表 animals 的每一个项。如果主机至少包括两个内核，则处理器可以同时（即并行）执行两个进程。

要演示两个进程同时执行的效果，我们修改程序 parallel.py 以显式展示处理列表 animals 中不同项的不同进程。要区分不同进程，我们使用一个方便的事实：每个进程都有一个唯一的整数 ID。进程的 ID 可以使用标准库模块 os 中的 getpid() 函数获得：

模块：parallel.py

```
from multiprocessing import Pool
from os import getpid

def length(word):
    '返回字符串单词的长度'

    #  打印执行函数的进程的 id
    print('Process {} handling {}'.format(getpid(), word))
    return len(word)

# 主程序
pool = Pool(2)
res = pool.map(length, ['hawk', 'hen', 'hog', 'hyena'])
print(res)
```

和 `len()` 一样，函数 `length()` 带一个字符串参数，返回其长度，同时还输出执行该函数的进程的 ID。当我们在系统的命令行（不是 Python 交互式命令行）中执行此程序时，结果类似如下：

```
> python parallel2.py
Process 36715 handling hawk
Process 36716 handling hen
Process 36716 handling hyena
Process 36715 handling hog
[4, 3, 3, 5]
```

因此，ID 为 36715 的进程处理字符串 `'hawk'` 和 `'hog'`，而 ID 为 36716 的进程处理字符串 `'hen'` 和 `'hyena'`。在具有多个内核的计算机上，进程可以完全并行执行。

注意事项：为什么不在交互式命令行中运行并行程序？

由于超出本书范围的技术原因，在某些操作系统平台上不可能在交互式命令行中使用 `Pool` 运行程序。出于这个原因，我们在主机操作系统的命令行中运行所有使用进程池的程序。

要更改 `parallel2.py` 中进程池的大小，只需要改变 `Pool` 构造函数的输入参数。当使用 `Pool()` 默认构造函数（即没有指定进程池大小时）构建一个进程池时，Python 会自己确定分配多少个进程。分配的进程数不会超过主机的内核数。

练习题 12.7 编写程序 `notParallel.py`，一个 `parallel2.py` 的列表解析版本。运行并检查使用了多少个进程。然后运行 `parallel2.py` 若干次：进程池大小分别为 1、3、4，以及使用 `Pool()` 默认构造函数。

12.4.3 并行加速比

为了说明并行计算的优越性，我们讨论一个数论中计算密集型的问题。我们想比较素数在几个任意整数范围内的分布。更确切地说，我们希望在几个相同大小范围（100 000 个大整数）计算素数的个数。

假设其中一个范围是从 12 345 678 到但不包括 12 445 678。为了在这个范围内查找素数，我们可以简单地遍历范围内的数值，并检查每个数值是否为素数。函数 `countPrimes()` 使用列表解析实现这个想法：

模块：primeDensity.py

```
from os import getpid

def countPrimes(start):
    '返回在数值[start, start + rng)范围内的所有素数'

    rng = 100000
    formatStr = 'process {} processing range [{}, {})'
    print(formatStr.format(getpid(), start, start+rng))

    # 对数值[start, start + rng)范围内的所有素数i求累加和
    return sum([1 for i in range(start,start+rng) if prime(i)])
```

函数 `prime()` 带一个正整数参数，如果是素数则返回 `True`，否则返回 `False`。这是思考题 5.36 的答案。我们使用下一个程序来计算函数 `countPrimes()` 的执行时间：

模块：primeDensity.py

```
from multiprocessing import Pool
from time import time

if __name__ == '__main__':

    p = Pool()
    # starts是整数范围的左边界列表
    starts = [12345678, 23456789, 34567890, 45678901,
              56789012, 67890123, 78901234, 89012345]

    t1 = time()                              # 开始时间
    print(p.map(countPrimes, starts))  # 运行countPrimes()函数
    t2 = time()                              # 结束时间

    p.close()
    print('Time taken: {} seconds.'.format(t2-t1))
```

如果修改行 `p = Pool()` 为 `p = Pool(1)`，则进程池只有一个进程，输出结果如下：

```
> python map.py
process 4176 processing range [12345678, 12445678]
process 4176 processing range [23456789, 23556789]
process 4176 processing range [34567890, 34667890]
process 4176 processing range [45678901, 45778901]
process 4176 processing range [56789012, 56889012]
process 4176 processing range [67890123, 67990123]
process 4176 processing range [78901234, 79001234]
process 4176 processing range [89012345, 89112345]
[6185, 5900, 5700, 5697, 5551, 5572, 5462, 5469]
Time taken: 47.84 seconds.
```

换言之，单个进程处理所有八个整数范围，耗时 47.84 秒（运行时间在不同的计算机上可能会有差异）。如果我们采用两个进程的进程池，则可以显著提升运行时间为 24.60 秒。

因此，通过使用两个内核代替一个内核，我们几乎将运行时间缩减了一半。

一种比较顺序运行时间和并行运行时间的更好方法是加速比（speedup），即顺序运行时间和并行运行时间的比率。在这种特殊情况下，我们的加速比为：

$$\frac{47.84}{24.6} \approx 1.94$$

这意味着两个进程（在两个不同的内核上运行）时，我们解决问题的速度变为原来的 1.94 倍（或者几乎两倍）。注意，从本质上来说，这是我们所能期望的最好结果：并行执行的两个进程的速度最多可以是一个进程的两倍。

四个进程时，我们进一步提高了运行时间：16.78 秒，这对应的加速比为 47.84/16:78 ≈ 2.85。请注意，四个进程在四个独立内核上运行的最佳加速比是 4。八个进程时，我们进一步提高了运行时间：14.29 秒，这对应的加速比为 47.84/14:29 ≈ 3.35。当然，最好的可能值是 8。

12.4.4　并行 MapReduce

掌握了列表解析的并行版本之后，我们可以修改第一个顺序 MapReduce 的实现，实现一个可以并行运行 Map 和 Reduce 的版本。唯一要修改的是在构造函数中增加一个可选的输入参数：所需的进程数。

模块：ch12.py

```
from multiprocessing import Pool
class MapReduce(object):
    'MapReduce 的一个并行实现'

    def __init__(self, mapper, reducer, numProcs=None):
        '初始化 map 和 reduce 函数，以及进程池'
        self.mapper = mapper
        self.reducer = reducer
        self.pool = Pool(numProcs)
```

修改方法 `process()`，在 Map 和 Reduce 步骤中使用 Pool 方法 `map()` 代替列表解析。

模块：ch12.py

```
    def process(self, data):
        '在序列数据上运行 MapReduce'

        intermediate1 = self.pool.map(self.mapper, data)  # Map
        intermediate2 = partition(intermediate1)
        return self.pool.map(self.reducer, intermediate2) # Reduce
```

12.4.5　并行和顺序 MapReduce

我们使用 MapReduce 的并行实现来解决名称交叉检查问题。假设成千上万的已经分类的文档刚刚在网上发布，这些文档提到了各种各样的人名。你希望在这些文档中查找提及特定人名的文档，而且希望为一个或多个文档中的所有人名执行相同操作。为了方便，所有的人名是大写的，这帮你缩小了可能是正确人名的单词的范围。

我们将要解决的确切问题是：给定一个（包含文档的）URL 列表，希望获得一个 `(proper, urlList)` 对列表，其中 `proper` 是任何文档中的大写单词，`urlList` 是包含 `proper` 的文档的 URL 列表。为了使用 MapReduce，我们需要定义 Map 和 Reduce 函数。

Map 函数带一个 URL 参数，需要构建一个（key，value）对的列表。在本问题中，URL 指定的文档中的每个大写单词都有一个（key，value）对，其中单词是键，而 URL 是值。因此 Map 函数如下所示：

模块：ch12.py

```
1  from urllib.request import urlopen
2  from re import findall
3
4  def getProperFromURL(url):
5      ''' 为每个出现在 url 相关网页内容中
6          的单词返回项 [( word , url )] 列表 '''
7
8      content = urlopen(url).read().decode()
9      pattern = '[A-Z][A-Za-z\'\-]*'       # 大写字母单词的正则表达式
10     propers = set(findall(pattern, content)) # 删除重复项
11
12     res = []                  # 对于每个大写字母的单词
13     for word in propers:  # 创建 ( word,url) 对
14         res.append((word, url))
15     return res
```

在第 9 行中使用正则表达式（在第 8 行定义）来查找大写字母（要复习正则表达式，请参见 11.3）。通过把 `re` 函数 `findall()` 返回的列表转换为集合过滤掉重复单词，因为不需要重复单词，而且这可以加速接下来的 Partition 和 Reduce 步骤。

MapReduce 的 Partition 步骤把 Map 步骤的输出结果作为输入参数，合并 key 相同的所有（key，value）对。在这个特定问题中，Partition 步骤的结果是每个大写单词的 `(word, urls)` 对，`urls` 是包含 `word` 的所有文档的 URL 列表。因为这正是我们需要的结果，所以 Reduce 步骤不需要任何处理操作：

模块：ch12.py

```
def getWordIndex(keyVal):
    '返回输入值'
    return keyVal
```

如何比较我们的顺序实现和并行实现呢？在接下来的代码中，我们开发了一个测试程序，比较了顺序实现和四个进程的并行实现的运行时间（测试是在一台有八个内核的机器上运行的）。作为我们使用的分类文档的替代，测试数据使用了查尔斯·狄更斯的八本小说，由古腾堡项目（又称为古腾堡计划、古腾堡工程）公开提供：

模块：ch12.py

```
from time import time

if __name__ == '__main__':
```

```
    urls = [                    # 八本狄更斯小说的 URL
        'http://www.gutenberg.org/cache/epub/2701/pg2701.txt',
        'http://www.gutenberg.org/cache/epub/1400/pg1400.txt',
        'http://www.gutenberg.org/cache/epub/46/pg46.txt',
        'http://www.gutenberg.org/cache/epub/730/pg730.txt',
        'http://www.gutenberg.org/cache/epub/766/pg766.txt',
        'http://www.gutenberg.org/cache/epub/1023/pg1023.txt',
        'http://www.gutenberg.org/cache/epub/580/pg580.txt',
        'http://www.gutenberg.org/cache/epub/786/pg786.txt']

    t1 = time()   # 顺序开始时间
    SeqMapReduce(getProperFromURL, getWordIndex).process(urls)
    t2 = time()   # 顺序结束时间、并行开始时间
    MapReduce(getProperFromURL, getWordIndex, 4).process(urls)
    t3 = time()   # 并行结束时间

    print('Sequential: {:5.2f} seconds.'.format(t2-t1))
    print('Parallel:   {:5.2f} seconds.'.format(t3-t2))
```

让我们运行测试：

```
> python ch12.py
Sequential: 19.89 seconds.
Parallel:   14.81 seconds.
```

因此，四个内核时，运行时间减少了 5.08 秒，对应于加速比为：

$$\frac{19.89}{14.81} \approx 1.34$$

四个内核的最佳加速比为 4。在这个示例中，我们使用四个内核，所得的加速比为 1.34，这与理论上的最佳加速比 4 有一定差距。

知识拓展：为什么不能获得更好的加速比？

我们不能获得更好的加速比的一个原因是并行运行程序时总有开销。在管理不同内核上运行的多个进程时，操作系统有额外的工作要做。另一个原因是，我们的并行 MapReduce 实现 Map 和 Reduce 步骤并行的同时，Partition 步骤仍然是顺序的。对于在 Partition 步骤中产生非常大的中间列表的问题，Partition 步骤将与顺序实现耗费相同的长时间。这大大地减少了并行 Map 和 Reduce 步骤的优越性。

Partition 并行化也是可能的，但其实现需要访问正确配置的谷歌公司使用的一种分布式文件系统。事实上，这种分布式文件系统是谷歌公司在开发 MapReduce 框架中做出的真正的贡献。

在练习题 12.8 中，我们将开发一个程序，包含一个更加耗时的 Map 步骤和一个不大耗时的 Partition 步骤，你将看到更好的加速比。

练习题 12.8 给定一个正整数列表，要求计算一个映射，把一个素数映射到可以被该素数整除的所有整数列表。例如，如果列表是 [24,15,35,60]，则映射为：

```
[(2, [24, 60]), (3, [15, 60]), (5, [15, 35]), (7, [35])]
```

(素数 2 可以整除 24 和 60；素数 3 可以整除 15 和 60；等等。)

它被告知，应用程序的输入可能是非常大的整数列表。因此，必须使用 MapReduce 框架来解决这个问题。为了这样做，你需要为这个特殊问题开发一个 Map 函数和一个 Reduce 函数。如果命名为 `Mapper()` 和 `Reducer()`，程序将使用下列方式获得上述的映射：

```
>>> SeqMapReduce(mapper, reducer).process([24,15,35,60])
```

实现了 Map 函数和 Reduce 函数之后，通过开发一个测试程序，采用在 10 000 000 和 20 000 000 之间随机抽样的 64 个整数，比较你的顺序 MapReduce 实现和并行 MapReduce 实现的运行时间，并计算加速比。你可以使用在模块 `random` 中定义的函数 `sample()`。

12.5 电子教程案例研究：数据交换

在第 11 章的电子案例研究 CS.11 中，我们开发了一个简单的网络爬虫，收集其访问的网页的信息。这些信息又可以用来构建搜索引擎。通过将抓取的数据保存到文件中，我们可以将这些数据提供给其他程序。在电子案例研究 CS.12 中，我们讨论数据交换，也就是说如何格式化数据和保存数据使得任何需要它的程序可以方便且有效地访问。

12.6 本章小结

本章重点介绍处理数据的现代方法。几乎每一个现代的“真正的”计算机应用程序背后都有一个数据库。与通用文件相比，数据库文件通常更适合于存储数据。这就是为什么要及早接触数据库、了解其优越性，以及知道其使用方法。

本章介绍了 SQL 的一个小子集。SQL 是用来访问数据库类型文件的语言。我们还介绍了 Python 标准库模块 sqlite3，这是一个处理这类文件的 API。在一个存储 Web 爬虫抓取的结果的数据库文件上下文中，我们展示了 SQL 和 `sqlite3` 模块的使用方法，然后进行了搜索引擎类型的查询。

可伸缩性是数据处理中的一个重要问题。目前许多计算机应用所生成和处理的数据量都十分巨大。然而，并非所有的程序都能伸缩和处理大量数据。因而我们对可伸缩的程序设计方法特别感兴趣（即可以在多个处理器和内核上并行运行）。在本章中，我们介绍了几种可扩展的程序设计技术，它们源于函数式语言。我们首先介绍列表解析，一种允许使用简洁描述针对一个列表中的每个项执行一个函数的 Python 构造。然后我们介绍了标准库 `multiprocessing` 中的函数 `map()`，它的本质是可以使用一个微处理器的可用内核并行地执行列表解析。然后，我们在此基础上描述和开发了一个谷歌 MapReduce 框架的基本版本。谷歌和其他公司使用这个框架处理真正的大数据集。

虽然我们的实现运行在一台计算机上，但本章介绍的概念和技术适用于一般的分布式计算，尤其是现代云计算系统。

12.7 练习题答案

12.1 SQL 查询如下所示：

(a) `SELECT DISTINCT Url FROM Hyperlinks WHERE Link = 'four.html'`

(b) `SELECT DISTINCT Link FROM Hyperlinks WHERE Url = 'four.html'`

(c) `SELECT Url, Word from Keywords WHERE Freq = 3`

(d) SELECT * from Keywords WHERE Freq BETWEEN 3 AND 5

12.2 SQL 查询如下所示：

(a) SELECT SUM(Freq) From Keywords WHERE Url = 'two.html'

(b) SELECT Count(*) From Keywords WHERE Url = 'two.html'

(c) SELECT Url, SUM(Freq) FROM Keywords GROUP BY Url

(d) SELECT Link, COUNT(*) FROM Hyperlinks GROUP BY Link

12.3 请确保正确使用参数替换，不要忘记提交和关闭数据库：

```
import sqlite3
def webData(db, url, links, freq):
    '''db is the name of a database file containing tables
       Hyperlinks and Keywords;

       url is the URL of a web page;
       links is a list of hyperlink URLs in the web page;
       freq is a dictionary that maps each word in the web page
       to its frequency;

       webData inserts row (url, word, freq[word]) into Keywords
       for every keyword in freq, and record (url, link) into
       Hyperlinks, for every link in links
    '''
    con = sqlite3.connect(db)
    cur = con.cursor()
    for word in freq:
        record = (url, word, freq[word])
        cur.execute("INSERT INTO Keywords VALUES (?,?,?)", record)
    for link in links:
        record = (url, link)
        cur.execute("INSERT INTO Keywords VALUES (?,?)", record)
    con.commit()
    con.close()
```

12.4 搜索引擎是一个简单的服务器程序，一直循环运行，并在每次循环中为用户搜索请求提供服务：

```
def freqSearch(webdb):
    '''webdb is a database file containing table Keywords;

       freqSearch is a simple search engine that takes a keyword
       from the user and prints URLs of web pages containing it
       in decreasing order of frequency of the word'''
    con = sqlite3.connect(webdb)
    cur = con.cursor()

    while True:    # 提供永远的服务
        keyword = input("Enter keyword: ")
        # 按照关键字出现的频率降序
        # 选择包含关键字的网页
        cur.execute("""SELECT Url, Freq
                       FROM Keywords
                       WHERE Word = ?
                       ORDER BY Freq DESC""", (keyword,))
        print('{:15}{:4}'.format('URL', 'FREQ'))
        for url, freq in cur:
            print('{:15}{:4}'.format(url, freq))
```

12.5 列表解析构造如下所示：

(a) `[word.capitalize() for word in words]`：每个单词都大写。

(b) `[(word, len(word)) for word in words]`：为每个单词创建一个元组。

(c) `[[(c,word) for c in word] for word in words]`：使用每个单词创建一个列表；使用该单词的每个字符来创建列表，同样可以使用列表解析来实现。

12.6 Map 函数应该针对单词 word 的每一个字符 c，把一个单词（字符串）映射到一个元组 (c, word) 的列表。

```
def getChars(word):
    '''word is a string; the function returns a list of tuples
       (c, word) for every character c of word'''
    return [(c, word) for c in word]
```

reduce 函数的输入是一个元组 (c, lst)，其中 lst 是包含 c 的单词列表。reduce 函数仅仅从列表 lst 中删除重复项：

```
def getCharIndex(keyVal):
    '''keyVal is a 2-tuple (c, lst) where lst is a list
       of words (strings)

       function returns (c, lst') where lst' is lst with
       duplicates removed'''
    return (keyVal[0], list(set(keyVal[1])))
```

12.7 程序代码如下：

模块：notParallel.py

```
from os import getpid

def length(word):
    '返回字符串单词的长度'
    print('Process {} handling {}'.format(getpid(), word))
    return len(word)

animals = ['hawk', 'hen', 'hog', 'hyena']
print([length(x) for x in animals])
```

当然，执行时仅使用一个进程。

12.8 map 函数（我们命名为 divisors()）带一个 number 参数，为每一个 number 的素数因子返回一个 (i, number) 对：

```
from math import sqrt
def divisors(number):
    '''returns list of (i, number) tuples for
       every prime i dividing number'''
    res = []            # 数值因子的累积器
    n = number
    i = 2
    while n > 1:
        if n%i == 0:  # 如果 i 是 n 的因子
            # 当 i 是 n 的因子时
            # 收集 i，并且 n 反复整除 i
            res.append((i, number))
            while n%i == 0:
                n //= i
```

```
        i += 1          # 跳转到下一个 i
    return res
```

Partition 步骤把相同 `key i` 的 `(i, number)` 对合并在一起。其构造的列表实际上就是期望的最终列表，因此 Reduce 步骤仅仅拷贝（key，value）对：

```
def identity(keyVal):
    return keyVal
```

程序的测试如下：

```
from random import sample
from time import time
if __name__ == '__main__':
    # 创建 64 个大的随机整数
    numbers = sample(range(10000000, 20000000), 64)
    t1 = time()
    SeqMapReduce(divisors, identity).process(numbers)
    t2 = time()
    MapReduce(divisors, identity).process(numbers)
    t3 = time()
    print('Sequential: {:5.2f} seconds.'.format(t2-t1))
    print('Parallel:   {:5.2f} seconds.'.format(t3-t2))
```

在一个多内核微处理器的计算机上运行这个测试时，可以观察到并行 MapReduce 实现运行速度更快。下面是使用四个内核运行的结果示例：

```
Sequential: 26.77 seconds.
Parallel:   11.18 seconds.
```

加速比是 2.39。

12.8　习题

12.9　编写 SQL 查询，查询图 12-2 中的表 `Hyperlinks` 和 `Keywords`，返回下列结果：

(a) 在 URL `four.html` 的网页上出现的不重复的单词。

(b) 包含 `'Chicago'` 或者 `'Paris'` 的网页的 URL。

(c) 所有网页中每个不重复单词出现的总次数。

(d) 从包含 `'Nairobi'` 的网页具有导入超链接的网页的 URL。

12.10　编写 SQL 查询，查询图 12-16 中的 `WeatherData` 表，返回下列结果：

(a) 城市为 London 的所有记录。

(b) 所有夏天（summer）的记录。

(c) 平均气温小于 20 度的 city、country 和 season。

(d) 平均气温大于 20 度且总降水量（rainfall）小于 10mm 的 city、country 和 season。

(e) 最大的总降水量（rainfall）。

(f) 所有记录的城市（city）、季节（season）和总降水量（rainfall），按降水量的降序排列。

(g) Cairo, Egypt（埃及和开罗）的年降水量。

(h) 每个不同城市的城市名（city name）、国家（country）和年总降水量。

12.11　使用模块 `sqlite3`，创建一个数据库文件 `weather.db`，并在其中创建表 `WeatherData`。在表中定义如图 12-16 所示的列名称和类型，然后插入图 12-16 所示的所有行记录。

12.12　使用 `sqlite3`，在其交互式命令行中，打开在习题 12.11 中创建的数据库文件，然后通过运行相应的 Python 语句来执行习题 12.10 中的查询。

City	Country	Season	Temperature	Rainfall
Mumbai	India	1	24.8	5.9
Mumbai	India	2	28.4	16.2
Mumbai	India	3	27.9	1549.4
Mumbai	India	4	27.6	346.0
London	United Kingdom	1	4.2	207.7
London	United Kingdom	2	8.3	169.6
London	United Kingdom	3	15.7	157.0
London	United Kingdom	4	10.4	218.5
Cairo	Egypt	1	13.6	16.5
Cairo	Egypt	2	20.7	6.5
Cairo	Egypt	3	27.7	0.1
Cairo	Egypt	4	22.2	4.5

图 12-16 世界天气数据库节选。其中显示了几个世界城市的冬天（1）、春天（2）、夏天（3）和秋天（4）的 24 小时平均气温（单位：摄氏温度）和总降水量（单位：毫米）

12.13 假设列表 `lst` 定义如下：

```
>>> lst = [23, 12, 3, 17, 21, 14, 6, 4, 9, 20, 19]
```

创建基于列表 lst 的列表解析表达式，生成如下列表：

(a) `[3, 6, 4, 9]`（即列表 `lst` 的个位数）

(b) `[12, 14, 6, 4, 20]`（即列表 `lst` 中的偶数）

(c) `[12, 3, 21, 14, 6, 4, 9, 20]`（即列表 `lst` 中被 2 或者 3 整除的数）

(d) `[4, 9]`（即列表 `lst` 的平方数）

(e) `[6, 7, 3, 2, 10]`（即列表 `lst` 中的偶数的一半）

12.14 使用一个、两个、三个、四个，或者计算机上的所有内核来运行程序 `primeDensity.py`，并记录运行时间。然后编写一个 `primeDensity.py` 程序的顺序版本（例如，使用列表解析）并记录其运行时间。比较每次 `primeDensity.py` 执行的加速比，使用两个或更多内核。

12.15 通过记录 MapReduce 每一步（Map、Partition 和 Reduce）的运行时间，微调程序 `ch12.py` 的运行时间分析（需要修改类 MapReduce）。哪一步的加速比更好？

12.9 思考题

12.16 编写函数 `ranking()`，带一个输入参数：一个数据库文件的名称，数据库包含图 12-2a 所示的表相同格式的名为 `Hyperlinks` 的表。要求函数向数据库中增加一张表，包含 `Hyperlinks` 中 `Link` 列中列举的所有 URL 的导入超链接的个数。把新的表和列字段分别命名为 `Ranks`、`Url` 和 `Rank`。在数据库文件 `links.db` 的 `Rank` 表上执行下列通配符查询时，结果如下：

```
>>> cur.execute('SELECT * FROM Ranks')
<sqlite3.Cursor object at 0x15d2560>
>>> for record in cur:
        print(record)

('five.html', 1)
('four.html', 3)
('one.html', 1)
('three.html', 1)
('two.html', 2)
```

12.17　编写一个应用程序，带一个输入参数：一个文本文件名。计算文件中每个单词的出现频率，并把结果 (word, frequency) 对保存到新的数据库文件中一个名为 Wordcounts 的新的表中。新的表包含列 Word 和 Freq，用于存储 (word, frequency) 对。

12.18　使用海龟绘图开发一个应用程序，显示一个文本文件中出现频率最高的 *n* 个单词。假设文件中的单词频率已经统计并存储在思考题 12.17 中创建的数据库文件中。要求你的应用程序带两个输入参数：数据库文件的名称和数值 *n*。程序应该在海龟绘图屏幕上的随机位置显示 *n* 个出现频率最高的单词。尝试设置单词使用不同的字体大小：出现频率最高的单词的字体最大，接下来两个单词字体稍小些，接下来四个单词的字体更小些，以此类推。

12.19　在练习题 12.4 中，我们开发了一个简单的搜索引擎，基于单词频率对网页进行排序。有好多理由证明这种网页排序方式并不好，包括该方式太易于操作的事实。

现代搜索引擎（例如 Google）使用超链接信息（包括其他内容）实现网页排名。例如，如果一个 Web 页面有很少的导入链接，它可能不包含有用的信息。然而，如果一个网页有许多导入超链接，那么它可能包含有用的信息，故排名应该靠前。

使用图 12-1 中的通过网页爬虫抓取的结果数据库文件和思考题 12.6 计算的 Rank 表，重新开发练习题 12.4 中的搜索引擎，按导入链接数进行网页排名。

```
>>> search2('links.db')
Enter keyword: Paris
URL            RANK
four.html         3
two.html          2
one.html          1
Enter keyword:
```

12.20　UNIX 文本搜索工具 grep 带两个参数：一个文本文件和一个正则表达式。返回一个包含匹配该模式的字符串的文本行的列表。开发一个并行版本的 grep，带两个参数：来自用户的文本文件和正则表达式，然后使用一个进程池来搜索文件中的行。

12.21　我们使用程序 primedensity.py 比较几个非常大的整数的大数值范围内的素数的密度。在这个问题中，你将比较孪生素数的密度。孪生素数是素数对，其差为 2。最开始的几个孪生素数分别是 3 和 5、5 和 7、11 和 13、17 和 19、29 和 31。编写一个应用程序，使用计算机的所有内核，比较我们在 primedensity.py 中使用的相同整数范围中的孪生素数个数。

12.22　思考题 10.26 要求读者开发函数 anagram()，使用一个字典（即一个单词列表）来计算一个给定字符串的字谜（anagram）。开发 panagram()，该函数的一个并行版本，带一个单词列表作为输入参数，为每一个单词计算一个字谜列表。

12.23　在这本书的最后有一个索引，把单词映射到包含该单词的页的页码。一个行索引与其相似：它将单词映射到它们出现的文本行的行号。使用 MapReduce 框架开发一个应用程序，带一个输入参数：一个文本文件名，创建一个行索引。你的应用程序应该将索引输出到一个文件中，以便单词按字母顺序出现，每行一个单词。每个单词的行号应该跟随单词之后，并以递增的顺序输出。

12.24　重新实现思考题 12.16，使用 MapReduce 计算每个网页的导入链接的数量。

12.25　Web 链接图是一组相互链接的网页的超链接结构的描述。表示网络链接图的一个方法是使用一个 (url, linksList) 对的列表，(url, linksList) 对应于一个网页，url 表示网页的 URL，linksList 是包含在网页中的超链接的 URL 列表。请注意，网络爬虫可以很容易收集此信息。

反向 Web 链接图是一组相互链接的网页的超链接结构的另一种描述。它可以表示为 (url, incomingList) 对列表，url 表示一个网页的 URL，incomingList 表示导入超链接的 URL 列表。因此反向 Web 链接图明确导入链接而不是导出链接。它有助于高效地计算网页的 Google PageRank（网页排名）。

开发一个函数，带一个 Web 链接图作为参数（如上所述），返回反向 Web 链接图。

12.26 Web 服务器通常会为其处理的每个 HTTP 请求创建一个日志，并把日志字符串添加到一个日志文件。保存日志文件有多种原因。一个特殊的原因是它可以用来发现哪些服务器管理的资源（由 URL 标识）被访问，以及被访问的频率（表示为 URL 访问频率）。在本思考题中，请开发一个程序，计算一个给定日志文件中的 URL 访问频率。

Web 服务器日志条目是以一种众所周知的标准格式写入的，这种格式称为公共日志格式。这是一种被 Apache httpd 服务器以及其他服务器所采用的标准格式。标准格式使开发挖掘访问日志文件的日志分析程序成为可能。公共日志格式生成的日志文件条目如下所示：

```
127.0.0.1 - - [16/Mar/2010:11:52:54 -0600] "GET /index.html HTTP/1.0" 200 1929
```

这条日志包含很多信息。对于我们的目的而言，关键信息是请求的资源：index.html。编写一个程序，计算日志文件中出现的每个资源的访问频率，并将这些信息写入数据库表，表的列包含资源 URL 和访问频率。将访问频率写入数据库使 URL 访问频率适合于查询和分析。

12.27 使用 MapReduce 编写一个应用程序，计算一组小说的词语索引。词语索引是一种映射关系，把一组单词中的每个单词映射到小说中包含该单词的句子的列表。应用程序的输入是包含小说的文本文件集合和要映射的单词集合。要求将词语索引输出到一个文件中。

推荐阅读

Python程序设计（原书第2版）

作者：Cay Horstmann等 ISBN：978-7-111-61147-9 定价：119.00元

本书由经典畅销书籍《Java核心技术》的作者Cay Horstmann撰写，非常适合Python初学者和爱好者阅读，不仅能够帮助新手快速入门，掌握基础知识，更有益于培养解决实际问题的思维和能力。书中将解决方案分解为详尽的步骤，循序渐进地引导读者利用学到的概念解决有趣的问题。从算法设计到流程图、测试用例、逐步提炼、修改算法等，提供明确的问题解决策略。

程序设计基础：跨学科方法（Java语言描述·英文版）

作者：Robert Sedgewick等 ISBN：978-7-111-59908-1 定价：99.00元

本书源于普林斯顿大学自1992年开始为大一学生开设的计算机科学入门课程，经过20多年的发展和完善，形成了独到的跨学科方法，并配有丰富的教辅资源。本书适用于各类理工科专业，特别关注编程在科学和工程中的应用，涵盖材料科学、基因组学、天体物理和网络系统等不同领域的实例，在讲授编程方法的同时注重培养计算思维，为专业领域的深入学习奠定基础。

推荐阅读

程序设计导论：Python语言实践（英文版）

作者：[美] 罗伯特·塞奇威克 等 定价：139.00

中文版：978-7-111-54924-6 定价：79.00英文版：978-7-111-52401-4

Java语言程序设计（第10版）

作者：[美] 梁勇 中文版书号：978-7-111-50690-4 定价：85.00

英文版书号：978-7-111-57169-8 定价：99.00

Java语言程序设计（第10版）

作者：[美] 梁勇 中文版书号：978-7-111-54856-0 定价：89.00

英文版书号：978-7-111-57168-1 定价：99.00

C++程序设计：基础、编程抽象与算法策略

作者：[美] 埃里克 S. 罗伯茨 中文版书号：978-7-111-54696-2 定价：129.00

英文版书号：978-7-111-56149-1 定价：139.00

推荐阅读

计算机科学导论（原书第3版）

作者：[美]贝赫鲁兹 A.佛罗赞 译者：刘艺 刘哲雨 等 ISBN：978-7-111-51163-2 定价：69.00元

"这是一本条理清晰并且深入浅出的教科书，这部教科书包含传统和现代计算机的基本原理。"

—— Sam Ssemugabi, 南非大学计算机学院资深讲师

《计算机科学导论》是国外计算机等IT相关专业本科生的一本基础课教材，也是一本非常经典的计算机入门读物。作为一本百科全书式的计算机专业基础入门读物，书中涉及计算机科学的方方面面。虽然读者对象是计算机专业的学生，但这本书深入浅出，引人入胜，勾画出计算机科学体系的框架，为有志于IT行业的学生奠定计算机科学知识的基础，架设进一步深入专业理论学习的桥梁。

本书是基于美国计算机学会（ACM）推荐的CS0课程设计的，从广度上覆盖了计算机科学所有的领域，既适合国内大专院校用作计算机基础课教材，也可以供有意在计算机方面发展的非计算机专业读者作为入门参考。

计算机科学概论（原书第5版）

作者：[美]内尔・黛尔 约翰・路易斯

中文版书号：978-7-111-53425-9，定价：79.00 英文版书号：978-7-111-44813-6，定价：69.00

本书由当今该领域备受赞誉且经验丰富的教育家Nell Dale和John Lewis共同编写，全面介绍计算机科学领域的基础知识，为广大学生勾勒了一幅生动的画卷。就整体而言，全书内容翔实、覆盖面广，旨在向读者展示计算机科学的全貌；从细节上看，本书层次清晰、描述生动，基于计算机系统的洋葱式结构，分别介绍信息层、硬件层、程序设计层、操作系统层、应用程序层和通信层，涉及计算机科学的各个层面。

本书贯穿了计算机系统的各个方面，非常适合作为计算机专业的计算机导论课程教材，为后续专业课程打下坚实的基础；同时还适合作为非计算机专业的计算机总论课程教材，提供计算机系统全面完整的介绍。

计算机文化（原书第15版）

作者：（美）June Jamrich Parsons，Dan Oja

中文版书号：978-7-111-46540-9，定价：79.00英文版书号：978-7-111-42803-9，定价：79.00

本书的编写风格非常清晰，章节的划分合理实用。书中包含的技术信息对于那些已经初步了解基本计算机概念的学生既轻松有趣又非常实用。

—— Martha Lindberg，明尼苏达州立大学

本书采用最先进的方法和技术讲述计算机基础知识，涉及面之广、内容之丰富、方法之独特，令人叹为观止，堪称计算机基础知识的百科全书。本书涵盖影响计算和日常生活的重要技术趋势，对数据安全、个人隐私、在线安全、数字版权管理、开源软件和便携式应用程序等进行了广泛讨论。全书层次合理、图文并茂，各章还配有测验，非常适合作为高校各专业的计算机导论教材和教师参考书，也可供广大计算机爱好者参考使用。